高职高专畜牧兽医类专业系列教材

# 动 物 普 通 病

## DONGWU PUTONGBING

主 编 何德肆 张传师

重庆大学出版社

## 内 容 提 要

本书是根据高职高专畜牧兽医类专业人才培养方案的要求,从临床应用实际构建内容体系,注重动物普通病防治技术的实用性和可操作性,注重技能的训练与培养而编写。本书重点叙述动物常见内科疾病的诊治和预防,并增添了国内外畜禽疾病发展动态的新知识、新技术。本书编写时,力求科学性、先进性;同时附有部分插图,以增加教学的直观性。全书包括 4 个模块,16 个项目。每个项目内容明确、结构完整,适用于高职高专畜牧兽医及相关专业学生,也可供基层畜牧兽医技术人员参考。

**图书在版编目(CIP)数据**

动物普通病/何德肆,张传师主编.--重庆:重庆大学出版社,2017.8(2024.1 重印)
高职高专畜牧兽医类专业系列教材
ISBN 978-7-5689-0621-0

Ⅰ.①动… Ⅱ.①何… ②张… Ⅲ.①动物疾病—诊疗—高等职业教育—教材 Ⅳ.①S858

中国版本图书馆 CIP 数据核字(2017)第 159099 号

高职高专畜牧兽医类专业系列教材
**动物普通病**
主 编 何德肆 张传师
策划编辑:袁文华

责任编辑:陈 力 涂 昀   版式设计:袁文华
责任校对:关德强          责任印制:赵 晟

\*

重庆大学出版社出版发行
出版人:陈晓阳
社址:重庆市沙坪坝区大学城西路 21 号
邮编:401331
电话:(023) 88617190  88617185(中小学)
传真:(023) 88617186  88617166
网址:http://www.cqup.com.cn
邮箱:fxk@ cqup.com.cn(营销中心)
全国新华书店经销
POD:重庆新生代彩印技术有限公司

\*

开本:787mm×1092mm  1/16  印张:18.25  字数:447千
2017 年 8 月第 1 版   2024 年 1 月第 3 次印刷
ISBN 978-7-5689-0621-0  定价:49.00 元

# 编委会

BIANWEIHUI

主　编　何德肆（湖南生物机电职业技术学院动物科技学院）

　　　　张传师（重庆三峡职业学院动物科技系）

副主编　张佩华（湖南农业大学动物科技学院）

　　　　雍　康（重庆三峡职业学院动物科技系）

编　者　（以姓氏拼音为序）

　　　　何德肆（湖南生物机电职业技术学院动物科技学院）

　　　　马玉捷（湖南生物机电职业技术学院动物科技学院）

　　　　邱伟海（湖南环境生物职业技术学院）

　　　　舒　鸣（怀化职业技术学院动物科学系）

　　　　徐平源（湖南生物机电职业技术学院动物科技学院）

　　　　雍　康（重庆三峡职业学院动物科技系）

　　　　张　明（江西生物科技职业学院动物科技系）

　　　　张传师（重庆三峡职业学院动物科技系）

　　　　张佩华（湖南农业大学动物科技学院）

审　稿　袁　慧（湖南农业大学动物医学院）

FARMING

# 编委会

# 前　言

## Preface

　　动物普通病是高职高专畜牧兽医类专业工学结合的核心课程。随着科技的进步，现代畜牧业的快速发展，面对动物疾病的复杂性，现代畜牧兽医对实用型、应用型技术人才的需求也快速增长。动物普通病诊疗是高职高专院校畜牧兽医类专业学生必须掌握的技能，本书是根据畜牧生产、兽医临床实际的需要，针对高等职业教育"培养技术技能型人才"的目标要求而编写。

　　全书包括内科疾病、外科疾病、产科疾病以及实训部分4个模块。根据畜牧兽医人才培养方案和课程标准，按照项目化教学要求，我们精选了16个学习项目，以畜牧兽医应用实际为最终目的，构建新的动物普通病诊疗技术教材内容和体系，进行课程内容重组。在编写过程中，本着理论够用、能用，以常见病、多发病为主，传统技术与现代技术融合，删减部分理论内容，增加新的实用知识与技能，突出学生实际技能的培养。本书直接面向畜牧兽医专业岗位群，与兽医防治员、动物医院相关岗位工作任务相对应，内容翔实，各相关专业和不同层次的教学可酌情选择教学内容。

　　本书由何德肆、张传师担任主编，负责本书的整体框架设计，以及各部分资料的整理和编写；张佩华、雍康担任副主编；马玉捷、邱伟海、舒鸣、徐平源、张明参与了内容的编写。

　　在编写过程中，本书参阅了大量国内外公开发表和出版的文献资料，在此向原著作者表示诚挚的敬意和由衷的感谢。感谢湖南农业大学动物医学院袁慧教授对本书的审定与指导。同时感谢重庆大学出版社对本书出版的大力支持和帮助。

　　由于时间仓促，加之编者水平有限，书中难免存在不足之处，恳请各位读者提出宝贵意见，以便我们不断完善。

编　者
2017 年 5 月

## Contents

# 目　录

## 模块 2　外科疾病

# 模块 3　产科疾病

## 模块 4 实训部分

# 项目 1　消化器官疾病

📖 **项目导读**

　　本项目针对畜禽常发及危害严重的消化系统疾病的病因、症状及诊疗方法进行阐述，达到了解动物消化系统疾病的发生、发展规律。通过本项目的学习，使学生掌握消化系统疾病的诊断与治疗，并应用于实践。

## 任务 1.1　口、咽食道疾病防治

**学　习　目　标**

1. 会打开动物口腔进行检查。
2. 会诊断动物口、咽、食道疾病。
3. 能运用所学知识与技能对口炎、咽炎和食道疾病进行综合防治。

### 1.1.1　口炎

　　口炎是口腔黏膜炎症。临床上以流涎、采食、咀嚼障碍为特征。口炎按其炎症性质可分为卡他性口炎、水疱性口炎、溃疡性口炎、脓疱性口炎、蜂窝织炎性口炎、丘疹性口炎等。其中以卡他性口炎、水疱性口炎和溃疡性口炎较为常见，各种家畜都可能发生。

【病因】

　　原发性的口炎主要由于口黏膜遭受机械性、化学性等刺激引起。如采食粗硬、有芒刺或刚毛的或含有异物饲料及不正确地使用口衔、开口器或锐齿直接损伤口腔黏膜；抢食过热的饲料或灌服过热的药液；不适当地口服刺激性或腐蚀性药物或长期服用汞、砷和碘制剂；采食冰冻饲料或霉败饲料；当受寒或过劳，防卫机能降低时，可因口腔内的条件病原菌，如链球菌、葡萄球菌、螺旋体等的侵害而引起口炎。

　　此外还常继发于咽炎、消化障碍、佝偻病和氟中毒或口蹄疫、马疱疹病毒性口炎、猪水疱病、牛瘟、猪瘟、犬瘟热、猫鼻气管炎、坏死杆菌病、放线菌病等传染病以及某些维生素缺乏症。

【症状】

各种类型的口炎,都具有采食、咀嚼缓慢或不敢咀嚼,流涎,口角附着白色泡沫;口黏膜红肿、疼痛、口温增高等共同症状。但每种类型的口炎还有其特有的临床症状。

1.卡他性口炎　口黏膜弥漫性或斑块状红肿;有的病例出现散在的小结节和烂斑;或口腔内的不同部位形成大小不等的丘疹,其顶端呈针头大的黑点,触之坚实、敏感;舌苔为灰白色或草绿色。重剧病例,唇、齿龈、颊部、腭部黏膜肿胀甚至发生糜烂,大量流涎。

2.水疱性口炎　有轻微的体温升高,在口黏膜上有散在或密集的粟粒大至蚕豆大的透明水疱,水疱破溃形成鲜红色烂斑。

3.溃疡性口炎　多发生肉食动物,病畜表现为门齿和犬齿的齿龈部分肿胀,呈暗红色,疼痛,出血。1~2 d后变为苍黄色或黄绿色糜烂性坏死。炎症蔓延邻近部位,导致溃疡、坏死甚至颌骨外露,散发出腐败臭味;流涎,混有血丝带恶臭。

【诊断】

根据病史及口腔黏膜炎症变化,可作出诊断。但注意与咽炎、口蹄疫、牛丘疹性口炎、牛恶性卡他热、牛传染性水疱性口炎、猪水疱病等疾病进行鉴别诊断。

【治疗】

治疗原则以除去病因,加强护理,净化口腔,收敛、消炎止痛为主。

1.消除病因,加强护理　如摘除刺入口腔黏膜中的异物,修整锐齿等。给予病畜柔软而易消化的饲料,并多给饮水。采食或咀嚼障碍的动物,应及时补糖输液。

2.净化口腔、收敛、消炎止痛　口炎初期,可用1%食盐水或2%硼酸溶液洗涤口腔;炎症重有口臭时,可用0.1%高锰酸钾溶液洗涤。不断流涎时,则用1%明矾溶液或1%鞣酸溶液,0.1%黄色素溶液冲洗口腔。溃疡性口炎,病变部可涂擦10%硝酸银溶液后,用灭菌生理盐水充分洗涤,再涂1%磺胺或甘油擦碘甘油(5%碘酊1份、甘油9份)于患部;重剧口炎,除局部处理外,还应使用磺胺类药物或抗生素。

3.中兽医疗法　中兽医可用青黛散:青黛15 g,薄荷5 g,黄连、黄柏、桔梗、儿茶各10 g,研为细末,装入小布袋内,在温水中浸湿衔口内,给食时取下,吃完后再衔上,每日或隔日换药1次。

【预防】

搞好饲养管理,正确使用口衔和开口器;不喂发霉变质的饲草、饲料;防止尖锐的异物、有毒的植物混于饲料中;服用带有刺激性或腐蚀性的药物时,一定按要求使用;定期检查口腔。

## 1.1.2　咽炎

咽炎是咽黏膜、黏膜下组织的炎症。以吞咽障碍,流涎为特征。各种家畜都可发生。

【病因】

原发性咽炎多因机械性、化学性及温热刺激引起的,如采食粗硬、过冷、过热的饲料或霉败的饲料;或受刺激性强的药物、强烈的烟雾、气体的刺激和损伤;受寒或过劳引起动物机体抵抗力下降,防卫能力减弱,受条件性致病菌的侵害导致疾病发生。

继发性咽炎多继发于口炎、感冒、炭疽、口蹄疫、恶性卡他热、犬瘟热、猪瘟及维生素 A 缺乏等疾病。

【发病机理】

当机体抵抗力降低，黏膜防卫机能减弱时，极易受到条件致病菌的侵害，导致咽黏膜及扁桃体炎症反应。在咽炎的发生、发展过程中，由于咽部血液循环障碍，咽黏膜及其黏膜下组织呈现炎性浸润，扁桃体肿胀，咽部红、肿、热、痛和吞咽障碍，因而病畜头颈伸展，流涎，食糜及炎性渗出物从鼻孔逆出，甚至因会厌不能完全闭合而发生误咽，引起腐败性支气管炎或肺坏疽。当炎症波及喉时，引起咽喉炎，喉黏膜受到刺激而产生频频咳嗽。

【症状】

病畜表现采食、咀嚼缓慢，吞咽困难，头颈伸展，流涎。猪、犬、猫出现呕吐或干呕。炎症波及喉时，病畜咳嗽；触诊咽喉部，病畜敏感。咽部的黏膜、扁桃体红肿。出现化脓时，病畜咽痛拒食，高热，精神沉郁，脉率增快，呼吸急促，鼻孔流出脓性鼻液。咽部黏膜肿胀、充血，有黄白色脓点和较大的黄白色突起。血液检查：白细胞数增多，嗜中性粒细胞显著增加，核型左移。

【诊断】

根据病畜头颈伸展、流涎、吞咽障碍以及咽部视诊的特征病理变化明显，可作出诊断。

【治疗】

治疗原则是加强护理，抗菌消炎。

1.加强护理　停喂粗硬饲料，草食动物多喂多汁易消化饲料；肉食动物和杂食动物可给予稀粥、牛奶等，多给饮水。对于咽痛拒食的动物，应及时补糖输液。

2.抗菌消炎　可选用青霉素与磺胺类药物，或其他抗生素，如链霉素、庆大霉素、土霉素等联合应用。适时应用解热止痛剂，如安乃近、氨基比林，并酌情使用肾上腺皮质激素，也可用 0.25% 普鲁卡因溶液（牛 50 mL，猪 20 mL）与青霉素（牛 100 万 IU，猪 40 万 IU）进行咽部封闭治疗。

3.局部处理　病初，咽喉部先冷敷，后热敷，每日 3~4 次，每次 20~30 min。用复方醋酸铅膏剂（醋酸铅 10 g，明矾 5 g，薄荷脑 1 g，白陶土 80 g）外敷。小动物可用碘酊甘油涂布咽黏膜或用碘片 0.6 g，碘化钾 1.2 g，薄荷油 0.25 mL，甘油 30 mL 制成擦剂，直接涂抹于咽黏膜。

【预防】

搞好平时的饲养管理工作，防止咽黏膜损伤，搞好圈舍卫生，防止受寒、感冒、过劳，增强防卫机能；及时治疗咽部邻近器官炎症，以防炎症蔓延。

### 1.1.3　食管阻塞

食管阻塞，俗称"草噎"，是由食管被食物或异物阻塞而引起，临床上以突然发病、吞咽障碍为特征的疾病。本病常见于牛、马、猪和犬，羊偶尔发生。

**【病因】**

原发性食管阻塞通常是动物处于饥饿状态,采食未切碎的萝卜、甘薯、马铃薯等块根块茎饲料或未拌湿均匀的粉料时,采食过急,大口采食,咀嚼不全,唾液混合不充分,匆忙吞咽或突然受到惊吓,吞咽过急,从而导致阻塞;猪采食混有骨头、鱼刺的饲料,犬争食软骨、骨头和不易嚼烂的肌腱而引起。

继发性食管阻塞,常继发于食管狭窄或食管憩室、食管麻痹、食管炎等疾病。

**【症状】**

病畜表现采食中突然发病,停止采食,恐惧不安,头颈伸展,张口伸舌,大量流涎,呈现吞咽动作,呼吸急促。颈部食管阻塞时,外部触诊可感阻塞物;胸部食管阻塞时,在阻塞部位上方的食管内积满唾液,触诊能感到波动并引起哽噎运动。用胃导管进行探诊,当触及阻塞物时,感到阻力,不能推进。食道完全阻塞时,反刍动物有瘤胃鼓胀现象;病马不安,前肢刨地,时卧时起,饲料与唾液从鼻孔逆出,咳嗽。猪食管阻塞时,试图饮水、采食,但饮进的水立即逆出口腔。病犬采食或饮水后,出现食物反流。干呕和咽下困难。部分阻塞时,液体和流质食物可通过食管进入胃。

**【诊断】**

根据病史和大量流涎,呈现吞咽动作等症状,结合食管外部触诊,胃管探诊或用 X 射线等检查可以获得正确诊断。注意与食道痉挛、食道狭窄鉴别。

食道痉挛:食道壁肌肉强烈痉缩,吞咽障碍,大量流涎,左颈静脉沟可见到挛缩的食道。

食道狭窄:水、液体饲料一般能通过,但当饲料到一定量时,则能引起狭窄上方的阻塞。

**【治疗】**

治疗原则是除去阻塞物,疏通食管,消除炎症,预防并发症的发生。

阻塞食管起始部时,大家畜使用开口器张开口腔,徒手取出。颈部与胸部食管阻塞时,应根据阻塞物的性状及其阻塞的程度,采取缓解疼痛及痉挛,润滑管腔等相应的治疗措施。

1.挤压法　牛和马采食胡萝卜等块根、块茎饲料而阻塞于颈部食管时,将病畜保定好,先向食管内灌入植物油或液体石蜡,然后以手掌抵于阻塞物下端,朝咽部方向挤压,将阻塞物挤压到口腔,即可排除。谷物与糠麸引起的颈部食管阻塞,用双手手指从左右两侧挤压,将阻塞物压沟、压碎,促进阻塞物软化,使其自行咽下。

2.疏导法　主要用于胸部食管阻塞和腹部食管阻塞。先向食管内灌入植物油或液体石蜡 $100\sim200$ mL,或者静脉注射 5% 水合氯醛酒精注射液 $100\sim200$ mL;然后将胃管插入食管内抵住阻塞物,徐徐把阻塞物推入胃中。颗粒状或粉状饲料时,可插入胃管,用清水反复泵吸或虹吸,以便把阻塞物溶化、洗出,或者将阻塞物冲下。

3.药物疗法　先向食管内灌入植物油或液体石蜡 $100\sim200$ mL,再皮下注射 3% 盐酸毛果芸香碱 3 mL,促进食管肌肉收缩和分泌,经 $3\sim4$ h 奏效。猪宜皮下注射盐酸阿朴吗啡 0.05 g,促使呕吐,使阻塞物呕出。

4.手术疗法　当采取上述方法不见效时,应施行手术疗法。颈部食管阻塞,采用食管切开术。在靠近膈的食管裂孔的胸部食管及腹部食管阻塞,可采用剖腹按压法治疗;在牛,若此法不见效时,还可施行瘤胃切开术,通过贲门将阻塞物排除。

5.打气法 应用疏导法经1~2 h后不见效时,可先插入胃管,装上胶皮球,吸出食管内的唾液和食糜,灌入少量植物油或温水。将病畜保定好后,把打气管接在胃管上,颈部勒上绳子以防气体回流,使患病动物的头尽量降低,然后适量打气,并趁势推动胃管,将阻塞物推入胃内。但不能打气过多和推送过猛,以免食管破裂。这对于牛、马的草噎,如豆饼、料豆、草团等阻塞物的排出,具有一定的效果。

6.加强护理 牛、羊食管阻塞,当继发瘤胃臌气时,应及时施行瘤胃穿刺放气,并向瘤胃内注入防腐消毒剂。病程较长者,应注意消炎、强心、输糖补液,维持机体营养,增进治疗效果。排除阻塞物后,应使用抗菌药物1~3 d,防治食管炎。

**【预防】**

平时加强饲养管理,定时定量饲喂。防止饥饿与过急采食,块根、块茎饲料饲喂动物时,应先切碎后再喂;豆饼、花生饼等饼粕类饲料,应经水泡制后,按量给予,防止暴食;注意饲料保管,堆放马铃薯、甘薯、胡萝卜、萝卜、苹果、梨的地方,不能让牛、马、猪等家畜通过或放牧,防止骤然采食;全身麻醉手术后,在食管机能尚未完全恢复前,更应注意护理,以防食管阻塞的发生。

# 任务 1.2 反刍动物胃病防治

1.会诊断反刍动物的前胃弛缓、瘤胃积食、瘤胃鼓气、瘤胃酸中毒。

2.会诊断反刍动物的创伤性网胃炎、瓣胃阻塞、皱胃阻塞、皱胃变位等疾病。

3.能运用所学知识与技能对反刍动物前胃疾病提出综合防治措施。

## 1.2.1 前胃弛缓

前胃弛缓,中兽医称为"脾虚慢草",是由各种病因导致前胃神经兴奋性降低,肌肉收缩力减弱,瘤胃内容物运转缓慢,微生物菌群失调,异常发酵,产生大量腐败的物质,引起食欲、反刍减退,消化障碍乃至全身机能紊乱的一种疾病。

本病是牛的多发病。特别是舍饲的牛群,没有季节性,以早春、晚秋常见。

**【病因】**

前胃弛缓的病因较为复杂,归纳起来,可分为原发性和继发性两种。

1.原发性前胃弛缓 亦称单纯性消化不良,病因都与饲养管理和自然气候的变化有关。

(1)饲料过于单纯。长期饲喂粗纤维多,营养成分少的稻草、麦秸、甘薯蔓、花生秧等饲草,消化机能陷于单调和贫乏,一旦变换饲料,即引起消化不良而发病。

(2)草料质量低劣。当饲草饲料缺乏时,利用野生杂草、作物秸秆以及棉秸、小杂树枝等饲喂牛羊,由于纤维粗硬,刺激过强,难于消化,常常导致前胃弛缓。

(3)饲料变质。受过热的青饲料,冻结的块根,变质的青贮,霉败的酒糟,或豆渣、粉渣,以及豆饼、花生饼、棉籽饼等糟粕,都易导致消化障碍而发生本病。

(4)矿物质和维生素缺乏。严冬早春,水冷草枯,或饲料日粮配合不当,矿物质和维生素缺乏,特别是缺钙,引起低血钙症,影响神经体液调节机能,成为前胃弛缓的主要发病因素之一。

(5)饲养失宜。特别是耕牛无一定的饲养标准,不按时饲喂,饥饱无常;或因精料过多,饲草不足,影响消化功能;或于农忙季节耕牛加喂豆谷精料;奶牛或因突然变换新收的大麦、小麦、燕麦等谷物或优良青贮,任其采食,都易扰乱其消化过程,而成为本病的发病原因。

(6)管理不当。牛舍阴暗潮湿,过于拥挤,不通风,环境卫生不良;耕牛犁田耙地,劳役过度;或因冬季休闲,运动不足;缺乏日光照射,神经反射性降低,消化道陷于弛缓,也易导致本病的发生。

(7)应激反应。在家畜中,特别是奶牛、奶山羊,由于受到饲养管理方法与严寒、酷暑、饥饿、疲劳、断乳、离群、恐惧、感染与中毒等诸多因素的刺激,手术、创伤、剧烈疼痛的影响,引起复杂的应激反应,发生前胃弛缓现象,较为普遍。

2.继发性前胃弛缓 通常为其他疾病在临诊上呈现消化不良的一种综合征,病情较为复杂。

(1)在其他消化器官疾病中,常见于创伤性网胃腹膜炎,迷走神经胸支和腹支受损害,胸腔脏器粘连,瘤胃积食,瓣胃阻塞以及皱胃溃疡、阻塞或变位或肝脏疾病等都伴发消化障碍,发生前胃弛缓现象。

(2)在口炎、舌炎、齿病等经过中,咀嚼障碍,影响消化功能;或因肠道疾病、腹膜炎以及外产科疾病反射性抑制消化功能,引起了继发性前胃弛缓。

(3)某些营养代谢疾病,如牛骨软症、生产瘫痪、酮血症,或牛产后血红蛋白尿以及某些中毒性疾病等,都由于消化功能紊乱而伴发前胃弛缓。

(4)在牛肺疫、牛流行热等急性传染病,结核、布氏杆菌病、前后盘吸虫病、肝片吸虫病,细颈囊尾蚴等慢性体质消耗性疾病以及血孢子虫病和锥虫病等侵袭病,都通常呈现消化不良综合征。

此外,治疗用药不当,长期大量地应用磺胺类和抗生素制剂,瘤胃内菌群共生关系遭到破坏,因而发生消化不良,呈现前胃弛缓。

**【发病机理】**

由于上述致病因素的作用,直接影响中枢神经系统和植物性神经系统的机能紊乱,导致消化不良,这是前胃弛缓的主要因素。由于前胃弛缓,兴奋性降低,收缩力减弱,瘤胃蠕动次数减少,瘤胃内容物异常分解,pH 值改变,造成瘤胃内微生物区系共生关系遭到破坏,产生大量的有机酸,纤毛虫的活力减弱或消失,病原微生物异常增殖,产生大量的有毒物质和毒素,消化道反射活动受到抑制,食欲减退或废绝,反刍减弱或停止,前胃内容物不能正常运转与排出,瓣胃内容物停滞,消化机能更加紊乱。随着疾病的发展,前胃内容物异常腐败分解,产生大量的有毒物质,使机体发生自体中毒。同时肝糖原异生作用旺盛,形成大量酸性产物,引起酸毒症或酮血症,同时由于有毒物质的强烈刺激引起前胃炎,肠道渗透性增强,发生脱水,病情急剧恶化,导致迅速死亡。

【症状】

前胃弛缓按其病情发展过程,可分为急性和慢性两种类型。

急性型,多表现急剧的应激状态,见于热性病、中毒与感染,多呈现急性消化不良,精神萎靡、神情不活泼。食欲减退或消失,反刍缓慢或停止,时而嗳气;体温、呼吸、脉搏一般无明显异常;瘤胃收缩力减弱,蠕动次数减少。瘤胃内容物胀满、黏硬或呈粥状,随后粪便变得干硬、色暗,被覆黏液。如果伴发前胃炎或酸中毒时,病情急剧恶化,呻吟、磨牙,排棕褐色糊状恶臭粪便;黏膜发绀,皮温不整,体温下降,脉率增快,呼吸困难,鼻镜干燥,眼窝凹陷,呈现脱水现象。

慢性型,通常由急性前胃弛缓因治疗不及时转变而来。病情时而好转,异嗜,反刍短促、无力或停止;嗳气减少、嗳出的气体带臭味。时而恶化,日渐消瘦;精神不振,周期性消化不良,体质虚弱。腹泻与便秘交替出现。潜血反应,有时呈阳性;后期,瓣胃秘结,继发瘤胃臌气。脉搏疾速,呼吸困难,鼻镜龟裂,结膜发绀,病情险恶,呈现贫血与衰竭,常有死亡。

继发性前胃弛缓,病情发展随原发病而定。多数病例,病程缓慢,反复发生瘤胃臌气或肠气胀,有时抽搐或痉挛,预后不良。

【诊断】

前胃弛缓的诊断,病畜的临床表现结合病史和饲养管理情况可建立诊断。但须与奶牛酮病、创伤性网胃腹膜炎、瘤胃积食、皱胃左方变位、酮血症及妊娠毒血症等疾病进行鉴别。

1.创伤性网胃腹膜炎 病牛姿势异常,体温升高,腹壁触诊有疼痛反应,嗜中性粒细胞增多、淋巴细胞减少,血象异常。

2.瘤胃积食 由于过食,急性瘤胃扩张,内容物充满、坚硬,瘤胃运动与消化机能障碍,形成脱水和毒血症现象。

3.皱胃变位 多见于分娩后奶牛,左腹肋下部可听到特殊性金属音,并于左侧第 9~11 肋间下 1/3 部,进行穿刺,可采取到皱胃液。

4.酮血症及妊娠毒血症 常见于产犊后 1~3 周内的奶牛,尿中酮体升高,呼吸气带酮味。

【治疗】

本病治疗原则,在于排除病因,兴奋前胃蠕动,制止腐败发酵,促进食欲和反刍的恢复,改善饲养管理,防止脱水和自体中毒。

1.除去病因 病初绝食 1~2 d,给予充足的清洁饮水,再饲喂适量的易消化的饲草。轻症病例可在 1~2 d 内自愈。

2.兴奋前胃蠕动 兴奋副交感神经,促进瘤胃蠕动和反刍,可用氨甲酰胆碱,牛 1~2 mg,羊 0.25~0.5 mg;或新斯的明,牛 10~20 mg,羊 2~4 mg;也可用毛果芸香碱,牛 30~50 mg,羊 5~10 mg,皮下注射。但对病情重剧,心脏功能不全,伴发腹膜炎,特别是妊娠的母牛,禁止应用,以防虚脱和流产。同时也可应用促反刍液(5%葡萄糖生理盐水注射液 500~1 000 mL,10%氯化钠注射液 100~200 mL,5%氯化钙注射液 200~300 mL,20%安钠咖注射液 10 mL),一次静脉注射;并配合维生素 $B_1$ 肌内注射。

3.清理胃肠 为了促进胃肠内容物的运转与排除,可用硫酸钠(或硫酸镁)300~500 g,

鱼石脂 20 g,酒精 50 mL,温水 6 000~10 000 mL,一次内服,或用液体石蜡 1 000~3 000 mL、苦味酊 20~30 mL,一次内服。对于采食多量精饲料而症状又比较重的病牛,可采用洗胃的方法,排除瘤胃内容物;洗胃后应向瘤胃内接种纤毛虫。重症病例应先强心、补液,再洗胃。

4.改善瘤胃内环境　当瘤胃内容物 pH 值降低时,宜用碳酸氢钠 50 g,常水适量,一次内服。也可应用碳酸盐缓冲剂(碳酸钠 50 g,碳酸氢钠 350~420 g,氯化钠 100 g,氯化 100~140 g),常水 10 L,牛一次内服,每日 1 次;pH 值升高时,可用稀醋酸 20~40 mL,或常醋适量,内服。必要时采取健康牛瘤胃液,即先用胃管给健康牛灌服生理盐水 10 000 mL,酒精 50 mL,然后以虹吸引流的方法取出瘤胃液,给病牛灌服接种,更新瘤胃内微生物群系,提高纤毛虫的存活率,增进疗效。

5.防止脱水和自体中毒　病畜出现轻度脱水和自体中毒时,应用 25%葡萄糖注射液 500~1 000 mL,40%乌洛托品注射液 20~50 mL,20%安钠咖注射液 10~20 mL,静脉注射;并用胰岛素 100~200 IU,皮下注射,并配合应用抗生素药物。

继发性前胃弛缓,着重治疗原发病,并配合前胃弛缓的相关治疗,促进病情好转。

6.中兽医治疗　根据辨证施治原则,对脾胃虚弱,消化不良的牛,着重健脾胃,补中益气。宜用加味四君子汤:党参 100 g,白术 75 g,茯苓 75 g,炙甘草 25 g,陈皮 40 g,黄芪 50 g,当归 50 g,大枣 200 g,共为末,开水冲调,候温灌服,每日 1 剂,连服 2~3 剂。牛久病虚弱,气血双亏,应补中益气,养气益血为主。宜用加味八珍散:党参、白术、当归、熟地、黄芪、山药、陈皮各 50 g,茯苓、白芍、川芎各 40 g,甘草、升麻、干姜各 25 g,大枣 200 g,共为末,开水冲调,候温灌服,每日 1 剂,连服数剂。病牛口色淡白,耳鼻俱冷,口流清涎,水泻,应温中散寒,补脾燥湿,宜用加味厚朴温中汤:厚朴、陈皮、茯苓、当归、茴香各 50 g,草豆蔻、干姜、桂心、苍术各 40 g,甘草、广木香、砂仁各 25 g,共为末,灌服,每日 1 剂,连服数剂。此外,也可以用红糖 250 g、胡椒粉 30 g、生姜 200 g(捣碎),开水冲,候温内服。具有和脾暖胃,温中散寒的功效。

对病牛可采用土法如洗口、放痧。洗口即用大蒜、生姜、葱头等捣烂,加适量食盐或锅烟灰等,反复揉擦舌面。放痧,即用无锈并消毒的三棱针或注射针头,也可用小宽针刺破左右舌底穴。原则:春刺边,夏刺尖,心经热毒刺中间。即春天刺舌体边缘静脉上,夏天刺舌底末梢静脉上,高热中暑刺中间粗大静脉上。

针治:舌底、脾俞、百合、关元俞等穴。

【预防】

改进饲养方法,注意饲料调配,不可突然变换饲料,冬季休闲,动物亦应适当运动或任意加料;防止各种应激因素的影响。奶牛和奶羊、肉牛和肉羊都应依据日粮标准饲喂,不可任意增加饲料用量或突然变更饲料;耕牛在农忙季节,不能劳役过度,而在休闲时期,应注意适当运动。

## 1.2.2　瘤胃积食

瘤胃积食又称瘤胃滞症,中兽医称为宿草不转,是因前胃收缩力减弱,采食大量难于消化的饲草或容易膨胀的饲料蓄积于瘤胃中,临床表现急性胃扩张,瘤胃容积增大,内容物停滞和阻塞以及整个前胃机能障碍,形成脱水和毒血症的一种严重疾病。本病是牛、羊的多发病,特别是耕牛和奶牛较为常见。

【病因】

瘤胃积食主要是由于采食大量富含粗纤维的饲料,如豆秸、苜蓿、紫云英、花生蔓、稻草、麦秸等,缺乏饮水,难以消化所致。当突然变换可口的饲料,常常造成采食过多,或者由放牧转舍饲,采食难以消化的干枯饲料而发病。长期舍饲的牛、羊,运动不足,影响消化功能,引起本病的发生。

当饲养管理和环境卫生条件差时,受到各种不利因素刺激和影响,如过度紧张、过于肥胖或因中毒与感染等,产生应激反应,也能引起瘤胃积食。

此外在前胃弛缓、创伤性网胃腹膜炎、瓣胃秘结以及皱胃阻塞等病程中,也常常继发瘤胃积食。

【发病机理】

瘤胃积食,通常是在前胃弛缓的基础上发生发展的。由于各种原因,造成神经-体液调节紊乱、瘤胃收缩力减弱,瘤胃陷于进一步的弛缓、扩张乃至麻痹,瘤胃内容物不能正常运转而停滞,内容物消化吸收程序遭到严重破坏,瘤胃内容物发酵、腐败,产生大量气体和有毒物质,瘤胃内菌群失调,革兰氏阳性菌,特别是牛链球菌大量增殖,产生大量乳酸,pH 值降低,腐败产物增多,引起瘤胃炎,进一步导致瘤胃的渗透性增强,引起积液。由于脱水,酸碱平衡失调,碱储下降,神经-体液调节机能更加紊乱,病情急剧恶化;呼吸困难,血液循环障碍,肝脏解毒机能降低,有毒物质被吸收后,引起自体中毒,病畜出现兴奋、痉挛、抽搐、血管扩张、血压下降,循环虚脱,病情更加危重。

【症状】

瘤胃积食常在饱食后数小时内发病,病畜表现腹痛症状,如不安,目光凝视,拱背站立,回头顾腹或后肢踢腹,不断起卧。食欲废绝、反刍停止、虚嚼、磨牙、时而努责,常有呻吟、流涎、嗳气,有时作呕或呕吐。触诊瘤胃,病畜不安,内容物坚实或黏硬,左肷部拳压遗留压迹,有的病例呈粥状;腹部膨胀。腹部听诊,瘤胃蠕动音减弱或消失;肠音微弱或沉寂。病畜便秘,粪便干硬,色暗;间或发生腹泻。排泄淡灰色带恶臭稀便或软便,直肠检查可发现瘤胃扩张、容积增大,充满黏硬的内容物。

病的末期,病情急剧恶化,肚腹胀满,呼吸急促,脉搏加快,皮温不整,四肢、角根及耳冰凉,黏膜发绀,并呈现脱水和心力衰竭症状,陷于循环虚脱状态。

【诊断】

根据病史和临床症状可以确诊。但须与前胃弛缓、急性瘤胃鼓胀、创伤性网胃炎、皱胃阻塞、肠套叠、生产瘫痪等疾病进行鉴别。

【治疗】

本病治疗原则主要是排除瘤胃内容物,恢复瘤胃运动机能,防止脱水与自体中毒。

1.清肠消导,促进前胃蠕动 一般病例,首先绝食,多次灌服温水,并进行瘤胃按摩,每次 5~10 min,每隔 30 min 一次。也可先灌服酵母 250~500 g(或神曲 400 g,食母生 200 片,红糖 500 g),再按摩瘤胃。牛可用硫酸镁(或硫酸钠)300~500 g,液体石蜡(或植物油)500~1 000 mL,鱼石脂 15~20 g,酒精 50~100 mL,常水 6~10 L,一次内服。应用泻剂后,可皮下注射毛果芸香碱或新斯的明,以兴奋前胃神经,促进瘤胃内容物运转与排除。

2.促进反刍,防止自体中毒 可静脉注射10%氯化钠注射液100~200 mL,或者先用1%温食盐水20~30 L洗涤瘤胃后,用10%氯化钙注射液100 mL,10%氯化钠注射液100 mL,20%安钠咖注射液10~20 mL,静脉注射,改善病畜中枢神经系统调节功能,促进反刍,防止自体中毒。病程长的病例,反复洗胃后,可用5%葡萄糖生理盐水注射液2 000~3 000 mL、20%安钠咖注射液10~20 mL,5%维生素C注射液10~20 mL,静脉注射,每日2次,达到强心补液,维护肝脏功能,促进新陈代谢,防止脱水的目的。必要时,接种健畜瘤胃液。

对危重病例,药物治疗效果不佳,病畜体况尚好时,应及早施行瘤胃切开术,取出内容物,并用1%温食盐水冲洗。

3.中兽医疗法 中兽医治以健脾开胃,消食行气,泻下为主。牛用加味大承气汤:大黄60~90 g,枳实30~60 g,厚朴30~60 g,槟榔30~60 g,芒硝150~300 g,麦芽60 g,藜芦10 g,共为末,开水冲调,候温灌服,服用1~3剂。

【预防】

本病的预防,在于加强经常性饲养管理,防止过食突然或变换饲料;耕牛不要劳役过度,避免外界各种不良因素的影响和刺激,保持其健康状态。

### 1.2.3 瘤胃臌气

瘤胃臌气是因反刍动物采食了大量容易发酵的饲料,在瘤胃内微生物的作用下,异常发酵,产生大量气体,引起瘤胃急剧膨胀,膈与胸腔脏器受压迫,呼吸与血液循环障碍,甚至发生窒息现象的一种疾病。临床上以腹围增大,腹痛,血液循环障碍及呼吸困难为特征。瘤胃臌气按病因分为原发性和继发性臌气;按病的性质为分泡沫性和非泡沫性臌气。本病多发生牛和绵羊,山羊少见。夏季放牧的牛羊,偶有成群发生瘤胃臌气的情况。

【病因】

原发性瘤胃臌气是由于反刍动物采食大量容易发酵的饲草、饲料后引起的。泡沫性瘤胃臌气是由于反刍动物采食了大量新鲜的豌豆蔓叶、苕子蔓叶、花生蔓叶、苜蓿、红三叶、紫云英等含蛋白质、皂苷、果胶等物质的豆科牧草或者喂饲较多量的谷物性饲料所致。非泡沫性瘤胃臌气主要是采食幼嫩多汁的青草、沼泽地区的水草等或采食堆积发热的青草、霉败饲草,或者经雨淋、水浸渍、霜冻的饲料、品质不良的青贮饲料等而引起。

继发性瘤胃臌气常继发于食道阻塞、食管痉挛、前胃弛缓、瓣胃阻塞、创伤性网胃炎等疾病。

【发病机理】

健康的反刍动物的瘤胃内容物,在发酵和消化过程中产生二氧化碳、甲烷、硫化氢等,能通过嗳气排出,也有一部分被胃肠吸收,因而使产气和排气之间保持相对平衡,而不发生臌气。如果瘤胃内迅速产生大量气体,超过了正常的排气机能,超量的气体既不能通过嗳气排出,又不能通过胃肠吸收,因而导致瘤胃的急剧扩张和鼓胀。特别是采食了大量含有植物蛋白、皂苷和果胶等黏性物质的饲料或豆科植物中的紫云英、小麦麸、玉米麸、粉状谷物等料时,产生的气泡与食糜混合,不易上升而形成大量的泡沫,阻塞贲门,妨碍嗳气,迅速导致泡沫性臌气的发生和发展。在瘤胃臌气发生发展的过程中,瘤胃过度臌气和扩张,腹内压升高,影响呼吸和血液循环,气体代谢障碍,病情急剧发展和恶化。并因瘤胃内容物发酵、腐败产物的刺激,瘤胃壁痉挛性收缩,引起疼痛不安。病的末期,瘤胃壁紧张力完全消失乃至麻痹,气体排除更加困难,最终导致窒息和心脏麻痹而死亡。

**【症状】**

急性瘤胃臌气,常在采食不久发病,病畜腹部迅速膨大,左肷窝明显突起,严重者高过背中线(图1.1)。腹壁紧张而有弹性,叩诊呈鼓音;瘤胃蠕动音初期增强,常伴发金属音,后减弱或消失。病畜表现不安,回顾腹部,发出吭声。反刍和嗳气停止,食欲废绝,呼吸急促甚至头颈伸展,张口呼吸,呼吸数增至60次/min以上;脉搏增数,可达100次/min以上,心悸。病的后期,心力衰竭,血液循环障碍,静脉怒张,呼吸困难,黏膜发绀;站立不稳,步态蹒跚甚至突然倒地,痉挛、抽搐,因窒息和心脏麻痹而死亡。

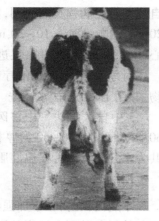

**图1.1 左肷部明显膨胀**

慢性瘤胃臌气,多为继发性因素。常为间歇性反复发作。经治疗虽能暂时消除臌气,但极易复发。

**【诊断】**

本病多因采食易发酵饲料后而发病的病史和病情急剧,肚腹迅速膨胀,血液循环障碍,呼吸极度困难,容易确诊。在临床实践中尚需同前胃弛缓、瘤胃积食、创伤性网胃腹膜炎、食道梗塞等疾病,予以论证和鉴别。

**【治疗】**

本病的治疗以排除瘤胃气体,制止发酵,消除泡沫和恢复瘤胃运动机能为治疗原则。

1.排除瘤胃气体 病情轻的病例,使病畜立于斜坡上,保持前高后低姿势,不断牵引其舌或在木棒上涂煤油或菜油后给病畜衔在口内,同时按摩瘤胃,促进气体排出。急性瘤胃膨气,应迅速排除瘤胃内的气体,可使用胃管插入胃内排气,或使用套管针穿刺瘤胃放气穿刺部位为左侧髋结节与最后肋骨边线的中点,或选用瘤胃隆起最高点穿刺,放气后从套管针筒内注入0.25%普鲁卡用液50~100 mL,青霉素400 mL。

2.制止发酵 为了制止发酵,可内服止酵剂,如鱼石脂15~30g,酒精100 mL,或松节油30~40 mL,来苏尔15~30 mL(牛)等内服。

3.消除泡沫 泡沫性膨气以灭沫为目的,宜采用表面活性药物,如二甲基硅油(牛2~2.5 g,羊0.5~1 g)内服,也可用松节油30~40 mL(羊3~10 mL),液体石蜡500~1 000 mL(羊30~100 mL),常水适量,一次内服,或者用菜籽油(豆油、棉籽油、花生油亦可)300~500 mL(羊30~50 mL),温水500~1 000 mL(羊50~100 mL)制成油乳剂,一次内服,都具有消除泡沫的功能。当药物治疗效果不显著时,应立即施行瘤胃切开术,取出其内容物。

4.恢复胃肠运动 排除胃内容物,可用盐类或油类泻剂。皮下注射毛果芸香碱或新斯的明,促进瘤胃蠕动,有利于反刍和嗳气。此外调节瘤胃内容物pH,可用3%碳酸氢钠溶液洗涤瘤胃。在治疗过程中,应注意全身机能状态,及时强心补液,增进治疗效果。

慢性瘤胃臌气多为继发性瘤胃臌气,除应用急性瘤胃臌气的疗法,缓解鼓胀症状外,必须治疗原发病。

5.中兽医疗法　治以行气消胀,通便止痛为主。牛用消胀散:炒莱菔子15 g,枳实、木香、青皮、小茴香各35 g,玉片17 g,二丑27 g,共为末,加清油300 mL,大蒜60 g(捣碎),水冲服。也可用木香顺气散:木香30 g,厚朴、陈皮各10 g,枳壳、藿香各20 g,乌药、小茴香、青果(去皮)、丁香各15 g,共为末,加清油300 mL,水冲服;针治:脾俞、百会、苏气、山根、耳尖、舌阴、顺气等穴。

【预防】

本病的预防要着重搞好饲养管理。舍饲转为放牧时,应限制放牧时间及采食量。不到雨后或有露水、下霜的草地上放牧。应避免饲喂霉败、易发酵的或磨细谷物制作的饲料。

## 1.2.4　瘤胃酸中毒

瘤胃酸中毒,主要是因过食富含碳水化合物的谷物饲料,于瘤胃内高度发酵产生大量乳酸后引起,临床上消化障碍,瘤胃胀满,神志昏迷,毒血症,脱水和休克状态而死亡为特征的急性代谢性酸中毒。奶牛、肉牛、绵羊、奶山羊,乃至犊牛,都有本病发生。可造成重大经济损失。

【病因】

瘤胃酸中毒主要是采食大量谷物,如大麦、小麦、玉米及甘薯干,特别是粉碎过细的谷物。饲养管理不当,任意加料,或喂料不匀,造成个别牛、羊采食精料过多,采食后饮水,易引起发病。

【发病机理】

过食易发酵的碳水化合物饲料后,2～6 h 内瘤胃微生物群系共生关系即发生显著变化。其中,链球菌、乳酸杆菌等迅速繁殖,充分利用碳水化合物酿成大量乳酸、挥发性脂肪酸和氨等,致使瘤胃 pH 值下降,瘤胃蠕动随着 pH 值下降而减弱以至停止,瘤胃内的正常微生物区系遭到严重破坏。瘤胃内乳酸浓度增高,不仅引起瘤胃炎,而且还能提高瘤胃的渗透压,使液体由血液转向瘤胃而造成脱水和瘤胃积液,甚至造成瘤胃内微生物扩散,损害肝脏和内脏,引起腹膜炎和毒血症。另外,胃肠产生大量的氨经门静脉进入血液,引起血氨升高,血氨对血管有强烈的刺激作用,导致脑组织充血,出现神经症状和交感神经兴奋,随后转为中枢神经抑制而呈现昏迷。

【症状】

最急性的病例,采食后无明显症状突然死亡。急性病例,肚腹胀满,呈现腹痛症状。病畜表现神情恐惧,反刍减退,食欲废绝,流涎、磨牙、虚嚼。瘤胃运动减弱或消失,内容物胀满、黏硬,下痢,粪便呈淡灰色,部分病例的瘤胃膨胀,很少下痢。病畜还具有一定中枢神经系统兴奋症状,如横冲直撞,狂暴不安,甚至企图攻击人、畜。有的病畜甩头,呈游泳样运动。有的病牛视觉障碍,做直奔或转圈运动。随着病情发展,后肢麻痹、瘫痪、卧地不起,头贴地昏睡;角弓反张,眼球震颤。病后期,神志不清,眼睑反射减退或消失,瞳孔对光反射不敏感。皮肤紧缩,血液浓稠,黏膜发绀,呼吸急促,尿量少或无尿,血液碱储降低,pH 值下降,酸度升高,血钙降低,呈现脱水状态。

多数病例体温正常或偏低。少数病例体温升高,有的可达 41 ℃以上。呼吸数每分钟 60~80 次,气喘,甚至呼吸极度困难。心跳疾速,每分钟可达 100 次以上。重剧性病例,病情急剧恶化,心力衰竭,心跳增至每分钟 140 次以上,呈现循环虚脱状态。

【诊断】

瘤胃酸中毒的诊断,应根据过食谷物饲料的病史及其临床病征和实验室检查,病畜瘤胃胀满,中枢神经系统兴奋,卧地不起即可作出正确诊断。但在临床实践中,必须注意与瘤胃积食、皱胃阻塞和变位、急性弥漫性腹膜炎、生产瘫痪、牛酮血症、奶牛妊娠毒血症等疾病予以论证和鉴别。

【治疗】

本病的治疗原则是缓解酸中毒,强心输液,调节电解质,镇静安神,促进前胃运动,增强前胃机能。

1.缓解酸中毒　可用 5%碳酸氢钠溶液 1 000~2 000 mL,静脉注射。每日 1~2 次,可以口服小苏打或石灰水,用氧化镁(氢氧化镁亦可),按 500 kg 体重用 500 g 剂量,加温水 10 L,借助水泵投入瘤胃内,促进乳酸中和与吸附有毒物质。实践证明,先用镇静安神制剂,再用 10%硫代硫酸钠溶液 200 mL,静脉注射效果更好。有的病例,用药后经 30 min 左右,病情稳定,全身症状逐渐好转。

2.强心输液,调节电解质　应用 5%葡萄糖氯化钠注射液 3 000~5 000 mL,20%安钠咖注射液 10~20 mL,40%乌洛托品注射液 40 mL,静脉注射,增强心脏功能,促进血液循环,防止病情恶化。同时还可应用维生素 B$_1$,牛 2~4 g,蒸馏水 20 mL,静脉或肌内注射,也可内服酵母片 50~100 g,以促进丙酮酸氧化脱羧,增强乳酸代谢。出现休克症状时,宜用地塞米松,牛 10~30 mg,羊 2~5 mg,静脉或肌内注射,用 10%葡萄糖酸钙注射液 500 mL,静脉注射,亦具有抗过敏及降低渗透作用。

3.镇静安神　发生神经症状时,安溴注射液 100 mL,静脉注射,具有镇静安神,增强中枢神经系统保护性抑制作用;同时应用 10%维生素 C 注射液 30 mL,肌内注射,增进氧化还原反应。必要时应用甘露醇或山梨醇,按每千克体重 0.5~1 g 剂量,用 5%葡萄糖氯化钠注射液 1:4 比例配制,静脉注射,降低颅内压,防止脑水肿,缓解神经症状。

4.恢复胃肠运动　皮下注射毛果芸香碱或新斯的明,促进瘤胃蠕动,有利于反刍和嗳气。

【预防】

加强饲养管理,饲料搭配要适当,防止过食谷物精料。

## 1.2.5　创伤性网胃炎

创伤性网胃炎是由于金属异物混杂在饲料内,被误食后进入网胃,导致网胃和腹膜损伤及炎症。本病主要发生于舍饲的奶牛和肉牛以及半舍饲半放牧的耕牛,偶尔发生于羊。

【病因】

创伤性网胃炎主要是饲草或饲料内混入尖锐的异物如铁钉、缝针、细铁丝、发针、玻璃碎片等,被牛误食落入网胃内,由于网胃收缩力强,尖锐异物刺伤胃壁,或可刺伤横膈膜、心脏、肺、肝、脾等器官,造成病理损害和炎症。

**【发病机理】**

牛在采食时,不依靠唇采食,迅速用舌卷食饲料,随饲料吞入的异物,先进入瘤胃,而尖锐的金属异物,当瘤胃收缩时,随食糜进入网胃。由于网胃体积小,收缩力强,因此异物很容易刺伤网胃壁而引起创伤性炎症。如果均穿透网胃壁向膈刺入,还可刺伤肺、心包乃至心脏,引起网胃、膈肌、肺、心包乃至心脏的炎症,形成膈疝或肺出血及肺脓肿;若向后则刺伤肝脏、脾脏、瓣胃、肠等器官,并继发细菌感染,可引起这些器官的炎症或脓肿,甚至可导致全身性脓毒败血症。

**【症状】**

发病突然,病初表现食欲减少或废绝,呈现瘤胃收缩力减弱,反刍减少或消失;瘤胃膨胀,胃肠蠕动显著减弱等前胃弛缓症状。病情严重时,病畜不愿走动,走路小心,站立时肘头外展,肘肌纤维性震颤,牵病牛行走时,不愿上下坡、跨沟或急转弯。当强迫其下坡,表现痛苦、呻吟。用手提捏鬐甲部皮肤时,病牛敏感,背部下凹或呻吟,用拳头顶压网胃区时,即剑状软骨左后部腹壁,病牛疼痛,呈现不安,发出痛苦的呻吟,躲避或反抗,回头顾腹(图 1.2)。金属异物穿过网胃,损伤脏器和腹膜,病畜全身症状明显,体温升高至 40~41 ℃,脉率增快至 90~140 次/min,呼吸数可达 40~80 次/min。伤及心包时,在病的前期或心包渗出液少时,可听到心包摩擦音;其后由于心包渗出液增多时而呈现心包拍水音,由于静脉淤血,病畜静脉怒张,胸下、颌下及胸前等处发生水肿。

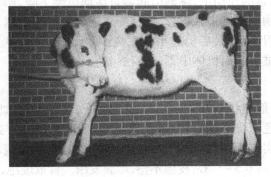

图 1.2　牛创伤性网胃炎腹痛——回头顾腹

实验室检查:病的初期,白细胞总数升高,可达 $11×10^9 ~ 16×10^9$/L;嗜中性粒细胞增至 45%~70%、淋巴细胞减少至 30%~45%,核左移。慢性病例,血清球蛋白升高,白细胞总数中度增多,嗜中性粒细胞增多,单核细胞持久地升高达 5%~9%,缺乏嗜酸性粒细胞。

**【诊断】**

创伤性网胃腹膜炎,通过临床症状,网胃区的叩诊与强压触诊检查,金属探测器检查、药物治疗无效可作出诊断。应与前胃弛缓、酮病、背部疼痛等疾病进行鉴别。

**【治疗】**

治疗原则是及时摘除异物,抗菌消炎,恢复胃肠功能。

本病治疗根本方法是及早施行瘤胃切开术,伸入网胃取出金属异物,或用金属异物摘除器从网胃中吸取胃中金属异物或投服磁铁笼,以吸附固定金属异物;同时应用抗生素(如青霉素、四环素等)与磺胺类药物;补充钙剂,控制炎症和加速创伤愈合。抗生素治疗必须持续

3~7 d 以上,以确保控制炎症和防止脓肿的形成。若发生脱水时,可进行输液。

【预防】

防止金属异物混杂在饲料中,远离工矿区、建筑工地、垃圾堆放牧,仔细检查喂牛草料和精料。

### 1.2.6 瓣胃阻塞

瓣胃阻塞又称瓣胃秘结,中兽医称为百叶干,主要是因前胃弛缓,瓣胃收缩力减弱,瓣胃内容物滞留,水分被吸收,致使瓣胃秘结且扩张的疾病。本病常见于牛。

【病因】

因长期饲喂甘薯或花生蔓、青干草、豆秸等含坚韧粗纤维的饲料或饲喂糠麸、粉渣、酒糟等,或含有泥沙的饲料,均可能导致瓣胃阻塞的发生。

放牧转为舍饲或突然变换饲料,饲养不正规,饲料中缺乏蛋白质、维生素以及微量元素,喂后饮水不足以及缺乏运动等都可引起本病发生。

继发于前胃弛缓、瘤胃积食、皱胃阻塞、皱胃变位、皱胃溃疡、生产瘫痪、黑斑病甘薯中毒和血液原虫病等疾病。

【发病机理】

在上述各种致病因素的作用下,逐渐引起瓣胃运动机能下降,瓣胃内容物不能将完全向皱胃排空,但网胃内容物仍继续进入瓣胃,致使瓣胃内容物堆积阻塞,水分逐渐被吸干,其内容物变得干硬,压迫瓣胃小叶,最后引起小叶发炎、坏死或瓣胃麻痹。停滞的内容物腐败分解,所产生的有毒物质被吸收而机体中毒,全身症状恶化。

【症状】

本病除前胃弛缓一般症状外,还有排粪减少,粪便干硬,色黑,似如算盘珠状;粪便表面附有黏液,粪球切开颜色深浅不均,且分层明显,中后期完全停止排粪。鼻镜干燥,龟裂,口色赤干,触诊瓣胃呈坚实感;病畜疼痛不安,磨牙,呻吟,躲闪,听诊蠕动音极弱或消失。晚期病例,精神沉郁,体温升高 0.5~1 ℃,皮温不整,结膜发绀。食欲废绝,排粪停止或排出少量黑褐色藕粉样恶臭黏液。尿量减少,呈黄色或无尿。呼吸急促,心悸,脉率可达 100~140 次/min,脉搏节律不齐,毛细血管再充盈时间延长,体质虚弱,卧地不起。直肠检查:直肠内空虚,有黏液,并有少量暗褐色粪便附着于直肠壁。

【诊断】

根据病史、临床症状及结合瓣胃检查,可以确诊。

【治疗】

治疗原则是软化瓣胃内容物,增强瓣胃收缩力和恢复前胃的运动机能。

1.软化瓣胃内容物 可服硫酸钠(400~500 g)或液体石蜡(或植物油)1 000~2 000 mL 等泻剂,或瓣胃穿刺一次注入 10%硫酸钠溶液 2 000~3 000 mL,液体石蜡(或甘油)300~500 mL,普鲁卡因 2 g,盐酸土霉素 3~5 g。依据临床实践,在确诊后施行瘤胃切开术,用胃管插入网瓣孔,冲洗瓣胃,效果较好。

2.促进前胃运动 软化瓣胃内容物同时,皮下注射新斯的明或毛果芸香碱,或用 10%氯化钠溶液 100~200 mL,安钠咖注射液 10~20 mL,静脉注射,以增强前胃神经兴奋性,促进前胃内容物运转与排除。

3.防止脱水和自体中毒　及时输糖补液,缓和病情,应用5%葡萄糖生理盐水注射液 1 000~20 000 mL、5%碳酸氢钠注射液 40~120 mL,静脉注射,每日 1~2 次。同时应用庆大霉素、链霉素等抗生素。

4.中兽医疗法　瓣胃阻塞中兽医称为百叶干,治以养阴润胃、清热通便为主。宜用藜芦润肠汤:藜芦、常山、二丑、川芎各 60 g,当归 60~100 g,水煎后去渣,加滑石 90 g,液体石蜡 1 000 mL,蜂蜜 250 g,一次内服。

【预防】

应加强护理,避免长期应用混有泥沙的糠麸、糟粕饲料喂养,同时注意适当减少坚硬的粗纤维饲料;注意补充蛋白质与矿物质饲料;充分饮水,给予青绿饲料,发生前胃弛缓时,应及早治疗,以防止发生本病。

### 1.2.7　皱胃阻塞

皱胃阻塞是由于迷走神经调节机能紊乱或受损,导致皱胃弛缓,内容物滞留,胃壁扩张而形成阻塞。临床上以严重消化机能障碍,瘤胃积液,脱水和自体中毒为特征。本病常见于黄牛、水牛和奶牛。

【病因】

原发性皱胃阻塞是由于冬春缺乏青绿饲料,长期饲喂谷草、麦秸、玉米稿秆等粗硬且种类单一的饲料;或者饲草铡碎及添加磨碎的谷物精料;或饲养失调,饮水不足;或舔食破布、塑料薄膜甚至食入胎盘等异物,均可发生皱胃阻塞。临床上牛采食过量酒糟也可发生此病。

继发性皱胃阻塞多继发于前胃弛缓、创伤性网胃腹膜炎、皱胃溃疡、皱胃炎,小肠秘结等疾病。

【发病机理】

上述各种饲养管理不良因素的刺激下,反射性地引起幽门痉挛、皱胃壁弛缓和扩张,或者因皱胃炎、皱胃溃疡、幽门部狭窄、胃肠道运动障碍,胃内容物积滞于皱胃内,形成阻塞。由于皱胃阻塞,氯离子和氯化物不断被分泌进入皱胃,致使皱胃弛缓、碱中毒和低氯血症。由于液体不能通过皱胃进入小肠而被吸收,因而发生不同程度的脱水。皱胃中钾离子聚集导致低钾血症。

【症状】

病初,呈现前胃弛缓症状,食欲、反刍减退,鼻镜干裂,便秘。随着病情发展,食欲废绝,反刍停止,瘤胃蠕动音减弱,瓣胃音低沉,腹围显著增大,瘤胃内容物充满或积有大量液体,常呈现排粪姿势,排出少量糊状、棕褐色的恶臭粪便,混有黏液或紫黑色血丝和血凝块;尿量少、黄而浓稠,具有强烈的臭味;肋骨弓的后下方皱胃区作冲击式触诊,则病牛有躲闪、蹴踢或抵角等敏感表现;听诊同时手指轻轻叩击左侧倒数第 1~5 肋骨或右侧倒数第 1、2 肋骨,即可听到类似叩击钢管的金属音。直肠检查:直肠内有少量粪便和成团的黏液,混有坏死黏膜组织。实验室检查:皱胃液 pH 值为 1~4;瘤胃液 pH 值多为 7~9,病的末期,病牛精神极度沉郁,虚弱,皮肤弹性减退,鼻镜干燥,眼窝凹陷;结膜发绀,舌面皱缩,血液黏稠,心率

100次/min以上,呈现严重的脱水和自体中毒症状。

【诊断】

根据右腹部皱胃区膨隆,结合叩诊与肋骨弓进行听诊,呈现类似叩击钢管的金属音。皱胃穿刺测定其内容物的pH值为1~4,即可确诊。但须与前胃疾病、皱胃变位、肠变位等疾病进行鉴别。

【治疗】

治疗原则是促进皱胃内容物排除,防腐止酵,防止脱水和自体中毒。

1.排除皱胃内容物,防腐止酵　可用硫酸钠300~400 g、液体石蜡(或植物油)500~1 000 mL、鱼石脂20 g、酒精50 mL、常水6~10 L内服。皱胃注射25%硫酸钠溶液500~1 000 mL,液体石蜡500~1 000 mL,乳酸8~15 mL或皱胃注射生理盐水1 500~2 000 mL。

2.兴奋胃肠机能,强心,防止脱水和自体中毒　在病程中,可应用10%氯化钠溶液200~300 mL,20%安钠咖溶液10 mL,静脉注射。当发生自体中毒时,发生脱水时,应根据脱水程度和性质进行输液,通常应用5%葡萄糖生理盐水2 000~4 000 mL,20%安钠咖注射液10 mL,40%乌洛托品注射液30~40 mL,5%碳酸氢钠注射液40~120 mL,静脉注射。用10%维生素C注射液30 mL,肌内注射。此外可适当地应用抗生素或磺胺类药物,防止继发感染。

3.中兽医疗法　以宽中理气,通便下泻为主。早期病例可用加味大承气汤,或大黄、郁李仁各120 g,牡丹皮、川楝子、桃仁、白芍、蒲公英、二花各100 g,当归160 g,一次煎服,连服3~4剂。如积食过多,可加川朴80 g,枳实140 g,莱菔子140 g,生姜150 g。

【预防】

加强饲养管理,按合理的日粮饲喂,注意粗饲料和精饲料的调配,清除饲料中异物。

### 1.2.8　皱胃变位

皱胃的正常解剖学位置改变,称为皱胃变位。绝大多数病例是左方变位,即是皱胃通过瘤胃下方移到左侧腹腔,置于瘤胃和左腹壁之间。临床上以消化障碍,叩诊结合听诊变位区,可听到类似叩击钢管的金属音为特征。高产奶牛的发病率高,发病高峰在分娩后6周内。

【病因】

皱胃左方变位的确切病因目前仍然不清楚,可能与下列因素有关:

1.饲养不当　日粮中含谷物,如玉米等易发酵的饲料较多以及喂饲较多的含高水平酸性成分饲料,促进变位的发生。

2.一些营养代谢性疾病或感染性疾病　如酮病、低钙血症、生产瘫痪、牛妊娠毒血症、子宫炎、乳房炎、胎膜滞留和消化不良等,均可诱发皱胃变位。

【症状】

食欲减退,病畜表现精神沉郁,轻度脱水,若无并发症,其体温,呼吸和脉率基本正常。通常排粪量减少,呈糊状,深绿色。从尾侧视诊可发现左侧肋弓突起,若从左侧观察肋弓突出更为明显;瘤胃蠕动音减弱或消失。在左侧肩关节和膝关节的连线与第11肋间交点处听诊,能听到与瘤胃蠕动时间不一致带金属音调的流水音。在听诊左腹部的同时进行叩诊,可听到高亢的类似叩击钢管的铿锵音。在左侧肋弓下进行冲击式触诊时听诊,能听到真胃内液体的振荡音。严重病例的皱胃鼓胀区域向后超过第 13 肋骨,从侧面视诊可发现肷窝内有半月状突起。犊牛的皱胃左方变位,表现为慢性或间歇性臌气。直肠检查:可发现瘤胃背囊明显右移和左肾出现中度变位。有的病牛可出现继发性酮病,表现出酮尿症、酮乳症,呼出气和乳中带有酮味。

**【诊断】**

在听诊与叩诊结合听到砰砰声,穿刺检查,穿刺液呈酸性反应(pH 值为 1~4),棕褐色,缺乏纤毛虫,可作出明确诊断。

**【治疗】**

目前治疗皱胃左方变位的方法有药物与滚转相结合的保守疗法与手术疗法。

1.保守疗法 可口服缓泻剂与制酵剂,应用促反刍药物和拟胆碱药物,以促进胃肠蠕动,加速胃肠排空。同时可进行滚转法,其步骤为:牛右侧横卧 1 min,然后转成仰卧 1 min,随后以背部为轴心,先向左滚转 45°,回到正中,再向右滚转 45°,再回到正中;如此来回地向左右两侧摆动若干次,每次回到正中位置时静止 2~3 min,此时真胃往往"悬浮"于腹中线并回到正常位置。

此外还应静脉注射钙剂和口服氯化钾。治疗后,让动物尽可能地采食优质干草,以增加瘤胃容积,从而达到防止左方变位的复发和促进胃肠蠕动。

2.手术治疗法 当保守疗法无效时,必须进行手术复位。其方法为:在左腹部腰椎横突下方 25~35 cm,距第 13 肋骨 6~8 cm 处,作垂直切口,导出皱胃内的气体和液体。然后,牵拉皱胃寻找大网膜,将大网膜引至切口处,用长约 1 m 的肠线,一端在真胃大弯的大网膜附着部作一褥式缝合;带有缝针的另一端放在切口外备用。纠正皱胃位置后,右手掌心握着带肠线的缝针,紧贴左内腹壁伸向右腹底部,并按助手在腹壁外指示真胃正常体表位置处,将缝针向外穿透腹壁,由助手将缝针拔出,慢慢拉紧缝线。然后,缝针从原针孔刺入皮下,距针孔 1.5~2.0 cm 处穿出皮肤,引出缝线,将其与入针处留线在皮肤外打结固定,剪去余线;腹腔内注入青霉素和链霉素溶液,缝合腹壁。

**【预防】**

合理配合日粮,以满足动物的各种营养需要量;对发生乳房炎或子宫炎、酮病等疾病的病畜及时治疗。

# 任务 1.3 胃肠疾病

**学 习 目 标**

1.会诊断胃肠卡他、胃肠炎、肠便秘。

2.会治疗胃肠卡他、胃肠炎、肠便秘等胃肠疾病。

3.能运用所学知识与技能对胃肠道疾病提出综合防治措施,提高养殖场效益。

### 1.3.1　胃肠卡他

胃肠卡他是胃肠黏膜表层的炎症,并伴有胃肠运动、分泌、吸收等消化机能障碍的疾病。动物临床上常表现以胃卡他或肠卡他为主的不同症状,有急性和慢性之分。

**【病因】**

原发性胃肠卡他的病因主要是饲养管理不当引起的,如突然变换草料或喂料过多,或者过度饥饿后贪食,咀嚼不全;饲喂冰冻饲草;饲喂霉败的草料或饲草过于粗硬;误食有毒植物、真菌毒素等有毒物质;刺激性、腐蚀性药物剂量过大或浓度过高;饮水不足或不洁;重役后立即饲喂或饲喂后立即重役;淋雨、受寒或厩舍潮湿等等,均能导致胃肠卡他的发生。

继发性胃肠卡他,常继发于营养代谢性疾病、某些传染病、胃肠寄生虫病及肝、心、肾、肺等脏器疾病。

**【发病机理】**

各种致病因素作用于胃肠黏膜,或胃肠道血液供应的平衡发生紊乱,肠胃黏膜屏障机能发生紊乱,消化液和酶分泌、活动的改变,导致消化机能改变,引起消化不良。

消化机能的障碍,消化不全的产物、细菌、毒素、炎性产物在肠内积聚,并不断地腐败发酵,刺激胃肠,胃肠蠕动增强,引起腹泻。这种腹泻在一定程度上是起保护作用的,因为腹泻把大量的有毒物质排出体外,减少了有毒物质的吸收。但是,腹泻会引起体液、电解质丢失,导致不同程度的脱水和酸中毒。

消化不良,机体的营养物质消化不全,不能很好地吸收利用,病畜表现贫血,消瘦,衰弱等症状。

**【症状】**

胃肠卡他的症状依病变部位不同,表现不一样,有的以胃卡他为主,有的以肠卡为主,变为慢性病例病畜症状有异。

1.以胃机能紊乱为主的胃肠卡他症状

(1)急性。精神沉郁,食欲减退,有时出现异嗜;口臭,舌面被覆舌苔,肠音减弱,粪球干小、色深,表面被覆少量黏液,粪便有未消化的饲料。结膜黄染。体温有轻微升高。

病猪精神委顿,喜钻入垫草中,常见呕吐现象或逆呕动作。食欲减退或废绝,但饮水增加,饮水后又复呕吐。尿色深黄,往往出现便秘,体温升高等症状。

(2)慢性。病畜食欲不定或始终减少;有时有异嗜,逐渐瘦弱,可视黏膜苍白稍带黄色。口黏膜干燥或蓄积黏稠唾液,有舌苔、口臭。肚腹紧缩,排便迟滞,粪球表面有黏液。有下痢或腹痛症状。有时好转,有时增剧,不少病例,伴发慢性贫血。

2.以肠机能紊乱为主的胃肠卡他症状

(1)急性。临床上以下痢为主要症状。在严重下痢和伴有腹痛时多停止采食,常发微热。

马属动物肠卡他,分为酸性肠卡他和碱性肠卡他两种。

酸性肠卡他。病畜食欲减退;可视黏膜有轻度黄染;肠音增强,排便频繁,粪便稀软或水样,内含黏液,有酸臭味。患畜易出汗和疲劳,往往呈现肠臌气与肠痉挛。胃液检查:胃液酸度增高。尿液检查:尿呈酸性反应,含有少量尿蓝母。血液检查:淋巴细胞增多。

碱性肠卡他。病畜食欲减退或废绝,口腔干燥。便秘,粪干色暗,有腐败臭味。尿液检查:尿中有多量的尿蓝母。血液检查:嗜中性粒细胞增多。

(2)慢性。精神不振,食欲不定,异嗜。逐渐瘦弱;被毛逆立无光泽,可视黏苍白。便秘与腹泻交替发生。

猪肠卡他常并发或继发于胃卡他。以肠机能紊乱为主的胃肠卡他的症状是下痢,腹部紧缩,重病猪,排水样粪便,次数增多,出现严重脱水症状。有的呈现里急后重的症状,甚至出现直肠脱出。

**【病程及预后】**

轻症的患畜,病程短,经治疗可痊愈。病因不排除,治疗不合理,病情常恶化,继发胃肠炎。

**【治疗】**

治疗原则是除去病因,加强护理,清理胃肠,制止腐败发酵,调整胃肠机能。

1.找出病因　首先找出发病原因,并除去病因,病初禁食或减饲 1~2 d,然后给予优质易消化的草料。病愈后,逐渐转为正常饲喂。

2.清理胃肠　可应用盐类泻剂(硫酸钠或硫酸镁)。马、骡 200~500 g,制成 6% 水溶液,加鱼石脂或克辽林 15~20 g,一次投服。猪,20~50 g(每千克体重 1 g),制成 6% 溶液灌服。

细菌性或病毒等因素引起的胃肠卡他,为了防止病势发展或继发感染,可选用磺胺脒、庆大霉素、痢菌净、氟哌酸等抗菌药物。

3.调整胃肠机能　以胃机能紊乱为主的胃肠卡他,多在清理胃肠基础上,酌情给予稀盐酸(马、骡 10~30 mL,猪 2~10 mL),可混在饮水中自行饮服,每日 2 次,5~7 d 为一疗程。同时内服苦味酊、龙胆酊等苦味健胃剂,可增强胃肠蠕动,促进胃液分泌。马属动物的酸性肠卡他,用 0.5%~2% 碳酸氢钠溶液 5 000~6 000 mL 灌肠;碱性肠卡他,多用油类泻剂,也可静脉注射 10% 高渗盐水 250~300 mL。

4.中兽医疗法　中药对胃肠卡他的治疗,也有一定疗效。

中药可灌服消导健脾散(本方剂适用以肠卡他为主的胃肠卡他,芒硝 70 g,麻仁、大黄、白术、枳壳、茯苓、郁李仁、神曲、山楂、麦芽各 35 g,陈皮、知母各 20 g,甘草 10 g)或平胃散(适用以胃卡他为主的胃肠卡他,苍术 30 g,厚朴 30 g,陈皮 30 g,三仙 90 g,干姜 15 g,炙甘草 15 g)。慢性胃肠卡他,中药可灌服加味理中汤(白术 70 g、党参、茯苓各 35 g,甘草 20 g,干姜 20 g)。共为末,开水冲服。

**【预防】**

加强饲养管理,保证饲料质量和饮水清洁;厩舍卫生、干燥;定期驱虫,保证家畜的健康。

### 1.3.2　胃肠炎

胃肠炎是胃肠壁表层和深层组织的重剧炎症。临床上以胃肠机能障碍和自体中毒为特征。胃肠炎按病程经过分为急性胃肠炎和慢性胃肠炎;按炎症性质分为黏液性胃肠炎、出血性胃肠炎、化脓性胃肠炎、纤维素性胃肠炎。胃肠炎是各种畜禽常见的多发病,尤其以马、牛、猪和犬最为常见。

【病因】

原发性胃肠炎的病因与急性胃肠卡他基本相同,其致病作用强烈,作用时间持久。此外滥用抗生素,一方面细菌产生抗药性;另一方面,在用药过程中造成肠道的菌群失调引起二重感染,如犊牛、幼驹在使用广谱抗生素治愈肺炎后不久,由于胃肠道的菌群失调而引起胃肠炎。

继发性胃肠炎,常继发于急性胃肠卡他、肠便秘、肠变位、幼畜消化不良、化脓性子宫炎、瘤胃炎、创伤性网胃炎,也继发于如牛瘟、牛结核、牛副结核、羔羊出血性毒血症、猪瘟、猪副伤寒、鸡新城疫、鸭瘟等传染病,猪球虫等寄生虫病。中毒病也能导致胃肠炎的发生。

【发病机理】

致病因素的强烈刺激,机体抵抗力下降,尤其是胃肠的结构和屏障机能被破坏,使胃肠道发生不同程度的病理变化,如充血、出血、渗出、化脓、坏死、溃疡等,导致胃肠炎的发生,炎症的出现。胃肠壁上皮细胞的损伤和脱落以及蠕动增强,严重影响胃肠道内食物的消化和吸收;消化道内的内容物分解异常,其产物进一步刺激胃肠壁,并使粪便恶臭。肠蠕动加强,分泌增多,引起剧烈腹泻;剧烈腹泻,导致大量胃肠液丢失,$K^+$、$Na^+$丢失增多,液体在大肠段的重吸收作用降低或丧失而引起脱水、电解质丢失及酸碱平衡紊乱;由于黏膜肿胀,胆管被阻塞、胆汁不能顺利排入肠道,细菌得以大量繁殖,产生毒素,加之黏膜受损,可将毒素及肠内的发酵、腐败产物吸收入血液,引起自体中毒。慢性胃肠炎,由于结缔组织增生,贲门腺、胃底腺、幽门腺和肠腺萎缩,分泌机能和运动机能减弱,引起消化不良、便秘及肠臌气。

【症状】

急性胃肠炎,病畜精神沉郁,食欲减退或废绝,体温升高,心率增快,呼吸加快,眼结膜暗红或发绀。口腔干燥,口臭;腹泻,粪便稀呈粥样或水样,腥臭,粪便中混有黏液、血液、脱落的黏膜组织或脓液。有腹痛症状。反刍动物的嗳气、反刍减少或停止,鼻镜干燥。病的初期,肠音增强,随后逐渐减弱甚至消失;当炎症波及直肠时,排粪呈现里急后重;病至后期,肛门松弛,排粪呈现失禁自痢。出血性胃肠炎时,伴有腹痛,排出少量暗红酱样腥臭的粪便,潜血检查呈阳性。纤维素性胃肠炎,在腹泻时,排出大量膜状索状或筒状黄白色纤维素膜块。病畜出现自体中毒时,脉搏微弱甚至脉不感于手,体表静脉萎陷,精神高度沉郁甚至昏睡或昏迷。

发生胃肠炎的病犬表现食欲废绝,呕吐不止,腹泻,粪便混有黏液或血液。如果以胃炎为主的病犬,频频呕吐,呕吐物中有时带血,腹痛。

慢性胃肠炎,病畜精神不振,衰弱,食欲时好时坏,异嗜。便秘与腹泻交替,并有轻微腹痛,肠音不整。体温、脉搏、呼吸常无明显改变。

【治疗】

治疗原则是消除炎症、清理胃肠、预防脱水、维护心脏功能,解除中毒,增强机体抵抗力。

1.抑菌消炎 牛、马一般可灌服0.1%高锰酸钾溶液2 000~3 000 mL。各种家畜可内服诺氟沙星(10 mg/kg),磺胺类药物,或者肌内注射庆大霉素(1 500~3 000 IU/kg)或庆大-小诺霉素(1~2 mg/kg),环丙沙星(2.0~5 mg/kg)等抗菌药物,严重病畜,可采用较大剂量青霉素和链霉素滴注。

2.清理胃肠 在粪干、色暗或便秘时,应采取缓泻。常用液体石蜡(或植物油)500~1 000 mL,鱼石脂10~30 g,酒精50 mL,内服。也可以用硫酸钠100~300 g(或人工盐150~400 g),鱼石脂10~30 g,酒精50 mL,常水适量,内服。在用泻剂时,要注意防止剧泻。当病畜粪稀如水,频泻不止,腥臭气不大,不带黏液时,应止泻。可用药用炭200~300 g(猪、羊10~25 g)加适量常水,内服;或者用鞣酸蛋白20 g(猪、羊2~5 g)、碳酸氢钠40 g(猪、羊5~8 g),加水适量,内服。

3.防止脱水,纠正酸中毒 胃肠炎所引起的脱水是混合性脱水,即水盐同时丧失,先用复方氯化钠注射液或5%葡萄糖生理盐水,大家畜每次以1 500~3 000 mL为宜,小家畜以300~1 000 mL为宜,每天2~4次。在输液过程中加入5%碳酸氢钠300~500 mL或单独静注5%碳酸氢钠1 000~2 000 mL,每日1~2次。如有条件可给病畜输入全血或血浆、血清。

4.对症治疗 为了维护心脏功能,静注时可同时加入10%安钠咖,10~20 mL一并注入。对伴有腹痛,可肌内注射30%安乃近20~30 mL,或10%安痛定10~20 mL,胃肠道出血时,可用10%氯化钙100~150 mL静注。或肌内注射维生素$K_3$10~15 mL。

犬和猫胃肠炎以消炎、补液、解毒为主及对症疗法。输液以青霉素2万~4万IU/kg,生理盐水或5%糖盐水3~5 mL/kg,5%碳酸氢钠3 mL/kg,一次静脉注射。口服补盐液,处方:氯化钠3.5 g,碳酸氢钠2.5 g,氯化钾5 g,葡萄糖20 g,常水1 000 mL。出血性胃肠炎可应用止血药。

5.中兽医疗法 中兽医称肠炎为肠黄,治则以清热解毒、消黄止痛、活血化淤为主。宜用郁金散(郁金36 g,大黄50 g,栀子、诃子、黄连、白芍、黄柏各18 g,黄芩15 g)或白头翁汤(白头翁72 g,黄连、黄柏、秦皮各36 g)。

【预防】

搞好饲养管理工作,不用霉败饲料喂家畜,不让动物采食有毒物质和有刺激、腐蚀的化学物质;防止各种应激因素的刺激;搞好畜禽的定期预防接种和驱虫工作。当病畜4~5 d未吃食物时,可灌炒面糊或小米汤、麸皮大米粥。开始采食时,应给予易消化的饲草、饲料和清洁饮水,然后逐渐转为正常饲养。

### 1.3.3 幼畜消化不良

幼畜消化不良是哺乳期幼畜胃肠消化机能障碍的统称,以消化机能障碍和不同程度的腹泻为特征。根据临床症状和疾病经过,分为单纯性消化不良和中毒性消化不良两种,单纯性消化不良,主要表现为消化与营养的急性障碍和轻微的全身症状;中毒性消化不良,主要呈现严重的消化障碍、明显的自体中毒和重剧的全身症状。本病具有群发特点。犊牛、羔羊、仔猪最为多发,幼驹亦有发生。

【病因】

1.妊娠母畜的饲养不良 妊娠后期,母畜饲料中营养物质不足,或患乳房炎以及其他慢性疾病时,母畜初乳中营养物质缺少,存在各种病理产物和病原微生物,极易发生消化不良。

2.饲养管理及护理不当 新生幼畜不能及时吃到初乳或哺食量不够,人工哺乳不定时、不定量,均可妨碍正常消化机能活动。畜舍卫生不良、潮湿,拥挤或气候变化等一些应激因素,也是引起幼畜消化不良不可忽视的因素。

3.自体免疫因素 近年来,一些学者认为,母畜初乳中含有与消化器官及其酶类抗原相应的自身抗体和免疫淋巴细胞时,幼畜食入这种初乳后,发生免疫反应,引起消化不良。

4.中毒性消化不良 其病因多半是由于对单纯性消化不良的治疗不当或治疗不及时,导致肠内容物发酵、腐败,所产生的有毒物质被吸收或是微生物及其毒素的作用,而引起自体中毒的结果。

【发病机理】

幼畜出生后的一段时间,大脑皮层的活动机能不健全,消化器官发育不完全,机能不完善。此期消化能力及杀菌作用弱。肠黏膜极易损伤,致使肠内毒素容易被吸收,同时肝脏的屏障和解毒机能微弱,使许多毒物不能被中和解毒。因此,当幼畜机体遭受不良因素的作用时,则破坏了哺乳幼畜的消化适应性。母乳或饲料进入胃肠后,不能进行正常的消化,而发生异常分解。产生大量有机酸于肠道内,酸碱平衡紊乱,肠道发酵菌和腐败菌异常增殖,发酵和腐败产物增多,强烈刺激肠黏膜,导致肠道的分泌、蠕动和吸收机能障碍,而发生腹泻。腹泻使机体丧失大量水分和电解质,引起机体脱水,血液浓缩,循环障碍,进而影响心脏的活动机能。肠内容物异常发酵、腐败,有毒产物和细菌毒素通过肠黏膜,进入血液,到肝脏,破坏肝脏屏障和解毒机能而发生自体中毒,引起中毒性消化不良,使中枢神经系统机能紊乱。

【症状】

1.单纯性消化不良 病畜有腹痛现象,精神不振,喜躺卧,食欲减退或废绝,体温一般正常或偏低。腹泻,犊牛多排粥样稀粪,粪便为深黄色或暗绿色;有的呈水样。仔猪的粪便呈淡黄色稀薄,含有泡沫状黏液,有的呈灰白色或黄白色干酪样;幼驹、羔羊的粪便混有气泡和白色小凝块,呈灰绿色,粪便带酸臭气味,混有小气泡及未消化的凝乳块或饲料碎片。当腹泻不止时,皮肤弹性下降,被毛蓬乱无光泽等营养不良症状。心音增强,心率增快,呼吸加快。严重时,全身战栗,站立不稳。

2.中毒性消化不良 病畜体温升高,精神沉郁,食欲废绝,全身无力,躺卧于地。腹泻,频排水样稀粪,粪内含有大量黏液和血液,并呈恶臭或腐败臭气味。持续腹泻时,则肛门松弛,排粪失禁自痢。严重时,对刺激反应减弱,有时出现短时间痉挛。心音减弱,心率增快,呼吸浅快。病至后期,体温多突然下降,四肢及耳尖、鼻端厥冷,终至昏迷而死亡。

【治疗】

本病以加强护理,改善卫生条件,减轻胃肠负担,抑菌消炎,防止肠道感染为治疗原则。

1.改善饲养管理 加强母畜的饲养管理,将患病幼畜转移到干燥、温暖、清洁的畜舍或畜栏内;改善哺乳母畜环境。

2.减轻胃肠负担 对腹泻不严重的病畜,可应用油类泻剂或盐类泻剂进行缓泻,缓解胃肠道的刺激作用。可施行饥饿疗法,绝食(禁乳)8~10 h,此时可饮盐酸水溶液(氯化钠5 g,33%盐酸1 mL,凉开水1 000 mL),犊牛、幼驹250 mL,每日3次;羔羊、仔猪酌减。可给予稀释乳或人工初乳(鱼肝油10~15 mL、氯化钠10 g、鲜鸡蛋3~5个、鲜温牛乳1 000 mL,混合搅拌均匀)。为促进消化可给予胃液、人工胃液或胃蛋白酶。人工胃液(胃蛋白酶10 g,稀盐酸5 mL,常水1 000 mL,加适量的维生素B或维生素C),犊牛、幼驹30~50 mL,羔羊、仔猪10~30 mL,灌服。胃液可采自空腹时的健康马或牛,犊牛、幼驹30~50 mL/次,每日1~3次,于喂饲前 20~40 min 给予;以预防为目的时,可于出生后 2 h 内给予。制止肠内发酵、腐败过程,可选用乳酸、鱼石脂等防腐制酵药物,当腹泻不止时,可选用明矾、鞣酸蛋白、活性炭等药物。

3.抑菌消炎,防止肠道感染　特别是对中毒性消化不良的幼畜,可肌内注射链霉素(10 mg/kg)或卡那霉素(10~15 mg/kg),庆大霉素(1 500~3 000 IU/kg),痢菌净(2~5 mg/kg)。内服磺胺脒(0.12 g/kg),磺胺-5-甲氧嘧啶(50 mg/kg)、诺氟沙星(10 mg/kg)等抗微生物药物。

4.防止机体脱水,保持水盐代谢平衡　发病初期,可应用 10% 葡萄糖注射液或 5% 葡萄糖生理盐水注射液,幼驹、犊牛 200~500 mL,羔羊、仔猪 50~100 mL,静脉或腹腔注射。或应用由蒸馏水 1 000 mL,氯化钠 8.5 g,氯化钾 0.2~0.3 g,氯化钙 0.2~0.3 g,氯化镁 0.2~0.25 g,碳酸氢钠 1 g,葡萄糖粉 10~20 g,安钠咖 0.2 g,青霉素 80 万单位组成的平衡液,静脉注射。首次量 1 000 mL,维持量 500 mL(制备时,碳酸氢钠和青霉素不宜煮沸)。也可给幼畜饮用生理盐水,犊牛、幼驹 500~1 000 mL,羔羊、仔猪 50~100 mL,每日 5~8 次。犊牛和幼驹还可应用 5% 葡萄糖生理盐水注射液 250~500 mL、5% 碳酸氢钠注射液 20~60 mL,静脉注射,每日 2~3 次。

【预防】

保证妊娠后期母畜获得充足的营养物质,改善母畜的卫生条件,注意幼畜护理。

## 1.3.4　肠便秘

肠便秘是由于肠运动和分泌机能降低,肠内容物停滞,阻塞于某段肠腔而引起的以腹痛、排粪迟滞为主征的一种疾病,本病多发生于黄牛、水牛、猪,乳牛较少见。病变部位多见于十二指肠、小肠和盲肠。临床症状及病程因其便秘部位不同而有很大差异,治疗方法也不尽相同。

【病因】

牛肠便秘通常由于长期饲喂粗硬难消化的饲料如甘薯藤、豆秸、花生秸、棉秆和稻草等所致。新生犊牛也可因分娩前的胎粪积聚,以致在出生后发现肠便秘。母畜临近分娩时,因直肠麻痹,容易导致直肠便秘。

猪的肠便秘通常是由于饲喂谷糠、酒糟或大量黏稠粉状饲料而又饮水不足引起,或由青料突然改喂粉料,因而导致胃肠不适,也会引起本病。

【发病机理】

由于上述含纤维素的粗硬饲料最先是刺激肠管使之兴奋,以后引起肠运动和分泌机能减退,最后引起肠弛缓与肠积粪。

【症状】

病初食欲、反刍减少,以后逐渐废绝,瘤胃及肠音微弱,瘤胃轻度臌气,腹痛是轻微的,但可呈持续性;病牛两后肢交替踏地,呈蹲伏姿势;或后肢踢腹;拱背,努责,呈排粪姿势。腹痛增剧以后,常卧地不起。病程延长以后,腹痛减轻或消失,卧地和厌食,反刍停止。鼻镜干燥,结膜呈污秽的灰红色或黄色。通常不见排粪,频频努责时,仅排出一些胶冻样团块。直肠检查,肛门紧缩,直肠内空虚,有时在直肠壁上附着干燥的少量粪屑。病至后期,眼球下陷,目光无神,卧地不起,头颈贴地,最后发生脱水和心力衰竭而死。

猪的肠便秘:腹痛症状不明显,病初排出干硬的小粪球,随后排粪停止。多发生继发性肠臌气,瘦猪和幼猪从腹壁外按压触摸,可触到圆柱状或串珠状结粪块。十二指肠便秘时可出现呕吐。大肠完全秘结时,由于粪球积聚过多,压迫膀胱颈,可能发生尿闭。

【诊断】

牛便秘的特征是腹痛表现,不断努责并排出胶冻样黏液,以及右腹冲击时的振水音,用叩诊器叩诊右腹部可出现明显的金属音调。须与瘤胃积食、皱胃阻塞、瓣胃梗塞进行鉴别诊断。

猪便秘的特征是排粪停止,继发肠臌气和腹部检查时往往触到结粪,可以作出诊断。

【治疗】

早期可以应用镇痛剂,随后作通便、补液和强心治疗。

牛通便治疗是在补液的基础上投予硫酸镁或硫酸钠及皮下注射小剂量新斯的明(0.02 g),灌服硫酸钠 500~800 g,配成 8%浓度,经 3~4 h 再灌服食盐 250 g,水 25 000 mL,10~14 h 就可使便秘通畅。然而,这种疗法必须在便秘确诊的基础上才可进行。结肠便秘还可采用温肥皂水 15 000~30 000 mL 作深部灌肠。对顽固性便秘,可试用瓣胃注入石蜡油 1 000~1 500 mL。补液强心,可用 5%葡萄糖生理盐水 1 000~3 000 mL。加入 20%安钠咖 10~20 mL,静脉注射。

如药物治疗无效时多应尽早施行剖腹术。

猪便秘可采用温肥皂水 1 000~2 000 mL 作深部灌肠,效果很好,必要时可用手指帮助挖出阻塞于直肠内的粪球。也可灌服硫酸钠 100~150 g,配成 5%浓度内服。

【预防】

合理饲养,饲以营养完全的日粮,防止单纯饲喂富含纤维素的饲草,并给以足够的青绿饲料;供给充足的清洁饮水;加强管理,适当运动;定期驱虫。猪饲料搭配合理,不要突然改变饲料。

# 任务 1.4　腹痛性疾病

1.会诊断动物常见腹痛性疾病。

2.会治疗急性胃扩张、肠痉挛、肠变位等腹痛性疾病。

3.能判断腹痛性疾病类型并能准确进行诊断与治疗。

### 1.4.1 腹痛性疾病概论

腹痛综合征指动物对腹腔和盆腔各组织器官内感受器疼痛性刺激发生反应所表现的综合征。腹痛综合征并非独立的疾病,而是许多有关疾病的一种共同的临床表现。

【腹痛分类】

腹痛综合征,包括症候性腹痛、假性腹痛和真性腹痛。

1.症候性腹痛 指的是在肠型炭疽、巴氏杆菌病、沙门氏菌病等传染病,圆形线虫病、蛔虫病等寄生虫病以及腹壁疝、阴囊疝等外科经过中所表现的腹痛。

2.假性腹痛 指的是在急性肾炎、子宫扭转、子宫套叠等泌尿生殖器官疾病乃至肝破裂、胆结石、腹膜炎、胸膜炎等组织器官疾病经过中所表现的腹痛。

3.真性腹痛 指的则是在急慢性胃扩张、肠痉挛、肠膨胀、肠便秘、肠变位、肠结石等胃肠疾病经过中所表现的腹痛。这里介绍的是各种真性腹痛病,即胃肠性腹痛病,对症候性腹痛病和假性腹痛病,只在鉴别上有所涉及。

【腹痛的性质】

依据腹痛发生的因素,腹痛有4种性质,即痉挛性疼痛、膨胀性疼痛、肠系膜性疼痛和腹膜性疼痛4种。

1.痉挛性疼痛 以腹痛呈阵发性,腹痛发作和间歇相交替为特点,是胃肠或泌尿生殖道平滑肌痉挛性收缩所致。见于肠痉挛、肠系膜动脉血栓-栓塞和胎动不安等。

2.膨胀性疼痛 其特点为腹痛呈持续性,间歇期极短或全无,过度膨胀则腹痛反而缓解乃至消失。因胃肠内积聚过量的食物、气体及液体或膀胱积尿,而使脏壁受到过度伸张所致。多见于胃扩张、肠鼓胀等。

3.肠系膜性疼痛 见于各类型肠变位。因肠管位置改变,肠系膜受到挤压牵引所致,其特点是,腹痛持续而剧烈,病马常呈仰卧抱胸或四肢集拢姿势。

4.腹膜性疼痛 腹痛特点是持续沉重而外观稳静,病马常拱腰缩腹,长久站立或侧卧,不愿走动或改变体位,腹膜感受器受炎性刺激所致。见于肠变位后期或胃肠破裂,伴有腹膜炎的腹痛病。

上述4种性质的疼痛,可单独、同时或相继出现于同一腹痛病经过中。

【腹痛的表现和程度】

1.隐微腹痛 腹痛症状不明显。多见于盲肠便秘、肠积砂等。

2.轻度腹痛 疼痛轻微,间歇较长。多见于不全阻塞性大肠便秘和直肠便秘。

3.中等度腹痛 疼痛明显,但不剧烈。多见于完全阻塞性大肠便秘。

4.剧烈腹痛 疼痛剧烈,达到一定的程度,应用镇痛药亦难以控制。见于急性胃扩张、肠系膜动脉血栓栓塞以及各类型变位的早中期。

5.沉重腹痛 病畜外观稳静,肌颤汗出,不滚不闹,鞭打亦不愿站起。见于急性弥漫性腹膜炎、肠变位后期以及胃肠破裂。

### 1.4.2 急性胃扩张

急性胃扩张是马属动物由于一时采食过多,幽门痉挛而使胃急剧扩张而引起的一种急性腹痛病。中兽医称急性胃扩张为大肚结,病死率较高。急性胃扩张按病因分为原发性胃扩张和继发性胃扩张;按内容物性状分为食滞性胃扩张、气胀性胃扩张和液胀性胃扩张(积液性胃扩张)。

【病因】

原发性胃扩张主要是由于采食过量难消化和容易膨胀的饲料如燕麦、大麦、豆类、豆饼、谷物的渣头及稿秆等或采食了易于发酵及发霉、变质的草料而发病。过度劳役后喂饮,饱食后立即使役和突然变换饲料等情况下,更容易发病。

继发性胃扩张,主要继发于小肠阻塞、小肠变位等疾病。

【发病机理】

在病因的作用下,胃黏膜感受器不断受到刺激,反射性地引起胃蠕动和分泌机能增强。随着胃内容物被大量胃液浸泡,食物逐渐膨胀,而发生急性食滞性胃扩张。在微生物作用下产生大量低级脂肪酸、乳酸和气体等。逐渐被阻留在胃内,内容物便加剧了上述变化,间歇性腹痛即转为持续性腹痛,病情逐渐恶化,脱水逐渐加重,胃液过度分泌和体液大量丧失,导致碱中毒。

【症状】

原发性急性胃扩张,常在采食后不久或数小时内突然发病。病畜食欲废绝,精神沉郁,眼结膜发红甚至发绀,嗳气(嗳气时,左侧颈静脉沟部可见到食管逆蠕动波)。有的病畜还表现干呕或呕吐。腹痛,病初多呈轻微间歇性腹痛,很快即发展成剧烈而持续的腹痛,病畜快步急走或向前直冲,急起急卧,卧地滚转,有时出现犬坐姿势。

1.胃管检查　送入胃管后,从胃管排出少量酸臭气体和稀糊状食糜甚至排不出食糜,腹痛症状并不减轻,则为食滞性胃扩张。当送入胃管后,有大量气体从胃管排出,病畜随气体排出而转为安静,则为气胀性胃扩张。

2.直肠检查　在左肾前下方可摸到膨大的胃后壁,触之胃壁紧张而富有弹性,为气胀性胃扩张;当触之胃壁有黏硬感,压之留痕,则是食滞性胃扩张。

3.血液检查　血沉减慢,红细胞压积容量增高,血清氯化物含量减少,血液碱储增多。

继发性胃扩张,在原发病的基础上病情很快转重。其特点是大多数病畜经鼻流出少量粪水;插入胃管后,间断或连续地排出大量具有酸臭气味、淡黄色或暗黄绿色的液体,并混有少量食糜和黏液,其量可达 5~10 L,随着液体的排出,病畜逐渐安静。经一定时间后,又复发。

【病程及预后】

原发性胃扩张,特别是严重的食滞性胃扩张,若治疗不及时,多数在短时间死亡。气胀性胃扩张,病程较短,预后良好。继发性胃扩张,视原发病而异。

【治疗】

采取排除胃内容物、缓解幽门痉挛、镇痛止酵和恢复胃功能为主,补液强心、加强护理为辅的治疗原则。

1.气胀性胃扩张 用胃管排出胃内气体后,经胃管灌入水合氯醛酒精合剂(水合氯醛 15~25 g,酒精 50 mL,福尔马林 10~20 mL,温水 500 mL)或鱼石脂酒精溶液(鱼石脂 15~ 20 g,酒精 80~100 mL、温水 500 mL)。

2.食滞性胃扩张 可进行洗胃,每次灌温水 1~2 L,反复灌吸,直至吸出液基本无酸臭味 时为止。若洗胃效果不满意者,可用液体石蜡 500~1 000 mL,稀盐酸(或乳酸)15~20 mL, 普鲁卡因粉 3~4 g,常水 500 mL,一次灌服。

3.液胀性胃扩张 除及时导出胃内液体外,应以治疗原发病为主。当排出胃内的大量 液体之后,应立即用乳酸 15~20 mL,酒精 100~200 mL,液体石蜡 500~1 000 mL,加水适量, 一次灌服。也可灌服食醋 0.5~1 kg 或酸菜水 1~2 kg。当使用酸性药物治疗不但不能奏效, 反而加重病情时,应改用碱性药物,口服碳酸氢钠 100~200 g、液体石蜡 500~1 000 mL。镇 痛可静脉注射安溴注射液 50~100 mL 或 5%水合氯醛酒精注射液 100~200 mL。

根据病情及时强心补液,维持正常血容量,改善心血管机能,增强机体抗病力。病愈后 应禁食 12~24 h,逐渐恢复到正常饲喂。

## 1.4.3 肠阻塞

肠阻塞又称肠便秘、肠秘结、结症、便秘疝,是马属动物由于肠管运动机能和分泌机能紊 乱,内容物滞留不能后移,致使动物的一段或几段肠管完全或不完全阻塞的一种腹痛病。肠 阻塞按阻塞的部位,分为小肠阻塞和大肠阻塞。常发生于马、骡,驴少见。

【病因】

引起肠阻塞的原因尚不完全清楚,但与下列因素有关:

1.饲喂过多的粗硬饲料 如谷草、花生蔓、糜草等。也有因吞食了异物,如绳、干草网而 阻塞于骨盆曲或横结肠的病例。

2.应激因素 突然改变日粮,可以引起肠内环境急剧改变,致使肠内容物停滞而发生阻 塞。气候突变,在兽医临床上,每当气温下降、降雨、降雪等气候突变的头几天,马骡发生肠 阻塞的病畜增多。

3.饮水不足 当供水不足或久渴失饮,大量出汗等,引起体液不足,进而消化液分泌不 足,肠内容物在某段肠管内滞留,推进困难,水分不断被吸收,内容物越来越硬结,逐渐形成 肠道阻塞。

4.继发因素 老弱病畜采食后咀嚼不充分、牙齿磨灭不整、消化不良、采食后立即使役、 肠道寄生虫侵袭等因素都可成为促使肠阻塞发生的因素。

【症状】

根据不同部位肠阻塞的临床表现,大致可分为共同症状(表 1.1)和特有症状。

表 1.1　肠阻塞的共同表现

| 临床表现 | 完全阻塞 | 不完全阻塞 |
|---|---|---|
| 腹　痛 | 中等度或剧烈 | 隐痛或中等痛 |
| 口　腔 | 24 h 内越来越干 | 始终稍干 |
| 排　粪 | 很快停止 | 多不停止 |
| 肠　音 | 不整齐到减弱至消失 | 极弱甚至消失 |
| 直肠检查 | 除十二指肠第 1、2 段便秘外,皆可摸到硬固的结粪 | 皆可摸到秘结的肠段,蓄粪称捏粉状硬度 |
| 全身症状 | 明显或重剧 | 轻微 |
| 病　程 | 1~2 d 或 3~5 d,常继发胃扩张或肠臌气 | 1~2 周或 3~5 周 |

不同部位肠阻塞的特有症状如下:

1.小肠阻塞　小肠阻塞分为十二指肠阻塞、空肠阻塞和回肠阻塞,病畜表现为发病越快、越重,出现剧烈腹痛,鼻流粪水,颈部食管出现逆蠕动波。直肠检查,可在十二指肠或回肠摸到香肠状或鸭蛋大的秘结粪便。

2.大肠阻塞　大肠阻塞常发生的部位是骨盆曲、小结肠、胃状膨大部和盲肠。前两个部位多为完全阻塞,常在使役后或上槽前突然发病,腹痛中等程度,逐渐加重。饮食欲废绝,口腔干燥,肠音减弱或消失。病初排少量粪球,很快停止排粪,常继发肠鼓胀,一般在病后 10 余小时或更长时间,脱水、自体中毒等全身症状才逐步出现。直肠检查,可在小结肠骨盆曲或左上大结肠等部摸到 1~2 个拳头大的硬固秘结粪块。胃状膨大部和盲肠部阻塞常为不完全阻塞。发病缓慢,腹痛轻微,间歇期长,呈现消化不良症状,且全身症状不明显。直肠检查,可在盲肠或左下大结肠或胃状膨大部摸到膨大的肠段,其中堆积大量如捏粉状硬度的蓄粪。不完全性肠便秘,日久可发展为完全阻塞,其腹痛和全身症状亦随之加重。不完全阻塞由于肠管受压迫而发炎、坏死,导致肠穿孔时,全身症状急剧恶化。直肠便秘多发生于老弱马、骡和驴,腹痛较轻微,仅表现摇尾、举尾,频频作排粪姿势,但排不出粪便。全身无明显变化,有时可继发肠臌气。手入直肠即可确诊。

【诊断】

肠阻塞的诊断根据临床检查,大体上可以推断出疾病性质和发病部位。若确定诊断,必须结合直肠检查,进行综合分析。

【治疗】

根据病情灵活应用"静""通""补""减""护"的治疗原则,做到"急则治其标,缓则治其本",适时的解决不同时期的突出问题。

1."静"即镇痛　兽医临床上常用的药物有 5% 水合氯醛酒精注射( 100~200 mL),安溴注射液( 50~100 mL),20% 硫酸镁注射液( 80~120 mL),30% 安乃近注射液( 20~40 mL),肌内注射。

2."通"即疏通　临床上常将油类与盐类泻剂合并应用。同时,配合应用镇痛剂、止酵剂和酊剂(大黄酊、陈皮酊)。常用配方:硫酸钠200~300 g,液体石蜡500~1 000 mL,水合氯醛15~25g,芳香氨醑30~60 mL,陈皮酊50~80 mL,加水溶解,胃管灌服(成年马、骡)。液体石蜡150 mL,甘油100 mL,鱼石脂10 g,酒精50 mL,常水适量,内服(半岁驹)。不完全性肠阻塞可内服碳酸盐缓冲剂(碳酸钠150 g,碳酸氢钠250 g,氯化钠100 g,氯酸钾20 g,常水8~14 L)。

3."补"即补液强心　即维护心血管功能,纠正脱水与失盐,调整酸碱平衡,缓解自体中毒,以增强机体抗病力,提高疗效。根据机体脱水和心功能状况,可采取多次静脉注射补液。宜用复方氯化钠注射与5%葡萄糖注射液、5%碳酸氢钠注射液;心功能不全者,可肌内注射20%安钠咖注射液10~20 mL。

4."减"即胃肠减压　及时用胃管导出胃内积液,或者穿肠放气,解除胃肠鼓胀状态,降低腹内压,改善血液循环机能。

5."护"即护理　做适当牵遛活动,防止病畜急剧滚转和摔伤。

6.辅助疗法　为促进肠蠕动和分泌机能,可用10%氯化钠注射液300~500 mL,静脉注射。灌服泻剂后出现肠音者,可皮下注射2%毛果芸香碱注射液2~5 mL或0.1%氨甲酰胆碱注射1~2 mL。用肥皂水或1%食盐水灌肠。

### 1.4.4　肠臌气

肠臌气又称肠鼓胀,是因肠消化机能紊乱,肠内容物产气旺盛,肠道排气过程不畅或完全受阻,导致气体积聚而引起肠管鼓胀的一种腹痛病。

【病因】

原发性肠臌气主要是突然采食了过量容易发酵的饲料所致。继发性肠臌气,常继发于肠阻塞和肠变位。在弥漫性腹膜炎,慢性消化不良等病程中,有时也继发肠臌气。

【症状及诊断】

原发性肠臌气,发病急促,通常在食后2~4 h发病。病畜腹部迅速膨大甚至突起,腹壁紧张,叩诊呈鼓音。腹痛,病初为间歇性腹痛,以后则转为持续性腹痛。病初肠音增强,并带有明显的金属音,以后则减弱甚至消失。严重者呈现呼吸困难,可视黏膜发红甚至发绀,体表静脉充盈。心率增快,脉搏减弱;体温正常或稍高。

继发性肠臌气具有与原发性肠臌气相同的症状,为进一步查明继发肠臌气的原因,应进行直肠检查或结合腹腔穿刺综合确定。

【治疗】

治疗原则是排气减压、镇痛解痉和清肠止酵。

1.排气　根据臌气程度可采取相应处理。不严重者,可应用泻剂、止酵剂,清除肠内容物。当腹围显著胀大,采用穿肠排气法;排气后,注入止酵剂,并向腹腔中注入抗菌消炎药物。常用青霉素240万~360万 IU,溶于温生理盐水注射液(37~40 ℃)500 mL,0.25%普鲁卡因注射液20~40 mL,腹腔注射。

2.解痉镇静　常用的药物有安乃近、安溴注射液等。也可用0.25%普鲁卡因注射液

200~300 mL,缓慢地作静脉注射。

3.清肠止酵 为恢复和增强胃肠机能,静脉注射10%氯化钠溶液200~500 mL。同时可灌服人工盐200~300 g(或其他泻剂),鱼石脂15~20 g,常水5~6 L。

4.中兽医疗法 宜用丁香散:丁香30 g,木香20 g,藿香20 g,青皮22 g,陈皮22 g,玉片15 g,生二丑25 g,厚朴60 g,枳实15 g,共为末,开水冲,加植物油300 mL,灌服。腹痛剧烈者,加乌药、香附;阳气衰微,耳鼻发凉,脉细弱者,先以党参、肉桂煎汤内服后,再用丁香散。

### 1.4.5 肠变位

肠变位又称变位疝,是由于肠管的自然位置发生改变,肠腔发生机械性闭塞和肠壁局部发生循环障碍的一类重剧性腹痛病。以病程短急,病势危重,腹痛剧烈为特点。肠变位包括二十余种病,通常分为肠扭转、肠缠结,肠嵌闭和肠套叠四种类型。

**【病因】**

原发性肠变位,主要是饲养失宜,胃肠机能紊乱所致。各部肠管失去正常充盈度,肠管的蠕动机能增强,或强弱不一,以及病畜体位猛然而剧烈的改变,都可能是本病的原因。

继发性肠变位,多发生于其他腹痛病的经过中。当肠管发生痉挛性收缩时,各段肠管的蠕动有强有弱,蠕动强的肠段容易发生变位;肠管积粪或积气时,腹内压增高,肠管互相挤压而使位置发生改变,腹痛时动物急起急卧,反复滚转,易于发生肠变位。

**【症状】**

病畜食欲废绝,口腔干燥,肠音微弱或消失,排恶臭稀粪,并混有黏液和血液。腹痛由间歇性腹痛迅速转为持续性剧烈腹痛,病畜极度不安,急起急卧,急剧滚转,仰卧抱胸,驱赶不起,即使用大剂量的镇痛药,腹痛症状也常无明显减轻或仅起到短暂的止痛作用;在疾病后期,腹痛变得持续而沉重。随疾病的发展,体温升高,出汗,肌肉震颤;脉率增快,可达100次/min 以上,脉搏细弱或脉不感于手;呼吸急促,结膜暗红或发绀,四肢及耳鼻发凉。

腹腔穿刺液检查:腹腔液呈粉红色或红色。血液学检查:血沉明显减慢。直肠检查:直肠空虚,内有较多的黏液。

**【治疗】**

治疗原则是尽早施行手术整复,搞好术后护理。

为保证病畜的抗病能力,除应及时应用镇痛剂以减轻疼痛刺激外,还应采取减压,补液、强心,服用新霉素或注射庆大霉素等抗菌药物,制止肠道菌群紊乱,减少内毒素生成,以维持血容量和血液循环功能,防止休克发生。严禁投服泻剂。

尽早实施手术整复。手术后,应做好术后护理工作。

### 1.4.6 肠痉挛

肠痉挛又称肠痛、痉挛疝、卡他性肠痛、卡他性肠痉挛,是由于肠平滑肌受到异常刺激发生痉挛性收缩,并以明显的间歇性腹痛为特征的一种腹痛病。

**【病因】**

肠痉挛多因气温和湿度的剧烈变化、风雪侵袭、汗后淋雨、寒夜露宿、采食霜冻或发霉、腐败的草料等而引起。此外消化不良、胃肠的炎症、肠道溃疡或肠道内寄生虫及其毒素等都是不可忽视的内在致病因素。

**【症状】**

间歇性的腹痛是肠痉挛的特征。腹痛发作时,病畜表现前肢刨地,后肢踢腹,回顾腹部,起卧不安,卧地滚转,持续 5~10 min 后,便进入间歇期。在间歇期,病畜外观上似健畜,安静站立,有的尚能采食和饮水。但经过 10~30 min,腹痛又发作,经 5~10 min 后又进入腹痛间歇期。

**【治疗】**

肠痉挛的治疗原则是解除肠痉挛,清肠止酵。

1.解痉镇痛　可皮下注射 30%安乃近注射液 20~40 mL 或静脉注射安溴注射液 50~100 mL;也可静脉注射 5%水合氯醛酒精注射液 100~200 mL。

2.清肠止酵　用人工盐 300 g、鱼石脂 15~20 g、酒精 50 mL;或者用人工盐 300 g、芳香氨醑 30~60 mL、陈皮酊 50~80 mL、水合氯醛 8~15 g;也可用水合氯醛 8 g、樟脑粉 8 g、植物油(或液体石蜡)500 mL,加水溶解,内服。

3.中兽医以温中散寒、和血顺气为主　宜用橘皮散(青皮、陈皮、官桂、小茴香、白芷、当归、台乌各 15 g,细辛 6 g,元胡 12 g,厚朴 20 g,共研为末,加白酒 60 mL),开水冲,候温灌服;针治三江、姜牙、耳尖等穴或电针关元俞。

# 任务 1.5　肝脏和腹膜疾病

1.会诊断急性实质性肝炎并提出治疗方案。

2.会诊断腹膜炎并提出治疗方案。

3.能结合生产实际有效防治急性实质性肝炎与腹膜炎。

## 1.5.1　急性实质性肝炎

急性实质性肝炎是在致病因素作用下,肝脏发生以肝细胞变性、坏死为主要特征的一种炎症。

**【病因】**

急性实质性肝炎主要由传染性因素和中毒性因素引起。

1.传染性因素　细菌性因素有链球菌、葡萄球菌、坏死杆菌、沙门氏菌、化脓棒状杆菌等。病毒性因素有犬病毒性肝炎病毒、鸭病毒性肝炎病毒、马传染性贫血病毒、鸡包涵体肝炎病毒等。寄生虫因素有弓形虫、球虫、肝片吸虫、血吸虫等。

病原体进入肝脏不仅引起破坏肝组织而产生毒性物质,还在过程中自身释放大量毒素或者造成肝组织机械性损伤,导致肝细胞变性、坏死。

2.中毒性因素　常见中毒性因素有:霉菌毒素,如黄曲霉菌、镰刀菌等;植物毒素,如蕨类植物、野百合等;化学毒素,如砷、磷、汞、铜、氯仿、钾酚等化学物质;代谢产物,如机体代谢障碍产生大量中间代谢产物造成自体中毒。

【症状】

食欲减退,精神沉郁,体温升高,可视黏膜黄染;呕吐,腹痛,尿色发黄;严重情况时后肢无力,共济失调,甚至昏迷。急性转为慢性时,则表现为长期消化机能紊乱、营养不良、消瘦。

【诊断】

尿液检查:尿胆红素增加,尿中有蛋白,尿沉渣中出现蛋白管型及肾上皮细胞。生化检查:肝指标升高。实验室检查结合临床检查可初步诊断。

【治疗】

治疗原则是排除病因、加强护理、保肝利胆、促进消化机能。

停止饲喂发霉或变质食物,积极治疗原发病,如使用抗生素或抗寄生虫药物。保持病畜安静,避免刺激。饲喂富含维生素、易消化的碳水化合物饲料,给予优质草料。常采用25%葡萄糖注射液进行保肝利胆。必要时给予肝泰乐注射液保护肝脏功能。给予复合维生素片和酵母片改善新陈代谢、促进消化机能。对于黄疸明显的病畜可使用退黄药如天冬氨酸钾镁;病畜表现疼痛或狂躁不安时应给予镇静止痛药。

【预防】

应加强饲养管理,防止饲料霉变,加强防疫卫生,防止感染。加强肝脏功能,保证家畜健康。

## 1.5.2　腹膜炎

腹膜炎是由细菌感染、化学刺激或损伤所引起的一种腹腔局限性或弥漫性炎症。多数是继发性腹膜炎,源于腹腔的脏器感染、坏死穿孔,或外伤等。其主要临床表现为腹痛、腹肌紧张,以及呕吐、全身发热,严重时可产生全身中毒性反应,如未能及时治疗可死于中毒性休克。

【病因】

腹膜炎的原发病因是由于受寒、过劳或某些理化因素,是机体防御能力降低,抵抗力下降,受到大肠杆菌、沙门氏菌、链球菌等条件致病菌侵害而发生。猫可有传染性腹膜炎病毒引起。继发性腹膜炎多由胃肠及其他脏器破裂或穿孔所致,或由腹壁创伤、手术感染引起。也见于腹腔脏器炎症的蔓延以及炭疽、肠结核、猪瘟、马腺疫等疾病。

【症状】

腹膜炎的临床症状视家畜的种类、炎症的性质和范围而有所不同。

1.急性　多为脓毒性弥漫性腹膜炎。体温升高,呼吸呈胸式而快促,心搏亢进,精神不振,头垂,喜卧躺,有时呈腹痛不安,常回顾腹部,食欲渐减,有时口渴贪饮而发生呕吐,随后食欲消失,腹泻,腹围的下半部增大下垂。

2.慢性　多为局限性,病程缓慢,一般体温、呼吸、食欲等均为正常,当炎症范围扩张时,可出现体温短期的轻度上升,同时由于患部结缔组织的增生,腹膜增厚,与附近器官发生粘连等变化,甚至触诊时可摸到表面不光滑的瘤状肿块。

3.脓毒性　弥漫性腹膜炎体温升高,胸式呼吸快而促迫,心跳快,精神差,喜卧,轻微走动就有腹痛表现,有的病例腹部紧缩,有的 1/3 腹围增大。慢性局限性腹膜炎病程缓慢,临床上不见明显症状,吃食不长膘,逐渐消瘦,腹部紧缩,在术口处触诊,发现结缔组织增生有硬肿块,压迫腹部紧张,用手推压,发现内脏与腹膜粘连。

【诊断】

根据病史和症状可作出诊断,必要时可以做腹腔穿刺液进行检查。应与肠变位、牛创伤性网胃炎、肝硬变等疾病进行鉴别。

【防治】

治疗原则是加强护理、消炎止痛、保护心脏功能、增强病畜的抵抗力。

在进行腹腔手术及助产过程中应注意消毒卫生工作,以防止病菌的感染。经常做好饮水与青饲料的清洁卫生工作,以防止寄生虫的侵袭。

对有全身症状者,用青霉素 80 万~160 万 IU,一次肌内注射,一天 2~3 次,连用 2~3 d。配合静脉注射葡萄糖生理盐水 500~1 000 mL,一次静脉注射,每天 1 次,连用 2~3 d。青霉素 80 万 IU,氢化可的松注射液 2 mL,0.25%普鲁卡因 20 mL,蒸馏水 100 mL,混合后一次腹腔内注入。

增效磺胺嘧啶钠,肌内注射量 25 mg/kg,一天 2 次,连用 3~5 d。

化脓性腹膜炎或有炎性渗出液时,应及时进行腹腔穿刺术,将渗出液或脓液抽出,必要时可应用生理盐水、0.1%呋喃西林,或 0.1%雷佛奴尔溶液进行腹腔洗涤,随即注入青霉素或链霉素 100 万 IU 的稀释液。

有腹痛症状时,可皮下或肌内注射阿托品 2~3 mg,或灌服颠茄酊 1~2 mL,当肠道鼓气时禁用以上药物,可内服鱼石脂 1~5 g 等制酵剂,如大便干燥或便秘时,可运用蓖麻油 50~100 mL 等泻剂,或用温肥皂水灌肠。本病预防应避免各种不良因素的刺激和影响;在进行导尿、直检、灌肠、腹腔穿刺等操作,以及去势、子宫整复、难产手术等手术时均应按照操作规程进行,防止腹腔感染。

# 任务 1.6　家禽消化系统疾病

**学习目标**

1.会诊断禽肌胃糜烂病,肉鸡腹水综合征,卵黄性腹膜炎。

2.能对禽肌胃糜烂病,肉鸡腹水综合征,卵黄性腹膜炎等疾病提出综合防治措施,提高规模化养禽业效益。

### 1.6.1 禽肌胃糜烂病

禽肌胃糜烂也称为肌胃溃疡,又称黑吐病。

【病因】

在禽肌胃糜烂病中,饲料因素最主要且其引起发病最多。鱼粉在饲料原因中是引起肌胃糜烂病最多的一种。鱼蛋白中含有的氨基酸,在细菌的作用下形成各种组织胺,这些组织胺通过 $H_2$ 受体作用于胃黏膜而使胃酸分泌亢进,从而造成肌胃的糜烂和溃疡;鱼粉加工过程中高温使其过量游离组氨酸与酪蛋白结合形成组氨酸的酪蛋白混合物,这种混合物可破坏肌胃黏膜表面的类角素保护层,使砂囊腺的分泌紊乱,从而导致肌胃糜烂和溃疡的发生。

临床上本病的发生多是由于饲料中鱼粉质量低劣或数量过多。鱼粉中一般都含有一些组织胺及其化合物,不同的鱼粉其质量不等。组胺在饲料中达到 0.4%,就可引起典型的肌胃糜烂。如果鱼粉腐败、发霉、变质或掺假,往往会含有多种有害物质,亦会导致本病的发生。另外,饲料中必需脂肪酸长期缺乏,影响机体对脂溶性维生素的吸收利用,以及禽舍养殖密度过大、卫生状况不良等,对本病的发生都有协同作用。

【症状】

病禽主要出现精神沉郁、食欲减退、闭眼缩颈喜蹲伏等症状,触诊嗉囊或倒提病鸡即从口内流出黑褐色黏液,腹泻,粪便呈棕黑色,病鸡生长基本停滞,逐渐消瘦、贫血、瘫痪、死亡。死亡数量逐日增加。

【病理变化与诊断】

剖检可见病死鸡口中有黑色残留物,嗉囊、腺胃、肌胃及肠道内有暗棕色或黑色液体;腺胃松弛,黏膜上有一层白色黏性分泌物覆盖;肌胃壁变薄、松软,胃内空虚或有极少砂粒,肌胃角质膜初期粗糙、增厚、颜色加深,随后皲裂、暴起,呈树皮样,易剥脱,严重时皱襞深部出现出血点,逐渐扩大糜烂而成溃疡。溃疡向深部发展,常在近十二指肠端穿孔,黏膜出血,坏死,脱落。诊断根据饲料的保存状态、近期有无更换饲料的情况、日粮中鱼粉含量、发病特点以及特征性的临床症状和病理化作出诊断。亦可通过更换饲料或鱼粉等防治性措施协助诊断。

【防治】

1.饲料更换 对病鸡立即更换饲料,一般经 3~5 d 可控制病情,死亡数量递减,不再新增病例,随后鸡群逐渐恢复正常。

2.药物治疗

(1)饮水或饲料中加入 0.2%~0.4%的碳酸氢钠,早晚各一次,连用 2~3 d。

(2)按鸡的每千克体重用 4~5 mg 西米替丁混合于饲料中,连用 3~5 d,控制胃酸分泌,保护胃黏膜,以促进肌胃糜烂和溃疡面愈合。

(3)同时补充葡萄糖及多种维生素,以增强鸡的抵抗力。选用优质鱼粉,其在饲料中比例不超过 8%,尽可能选用其他蛋白质饲料替代鱼粉。改善饲养管理。排除饲养密度过大、空气污染、热应激、饥饿和摄入发霉的饲料及垫料等诱因。

## 1.6.2　肉鸡腹水综合征

肉鸡腹水综合征是危害快速生长幼龄肉鸡的以浆液性液体过多地积聚在腹腔,右心扩张肥大,肺淤血、肺水肿和肝脏病变为特征的非传染性疾病。

**【病因】**

引起腹水综合征的原因较为复杂,主要包括以下5方面。

1.缺氧　由于冬季门窗关闭,通风不良,一氧化碳、二氧化碳、氨等有害气体及尘埃浓度增高,致使氧气减少,导致氧气吸入减少,在腹水综合征发生过程中也有同上的致病性。

2.遗传因素　主要与肉鸡的品种和年龄有关。肉鸡生长发育快,对能量的需要量高,携氧和运送营养物的红细胞比蛋鸡明显大,能量代谢增强,致使右心衰竭,血液回流受阻,血管通透性增强,引起腹水综合征。

3.饲养环境寒冷和管理不当　由于供热保温,通风降到最低程度,因而鸡舍内一氧化碳浓度增加,形成慢性缺氧,加之天气寒冷,肉鸡代谢增加,耗氧量多,随后可发生腹水综合征,且死亡率明显增加。

4.营养和中毒因素　某些营养元素缺乏或过剩等引起腹水综合征,如硒、维生素E、磷的缺乏;日粮或饮水中食盐含量过高,呋喃唑酮、莫能菌素过量都可诱发腹水综合征。有的毒物可使毛细血管的脆性和通透性加强,有的可破坏凝血因子或损伤骨髓造成贫血性缺氧。

5.疾病因素　应激、曲霉菌性肺炎、大肠杆菌、沙门氏杆菌等都可以引起呼吸系统、心脏、肝脏的疾病,从而继发腹水综合征。

**【症状】**

病鸡食欲减少,体重下降或突然死亡。最典型的临床症状是病鸡腹部膨大,腹部皮肤变薄发亮,用手触诊有波动感,病鸡不愿站立,以腹部着地,行动缓慢,似企鹅状运动,体温正常。羽毛粗乱,两翼下垂,生长滞缓,反应迟钝,呼吸困难和发绀。抓鸡时可突然抽搐死亡。用注射器可从腹腔抽出不同数量的液体。

**【病理变化】**

腹腔中积有大量透明而淡黄色的液体,右心显著扩张,心肌柔软,壁变薄,心肌色淡,并带有白色条纹。肝脏肿大、柔软,肝静脉明显扩张,肝表面不平滑,常有一层灰白色或淡黄色胶冻样物质附着。肾脏肿大充血。肠道及黏膜淤血、肠壁增厚,腿肌淤血及皮下水肿。

**【诊断】**

根据病鸡腹部膨大,腹部皮肤变薄发亮和站立腹部着地,行走呈企鹅状等特征性临床症状,结合腹水、右心扩张、肝脏疾病及病史分析,可初步诊断。必要时可做血液检查,作出确诊。

**【防治】**

治疗原则是改善饲养,加强心、肺功能,减缓或终止腹水形成及对症治疗。

(1)在饲料中添加维生素C,维生素E,氯化胆碱(每吨饲料加5%氯化胆碱1 000 g),补硒和抗生素等对症治疗,能显著控制腹水综合征的发生和发展,对减少发病和死亡有一定的作用。

（2）选用双氢克尿噻，每羽 4~5 mg，口服，每天 2 次，连用 3 d。

（3）在饲料中添加 125 mg/kg 脲酶抑制剂，在日粮中添加 1% 的亚麻油，可降低腹水症的死亡率。

（4）改善孵化和饲养环境，合理搭配饲料，按照肉鸡生长需要供给优质饲料，减少高油脂饲料，按营养要求适当添加食盐、磷和钙，不用发霉变质的饲料。

（5）合理使用药物和消毒剂，防止对心、肝和肺造成损害。

（6）控制大肠杆菌、沙门氏杆菌等传染性疾病的感染。

### 1.6.3　卵黄性腹膜炎

卵黄性腹膜炎是由于卵巢释出的卵黄误入腹腔而引起的腹膜炎症。临床上以病禽腹部下垂，行走迟缓，食欲不振，停止产蛋，触诊腹部及泄殖腔周围有硬块为特征。本病多发生于产蛋母鸡。此病主要发生于盛产季节，是产蛋鸡死亡的重要原因，已引起了大、中型鸡场的高度重视。

【病因】

本病发生的原因，根据临床资料，有下述 4 种。

（1）营养因素，由于饲料中钙、磷及维生素 A，D，E 不足，蛋白质过多，使代谢发生障碍，使卵巢、卵泡膜或输卵管伞损伤，致使卵黄落入膜腔中，致使卵黄落入腹腔，诱发腹膜炎。

（2）据报道，当成熟卵黄将向输卵管伞落入时，鸡突然受到惊吓，输卵管黄往往可误落入腹腔中引起腹膜炎。

（3）继发于家禽患有某种传染病如副伤寒、鸡白痢沙门氏杆菌，尤其是感染大肠杆菌时，易引起卵子和卵泡膜变性、破裂，卵黄直接流入腹腔内，导致卵黄性腹膜炎。

（4）继发于中毒病，常见有慢性真菌中毒，如青霉、毛霉、曲霉等。

【症状】

病初，母禽不产蛋，随后则精神不振，食欲减退。急性者，发病急剧，冠和肉髯发绀，有的病禽腹泻，往往很快死亡。慢性者，有的无明显症状，往往发生贫血、下痢以及进行性消瘦。但有的病禽精神沉郁，行动迟缓，产蛋停止，排出含蛋黄小块的恶臭稀粪；有的病例因腹膜增生而呈"垂腹"状态。触诊腹部及泄殖腔周围，病禽疼痛，手感有硬块或有时有液体波动。

【病理变化】

脱离卵巢落入腹腔，使腹腔内充满淡黄色液体和破碎的卵黄，气味恶臭。形成广泛的结节状或菜花样物质，附着在胃肠浆膜和肠系膜表面。输卵管黏膜有出血点。

【诊断】

根据流行病学、临床特征和腹部触诊，一般可做出诊断，必要时进行尸体剖检，进一步确诊。

【防治】

本病无治疗意义。发现病鸡应及时淘汰，可根据病因制中定预防措施。

首先在产蛋期供给充足的钙、磷及维生素饲料，调整蛋白质日粮。鸡在产卵期间，禁止驱赶和突然惊吓，及时防治原发病。

# 项目 2　呼吸器官疾病

📖**项目导读**

　　本项目针对畜禽常发及危害严重的呼吸器官疾病的病因、临床症状及诊疗方法进行阐述。通过本项目的学习,使学生掌握呼吸器官疾病的诊断与治疗,并应用于实践。

## 任务 2.1　上呼吸道疾病

学 习 目 标

1.会诊断感冒与支气管炎。

2.会治疗感冒与支气管炎。

3.能运用所学知识和技能综合防治上呼吸道疾病。

### 2.1.1　感冒

　　感冒是机体由于受风寒侵袭而引起的以上呼吸道炎症为主一种的急性热性全身性疾病,以流清涕、羞明流泪、呼吸增快、皮温不均为特征。无传染性,一年四季都可发生,但以早春和晚秋、气候多变季节多发。各种家畜均可发生。

【病因及发病机理】

　　本病主要是由于寒冷的突然袭击所致,如受贼风、舍饲家畜突然遭遇寒冷气候等。

　　寒冷因素作用于机体,引起机体的屏障机能降低,如呼吸道黏膜收缩,分泌减少,致使呼吸道异常菌大量繁殖。由于细菌产物的刺激引起呼吸道炎症变化,黏膜充血,肿胀和炎性产物渗出。炎性产物的刺激而引起咳嗽、鼻塞不通,鼻液呈流水样,甚至出现发热的现象。

【症状】

　　病畜表现精神不振,头低耳耷,结膜潮红,皮温不均、耳尖、鼻端、四肢末端发凉。鼻塞不通,初期流水样鼻液,后变黏性、脓性鼻液,咳嗽,呼吸增快,有时可听湿性啰音。体温升高

40 ℃以上,脉搏加快。食欲减退或废绝,反刍减少或停止,鼻镜干燥,粪便干燥。感冒无合并感染时,一般经 3~5 d,全身症状逐渐好转,7~10 d 痊愈。如治疗不及时,可能继发支气管炎和肺炎。

【诊断】

根据受寒病史,季节特点,有发热、皮温不均、流鼻液、咳嗽等主要临床表现可以诊断。在鉴别诊断上,要与流行性感冒相区别。

流行性感冒,体温突然升高达 40~41 ℃,有高度的传染性,可与本病区别。

【治疗】

本病的治疗以解热镇痛为主,有并发症时,可适当抗菌消炎。

1.药物治疗　复方氨基比林、安乃近、柴胡等注射液,牛、马 20~50 mL,猪、羊 5~10 mL。为预防继发感染,在使用解热镇痛剂后,体温仍不下降或症状没有减轻时,可适当使用磺胺类药物或抗生素疗法,能及时静脉输液,效果更好。治疗期间,病畜应充分休息,多给饮水,适当增加精料,有助于康复。

2.中药治疗　以解表清热为原则。风热感冒发热重,恶冷轻,口干舌燥,口色偏红,舌苔薄白或薄黄,治宜辛凉解表、清泻肺热为主。可用桑菊银翘散。桑叶 21 g,菊花 15 g,连翘 15 g,杏仁 15 g,桔梗 15 g,甘草 12 g,薄荷 15 g,牛蒡 15 g,生姜 30 g,共为细末,开水冲,候温灌服(牛、马)。风寒感冒发热轻,恶寒重,耳鼻凉,肌肉颤抖,无汗,舌苔薄白,治宜辛温解表、散肺寒和镇咳为主。可用杏苏散。杏仁 18 g,桔梗 30 g,紫苏 30 g,半夏 15 g,陈皮 21 g,前胡 24 g,甘草 12 g,枳壳 21 g,茯苓 30 g,生姜 30 g,葱白 3 根为引,共为末,开水冲,候温灌服(牛、马)。

【预防】

加强饲养管理,做好防寒保温工作。

## 2.1.2　支气管炎

支气管炎是支气管黏膜表面或深层的炎症。临床上以不定型热、咳嗽、流鼻液,听诊有干、湿啰音为特征。依病程可分为急性和慢性,根据炎症部位可分为弥漫性支气管炎、大支气管炎和细支气管炎。发生于各种畜禽,尤以幼畜多见,春秋两季发病率高,有时具有流行性。

【病因】

1.原发性原因　主要是受寒感冒导致畜体抵抗力降低引起的。吸入刺激性气体、尘埃、霉菌、芽胞、污浊液体或粉末饲料,吞咽困难时的误咽,经鼻投药时的误投,药液流入气管时也能发生本病。营养不良、过劳、维生素 A 和维生素 C 的缺乏,常成为支气管炎发病的诱因。

2.继发性原因　见于某些传染病、寄生虫病,如流行性感冒、腺疫、出血性败血症、羊痘、口蹄疫、犬瘟热、肺丝虫、猪蛔虫病等,或邻近器官疾病的蔓延引起。

【发病机理】

在各种致病因素的作用下,机体防制机能降低,使呼吸道内常在的和从外侵入的细菌得以繁殖,引起支气管黏膜充血、肿胀、上皮细胞脱落,分泌物增多而发生炎症。炎性浸润,刺激黏膜中感觉神经末梢,发生咳嗽。支气管内存留大量炎性产物,呼吸受障碍,出现各种啰音。由于支气管黏膜肿胀,口径缩小,引起呼吸困难。当炎症蔓延至细支气管时,则继发细支气管炎。向广范围的支气管蔓延时,则继发弥漫性支气管炎。蔓延到肺泡时,则继发支气管肺炎。细菌毒素和炎性分解产物的吸收,可引起体温升高和其他全身症状。

【症状】

1.急性病例　主要症状是咳嗽。病初是短而疼痛的干咳,以后咳嗽变为湿长而不痛的咳嗽。常有多量鼻液流出,鼻液初为白色黏液,后变为黏性、脓液,体温正常或轻度升高(0.5~1 ℃),呼吸加快,严重者出现吸气性呼吸困难,可视黏膜呈蓝紫色。胸部听诊,病初肺泡呼吸音增强,2~3 d 后,可听到干啰音,随着炎症的发展,则听到水泡音。当支气管炎发展为细支气管炎或弥漫性支气管炎时,全身症状加重,体温升高 1~3 ℃,且持续不退,并出现呼吸困难,眼结膜发绀,呼吸、脉搏增数,食欲废绝,精神萎靡等。肺部听诊有捻发音及水泡音。

2.慢性病例　急性支气管如未得到及时治疗,因病因长期反复作用转为慢性,一般没有明显的全身症状。持久咳嗽,拖延数月甚至数年,早晚或运动后加重,多为痉挛性咳嗽(图 2.1)。将少量渗出物咳出以后,咳嗽即停止。鼻液时多时少,肺部听诊多见干性啰音,极易继发肺气肿。脉搏、体温常无变化,日期一长,病畜消瘦无力,老龄牲畜更为严重。

【诊断】

根据是频发咳嗽,流鼻液,肺部出现干性或湿性啰音等临床症状可以确诊。在鉴别诊断时,必须与以下疾病区别。

图 2.1　患慢性支气管炎的病牛持续性咳嗽,站立时头颈伸展

1.喉炎　触诊喉部疼痛、肿胀,肺部叩诊、听诊无变化。

2.支气管肺炎　弛张热型,胸部有岛屿状浊音区,听诊病变部肺泡呼吸音减弱或消失,或有小水泡或捻发音。

3.肺充血和肺水肿　有红色或淡黄色泡沫样鼻液。呼吸高度困难,肺部听诊有湿性啰音和捻发音。

4.肺气肿　二段呼气,出现喘沟。肋间隙增宽,肺部鼓音,两肺叩诊界后移。

【治疗】

本病治疗原则是消除炎症,祛痰止咳,制止渗出和促进炎性渗出物吸收。

加强饲养管理,注意畜舍清洁卫生,防止吸入尘埃及不清洁空气,注意预防感冒,常可避免发生本病。

1.消除炎症　采用抗生素及磺胺类药物。抗生素有青霉素和链霉素。可用青霉素400 万~800 万 IU(羊、猪减半)肌内注射,2~3 次/d,但以青、链霉素联合应用效果显著。青、链霉素各 100 万 IU,溶于 0.25%~0.5%盐酸普鲁卡因溶液或蒸馏水 10~20 mL 中,气管内注射,每日1次,4~5次为1疗程,也有较好效果。可选用四环素、卡那霉素、庆大霉素或红霉素等。磺胺类药物,常用SD或长效磺胺类,并配合增效剂(TMP),如SMP-TMP,SD-TMP注射液,20~25 mg/kg,每12~24 h注射1次。

2.祛痰止咳　对咳嗽频繁、支气管分泌物黏稠的家畜,为稀释痰液,可用祛痰剂。如氯化铵牛、马10~20 g,猪、羊0.2~2 g。出现痉挛性咳嗽,无痰或痰不多时,可选用镇痛止咳剂,如复方樟脑酊,牛、马30~50 mL,猪、羊5~10 mL,内服,每日1~2次;复方甘草合剂,牛、马100~150 mL,猪、羊10~20 mL,内服,每日1~2次等。

3.制止渗出和促进炎性渗出物吸收　可用氯化钙或葡萄糖酸钙静脉注射,以制止渗出。也可用碘化钾内服或碘化钙溶液静脉注射,以促进炎性渗出物的吸收。对心脏衰弱时,可注射强心剂。

4.中药治疗　主要清热降火,止咳祛痰,方用款冬花散。款冬花30 g,知母24 g,贝母24 g,马兜铃18 g,桔梗21 g,杏仁18 g,双花24 g,桑皮21 g,黄药子21 g,郁金18 g共为细末,开水冲调,候温灌服(牛、马)。

【预防】

加强平时的饲养管理,常保持圈舍卫生,增强动物的抵抗力。免受风、寒、雨侵袭,以防感冒;避免机械的或化学的致病因素的刺激;及时治疗易引起支气管炎的原发病。

# 任务 2.2　肺与胸膜疾病

学　习　目　标

1.会准确诊断支气管肺炎、大叶性肺炎等肺部疾病。

2.会治疗支气管肺炎、大叶性肺炎、胸膜炎等疾病。

3.能结合生产实际提出有效防治肺及胸膜疾病的综合措施。

## 2.2.1　支气管肺炎

支气管肺炎,又称为小叶性肺炎,是肺的小叶或小叶群的炎症。由于患病畜的肺泡充满卡他性炎症渗出物及脱落的上皮细胞,因此又名卡他性肺炎。临床上以弛张热、呼吸增数、叩诊有岛屿状浊音区、听诊有捻发音等为特征。各种动物均可发病,特别是老龄、幼畜以及营养不良、缺乏锻炼动物更易发病,春秋两季发病率高。

【病因】

很多原因都可以引起支气管肺炎,大致可以分为以下3种原因:

1.饲养管理不当　受寒感冒,饲养管理不当,某些营养物质缺乏,长途运输,物理、化学因素,过度劳役等,使机体抵抗力降低,特别是呼吸道的防御机能减弱,导致呼吸道黏膜上的寄生菌大量繁殖及外源性病原微生物入侵,成为致病菌而引起炎症。

2.血源感染　主要是病原微生物经血流至肺脏,先引起间质的炎症,而后波及支气管壁,进入支气管腔,即经由支气管周围炎、支气管炎,最后发展为支气管肺炎。

3.继发原因　继发性支气管肺炎,常继发于流行性感冒、牛恶性卡他热、口蹄疫、猪气喘病、肺丝虫病、犬瘟热、猪肺疫、猪瘟等。

**【发病机理】**

机体的防御机能,在正常情况下,能够防止有害因子侵入呼吸道。当机体在致病因素的作用下,呼吸道的防御机能受损,呼吸道内的常住寄生菌就可大量繁殖,引起感染,发生支气管炎,然后炎症沿支气管黏膜向下蔓延至细支气管、肺泡管和肺泡,引起肺组织的炎症;或支气管炎向支气管周围发展,先引起支气管周围炎,然后再向邻近的肺泡间隔向外扩散,波及肺泡。当支气管壁炎症明显时,因刺激黏膜分泌黏液增多,病畜出现咳嗽,并排出黏液脓性的痰液。同时,炎症使肺泡充血肿胀,并产生浆液性和黏液性渗出物,上皮细胞脱落。

**【症状】**

病初,体温升高 1.5~2.0 ℃,呈弛张热型。表现干而短的疼痛咳嗽,逐渐变为湿而长的咳嗽,疼痛减轻或消失,并有分泌物被咳出。脉搏增加(60~100 次/min),呼吸数增加(40~100 次/min),严重者出现呼吸困难。流少量浆液性、黏液性或脓性鼻液。可视黏膜潮红或发绀。胸部叩诊病灶部位,出现多个局灶性的浊音区,听诊病灶部,肺泡呼吸音减弱或消失,在其他健康部位,则肺泡音增强。出现捻发音和支气管呼吸音,并常可听到干啰音或湿啰音;病灶周围的健康肺组织,肺泡呼吸音增强。血液学检查,白细胞总数增多,出现核左移现象。

**【诊断】**

本病根据弛张热型、叩诊局灶性浊音区及听诊捻发音和啰音等典型症状,结合血液学变化,即可诊断。本病与细支气管炎和大叶性肺炎有相似之处,应注意鉴别。

**【治疗】**

本病以加强护理,抗菌消炎,祛痰止咳,制止渗出和促进渗出物吸收及对症疗法为治疗原则。

1.抗菌消炎　常采用抗生素、磺胺类药物。青霉素、链霉素合用,有较好疗效。必要时,可选用红霉素、四环素、土霉素、林可霉素。多采用静脉注射方式,按常规剂量,配于葡萄糖液或生理盐水中,一日 1~2 次。磺胺类药物,常用长效磺胺类(如 SM、SMZ、SMM、SMP 等),并配合增效剂(TMP),20~25 mg/kg,12~24 h 一次。葡萄糖50 g,安钠咖2 g,乌洛托品10 g,SD 10 g,溶于 1 L 蒸馏水中,灭菌后大动物静脉注射,一日一次,连用 3~4 d,疗效良好,对控制感染及促进炎性渗出物的消散有明显作用。当分泌物黏稠,咳嗽严重时,可应用止咳祛痰剂。

2.制止渗出　可静脉注射 10%氯化钙溶液,剂量为马、牛 100~150 mL,每日 1 次。促进渗出物吸收和排出,可用利尿剂。对心脏功能减弱,也可用 10%安钠咖溶液 10~20 mL 肌内注射。

3.对症疗法　体温过高时,可用解热药。常用复方氨基比林或安痛定注射液,剂量为马、牛 20~50 mL,猪、羊 5~10 mL,犬 1~5 mL,肌内或皮下注射。对体温过高、出汗过多引起脱水者,应适当补液,纠正水、电解质和酸碱平衡紊乱。避免发生心力衰竭和肺水肿,输液量不宜过多,速度不宜过快。对病情危重、全身毒血症严重的病畜,静脉注射氢化可的松或地塞米松等糖皮质激素。

4.中药疗法　可选用加味麻杏石甘汤:麻黄 15 g,杏仁 8 g,生石膏 90 g,二花 30 g,连翘 30 g,黄芩 24 g,知母 24 g,元参 24 g,生地 24 g,麦冬 24 g,花粉 24 g,桔梗 21 g,共为研末,蜂蜜 250 g 为引,马、牛一次开水冲服(猪、羊酌减)。

【预防】

加强保温工作,供给全价日粮,完善的免疫接种制度,减少应激因素刺激,增强机体的抗病能力。

### 2.2.2　大叶性肺炎

大叶性肺炎又称纤维素性肺炎或格鲁布性肺炎,是肺泡内以纤维蛋白渗出为主的急性炎症。病变起始于局部肺泡,并迅速波及整个或多个大叶。临床上以稽留热型、铁锈色鼻液和肺部出现广泛性浊音区为特征。本病可发生于马、牛、羊、猪等动物。

【病因】

本病的发生,可分为传染性和非传染性两种。

1.非传染性的纤维素性肺炎　多为散发,其致病微生物主要是肺炎双球菌,还有链球菌、绿脓杆菌、巴氏杆菌等常在菌,但病的发生要有条件性致病因素的同时作用。如过度劳役、治疗的药浴;胸廓的暴力施加、畜舍卫生环境不佳、吸入烟尘或刺激性气体等等,都是导致本病发生的重要因素。

2.传染性的纤维素性肺炎　其病原比较明确,如牛出败、猪肺疫、犬、猫、兔等巴氏杆菌引起的纤维素性肺炎。在某些疾病过程中,作为继发症或伴随症状,也会有纤维素性肺炎的发生,如猪瘟、炭疽、血斑病、犊牛副伤寒、禽霍乱等。

【发病机理】

病原微生物与条件致病因素共同作用下,发生过敏性炎症反应,通过支气管散播,炎症通常开始于细支气管,并迅速波及肺泡。其机理还不清楚,有人认为可能是细支气管的黏膜比较脆弱,对病原微生物的抵抗力小,而且细支气管和肺泡壁的防御机能只能靠巨噬细胞的吞噬作用,由于巨噬细胞的功能有限且活动缓慢,特别是对那些宿主缺乏免疫力的病原微生物,巨噬细胞不仅不能有效地吞噬、消化,而且还可以被毒力强的微生物所破坏,从而发生感染。细菌侵入肺泡内,尤其在浆液性渗出物中迅速大量地繁殖,并通过肺泡间孔或呼吸性细支气管向临近肺组织蔓延,播散形成整个或多个肺大叶的病变,在大叶之间的蔓延则主要由带菌渗出液经支气管播散所致。

【病理变化】

1.充血水肿期　发病 1~2 d。剖检变化为病变肺叶间质与实质高度充血与水肿,肺毛细血管扩张充血,肺泡上皮肿胀脱落,同时大量浆液、纤维蛋白、白细胞和红细胞渗出,沉积于细支气管和肺泡内,重量增加,呈暗红色,挤压时有淡红色泡沫状液体流出,切面平滑,有带血的液体流出。肺泡壁毛细血管显著扩张,充血,肺泡腔内有较多浆液性渗出物,并有少量红细胞,中性粒细胞和肺泡巨噬细胞。

2.红色肝变期 发病后 3~4 d。剖检发现肺叶肿大,充塞于肺泡和支气管内的大量纤维蛋白、红细胞、白细胞等渗出物发生凝固,呈暗红色,肺泡组织致密,肺叶质实,切面稍干燥,呈粗糙颗粒状,近似肝脏,故有"红色肝变"之称。

3.灰色肝变期 发病后 5~6 d。剖检发现肺叶仍肿胀,质实,切面干燥,颗粒状,红细胞崩解,血红蛋白被吸收,红色消退,凝固物中以白细胞及纤维蛋白为主,实变区颜色由暗红色逐渐变为灰白色,投入水中可完全下沉。

4.溶解期 发病后 1 周左右,凝固于支气管和肺泡内的纤维蛋白,被白细胞及组织液所形成的蛋白溶解酶作用而溶解液化,剖检发现肺叶体积复原,质地变软,病变肺部呈黄色,挤压有少量脓性混浊液体流出,胸膜渗出物被吸收或有轻度粘连。

另外,动物的大叶性肺炎在发病过程中,往往造成淋巴管受害,肺泡腔内的纤维蛋白等渗出物不能完全被吸收清除,则由肺泡间隔和细支气管壁新生的肉芽组织加以机化,使病变部分肺组织变成褐色肉样纤维组织,称为肺肉质变。大叶性肺炎常同时侵犯胸膜,引起浆液-纤维素性胸膜炎,表现为胸膜粗糙。

【症状】

病畜精神沉郁,食欲减退或废绝,反刍停止,泌乳降低。体温迅速升高至 40 ℃以上,呈稽留热型,6~9 d 后渐退或骤退至常温。脉搏加快(60~100 次/min),呼吸迫促,频率增加(60 次/min 以上),严重时呈混合性呼吸困难,鼻孔开张,呼出气体温度较高。黏膜潮红或发绀。初期出现短而干的痛咳,溶解期则变为湿咳。病初期,有浆液性、黏液性或黏液脓性鼻液,在肝变期鼻孔中流出铁锈色鼻液。

胸部叩诊,充血渗出期,叩诊呈过清音或鼓音;肝变期,呈大片半浊音或浊音,溶解期,重新呈过清音或鼓音;随着疾病的痊愈,叩诊音恢复正常。肺部听诊,充血渗出期,并出现干啰音;以后随肺泡腔内浆液渗出,听诊可听到湿啰音或捻发音,肺泡呼吸音减弱;肝变期出现支气管呼吸音。溶解期支气管呼吸音逐渐消失,出现湿啰音或捻发音。最后随疾病的痊愈,呼吸音恢复正常。

血液学检查,白细胞总数显著增加,中性粒细胞比例增加,呈核左移,严重的病例,白细胞减少,表示病畜机体抗病力差,多预后不良。

X 线检查,充血期仅见肺纹理增重,肝变期发现肺脏有大片均匀的浓密阴影,溶解期表现散在不均匀的片状阴影 2~3 周后,阴影完全消散。

【诊断】

根据稽留热型,铁锈色鼻液,不同时期肺部叩诊和听诊的变化,即可诊断。本病应与小叶性肺炎和胸膜炎相鉴别。

胸膜炎热型不定,听诊有胸膜摩擦音。当有大量渗出液时,叩诊呈水平浊音,听诊呼吸音和心音均减弱,胸腔穿刺有大量液体流出。传染性胸膜肺炎有高度传染性。

【治疗】

治疗原则为抗菌消炎,控制继发感染。

1.抗菌消炎 可用青、链霉素联合应用效果显著。青霉素 400 万~800 万 IU,链霉素

200 万~400 万 IU（羊、猪减半）混合肌内注射,1~2 次/d。也可选用土霉素或四环素,剂量为每日 10~30 mg/kg,溶于 5%葡萄糖溶液 500~1 000 mL,分 2 次静脉注射,效果显著。可用 10%磺胺嘧啶钠溶液 100~150 mL,5%葡萄糖溶液 500 mL,混合后马、牛一次静脉注射（猪、羊酌减）,每日 1 次。

2.制止渗出和促进吸收　可静脉注射 10%氯化钙或葡萄糖酸钙溶液。促进炎性渗出物吸收可用利尿剂。当渗出物消散太慢,为防止机化,可用碘制剂,如碘化钾,马、牛 5~10 g;或碘酊,马、牛 10~20 mL（猪、羊酌减）,加在流体饲料中或灌服,每日 2 次。

3.对症治疗　体温升高时,可先复方氨基比林、安痛定注射液等解热镇痛药。剧烈咳嗽时,可选用祛痰止咳药。心力衰竭时用强心剂。

4.中兽医治疗　可用清瘟败毒散:石膏 120 g,水牛角 30 g,黄连 18 g,桔梗 24 g,淡竹叶 60 g,甘草 9 g,生地 30 g,山栀 30 g,丹皮 30 g,黄芩 30 g,赤芍 30 g,元参 30 g,知母 30 g,连翘 30 g,水煎,马、牛一次灌服。

【预防】

为预防本病的发生和蔓延要做到隔离病畜,积极治疗;病畜痊愈后单独饲养一周以上;新购入的家畜最好隔离一周,经检查无病时,方可混群饲养。

## 2.2.3　肺气肿

肺气肿是由于肺泡过度扩张,超过生理限度,使肺泡壁弹力减退,肺泡内充满大量气体的疾病。临床上以胸廓扩大,肺叩诊界后移和呼吸困难为主要症状。临床上分肺泡气肿（气体只充满肺泡）和间质性肺气肿（当肺泡气肿使肺泡破裂,气体窜入叶间组织而引起的肺气肿）。肺泡气肿按病程可分为急性和慢性两种。各种动物均可发生。

【病因及发病机理】

1.急性肺泡气肿　有弥漫性和局限性之分,急性弥漫性肺泡气肿因重度劳役、长时间挣扎或鸣叫等致使呼吸紧张、用力呼吸使肺泡过分充满空气,肺泡扩张,新鲜空气进入量不足,因而发生呼吸困难。尤其老龄家畜因肺泡壁弹性降低,更易发生。急性局限性肺泡气肿,多继发于局灶性肺炎或一侧气胸,这是由于一部分肺组织失去呼吸机能,其周围的或对侧的肺组织发生代偿性呼吸所致。此时由于肺泡过分充气,积气扩张,新鲜空气进入量不能满足需要而出现呼吸困难。

2.慢性肺泡气肿　多见于长期繁重劳役,不断地剧烈吸气,引起肺泡积气扩张的结果。慢性支气管炎和上呼吸道慢性炎症所引起的气道狭窄而继发,造成管腔不完全阻塞,使吸入肺泡的空气难以排除,积滞于肺泡内,如此反复呼吸反复积滞而使肺泡扩张,新鲜空气进入肺泡量减少,发生呼吸困难。由于肺泡积气扩张,整个肺体积增大,随之胸廓扩大,肋间隙变宽,形如桶状。本病的特点是渐进性呼吸困难,最终死于右心衰竭或呼吸衰竭。

3.间质性肺气肿　多见于牛,常因某些中毒（甘薯黑斑病中毒等）、吸入刺激性气体、液体、肺脏被异物刺伤及肺线虫损伤或变态反应引起。肺脏在这些病理过程中,导致机体发生痉挛性咳嗽或用力深呼吸,肺泡内气压突然升高,空气进入肺间质,沿间质分布于整个肺脏,部分还汇合成大的气泡。并沿纵膈到达胸腔入口处,再沿血管、气管进入颈部皮下,最后经肩胛下而到全身皮下,引起全身皮下气肿。

**【症状】**

1.急性肺泡气肿　急性弥漫肺泡气肿患畜主要表现突然发病,呼吸困难,张口呼吸,结膜发绀,气喘,胸外静脉怒张。有的病畜出现弱的咳嗽、呻吟、磨牙等胸部叩诊出现过清音或鼓音,肺叩诊界后移,心浊音区缩小。胸部听诊,肺泡呼吸音初期增强,后减弱,呼吸道有感染时,分泌物增多而出现湿性啰音。局限性肺泡气肿病畜发病缓慢,呼吸困难不断加重。

2.慢性肺泡气肿　发病慢,病初无明显症状,主要表现呼气呼吸困难,呈现二段式呼气,呼气时腹肌强烈收缩,沿肋弓间隙凹陷出现喘沟,而且这种呼吸困难是渐进性的,随病的发展日益加重。病畜两鼻孔开张,腰背拱起,肷及肛门凸出。随着病程延长,由于肺脏扩大,病畜胸廓随之扩张呈桶状,肋间隙增宽。随病的发展,心脏扩张,肺动脉第二心音高朗,心功能不全时,出现全身瘀血,下腹、会阴及四肢水肿。

3.间质性肺气肿　常突然发病,迅速出现呼吸困难(图 2.2),病畜张口呼吸,伸舌,流涎,惊恐不安。由于空气从破裂的肺泡窜入叶间组织,经肺纵膈到颈侧、背部及肩胛区,出现皮下气肿,触诊有捻发音。

图 2.2　间质性肺气肿引起呼吸窘迫

胸部叩诊音高朗,呈过清音,肺叩诊界并发肺泡气肿时后移,不并发肺泡气肿无变化。听诊肺泡呼吸音减弱,但可听到碎裂性啰音及捻发音。在肺组织被压缩的部位,可听到支气管呼吸音。有合并感染时,出现湿性啰音。

**【诊断】**

根据病史,高度呼气性呼吸困难,呼气时出现喘沟,肋间隙凹陷,胸廓呈桶胸,肺叩诊界后移。叩诊过清音或鼓音,听诊肺泡呼吸音减弱等。可以诊断,但应与肺水肿、气胸鉴别。

**【治疗】**

治疗原则为加强护理,缓解呼吸困难,治疗原发病。

病畜应置于通风良好和安静的畜舍,给营养丰富的饲料和清洁饮水。

缓解呼吸困难,可用1%硫酸阿托品、2%氨茶碱或0.5%异丙肾上腺素雾化吸入,每次2~4 mL。也可用皮下注射1%硫酸阿托品溶液,剂量为大动物 1~3 mL,小动物 0.2~0.3 mL。慢性肺泡气肿,应减轻劳役,采用对症疗法。

有感染时,可用磺胺类药物或抗生素。

中药治疗:白芨 120 g,白蔹 90 g,枯矾 120 g,硼砂 30 g,香油 120 mL,鸡蛋 10 个,前四味研成细末,混合香油、鸡蛋清加水调和,于饲后 2 h 内灌服,夏天加生石膏 60 g。

### 2.2.4　胸膜炎

胸膜炎是胸膜发生渗出与纤维蛋白沉积的而引起的炎症,临床上以胸部疼痛和胸部听诊出现摩擦音为特征。按病变的情况,可分为局限性与弥散性;按渗出物的性质可分为干性、湿性、浆液性、浆液-纤维蛋白性、出血性、化脓性、化脓-腐败性等;按病程时间的长短,可分为急性与慢性;各种动物均可发生。

**【病因】**

原发性胸膜炎不常见,肺炎、败血症、肺脓肿、肋骨骨折、胸膜腔肿瘤等病可引起发病。剧烈运动、长途运输、外科手术及麻醉、寒冷侵袭及呼吸道病毒感染等应激因素可成为发病的诱因。

胸膜炎常继发或伴发于某些传染病的过程中,例如多杀性巴氏杆菌和溶血性巴氏杆菌引起的吸入性肺炎、结核病、创伤性心包炎、纤维素性肺炎、马传染性贫血、流行性感冒、支原体感染等。

**【发病机理】**

在病因的作用下,胸膜毛细血管充血、扩张,内皮组织肿胀、变性及脱落,并渗出大量浆液和纤维蛋白。当渗出物中的液体部分被胸膜未受损的部分吸收后,其余纤维蛋白则沉积于胸膜上,形成干性胸膜炎或纤维蛋白性胸膜炎。当渗出液量过多而压迫肺脏时,肺膨胀不全,出现呼吸困难。压迫心脏时,心脏舒张困难,引起静脉瘀血和心跳加快,出现心脏机能障碍。慢性化时,胸膜炎在液体被吸收后,沉积于胸腔内的纤维蛋白发生机化,可使胸膜与脏层之间或与膈发生粘连。炎性产物和细菌毒素被吸收后,可引起体温升高,出现弛张热型。

**【症状】**

病初,常有精神不振,被毛蓬乱,食欲减少,体温升高,出现腹式呼吸,脉搏加快。胸壁叩诊或触诊,病畜即闪躲与震颤,或有哼叫声,表示疼痛。站立时两肘外展,不愿活动,有的病畜胸腹部及四肢皮下水肿。胸部听诊,在呼气或吸气时可听到摩擦音。伴有肺炎时,可听到拍水音或捻发音,同时肺泡呼吸减弱或消失,出现支气管呼吸音。当渗出液大量积聚时,胸部叩诊呈水平浊音。

慢性胸膜炎表现食欲减退,消瘦,间歇性发热,呼吸困难,动物乏力,反复发作咳嗽,呼吸机能的某些损伤可能长期存在。渗出期,尿量减少,吸收期则尿量增多。当渗出液量多压迫心脏时,可发生心功能障碍,出现胸腹下部、阴囊和牛的肉垂部水肿。发生粘连时,肺泡呼吸音减弱、短促,工作时容易疲乏和出汗及进行性消瘦等。

胸腔穿刺时,穿刺液混浊,有腐败臭味或脓汁时,表示病情恶化,胸膜已化脓坏死。

血液检查,白细胞总数增多,嗜中性粒细胞比例增加,淋巴细胞比例减少。慢性病例呈轻度贫血。

X线检查,少量积液时,心膈三角区变钝或消失,密度增高。积液时,出现广泛性浓密阴影。

**【诊断】**

根据胸膜炎的主要特征是胸壁有疼痛,有时断时续的胸膜摩擦音或水平浊音,X线检查,纤维素性胸膜炎,患病部位显现均匀的暗影。渗出性胸膜炎,显现上界水平明显的大面积暗影确诊。应注意心包炎、大叶性肺炎区别。

**【治疗】**

治疗原则为抗菌消炎,制止渗出,促进渗出物的吸收与排除。

1.加强护理　首先病畜加强护理,给予柔软、富营养的饲料。饮水宜加以适当限制。

2.抗菌消炎　可选用磺胺类药物或广谱抗生素。如青霉素、链霉素、庆大霉素、土霉素、环丙沙星等。

3.制止渗出　可静脉注射 5% 氯化钙溶液或 10% 葡萄糖酸钙溶液,每日 1 次。

4.促进渗出物吸收和排除　可用利尿剂、强心剂。当胸腔有大量液体存在时,穿刺抽出液体,并可将抗生素直接注入胸腔。

## 2.2.5　幼畜肺炎

幼畜肺炎是幼畜生后受寒而致肺小叶发生炎症的一种疾病。临床上多表现为卡他性肺炎,有时出现卡他性纤维素性肺炎。各种幼畜均可发生,多见于春秋气候多变的季节。

【病因】

(1)幼畜肺炎多因天气寒冷、未及时擦干胎毛;或夏季天热,仔畜在门窗通风大的畜舍等因素诱发致病。

(2)某些微生物如大肠杆菌、副伤寒杆菌、双球菌、霉形体、副流感病毒等的感染而继发。

【症状】

幼畜肺炎有急性和慢性之分。

1.急性　多见于 1~3 月龄的幼畜。表现为体温升高达 40~41 ℃,精神萎靡,食欲减退或废绝。心跳加快,呼吸浅表频数,多呈腹式呼吸,甚至头颈伸张。病久出现咳嗽,鼻液,初为浆性,后为黏稠脓性。有下痢,胸部叩诊呈现灶状浊音。胸部听诊有干性或湿性啰音,在病灶部肺泡呼吸音减弱或消失,有时可出现捻发音。

2.慢性　病程长,幼畜发育迟缓,日渐消瘦。多发生于 3~6 月龄幼畜。病初有间歇性咳嗽,呼吸困难,胸部听诊有干性或湿性啰音,有时为支气管呼吸音。

X 线检查,在肺的心叶有散在灶状阴影。

【诊断】

根据幼畜受到不良刺激,出现呼吸加快,咳嗽、胸部听诊有干性或湿性啰音、流鼻液,X 线检查肺的心叶有散在灶状阴影等可确诊。

【治疗】

治疗原则主要是加强护理,抑菌消炎,祛痰止咳和对症治疗。

1.加强护理　舍内应保持清洁,光线充足,温暖,通风良好,为母畜和幼畜提供营养丰富的饲料。

2.抗菌消炎　主要使用抗生素或磺胺类药物。

3.止咳祛痰　咳嗽频繁而剧烈时,可用止咳祛痰药,如氯化铵、复方甘草合剂等。

4.其他方法　采用其他对症疗法。

# 项目 3　其他器官、系统疾病

　　本项目针对畜禽常发及危害严重的心血管、泌尿、神经等系统器官疾病进行阐述,使学生通过项目的学习,掌握各疾病的诊断与治疗。

## 任务 3.1　心血管系统疾病

学 习 目 标

1.会诊断心力衰竭、心包炎等心血管疾病。
2.会对心力衰竭、心包炎等心血管疾病开展有效的治疗。
3.能对心血管进行全面检查,并查找出问题,对心血管疾病准确判断预后,并能提出有效防治措施。

### 3.1.1　心力衰竭

　　心力衰竭又称心脏衰弱、心功能不全,是因心肌收缩力减弱或衰竭,心脏排血量减少,动脉压降低,静脉回流受阻等而呈现全身血液循环障碍综合征或并发症。临床上以呼吸困难,皮下水肿、发绀,甚至心搏骤停和突然死亡为特征,心力衰竭的按病程分为急性心力衰竭和慢性心力衰竭;按发病起可分为原发性心力衰竭和继发性心力衰竭。各种动物均可发生,马和犬发病居多。

【病因】

　　1.急性原发性心力衰竭　主要发生于使役不当或过重的役畜,尤其是饱食逸居的家畜突然进行重剧劳役;猪长途驱赶等;治疗过程中,静脉输液量超过心脏的最大负荷量,或向静脉过快地注射对心肌有较强刺激性药液,如钙制剂或砷制剂等。

　　2.急性继发性心力衰竭　多由病原菌或毒素直接侵害心肌所致。多继发于马传染性贫血、口蹄疫、猪瘟等急性传染病,弓形虫病、住内孢子虫病等寄生虫病,如肠便秘、胃肠炎、日射病等内科疾病以及各种中毒性疾病。

3.慢性心力衰竭 除长期重剧使役外,本病常继发或并发于多种亚急性和慢性感染,如心脏本身的疾病,中毒病,幼畜白肌病,慢性肺泡气肿,慢性肾炎等。

【发病机理】

急性心力衰竭时,由于心排血量减少,主动脉和颈动脉压降低,右心房和腔静脉压增高,反射性引起交感神经兴奋,引起心率加快,心肌收缩力增强,心脏负荷加重,代偿性活动增强,使心肌能量代谢增加,耗氧量增加,影响心排血量,最终导致代偿失调,发生急性心脏衰竭。慢性心力衰竭多由心脏血管疾病病变不断加重逐渐发展而来的。病畜表现心肌纤维变粗,发生代偿性肥大,肥大心脏的储备力和工作效率明显降低。当劳役、运动或其他原因引起心动过速时,肥厚的心肌处于严重缺氧的状态,心肌收缩力减弱,收缩时不能将心室排空,遂发性心脏扩张,导致心脏衰竭。

当机体发生心力衰竭时,组织缺血缺氧,产生过量的丙酮酸、乳酸等中间代谢产物,引起酸中毒。并因静脉血回流受阻,全身静脉淤血,静脉血压增高,毛细血管通透性增大,发生水肿,甚至形成胸水,腹水和心包积液。

图3.1 心力衰竭引起的静脉怒张

【症状】

1.急性心力衰竭 急性心力衰竭的初期,病畜精神沉郁,食欲不振,可视黏膜轻度发绀,体表静脉努张(图3.1);心搏动亢进,第一心音增强,脉搏细数,有时出现心内杂音和节律不齐。呼吸加快,眼球外突,肺泡呼吸音增强,病情进一步加重时,心搏动震动全身,第一心音高朗,伴发阵发性心动过速,脉细不感于手。肺水肿,胸部听诊有广泛的湿啰音;两侧鼻孔流出多量无色细小泡沫状鼻液。四肢呈阵发性抽搐,有的步态不稳,倒地数分钟死亡。

2.慢性心力衰竭 其病情发展缓慢,病程长。精神沉郁,食欲减退,易于疲劳、出汗。黏膜发绀,体表静脉怒张。垂皮、腹下和四肢下端水肿,触诊有捏粉样感觉。

【诊断】

根据发病原因,静脉怒张,脉搏增数,呼吸困难,垂皮和腹下水肿,第一心音增强等症状可做出诊断。同时也要注意急性或慢性,原发性或继发性的鉴别诊断。

【治疗】

治疗原则是减轻心脏负担,增强心肌收缩力和排血量以及对症疗法等。

1.加强心脏营养,减轻心脏负担 大动物可用25%葡萄糖溶液500~1 000 mL,同时配合维生素C 5~6 g缓慢静脉注射。也可根据患畜体质,酌情放血(贫血患畜切忌放血),放血后解除呼吸困难。还可使用ATP、辅酶A、细胞色素C、维生素$B_6$和葡萄糖等营养合剂,能改善心肌对营养的利用率,增加心肌线粒体ATP的合成,改善心脏功能。

2.缓解呼吸困难 为缓解呼吸困难,可用樟脑兴奋心肌和呼吸中枢,常用10%樟脑磺酸钠注射液10~20 mL,皮下或肌内注射。除心肌发炎损害引起的心力衰竭外,为了增加心肌收缩力,增加心排血量,用洋地黄类和强心苷制剂。对于心率过快的马、牛等大家畜用复方奎宁注射液 10~20 mL 肌内注射,每天 2~3 次;犬用心得宁 2~5 mg 内服,每天 3 次,有良好效果。

3.消除水肿和钠、水滞留　可给予利尿剂,常用速尿按 2~3 mg/kg 体重内服或 0.5~1.0 mg/kg 体重肌内注射,每天 1~2 次,连用 3~4 d,停药数日后再用数日。也可用双氢克尿噻,马、牛 0.5~1.0 g;猪、羊 0.05~0.1 g;犬 25~50 mg 内服。

犬、猫心力衰竭,可使用醛固酮拮抗剂,如安体舒通 10~50 mg/kg 内服,每天 3 次,兼有利尿效果。血管紧张素转移酶抑制剂,如甲巯丙脯酸 0.5~1.0 mg/kg 内服,每天 3 次,有缓解症状,延长存活时间的功效。

4.对症疗法　应针对出现的症状,给予健胃,缓泻,镇静等制剂作辅助治疗。

5.中医疗法　中兽医对心力衰竭,多用"参附汤"治疗和"营养散"治疗。

参附汤:党参 60 g,熟附子 32 g,生姜 60 g,大枣 60 g,水煎 2 次,候温灌服于牛、马。

营养散:当归 16 g,黄芪 32 g,党参 25 g,茯苓 20 g,白术 25 g,甘草 16 g,白芍 19 g,陈皮 16 g,五味子 25 g,远志 16 g,红花 16 g,共为末,开水冲服,每天 1 剂,7 剂为 1 疗程。

【预防】

加强护理,动物适当运动,提高适应能力,合理使役,防止过劳。对于其他疾病而引起的继发性心力衰竭,应及时治疗。

### 3.1.2　心包炎

心包炎是指心包壁层和脏层的炎症。临床上以发热、心动过速、心浊音区扩大、出现心包摩擦音或心包击水音。病发展到后期,常有颈静脉怒张、胸腹下水肿、脉搏细弱、结膜发绀和呼吸困难为特征。按病因可分为创伤性和非创伤性两种。心包炎常见于各种动物。

【病因】

心包炎主要病因感染和创伤。创伤性心包炎是指尖锐异物刺入心包或其他原因造成心包及心肌损伤,导致心包化脓腐败性炎症的疾病。牛采食如铁钉、铁丝、玻片等将尖锐物体摄入网胃内,在网胃收缩时,往往使尖锐物体刺破网胃和膈直穿心包和心脏引起创伤性心包炎。马属动物的创伤性心包炎由于胸骨和肋骨骨折,由骨断端损伤心包而引起。非创伤性心包炎多由某些传染病、败血症、毒血症等继发引起。

一般临床上以创伤性心包炎较为多见,所以本文主要介绍创伤性心包炎。

【发病机理】

异物刺入心包的同时细菌也侵入心包,致使心包局部发生充血、出血、肿胀、渗出等炎症反应。渗出液初期为浆液性、纤维素性,后发展形成化脓性、腐败性、纤维素性渗出物附着在心包表面,使其变得粗糙不平,心脏收缩与舒张时,心包壁层和心外膜相互摩擦产生心包摩擦音。随着渗出液的增加,摩擦音减弱或消失。渗出物大量积聚,引起体积增大,心包扩张,从而产生心包击水音,心音减弱。内压增高,心脏的舒张受到限制。炎症过程中的病理产物和细菌毒素吸收后,致发毒血症,引起体温升高。

【症状】

创伤性心包炎的症状表现分为两个阶段。

1.第一阶段 网胃-腹膜炎症状,表现为运步小心谨慎、保持前高后低姿势,卧下和起立姿势反常,慢性前胃弛缓,反复发生轻度瘤胃臌气。在呼吸、努责、排粪及起卧过程中常出现磨牙或呻吟等症状。

2.第二阶段 心包炎症状,表现为精神沉郁,头下垂,肩胛部、肋头后方及肋肌常发生震颤。病初体温升高,多数呈稽留热,呼吸浅快,迫促,有时困难,呈腹式呼吸。心率增加,脉性初期充实,后期微弱不易感触,是本病的重要特征症状之一。听诊,病初由于有纤维性渗出故出现摩擦音,随着浆液渗出及气泡的产生,出现心包拍水音。叩诊浊音区增大,呈现鼓音或浊鼓音,后期可视黏膜发绀,患畜下颌间隙和垂皮及胸腹下发生水肿。病畜常因心脏衰竭或脓毒败血症而死亡。

血液检查:病初中性粒细胞增多,淋巴细胞和酸性粒细胞减少,红细胞低于正常。血清总蛋白和白蛋白减少。

【诊断】

根据心包摩擦音与拍水音,心区压痛反应,心区浊音扩大,颈脉怒张,垂皮水肿等症状等临床症状可做出诊断。必要时或采用特殊检查,如血液检查,X 线检查,超声波检查,心电图描记、心包穿刺等进行综合考虑。

【治疗】

本病主要采用心包穿刺法或手术疗法。手术进行越早越好,并配合应用抗生素抗菌疗法,但严重腹侧水肿和明显心衰的动物不宜手术。

心包穿刺法,即以 10~20 号的 20 cm 长针头,在左侧 4~6 肋间与肩胛关节水平线相交点做心包穿刺术,放出脓汁,并注入 100 万~200 万 IU 青霉素,1~2 g 链霉素和 10 万~20 万 IU 的消化胃蛋白酶的混合溶液。

### 3.1.3 贫血

贫血指外周血液中单位容积内红细胞数、血红蛋白低于正常值,产生以运氧能力降低、血容量减少为主要特征的临床综合征。临床上主要表现为皮肤和可视黏膜苍白,心率加快,心搏增强,肌肉无力等各种症状。贫血不是一种独立的疾病,而是一种临床综合征。按其原因可分为:出血性贫血、溶血性贫血、营养性贫血和再生障碍性贫血 4 类。下面主要介绍仔猪营养性贫血。

【病因】

引起营养性贫血的原因主要是低蛋白血症,微量元素铁、铜、钴等缺乏症及维生素 $B_{12}$、叶酸、烟酸、硫胺素、核黄素等的缺乏症。仔猪出生时,体内的铁、铜等的储存极为有限,而母猪乳汁中含铁量较少,或者用不全价饲料饲养的母猪,特别是饲料中缺乏红细胞生成的原料(铁、铜、钴等),使仔猪在母畜体内血红蛋白和肌红蛋白生成减弱。仔猪供料不足,或所补精饲料质量不佳,料中缺乏铁、铜、钴等,仔猪慢性消化道疾病,影响从乳汁及饲料中吸收营养,都可引起发病。

【发病机理】

缺铁性贫血是由于骨髓、肝、脾及其他组织储存的铁蛋白逐渐减少,而红细胞数量、血红蛋白含量及血清铁均需维持在正常范围。随着机体储存铁的消耗,血清铁降低,骨髓幼红细胞可利用铁逐渐或完全缺乏,导致红细胞内脂类、蛋白质及糖类合成障碍以及成熟红细胞内部缺陷,使红细胞寿命缩短,容易在脾内破坏,从而引起血红蛋白减少,机体氧化还原过程遭到破坏,消化吸收功能减弱,更加重了贫血的发生。病畜抵抗力降低,容易继发感染性疾病。

**【症状】**

本病发展缓慢,病初仔猪一般外表肥壮,但精神沉郁,呼吸增快,心搏增加,脉搏微弱,易于疲劳,仔猪出生 8~9 d 时出现贫血症状,皮肤及可视黏膜苍白,活力显著下降,吮乳能力下降。仔猪发生营养不良,机体衰弱,精神不振,被毛粗乱,影响生长发育。出现异食,有的病猪在腹下、颌下出现水肿,仔猪极度消瘦,消化障碍,出现周期性下痢及便秘。有的仔猪不消瘦,生长发育较快,经 3~4 周后在奔跑中突然死亡。

**【诊断】**

根据仔猪日龄、生活的环境条件、血红蛋白量显著减少、红细胞数量下降等临床特征不难诊断。

**【治疗】**

治疗原则以补充铁剂,加强母畜饲养与管理并尽早给幼畜补铁为主,辅以其他治疗。

1.补充铁制剂　内服硫酸亚铁 75~100 mg,或内服焦磷醇铁,300 mg/d,连用 7d;也可用 0.05%硫酸亚铁溶液及等量的 0.1%硫酸铜溶液,5 mL/d,内服或涂于母猪乳头上。4~10 日龄仔猪可后肢深部肌内注射葡聚糖铁钴注射液 2 mL,重症隔 2 d 同剂量重复一次。

2.其他疗法　用健壮的马、牛或羊的抗凝血皮下或肌内注射,乳猪为 2~3 mL/kg 体重,2 月龄以上的猪为 1~2 mL/kg 体重,3~5 d 一次,2~3 次为一疗程。也可用健猪抗凝血,0.2 mL/kg 体重,肌内注射,也有一定疗效。

# 任务 3.2　泌尿系统疾病

1.会诊断动物肾炎、尿结石等泌尿疾病。

2.会治疗动物肾炎、尿结石等泌尿疾病。

3.能够对泌尿系统进行全面检查,并能综合防治肾炎、尿结石、膀胱结石等病症。

## 3.2.1　肾炎

肾炎是指肾小球、肾小管或肾间质组织发生炎症的病理过程。临床上以水肿,肾区敏感与疼痛,尿量改变及尿液中含多量肾上皮细胞和各种管型为特征。按其病程分为急性和慢性两种。各种家畜均可发生,而间质性肾炎主要发生在牛身上。

**【病因】**

肾炎的发病原因目前认为与感染、中毒和变态反应有关。

1.感染因素 主要继发于炭疽、牛出败、传染性胸膜肺炎、猪瘟等传染病的经过之中。

2.中毒因素 由内源和外源性毒素由肾脏排出时产生强烈刺激引起的。这些毒素包括:一些有毒植物;霉败变质的饲料或被农药和重金属污染的饲料及饮水;误食有强烈刺激性的药物或长期使用氨苄青霉素、先锋霉素、噻嗪类及磺胺类等药物;内源性毒物或疾病中所产生的毒素与组织分解产物等。

3.其他因素 过劳,创伤,营养不良和受寒感冒均为肾炎的诱发因素。此外,邻近器官炎症的蔓延和致病菌通过血液循环进入肾组织也可引起。

**【发病机理】**

病原微生物或其毒素,以及有毒物质或有害的代谢产物,经血液循环进入肾脏时直接刺激或阻塞、损伤肾小球或肾小管的毛细血管而导致肾炎。炎症初期,炎症致使肾毛细血管壁肿胀或肾小球毛细血管痉挛性收缩,导致毛细血管滤过率下降,肾小球滤过面积减少,肾小球缺血,因而尿量减少,或无尿。进一步发展,水、钠在体内大量蓄积而发生不同程度的水肿。由于炎症发展,肾小球毛细血管的基底膜变性、坏死、结构疏松或出现裂隙,使血浆蛋白和红细胞漏出,形成蛋白尿和血尿。由于肾小球缺血,引起肾小管也缺血,结果肾小管上皮细胞发生变性、坏死,甚至脱落。渗出、漏出物及脱落的上皮细胞在肾小管内凝集形成各种管型(透明管型、颗粒管型、细胞管型)。肾小球滤过机能降低,水、钠潴留,血容量增加;肾素分泌增多,血浆内血管紧张素增加,小动脉平滑肌收缩,致使血压升高,主动脉第二心音增强。由于肾脏的滤过机能障碍,使机体内代谢产物(非蛋白氮)不能及时从尿中排除而蓄积,引起尿毒症。

慢性肾炎,由于炎症反复发作,肾脏结缔组织增生以及体积缩小导致临床症状时好时坏,终因肾小球滤过机能障碍,尿量改变,残余氮不能完全排除,滞留在血液中,引起慢性氮质血症性尿毒症。

**【症状】**

1.急性肾炎 病畜表现体温升高,食欲减退,精神沉郁。由于肾区敏感、疼痛,病畜不愿行动。站立时腰背拱起,后肢叉开或齐收腹下。强迫行走时腰背弯曲,后肢僵硬,运步困难,步样强拘;病畜频频排尿,但每次尿量较少,严重者无尿。尿色浓暗,比重增高,甚至出现血尿、蛋白尿。肾区触诊,病畜有痛感,直肠触摸,手感肾脏肿大。重症病例,眼睑、颌下、胸腹下、阴囊部及牛的垂皮处发生水肿。后期,病畜出现尿毒症,全身功能衰竭,呼吸困难,嗜睡,昏迷。

尿液检查,蛋白质呈阳性,镜检尿沉渣,可见管型、白细胞、红细胞及多量的肾上皮细胞。血液检查,血液稀薄,血浆蛋白含量下降,血液非蛋白氮含量明显增高。

2.慢性肾炎 典型病例主要是水肿,血压升高和尿液异常。病畜逐渐消瘦,血压升高,脉搏增数。后期,眼睑、颌下、胸前、腹下或四肢末端出现水肿,重症者出现体腔积水。尿量不定,尿中有少量蛋白质,尿沉渣中有大量肾上皮细胞和各种管型。最终导致尿毒症而死亡。

3.间质性肾炎 初期尿量增加,后期减少。尿中可见少量蛋白及各种细胞。有时可见透明及颗粒管型。大动物直肠检查和小动物动脉肾区触诊,可摸到肾脏表面不平,体积缩小,质地坚实,无疼痛感。

**【病理变化】**

急性肾炎的病变为肾脏体积轻度肿大,充血,质地柔软,被膜紧张,容易剥离,表面和切面皮质部见到散在的针尖状小红点。慢性肾炎的病变为肉眼可见肾脏体积增大,色苍白,表面不平或呈颗粒状,质地坚硬,被膜剥离困难,切面皮质变薄,结构致密。晚期,肾脏缩小和纤维化。间质性肾炎由于肾间质增生,可见间质呈宽厚,肾脏质地坚硬体积缩小,表面不平或呈颗粒状,苍白,被膜剥离困难,切面皮质变薄。

**【诊断】**

根据典型的临床特征:少尿或无尿,肾区敏感,疼痛,水肿,尿毒症,以及尿液化验(尿蛋白、血尿、尿沉渣中有多量肾上皮细胞和各种管型)进行综合诊断。本病应与肾病鉴别。肾病,临床上有明显水肿和低蛋白血症,尿中有大量蛋白质,但无血尿及肾性高血压现象。

**【治疗】**

本病的治疗原则是,消除病因,消炎利尿,加强病畜护理。

1.消除炎症、控制感染　可选用青霉素,牛、马:1万~2万 IU/kg,猪、羊2万~3万 IU/ kg,犬5万~10万 IU/kg,肌内注射,每日2~3次,连用一周。可用链霉素,诺氟沙星,环丙沙星合并使用可提高疗效。

2.激素疗法　对于肾炎病例多采用激素治疗,一般选用氢化可的松注射液,肌内注射或静脉注射,一次量:牛、马200~500 mg,猪、羊20~80 mg,犬5~10 mg,猫1~5 mg,每日1次;亦可选用地塞米松,肌内注射或静脉注射,一次量:牛、马10~20 mg,猪、羊5~10 mg,犬0.25~1 mg,猫0.125~0.5 mg,每日1次。

3.为促进排尿,减轻或消除水肿　可选用利尿剂双氢克尿噻,牛、马0.5~2 g,猪、羊0.05~0.2 g,加水适量内服,每日1次,连用3~5d。

4.中兽医疗法　急性肾炎采用清热利湿,凉血止血,可用"秦艽散"加减。慢性肾炎,燥湿利水,方用"平胃散"与"五皮饮"合用,适当加减味:苍术、厚朴、陈皮各60 g,泽泻45 g,大腹皮、茯苓皮、生姜皮各30 g,水煎服。

**【预防】**

加强管理,防止家畜受寒、感冒,以减少病原微生物的感染。注意饲养,保证饲料的质量,禁止喂有刺激性或发霉、腐败、变质的饲料,以免中毒。对急性肾炎的家畜,应及时采取有效的治疗,彻底消除病因以防复发或转为慢性或间质性肾炎。

### 3.2.2　尿结石

尿结石又称为尿石症,是指由于不科学的喂养致使动物体内营养物质特别是矿物质代谢紊乱,尿路中盐类结晶凝结成大小不一、数量不等的凝结物,刺激尿路黏膜而引起的出血性炎症和尿路阻塞性疾病。临床上以腹痛,排尿障碍和血尿为特征。本病各种动物均可发生,主要发生于公畜。

**【病因】**

尿结石的原因普遍与以下 5 个因素有关。

（1）长期饲喂高钙低磷的饲料和饮水。

（2）天气炎热，饮水不足，使尿中盐类浓度增高，或尿液浓稠使尿中黏蛋白浓度增高。

（3）维生素 A 缺乏可导致尿路上皮组织角化。

（4）肾和尿路感染发炎时，炎性产物，脱落的上皮细胞及细菌积聚。

（5）长期周期性尿潴留，大量应用磺胺类药物等，均可促进尿结石的形成。

**【发病机理】**

形成尿结石的真正机理还不很清楚。但是，尿结石形成的条件取决于：有结石核心物质的存在，尿中保护性胶体环境的破坏，尿中盐类结晶不断析出并沉积。以上各种原因，使尿液中的理化性质发生改变，预防尿中溶质沉淀的保护性胶体被破坏时，尿中有大量尿结石的核心物质（黏液、凝血块、脱落的上皮细胞、坏死组织碎片、红细胞、微生物、纤维蛋白和砂石颗粒等）和矿物质盐类结晶（碳酸盐、磷酸盐、硅酸盐、草酸盐和尿酸盐）产生并发生沉淀形成结石。一般认为，尿结石形成于肾脏，随尿液转移至膀胱，并在膀胱增大体积，常在输尿管和尿道形成阻塞。尿结石形成后，刺激尿路黏膜，引起阻塞部位黏膜损伤、炎症、出血，并使局部的敏感性增高。由于刺激，尿路平滑肌出现痉挛性收缩，因而病畜发生腹痛，频尿和尿痛现象。当结石阻塞尿路时，则出现尿闭，腹痛尤为明显，甚至出现尿毒症和膀胱破裂。

**【症状】**

尿结石病畜主要表现为：排尿困难，频频作排尿姿势，拱背缩腹，举尾努责，有线状或点滴状排出混有脓汁和血凝块的红色尿液。结石阻塞尿路时，病畜排出的尿流变细或无尿排出而发生尿潴留。阻塞部位和阻塞程度不同，其临床症状也有一定差异。

肾盂结石时，呈肾盂炎症状，病畜肾区疼痛，运步强拘，步态紧张，有血尿。阻塞严重时，有肾盂积水。

输尿管结石时，病畜腹痛剧烈。直肠内触诊，可触摸到其阻塞部的近肾端的输尿管显著紧张而且膨胀。

膀胱结石时，有尿频，排尿时病畜疼痛反应，如呻吟，腹壁抽缩等。

尿道结石，公牛多发生于乙状弯曲或会阴部，当尿道不完全阻塞时，尿液呈滴状或线状流出，有血尿。完全被阻塞时，尿闭或肾性腹痛现象，病畜频频举尾，屡作排尿动作但无尿排出。直肠内触诊时，膀胱内尿液充满，体积增大。

**【诊断】**

结合临床症状、尿液的变化、直肠触诊及尿道探诊，犬、猫等小动物可借助 X 线影像显示可区别等，同时应注重饲料构成成分的调查，综合判断做出确诊。

**【治疗】**

本病以除去结石，控制感染为治疗原则。

1.水冲洗　适用于粉末状或沙粒状尿石。导尿管消毒，涂擦润滑剂，缓慢插入尿道或膀胱，注入消毒液体，反复冲洗。对有磷酸盐尿结石的病畜，应用稀盐酸进行冲洗治疗获得良好的治疗效果。

2.中医药治疗　中医称"砂石淋"。治则是清热利湿,通淋排石,病久者肾虚并兼顾扶正。选用排石汤加减:海金沙、鸡内金、石苇、海浮石、滑石、瞿麦、扁蓄、车前子、泽泻、生白术等。

3.手术治疗　尿石阻塞在膀胱或尿道的病例,可实施手术切开,将尿石取出。

【预防】

合理调配饲料,使饲料中的钙磷比例保持在1.2∶1或者1.5∶1的水平。并注意饲喂维生素A丰富的饲料。平时适当增喂多汁饲料或增加饮水,对家畜泌尿器官炎症疾病应及时治疗,以免出现尿潴留。肥育犊牛和羔羊的日粮中加入4%的氯化钠对尿石的发病有一定的预防作用。

### 3.2.3　膀胱炎

膀胱炎是膀胱黏膜及其下层的炎症。按膀胱炎的性质可分为卡他性、纤维蛋白性、化脓性、出血性4种。临床上以疼痛性频尿和尿中出现较多的膀胱上皮细胞、炎性细胞、血液和磷酸铵镁结晶为特征。多发于母畜,以卡他性膀胱炎多见。

【病因】

膀胱炎的发生与尿潴留,难产,导尿,膀胱结石,创伤等有关。一些细菌性因素如化脓杆菌、葡萄球菌、链球菌、变形杆菌等经过血液循环或尿路感染而致病;某些传染病的特异性细菌继发;母畜阴道炎、子宫内膜炎等邻近器官炎症的蔓延,毒物(如霉菌毒素)影响;或某种矿物质元素缺乏及其机械性刺激或损伤等,均可引起膀胱炎。

【发病机理】

各种致病因素对膀胱黏膜产生强烈的刺激,都可引起膀胱黏膜的炎症,膀胱黏膜炎症发生后,其炎性产物、上皮细胞和坏死组织等混入尿中,引起尿液成分改变,即尿中出现脓液、血液、上皮细胞和坏死组织碎片。这种质变的尿液成分成为病原微生物繁殖的良好条件,加剧炎症的发展。受到炎性产物刺激,膀胱黏膜的兴奋性、紧张性升高,膀胱收缩频繁,故病畜出现疼痛性排尿,甚至出现尿淋漓。病程进一步发展,强烈刺激,膀胱括约肌反射性痉挛,导致排尿困难或尿闭。炎性产物吸收,病畜呈现全身症状。

【症状】

1.急性膀胱炎　临床表现是疼痛性的频频排尿,或屡作排尿姿势,但无尿液排出,有时排出少量尿液,或呈点状排出,出现尿淋漓,痛苦不安等症状。直肠检查,病畜表现疼痛,膀胱触诊,手感空虚。炎症加剧,有的病畜膀胱黏膜发生坏死溃疡,导致膀胱穿孔或破裂。尿检为血尿。尿中混有黏液、脓汁、坏死组织碎片和血凝块并有强烈的氨臭味。尿沉渣检,出现多量膀胱上皮细胞、白细胞、红细胞、脓细胞和磷酸铵镁结晶等。

2.慢性膀胱炎　由于病程长,排尿困难,其排尿姿势和尿液成分与急性者略同。病畜营养不良,消瘦,被毛粗乱。

【诊断】

可根据频尿,排尿疼痛等临床特征以及尿液检查有大量的膀胱上皮细胞和磷酸铵镁结晶,进行综合判断。在临床上与膀胱炎、肾盂炎注意区别。

【治疗】

本病的治疗原则是加强护理,抗菌消炎,尿路消毒。

1.抗菌消炎,尿路消毒 用40%乌洛托品,马、牛50~10 mL,静脉注射。或用青霉素,也可与链霉素合用。病情较轻,选用一种;病情较重,几种药物联合使用。抗菌药的使用,要维持到症状消失后停药,以免复发。伴有肾脏功能不良的,忌用对肾脏有害的药物,以预防积累中毒。对重症病例,可先用0.1%高锰酸钾或1%~3%硼酸,或0.1%的雷佛奴尔液,或0.01%新洁尔灭液,或1%亚甲蓝作膀胱冲洗,在反复冲洗后,膀胱内注射青霉素80万~120万 IU,每日1~2次,效果较好。

2.中兽医疗法 中兽医可用沉香,石苇、滑石(布包),当归、陈皮、白芍、冬葵子、知母、黄柏,杞子、甘草、王不留行,水煎服。对于出血性膀胱炎,可服用秦艽散:秦艽50 g,瞿麦40 g,车前子40 g,当归、赤芍各35 g,炒蒲黄、焦山楂各40 g,阿胶25 g,研末,水调灌服。也可给病畜肌内注射安钠咖,配合"八正散"煎水灌服,治疗猪膀胱炎效果好。单胃动物可用鲜鱼腥草打浆灌服,效果好。

【预防】

在实施导尿术时,应遵守操作规程,避免损伤尿道及膀胱黏膜,同时,要严格消毒,防止病原微生物的侵入和感染。及时治疗肾脏及尿道疾病,以防转移感染。发现膀胱结石应及时处理。

# 任务 3.3　神经系统疾病

1.会诊断脑膜炎、日射病、热射病。

2.会防治日射病、热射病。

3.能够结合生产实际,对夏季规模化养殖场加强管理,有效防治日射病、热射病。

## 3.3.1　脑膜脑炎

脑膜脑炎是脑膜及脑实质炎症,临床上以高热,严重脑机能障碍为特征的疾病。各种动物均可发生。

【病因】

多由感染或中毒所致,包括家畜的疱疹病毒、牛恶性卡他热病毒、猪的肠病毒、犬瘟热病毒、犬细小病毒、猫传染性腹膜炎病毒等病毒感染;如葡萄球菌、链球菌、溶血性及多杀性巴氏杆菌、嗜血杆菌、猪副嗜血杆菌、李氏杆菌等细菌感染;猪食盐中毒、马霉玉米中毒、铅中毒及各种原因引起的中毒性疾病;脑脊髓丝虫病、脑包虫病、变通圆线虫病等一些寄生虫病等;颅骨外伤、额窦炎、中耳炎、眼球炎、脊髓炎等脑部及邻近器官炎症的蔓延,可继发性脑膜脑炎。

**【发病机理】**

病原菌或有毒物质沿血液循环或淋巴等各种途径进入脑膜及脑实质,引起软脑膜及大脑皮层表在血管充血、渗出,出现炎性浸润。脑实质出血、水肿,炎症蔓延到脑室时,炎性渗出物增多,发生脑室积水,造成颅内压升高,脑血液循环障碍,致使脑细胞缺血、缺氧和能量代谢障碍,产生脑机能障碍,因而产生一系列异常的临床表现。

**【症状】**

由于炎症的部位、性质不同,临床表现也有较大差异,常表现一般脑症状和局部脑症状。

1.一般脑症状　病畜先兴奋后抑制或交替出现。病初,表现轻度精神沉郁,呆立不动,反应迟钝。经数小时至一周后突然呈现高度兴奋,体温升高,感觉过敏,反射机能亢进,瞳孔缩小,视觉紊乱,易于惊恐,呼吸急促,脉搏增数。狂躁不安,攻击人畜,不顾障碍向前冲,或转圈运动。站立不稳,倒地。在数十分钟兴奋发作后转入抑制则呈嗜眠、昏睡状态,反射机能减退及消失,呼吸缓慢而深长。

2.局部脑症状　主要表现为痉挛和麻痹。它是脑神经核受到炎性刺激或损伤所引起的神经机能亢进的症状,如眼球震颤,斜视,咬肌痉挛,咬牙。吞咽障碍,听觉减退,视觉丧失,味觉、嗅觉错乱。颈部肌肉痉挛或麻痹,出现角弓反张。某一组肌肉或某一器官麻痹,或半侧躯体麻痹时呈现单瘫与偏瘫等。

**【诊断】**

根据一般脑症状和局部脑症状,再结合病史调查和分析,一般可做出诊断。若确诊困难时,其必要时可进行脑组织切片检查。

**【治疗】**

本病以抗菌消炎,降低颅内压和对症治疗为治疗原则。

1.抗菌消炎　首选磺胺嘧啶钠 10~20 mg/kg 肌内注射,每天 1 次,连用 3 d,青霉素 4 万 IU/kg 体重和庆大霉素 2~4 mg/kg 体重,静脉注射,每天 2 次。亦可林可霉素 10~15 mg/kg 体重静脉注射,每天 3 次。

2.降低颅内压　对脑急性水肿,颅内压升高动物,视体质状况可先放血,小动物 20~10 mL,大动物 1 000~2 000 mL,再用等量的 10%葡萄糖并加入 40%的乌洛托品 50~100 mL 静脉注射。也可用 25%山梨醇液和 20%甘露醇,50~100 mL/kg 体重静脉注射。

3.对症治疗　当病畜过度兴奋,狂躁不安时,可用安溴注射液 50~100 mL 静脉注射,以调整中枢神经机能紊乱,增强大脑皮层保护性抑制作用。心功能不全时,可应用安钠咖和樟脑等强心剂。对不能哺乳的幼畜,应适当补液,维持营养。

### 3.3.2　日射病及热射病

日射病和热射病是由于急热应激引起的体温调节机能障碍的一种急性中枢神经系统疾

病。日射病是头部持续受到强烈的日光照射而引起脑膜充血,脑实质的急性病变,导致中枢神经系统机能严重障碍性疾病。热射病是动物所处的外界环境气温高,湿度大,动物新陈代谢旺盛,产热多,散热少,体内积热而引起的严重中枢神经系统机能紊乱的疾病。临床上日射病和热射病称为中暑。各种动物均可发病。

**【病因】**

在高温天气和强烈阳光下使役、驱赶和奔跑;通风不良,拥挤,温度高、湿度大的环境中使役繁重,闷热密闭的车、船运输等是引起本病的常见原因。家畜体质衰弱,心脏功能、呼吸功能不全,代谢机能紊乱,出汗过多,饮水不足,缺乏食盐,都易促使本病的发生。

**【发病机理】**

日射病是强烈日光持续照射家畜头部,日光中紫外线直接作用于脑膜及脑组织引起头部血管扩张,脑及脑膜充血,颅内压增高,影响中枢神经调节功能,导致神志异常。病畜表现头部温度和体温急剧升高;新陈代谢异常,导致自体中毒。

在正常情况下,机体产热和散热保持着动态平衡,如果外界温度则通过出汗和加快呼吸以散热,但在外温高,空气湿度大或空气不能流通的情况下,体热因不易放散而蓄积以致家畜机体过热,引起中枢神经机能紊乱,血液循环和呼吸机能障碍而导致热射病。

**【症状】**

1.日射病　常突然发生,病初,动物表现体温升高,精神沉郁,步态不稳,共济失调,突然倒地,四肢做游泳样运动,眼球突出,有时全身出汗,心力衰竭,静脉怒张,呼吸急促。后期出现结膜发绀,皮肤、角膜、肛门反射减退或消失,腱反射亢进,常发生剧烈的痉挛或抽搐而迅速死亡,也有动物因呼吸麻痹而死亡。

2.热射病　突然发病,体温急剧升高42 ℃以上,皮温灼手,全身出汗。心悸,脉搏疾速,每分钟可达百次以上。眼结膜充血,瞳孔扩大或缩小。呼吸高度困难,频率加快,舌伸于口外,张口喘气;白毛动物全身通红。后期病畜站立不动或倒地,四肢划动,继而呈昏迷状态,意识丧失,呼吸浅而疾速,结膜发绀,血液黏稠,口吐白沫;常因呼吸中枢麻痹而死亡。

**【诊断】**

根据发病季节,病史资料和体温急剧升高,心肺机能障碍和倒地昏迷等临床特征,容易确诊。

**【治疗】**

本病的治疗原则是消除病因,促进机体散热和缓解心肺机能障碍,纠正水、盐代谢和酸碱平衡紊乱。

1.消除病因,降温　应立即停止使役,将病畜移至荫凉通风处,避免光、声的刺激,保持安静。用冷水浇洒全身,或用冷水灌肠,还可在头部放置冰袋,也可用酒精擦拭体表。

病情严重,体质较好者可泻血1 000~2 000 mL(大动物),同时静脉注射等量生理盐水,以促进机体散热。

2.强心镇静、补液解毒　可皮下注射20%安钠咖等强心剂20~30 mL,或洋地黄制剂。为防止肺水肿,静脉注射地塞米松0.5~1 mg/kg体重。对脱水严重动物,可静脉注射生理盐水或5%葡萄糖液。若确诊病畜已出现酸中毒,可静脉注射5%碳酸氢钠100~500 mL。小动物酌情考虑。

3.中兽医疗法　中兽医称牛中暑为发痧,以清热解暑为治则,方用"清暑香薷汤"加减:香薷 25 g,薷香、青蒿、佩兰叶、炙杏仁、知母、陈皮各 30 g,滑石(布包先煎)90 g,石膏(先煎)150 g,水煎服。

【预防】

本病是家畜的一种重剧性疾病,病情发展急剧,死亡率高。所以,在炎热的季节,必须做好饲养管理和防暑降温工作,保证家畜健康。制定牛、马、猪、羊和家禽的饲养管理制度,特别是对役牛和役马,应经常锻炼其耐热能力。为使家畜在炎热的季节不中暑,畜舍要通风凉爽,防止潮湿、闷热和拥挤。同时注意补喂食盐和饮水。大群家畜徒步或车船运送,应做好各项防暑和急救准备工作。

# 项目 4　营养代谢病

📖 **项目导读**

　　本项目首先从整体上概述了畜禽营养代谢病的主要发病原因、诊断和防治。然后又从疾病病因、发病机理、临床表现、诊断和防治等多方面详细讲解了畜禽常见营养代谢病,内容包括糖、脂肪、蛋白质代谢障碍疾病,常量元素缺乏性疾病,微量元素缺乏性疾病和维生素缺乏症等。通过学习,让学生学会畜禽常见营养代谢病诊治,并能在实践生产中灵活运用所学知识进行临床诊断和疾病防治。

---

# 任务 4.1　营养代谢病认知

**学 习 目 标**

1.会分析动物营养代谢病的发病原因。

2.能提出营养代谢病的防治措施。

　　营养代谢病是由于某类营养物质过多或缺乏,引起这种物质及与其相关的代谢障碍为主的代谢紊乱的疾病。营养代谢病的特点是发病缓慢,病程一般较长;多伴发有酸中毒和神经症状;体温变化不大或偏低;早期诊断困难;而且有些代谢病呈地方性发生,如动物的硒缺乏症、氟病等,经济损失严重。目前,随着集约化饲养模式的推广,在追求高产目标下,容易发生动物营养代谢病,如鸡的脂肪肝出血综合征、鸡的维生素缺乏症、奶牛酮病、奶牛肥胖综合征等。

## 4.1.1　营养代谢病的原因

【日粮配合不当】

　　日粮配合不当是营养代谢病的主要原因。即日粮里某种或某些营养物质缺乏、含量不足、比例不当,饲料品质低劣,不全价,混合不匀等。如鸡料中掺杂石粉太多,造成骨营养不良。

**【饲料里抗营养物质存在】**

1.蛋白质消化利用降低　如豆科植物中的蛋白质抑制剂——胰蛋白酶抑制因子,可使胰腺受害而导致蛋白质的消化吸收、利用机能障碍。植物籽实中的红细胞凝集素可附着于肠道内壁细胞,干扰营养物质的吸收。

2.降低矿物质的溶解、吸收和利用　最常见的就是植酸和草酸,能降低钙的溶解和吸收。氟对钙、硫对硒有干扰作用。

3.使某些维生素灭活或增加需要量　某些淡水鱼、虾、蛤类体内有硫胺素酶,能降解维生素 $B_1$;发霉的草木樨中含有维生素 K 拮抗因子——双香豆素;蕨类含维生素 $B_1$ 拮抗物。

**【营养物质需要量增加】**

生长发育期的幼畜禽、妊娠及泌乳期的母畜、产蛋高峰期的家禽、肥育期的畜禽等对营养物质的消耗增多;热性病、慢性消耗性疾病、处于应激(高温、疫苗注射等)状态的畜禽等对营养物质的消耗增多,因此,易患营养代谢病。

**【消化吸收不良】**

有些情况下,饲料中营养物质并不缺乏,但由于动物患有慢性胃肠道疾病、肝病、牙病、慢性肾功能衰竭等,使营养物质的消化吸收和代谢紊乱,造成营养缺乏,如肝、肾病可使维生素 D 的活化受阻。

**【污染因素】**

工业污染严重时可造成畜禽中毒,长期的轻度污染可促进代谢病的发生,如氟、镉、铅可促使钙、磷代谢失调。

**【药物影响】**

长期用抗菌素类饲料添加剂预防幼畜禽的消化道细菌感染,如土霉素、磺胺类等,导致肠道微生物区系紊乱,有益菌被杀死,不仅影响消化吸收,也影响某些营养物质的合成,导致代谢病发生。

### 4.1.2　营养代谢病的诊断和防治

营养代谢病的诊断应注意综合分析,主要考虑下述因素。

(1)有些营养代谢病是群发、地方性发生,注意气候、土壤等因素并与传染病、寄生虫病和中毒病等相鉴别。如白肌病、碘缺乏和高氟造成的骨营养不良等与土壤里硒、碘缺乏和氟过高有关。酸性土壤里的硒不易被植物吸收。干旱的年份易发骨营养不良和水牛血红蛋白尿。

(2)注意消化代谢特点和生产性能。幼畜禽生长发育快,对营养物质需求量高,且消化代谢机能不够健全,易发代谢病。如仔猪低血糖、营养性贫血,犊牛、羔羊较成年牛、羊易患维生素 B 缺乏症。

(3)注意各种营养物质的含量、比例以及化合物的性质。如骨营养不良的发生,有时并不是缺钙或缺磷,而是二者比例不当造成。

（4）代谢病的特点是病程长、早期不易诊断。因此,对于敏感畜禽可进行定期的监测工作,包括对饲料、饮水及中间代谢产物和畜禽产品。

代谢病的治疗原则是缺什么补什么,但营养因子之间常存在一定的协同作用,有时单一补充某种营养物质是不够的。如维生素 $B_1$ 缺乏症时除补充维生素 $B_1$ 外,添加复合维生素 B 效果更好。

# 任务 4.2　糖、脂肪、蛋白质代谢障碍疾病

## 学 习 目 标

1.会诊断和防治奶牛酮病。
2.会防治禽脂肪肝综合征。
3.会诊断和治疗仔猪低血糖病。
4.能对糖、脂肪、蛋白质代谢障碍性疾病提出综合防治措施。

### 4.2.1　奶牛酮病

奶牛酮病也称奶牛醋酮血症、酮尿病,是由于饲料中糖及生糖物质不足所致体脂大量分解而引起的代谢性疾病。临床表现食欲减退或废绝,产奶量下降,呼出气、尿和奶中有酮味;临床病理学特征为低血糖、高血脂、尿和血中酮体增多、酸中毒。营养过剩、舍饲缺乏运动的高产奶牛,特别是3~5胎母牛在泌乳高峰期最多发。有的牛妊娠后期也会发生。

【病因】

酮病发生的原因较为复杂,有关因素有以下几点:

1.营养不足或单一　比如产后饲料碳水化合物补充不足、优质青干草缺乏、糟渣过多,饲料中维生素或钴、磷等微量元素缺乏。

2.高产是引发酮病的重要因素　奶牛产后泌乳高峰期和营养的最高需要量在分娩后4~6周到来,而其食欲和采食量的最高峰一般在10周左右。因此,不可避免会发生营养的负平衡,但最初机体还可以代偿而不发病。不合理的饲喂导致负平衡加重时,会引起低血糖,体脂大量分解。

3.肥胖奶牛发病率高　干奶牛与泌乳牛混养,使干奶期采食过量精料而过肥或缺乏运动,产后食欲恢复较慢,采食量小,营养负平衡严重时,产奶使体脂消耗过多,导致酮病。

4.其他一些疾病可以继发酮病　真胃变位、前胃弛缓、创伤性网胃炎、肝脏疾病、乳房炎、胎衣不下、子宫内膜炎等引起食欲下降,血糖浓度降低,导致脂肪代谢紊乱,酮体产生增多。饥饿、营养不良、应激、气候等也是本病的诱因,冬季比夏季发生率高。

5.反刍动物易发酮病与自身的消化特点有关　奶牛瘤胃内微生物能把摄入的碳水化合物(淀粉、纤维素、单糖、双糖等)分解为挥发性的脂肪酸(乙酸、丙酸和丁酸),其中丙酸能够通过异生途径转化成葡萄糖,而乙酸、丁酸及体脂动用产生的游离脂肪酸均为生酮物质。奶

牛体内90%的糖靠异生途径供给,只从小肠吸收少量葡萄糖。蛋白质分解后的氨基酸也是糖异生的主要原料之一。因此,当饲料配合不当、糖和生糖物质缺乏时,就会使三大物质代谢及其相互转化失调。营养不良的多胎绵羊往往在产前发生酮病,也称妊娠毒血症,病死率很高。

【发病机理】

高产奶牛合成乳糖需要大量的葡萄糖,而葡萄糖主要来源于糖的异生(即由非糖物生成葡萄糖或糖原),糖异生的前体为丙酸、生糖氨基酸、甘油和乳酸。当糖与生糖前体不足时,机体动用肝糖,而肥胖母牛肝糖贮备较少,糖异生作用也弱,机体代偿失调时,血糖浓度下降,机体开始动用大量体脂和体蛋白来加速糖的异生,因此易致酮病。

体脂大量分解产生多量游离脂肪酸(FFA)进入血液,血浆中FFA浓度升高并大量进入肝脏,导致肝脂肪沉积、变性。因牛采食下降,糖及生糖物质不足,草酰乙酸生成减少,脂肪酸代谢产生的乙酰辅酶A不能进入三羧酸循环彻底氧化,而产生大量酮体(包括乙酰乙酸、$\beta$-羟丁酸、丙酮),导致血、乳、尿中酮体含量升高。酮体中的两种物质为酸性,可致酸碱平衡失调,引起酸中毒。

【症状】

初期以消化功能紊乱为主。采食减少,不愿吃精料,只采食少量干草和青草,反刍停止。产乳量迅速下降,牛体消瘦。粪便干燥,后多转为腹泻。多尿,尿落地多泡沫。乳脂含量增高,也易泡沫增多。随后出现神经症状,兴奋不安,顶撞障碍物,感觉过敏,泡沫状流涎,视觉下降;接着转为沉郁,反应迟钝,多数牛出现嗜睡,卧地,头颈向侧后弯曲。呼出气、尿液、乳汁可散发出丙酮的气味(似烂苹果味),这是本病的特征症状,加热后气味更浓。酮病对繁殖功能有一定影响,常伴发子宫内膜炎,休情期延长。

无明显症状的称为亚临床型酮病,其临床病理学指标已经发生改变。

临床病理学变化:高血脂、低血糖,尿、乳中有多量酮体,亚临床型酮病血液酮体在100~200 mg/L。血液pH下降,呈代谢性酸中毒。

【诊断】

临床型酮病可根据发病时期(产犊后几天至几周内)、牛的体况、临床症状(食欲差、乳产量下降、酮味、神经症状等),不难做出诊断。亚临床酮病不易发现,在高产奶牛群中发生严重。因此,对产后10~30 d内高产牛群可进行酮体监测,注意食欲和奶量的变化。确诊仍需对血、乳和尿中酮体进行检测,血清酮体含量大于200 mg/L为异常。

酮病的临床症状与生产瘫痪、前胃弛缓等相似,要注意鉴别。这两种病均无特殊的酮味,尿、乳酮体检测呈阴性。生产瘫痪有类似神经症状,但通过补钙恢复较快;单纯前胃弛缓无神经症状。

【治疗】

酮病的治疗原则主要是补糖和生糖物质。除了病程长,有脂肪肝的病牛外,一般病例通过合理治疗,预后良好。

(1)调整日粮。增加优质干草、块根等可溶性糖的喂量。能行走的,加强运动。

(2)补糖或生糖物质。静脉注射高浓度葡萄糖(0.5 g/kg体重),效果显著,但注意需重复注射，以维持血糖稳定。配合内服丙酸钠 $100 \sim 200$ g，$1 \sim 2$ 次/d，连用 $7 \sim 10$ d。补糖的同时，适当应用胰岛素（$100 \sim 150$ IU，肌内注射）。

（3）碳酸氢钠溶液 $500 \sim 1\,000$ mL 静脉注射，缓解酸中毒。

（4）酮病早期，牛体况较好的情况下，可使用促肾上腺皮质激素 $200 \sim 600$ IU 肌内注射，可缓解酮病。

（5）补充维生素 A、B，微量元素及补钙对酮病治疗均有益处。发生脂肪肝时，可增加氯化胆碱和蛋氨酸。

（6）通过补糖和生糖物质后疗效不明显，仍持续低血糖、高血酮的，则可能是继发性酮病，必须查找病因，重点治疗原发病，如创伤性网胃炎，真胃变位、真胃炎、子宫内膜炎等。

**【预防】**

本病重点在于预防。在生产中可采用以下综合措施：

（1）加强饲养管理，供应平衡日粮，注意调整精粗比例，供给优质干草和优质青贮。干奶期过肥的牛，可减少精料 $10\% \sim 20\%$，增加运动。注意产后奶牛饲料中能量浓度的补充。

（2）高产牛群在产犊后 $3 \sim 60$ d（产后第 3 d、第 7 d、第 15 d、第 45 d），做奶牛酮体简易检测，达到早期预防和及时治疗的目的。

（3）在泌乳盛期，每天补充丙酸钠也有较好预防作用。每头每天 2 次，每次 120 g，连用 10 d。

### 4.2.2　禽脂肪肝综合征

禽脂肪肝综合征是饲料中能量过高而蛋白质不足而引起的脂肪代谢障碍性疾病，造成肝脏脂肪过度沉积和肝破裂出血。多发生于笼养产蛋鸡，尤其是产蛋高峰期，其次为肉用仔鸡，呈散发性。

**【病因】**

脂肪肝的发生因素很多，主要有：

1.高能量低蛋白日粮是造成本病的主要因素　高能量饲料使脂肪合成增多，低蛋白日粮使脂肪运往卵巢减少，脂肪因运不出肝脏而大量沉积。

2.脂肪代谢和运输过程中必需原料的缺乏　如胆碱、含硫氨基酸（如蛋氨酸）、维生素 B、维生素 E 等。磷脂酰胆碱是合成脂蛋白的必需原料之一，而合成磷脂需要必须脂肪酸和胆碱。胆碱可由饲料中含硫氨基酸在体内合成，而维生素 $B_{12}$、维生素 E 等也参与这个过程。因此，这些物质缺乏时，肝内脂蛋白的合成和脂肪运出障碍，大量脂肪在肝内沉积。

3.饲养环境不良　供给同样饲料，密度大、运动空间小的笼养鸡较平养、散养鸡发病率高。高温与应激也促进本病发生。

4.肝脏受损、肝脂代谢障碍　饲料发霉产生的霉菌毒素（尤其是黄曲霉毒素）易使肝脏受损，肝功障碍和脂蛋白合成减少，肝脏代谢障碍和脂肪沉积，肝出血。

**【发病机理】**

产蛋鸡食欲旺盛，脂肪代谢增加，在雌激素的作用下，肝脏合成脂肪的能力加强，肝脏内脂肪含量也增高。合成的中性脂肪需要与蛋白载体结合成脂蛋白的形式才能运出肝脏，高能低蛋白日粮或其他致病因素存在时,肝脂合成增加而运出减少,造成脂肪在肝脏沉积。大量肝脂沉积,使肝细胞变性、坏死,肝血管壁脆易于破裂而发生出血。

**【症状】**

初期无明显症状,只是发现鸡群中肥胖鸡只多(体重超出 20% 以上),产蛋量上不去,个别鸡突然死亡,剖检后才发现本病。部分鸡鸡冠、肉垂色淡,当肝破裂出血后,冠色苍白,倒地痉挛死亡。遇到应激时,更易促进本病发生。

**【病理变化】**

冠、髯苍白,皮下脂肪多,腹腔及肠系膜上均有过量脂肪沉积。最典型是肝脏的变化,明显肿大,边缘钝圆,土黄色,表面有小出血点和白色坏死灶,触之有油腻感,易碎呈软糊状。肝大量出血时,可见肝周围有大的血凝块,有的血凝块和肝脏重叠,看似肝脏,拨开血凝块后可见脂肪变性的黄色肝脏,俗称"二重肝"。

**【诊断】**

根据饲养管理情况、临床症状和剖检时肝脏的特征病变进行综合性判断。

**【防治】**

根据本病的病因采取综合性的防治措施:

(1)降低日粮中能量,增加蛋白质(1%～2%),能量与蛋白质的比例要适当。防止母鸡在开产前体内过多脂肪贮存,定期监测鸡只体况,及时调整饲料营养平和,并在饲料中添加氯化胆碱、维生素 $B_{12}$ 及蛋氨酸有一定预防效果。

(2)夏季的鸡舍要保持良好通风,防止热应激。

(3)禁止饲喂发霉的饲料,特别在玉米中不要含黄曲霉毒素。

(4)发生本病后,在饲料中添加以下物质,有一定治疗效果。

①每吨饲料中添加氯化胆碱 1～3 kg,维生素 $B_{12}$ 12 g、肌醇,连续拌料 10～15 d,并添加亚硒酸钠(以硒计 0.05～0.1 mg/kg)。

②每吨饲料中添加硫酸铜 63 g,胆碱 500 g,维生素 $B_{12}$ 3.3 mg,维生素 E 5 500 IU,DL-蛋氨酸 500 g。

### 4.2.3　黄脂病

黄脂病是指在屠宰后的动物肉里脂肪组织呈现黄色的一种代谢病。本病多发于猪,称为"黄膘",也见于毛皮动物(貂、狐狸、鼬鼠)和兔。

**【病因】**

由于用大量的鱼脂、鱼的下脚料、蚕蛹等含有大量不饱和脂肪酸甘油酯的饲料喂猪,使维生素 E 的消耗量大增引起缺乏,导致抗酸色素在脂肪组织中沉积而呈现黄膘。长期用泔水喂猪,也可导致黄脂病发生率升高。饲喂含天然黄色素的饲料也会致病。兔黄脂病也可能和遗传因素有关。

毛皮动物因饲喂大量的不饱和脂肪(如比目鱼、鲑鱼)和酸败脂肪所致,7—9月份多发。

**【发病机理】**

黄膘的形成是脂肪组织中形成棕褐色色素颗粒沉积。当维生素 E 不足时,高度不饱和脂肪酸在体内被氧化为过氧化脂质。过氧化脂质与蛋白质结合形成复合物,此复合物部分被溶酶体酶分解后,可排出体外,部分不能分解的,即形成棕黄色色素颗粒在脂肪内沉积。

**【症状】**

"黄膘"猪生前不易发现。一般有食欲不振,体虚衰弱,被毛乱而粗糙,生长较慢。结膜色浅,有低血素性贫血(即红细胞数正常,而血红蛋白水平降低)。通常眼有分泌物。发病母猪所产仔猪虚弱,有的产死胎或流产。

毛皮动物。最急性病例常无任何症状而突然死亡。急性病例,食欲减退、不吃,不活泼,可视黏膜黄染,后躯麻痹,站立困难,最后痉挛、昏迷死亡。死前排出红褐色尿液。慢性病例多伴发胃肠炎、腹泻、排黑色黏性粪便,触摸腹下鼠蹊部脂肪较硬,如生牛脂感,呈片状、条索状或块状。病程 1 周左右,若不及时治疗,多数死亡。

**【病理变化】**

可见体脂呈柠檬黄色,骨骼肌和心肌呈灰白色(与白肌病相似);肝脂肪变性明显,呈黄褐色;肾呈灰红色,横断面发现髓质呈浅绿色;淋巴结水肿,有散在小出血点;胃肠黏膜充血。不饱和脂肪酸过氧化造成脂肪有特殊腥臭味或鱼臭味。

**【诊断】**

黄膘动物在生前一般较难发现和诊断。主要根据剖检变化(皮下及内脏上附着脂肪呈黄色、质地变硬)来初诊。进一步要和黄疸进行鉴别诊断。

黄脂病黄染部位仅见脂肪,尤其是皮下脂肪,其他组织器官不发黄,肝、胆、肾无病变,放置 24 h 后黄色变浅或消失,一般情况不影响食用。黄疸胴体黄染部位除脂肪外,全身皮肤、黏膜、巩膜、肌膜、关节囊液、组织液、实质器官均显黄色。肝、胆、肾均有病变,放置越久,颜色越深。

**【防治】**

调整日粮,除去致病因素里含过多不饱和脂肪酸甘油酯的饲料,或其喂量不超过 10%。添加富含维生素 E 的米糠、野菜、青饲料。必要时长期补饲维生素 E,每天用量为:肥育猪 500~700 mg,仔猪 50 mg,猫 30~100 mg 可以防治。但不能使黄脂完全转变为正常脂肪。

## 4.2.4　营养性衰竭症

营养性衰竭症是因营养物质摄入不足或能量消耗过多所致的营养不良综合征,也称"瘦弱病"。"母猪消瘦综合征"、水牛"低温病"、马的"过劳症"等均属此病。其共同的特征是消瘦、体温低于正常、各器官功能低下,如反射迟钝、胃肠蠕动低、脉弱无力等。各种动物均可发生。

**【病因】**

(1)营养单一和饥饿是引起瘦病的主要因素。饲草质量差或供应不足,动物长期处于营养负平衡状态;过度劳役的家畜,体能消耗大,又无足够营养物质来补充。

（2）老龄畜因牙病(牙齿磨损过度或松动)或消化机能减退,易发本病。

（3）微量元素钴缺乏,对瘤胃和盲肠内微生物生长繁殖影响较大,一则造成微生物区系紊乱,影响对粗纤维的消化;二则因维生素 $B_{12}$ 合成受影响,使严重贫血、动物消瘦。还有铜、锌、铁等缺乏,也有相同效应。

（4）营养衰竭症常继发于多种寄生虫病和慢性消耗性疾病。

**【发病机理】**

全身多方面代谢紊乱导致衰竭症。在上述诸多致病因素作用下,饲料中营养不能满足维持生命和生产(妊娠、泌乳、劳役)所必需的能量,机体开始动员体内贮备的供能物质肝糖和肌糖。若营养状况还未改善,糖又消耗殆尽,继而动员体脂和体蛋白。皮下脂肪消耗最多,肌肉萎缩,血浆总量减少,血浆蛋白及钠、钾含量均下降,机体代谢严重紊乱,进一步发生器官形态结构异常,肠壁和心室壁变薄,心肌无力,肝脏肿大等。后期多数病畜因肌肉虚弱不能站立,发生充血性心力衰竭和总血容量减少,代谢降低,肢体末端皮温下降,外周循环虚脱。长期躺卧易生褥疮,继发感染后可引发败血症。

**【症状】**

衰竭症的共同特点是渐进消瘦。其病程较长,可达数月,甚至数年之久。

初期特征为消瘦,精神差,劳役能力下降,少量活动即出汗较多。这时食欲变化不大。慢性消化道疾病牛有消化不良症状。可视黏膜色稍淡,但奶畜泌乳量不一定有明显变化。进一步发展,患畜衰弱无力,行走和站立不稳,喜躺卧。毛粗乱无光泽,胃肠蠕动弱,粪便干燥,排粪困难。时间较久者,肠道内容物腐败发酵,出现腹泻。心跳、呼吸均减弱,反射迟钝。大量体脂动用而使酮体产生增多,奶量开始下降。

发病后期,患畜骨骼显露,肋骨清晰,眼球下陷,极度衰弱,站立困难,严重者卧地不起。食欲废绝或消化不良,粪便中有多量未消化的饲料颗粒和饲草。胃肠蠕动消失,体温低于37 ℃。体重减少 30%～40%。终因褥疮继发感染或衰竭而死亡。

**【病理变化】**

身体极度消瘦,在体表突出部位可见褥疮。肌肉和实质器官萎缩,黏膜、腹膜水肿、胶样浸润。瘤胃、盲肠体积缩小,肝脏肿大、色黄。心肌梗死和变薄。

**【诊断】**

主要根据极度消瘦、久卧不起等症状,诊断并不困难。但应注意对原发性病因进行诊断,才能对症施治。后期阶段的家畜其机体已发生不可逆的病变,治疗意义不大,建议淘汰。

**【防治】**

本病治疗原则是加强管理、补充营养。

1.注意护理　役畜应减少或停止劳役,孕畜可终止妊娠。少量多次给予青绿、多汁、易消化饲料,补喂适量食盐和骨粉,逐渐恢复食欲。

2.纠正水与电解质不平衡　静脉注射复方氯化钠、5%葡萄糖注射,10%～25%葡萄糖、维生素 C,配合氯化钙 5～10 g。体况好转后可肌内注射三磷酸腺苷 150～200 mg,以促进糖的利用。轻型病例经补糖、补钙和强心后,体况大多改善。

3.对病情严重的牛应纠正低蛋白血症　可静脉注射健康牛血浆 1 500 mL,隔日一次,连续2~3次,或给予右旋糖酐2 000~3 000 mL,复方氨基酸1 000 mL静脉注射。严重贫血的要输血。

4.调整胃肠机能,灌服健胃中药　如为继发性衰竭症,则应针对原发病因治疗,如驱虫、抗菌消炎等。

5.加强饲养管理　预防应加强饲养管理,使役后应补给足量的营养丰富的草料　给予合理劳役,秋季注意增膘,补充微量元素等营养物质。定期驱虫,及时治疗原发病是预防本病的关键。

### 4.2.5　新生仔猪低糖血症

新生仔猪低糖血症是新生仔猪在最初几天内因饥饿所致体内储备的糖原消耗过多,而糖异生作用又不全所引发的低血糖性营养代谢病。临床特征是反应迟钝、虚弱、发抖、全身绵软,最后死亡。常发生于1周龄内仔猪,特别是2~3 d的仔猪。

【病因】

1.仔猪的生理特点　新生仔猪体内糖的来源主要靠母乳里的乳糖,且糖异生作用不全,因此不耐饥饿,容易发生低血糖症,给仔猪注射促肾上腺皮质激素或糖皮质激素不能升高血糖。而羔羊、犊牛、马驹在出生时糖异生作用已较完善,较耐饥饿。

2.仔猪饥饿时间过长　这是发病的主要原因。见于同窝仔猪过多,仔猪的一些先天性疾病导致其站立和行走困难等。长时间饥饿使肝糖原耗尽,从而血糖急剧下降。

3.母猪营养不良或疾病　在妊娠期若母猪营养不全面则导致胚胎发育不良,新生仔猪体弱,产后奶少或无乳,奶质量差。母猪的一些疾病也可导致产奶减少或抑制泌乳,如母猪子宫炎症、乳房炎、无乳综合征。

4.诱因　寒冷、空气潮湿使仔猪为御寒而产热过多,消耗体内葡萄糖和糖原储备。若吃不上奶,很快便会发生低血糖症。

【症状和病理变化】

多在出生后2~3 d内发病,也有在一周后发病的。病猪多不活泼,离群,发抖,被毛逆立,不吃奶。尖叫,体温下降,皮肤湿冷,黏膜苍白。大多数卧地后有阵发性神经症状,头后仰,四肢游泳状划动。最后小猪昏迷,死亡。

剖检颈、胸、腹下有不同程度水肿,水肿液透明。肝脏病变较为突出,橘黄色,边缘锐,质地脆易碎。肾脏呈淡土黄色,有小出血点。胃肠道内容物少,多见臌气。

【诊断】

根据新生仔猪、母猪的饲养管理情况,舍温低,突然昏迷绵软的症状、脱水及剖检胃内容物缺少,用葡萄糖治疗后效果明显等综合诊断。

【防治】

1.及时补糖　10%~20%葡萄糖20 mL腹腔注射,每天3~4次,直到仔猪能自行吮乳为止。症状轻的可灌服10%~20%葡萄糖水,每次10~20 mL。

2.保温　仔猪体温调节能力差、怕冷,寒冷季节必须注意保温防寒。保温的具体措施有加铺厚的垫草,防止贼风,安置取暖设备等。仔猪适宜温度为:1~3 d 龄为 30~32 ℃,4~7 d 龄为 28~30 ℃。

3.吃奶　新生仔猪及时吃上初乳,不会吃奶的小猪要尽快教会吃奶,固定乳头。同窝仔猪太多的可以寄养给其他泌乳母猪。

### 4.2.6　家禽痛风

家禽痛风是由于日粮里蛋白质过多,在体内代谢产生大量尿酸蓄积,并以其盐的形式在关节、内脏表面等组织沉积,临床特征是关节肿大、跛行、衰弱、排白色稀粪。多发生于肉用仔鸡,也见于火鸡和鸭。

【病因】

(1)饲料中蛋白质过高(超过 30%),尤其是含核蛋白的动物性蛋白质含量过高。如长期大量饲喂动物内脏、肉屑、肉骨粉、鱼粉,还有大豆、豌豆、开花的白菜等。再就是饲料中掺假,主要是在鱼粉、豆饼及配合饲料里掺尿素而引起痛风时有发生。

(2)肾功能不全可继发痛风。肾组织损伤时使尿酸排泄,可促进痛风的发生。

(3)饲养管理和环境较差也是痛风的诱因。缺水、维生素 B 缺乏、高钙、密度过大、潮湿阴冷等,也对痛风发生有一定的促进作用。

【发病机理】

家禽与哺乳动物对氨的排泄途径存在差异。哺乳类家畜主要将氨在肝脏里通过尿氨酸循环把氨合成尿素,经肾脏排出;禽类肝脏内无精氨酸酶和氨甲酰磷酸合成酶,不能经尿氨酸循环把氨合成尿素,只能在肝脏和肾脏将其合成嘌呤,再转变为尿酸而从尿排出。核蛋白分解后的核酸在降解过程中也能产生嘌呤类化合物而产生尿酸。当饲料里蛋白质和核蛋白过高或掺有尿素时,体内尿酸的生成就大量增加。

当因各种原因引起的肾组织损伤时,是尿酸的排泄障碍,在体内蓄积。当血液中尿酸浓度超过正常值时,就以其盐的形式在内脏、关节、软骨等处及皮下结缔组织中沉积,并引起局部(主要是关节)发炎。

【症状】

痛风的临床经过一般比较缓慢。病程一般为 10 d,症状出现后多于 4~5 d 后死亡。

1.尿酸主要在内脏沉积,称为内脏型痛风　表现为精神不振,食欲差,消瘦,贫血,冠色淡,羽毛松乱。排石灰水样稀便。母鸡产蛋减少或停产。个别鸡常突然死亡,病死率较高。

2.尿酸盐以关节沉积为主的称关节型痛风　病初脚趾和腿部关节发生软而痛的、界限多不明显的炎性肿胀和跛行。逐渐形成硬而轮廓明显的结节,有的可移动,导致翅、腿关节显著变形,使运动迟缓,站立困难。病鸡消瘦、贫血、衰弱。

【病理变化】

1.内脏型痛风　胸、腹膜发炎,心、肝、脾、肠浆膜表面有白色或黄白色粉末状尿酸盐沉积。肾脏肿大,输尿管变粗、变硬。鸭皮下尿酸盐沉积,两翅下最多。

2.关节型痛风　仅在关节的软骨、关节周围组织、腱鞘、韧带等处有白色尿酸盐沉积(图

4.1),尤其是趾关节。有些关节面发生糜烂和关节囊坏死,有的呈结石样的沉积,称为痛风石(瘤)。

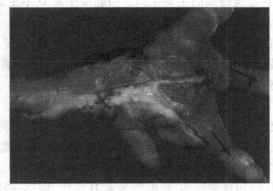

图 4.1　家禽痛风关节沉积尿酸盐

**【诊断】**

根据饲料中高蛋白、消瘦、排白色石灰水样稀便、关节肿大、跛行、内脏及关节有尿酸盐沉积可综合诊断。

**【防治】**

此病治疗效果不好,关键在于预防。

(1)轻症痛风可降低日粮中的蛋白质(尤其是动物性蛋白)到20%以下,7 d后逐渐恢复到正常。增加饲料中维生素 A、D 的含量,每吨饲料加鱼肝油 2 000 mL,连喂 7 d。

(2)药物治疗可用西药阿陀方,每只日用 0.2~0.5 g,可促进尿酸排泄。或 1%碳酸氢钠饮水。据资料介绍,复方中草药方"祛痛散"对痛风的治疗效果显著,治愈率达90%以上。

(3)使用磺胺类药物要注意用量,时间不能过长,防止损伤肾脏。

(4)光照要适宜,密度不要太大,营养均衡。

# 任务 4.3　常量元素缺乏病

学 习 目 标

1.会诊断佝偻病、骨软症等常量元素缺乏症;
2.能结合畜禽生产,合理调控常量元素含量,有效防治常量元素缺乏症。

### 4.3.1　佝偻病

佝偻病指幼龄畜禽在生长期因维生素 D 不足及钙、磷代谢障碍所致的一种骨营养不良性代谢病。临床特点是消化紊乱、异食癖、跛行和骨骼变形。常见于幼犬、犊牛、羔羊和仔猪,幼禽也可发生。

**【病因】**

1.维生素 D 不足　它是佝偻病的主要原因。引起维生素 D 不足的因素有:

①哺乳幼畜常因乳汁中维生素 D 不足引起。

②青饲料中胡萝卜(具有抗维生素 D 的作用)过高也引起维生素 D 缺乏。

③长期光照不足的圈舍,皮肤中 7-脱氢胆固醇不能转化为维生素 $D_2$ 和 $D_3$。生长迅速的犊牛,主要是磷缺乏及冬季舍饲光照不足引起。

④配合日粮中维生素 D 不足。

2.钙、磷不足　钙或磷摄入过量均可导致另一方缺乏,或钙磷比例失调。

3.维生素 A,Fe,Cu,Zn 等缺乏　维生素 A 参与骨骼有机母质中黏多糖的合成,这种多糖是胚胎和幼畜骨骼生长发育所必需的物质。

4.疾病影响　慢性肝病和肾脏疾病,影响维生素 D 活化,使钙、磷吸收和成骨作用障碍。

**【发病机理】**

机体内钙、磷的水平主要通过维生素 D、降钙素和甲状旁腺素等调节。维生素 $D_3$ 在机体中需要活化后才能发挥作用。先在肝脏内羟化成 $25-(OH)-D_3$,然后在肾脏羟化成 $1,25-(OH)-D_3$ 才具有较强生理活性。活性维生素 $D_3$ 作用于小肠、骨骼和肾脏。促进小肠对钙、磷的吸收和转运,并促进肾小管对钙、磷的重吸收,其调节结果血清钙、磷升高,利于骨骼钙化和生长。

甲状旁腺素的作用和维生素 $D_3$ 不同,其促进小肠对钙的吸收,而抑制肾小管对磷的吸收。其调节结果是降低血钙,升高血磷。降钙素促进骨盐沉积,抑制肾小管对钙、磷的重吸收,其结果是降低血钙。健康机体的几种活性物质的调节处于动态平衡,维持正常钙、磷代谢。

当维生素 D 不足,钙、磷不足或平衡失调时,发生骨基质钙化不全,骨骼钙含量明显降低,骨骼软骨增生,钙化不足的腿骨因负重能力较差而弯曲。

**【症状】**

1.消化紊乱　食欲减退,消化不良,精神沉郁,异食,发育停滞,消瘦。

2.牙齿及骨骼发育不良　出牙期延长,齿形不规则,齿钙化不全,易磨损。四肢骨骼肿胀变形,特别是腕关节和跗关节。四肢长骨弯曲(图 4.2),肋骨与肋软骨连接处呈算盘珠状突起。犊牛拱背,前肢腕关节屈曲,向前方外侧凸出,呈"O"形腿,后肢跗关节内收,呈"X"形状叉开站立,易骨折。仔猪常跪地、发抖,后期因硬腭肿胀,口腔闭合困难。小鸡表现腿无力,常以飞节着地蹲伏。长期躺卧致胸骨变形,喙与爪弯曲变形,采食困难。

图 4.2　牛羊佝偻症

3.X 线检查　骨质普遍稀疏,骨密度降低,长骨末端不整,负重骨骼弯曲变形。

**【诊断】**

根据发病动物年龄、饲管条件、临床特征(病程长,异食,骨骼变形,牙齿磨灭不整)等可初步诊断。骨骼的 X 线检查可以帮助确诊。

【防治】

佝偻病的防治关键在于维生素 D 的充分供给,同时补充钙、磷,并注意二者的比例。具体措施有:

（1）加强妊娠后期母畜的饲养管理,防止幼畜先天性发育不良。

（2）幼畜生长快,对钙、磷等需求较高,幼畜舍的冬季要保证有充足的光照及蛋白质、矿物质和维生素的供应。

（3）对已发病的动物,补充维生素 D,然后需补充钙制剂。犊牛,维生素 $D_2$ 200 万~400 万 IU,一次肌注,或肌内注射维丁胶性钙,犊牛 5~10 mL/次,每日一次,连续注射 3~5 d。犬腿部肌内注射维丁胶性钙 1 mL/次,一天一次,连用 3 d;每日食物中加鱼肝油 10~30 mL,配合适量骨粉,连用 7 d。也可增加鱼粉喂量,仔猪和羔羊每天 10~30 g,幼驹每天 20~100 g。鸡用鱼肝油拌料,2~4 mL/kg 料。

## 4.3.2　骨软病

骨软病即骨质软化症,是成年动物因钙、磷代谢障碍引起的骨营养不良症,以消化障碍、骨变形、骨质软化和跛行为特征。牛和绵羊多发,猪、山羊及马的骨软症则表现为纤维性骨营养不良。

【病因】

（1）饲料中钙、磷不足或比例失调,是引起骨软症的主要原因。

（2）饲料中钙的拮抗因子的存在。植物饲料中的草酸、植酸等可与钙形成不溶性钙盐,影响钙的吸收。

（3）其他因素　消化吸收不良,运动不足,妊娠、泌乳,高产奶牛的磷需要量较低产牛相比显著增多。锌、铜、锰不足也影响骨的生长和代谢,特别表现在高产牛。

【症状】

与佝偻病相似,发生缓慢,最初困乏无力,不愿运动,喜卧。接着出现:

1.顽固性消化不良　较早出现,食欲时好时坏,异食,舔食泥土、猪食胎衣等。

2.运动障碍　在异食一定时间后出现,四肢僵硬,走路摇摆,站立姿势异常,跛行。奶牛因乳房质量大,最早表现后肢负重差,向后伸展,似"拉弓"姿势,严重者卧地不起。母猪喜躺卧,跛行,产后可能后肢瘫痪。

3.骨骼变形　病情进一步发展,跛行加重,骨骼不断脱钙和钙化不良,脊柱、肋弓、四肢关节疼痛,外形异常。奶牛尾椎骨排列移位、变形,严重的最后几节尾椎被吸收而消失,尾椎可以被卷起,或手拉尾椎时可听到音响。肋骨变软,最后几对肋骨变形明显。后肢呈"X"形。蹄变形,呈蜷缩状,跛行。拱腰、摇跨,后肢摇摆。猪和山羊上颌骨肿胀,头骨变形,硬腭突出,口腔闭合困难。

4.继发其他疾病　骨营养不良继发其他症状,如牛的四肢和腰椎关节扭伤,骨折,跟腱剥脱。长期卧地不起,发生褥疮、胃肠弛缓、消化不良,败血症等。低磷日粮造成产后母牛不能正常发情,延长繁殖周期,造成较大经济损失。

**【诊断】**

根据日粮中钙、磷含量及配料,病畜的生理情况(泌乳、妊娠)、临床特征(四肢负重能力差、不明原因的跛行)及治疗效果综合诊断。

要与牛的外伤性骨折、关节炎、蹄病、肌肉风湿症和慢性氟中毒等相鉴别。骨软病的特征是骨骼变形。骨折虽可并发于骨软病中,但原发性骨折不出现骨和关节变形;风湿症患部肌肉疼痛显著,但运动后疼痛减轻,其他无异常;慢性氟中毒有特征性氟斑牙和长骨骨柄增大等特征性变化。

**【防治】**

治疗原则是改善饲养管理,在全价饲料的基础上,补充钙、磷和维生素 D。在病初及时治疗,效果较好。当骨骼变形严重时,疗效不佳。

(1)饲料中添加钙、磷。一般用骨粉和脱氟的磷酸氢钙为基本治疗措施。牛、马每天补骨粉 50~200 g,磷酸氢钙 50~100 g,其他家畜酌减。应考虑钙、磷的比例。猪主要是补钙,并配合维生素 D 注射。10%葡萄糖酸钙注射液 50 mL,1 次静脉缓慢注射,维生素 $D_3$ 注射液 5 mL,维丁胶性钙注射液 5 mL,5%当归注射液 10 mL,一次肌内注射。日粮中补充浓鱼肝油粉 15 g 和碳酸钙 150 g,连续补 2 d,以后饲料中添加浓鱼肝油粉 0.5%和碳酸钙 4%。禽主要是在饲料里添加维生素 A、D。

(2)对于严重病例,除了饲料补充外,应配合静脉注射钙、磷制剂。牛以补磷为主,可用 20%磷酸二氢钠溶液 300~500 mL,或 3%次磷酸钙溶液 1 000 mL,静脉注射,每日一次,连续 5~7 d。

(3)为预防骨营养不良发生,对怀孕和哺乳期的母畜要增加饲喂钙、磷较多的骨粉、青干草等。多晒太阳,以便促进维生素 D 的合成。最近试验研究表明,对于奶牛钙磷比例的影响不如以前所述严重,当饲料中钙∶磷大于 7∶1 或小于 1∶1 时,二者的比例才对钙、磷吸收影响较大。

### 4.3.3　牛血红蛋白尿病

牛血红蛋白尿病是由于缺磷所导致的营养代谢病,又称牛地方性血尿。临床特征为急性溶血性贫血、血红蛋白尿、低磷酸盐血症,发病率低,呈散发,但病死率可达 30%。3~6 胎次(5~8 岁)的高产奶牛,产后 2~4 周多发,肉牛和 3 岁以下奶牛很少发病,而水牛时有发生,症状较奶牛轻微。

**【病因及发病机理】**

1.长期大量饲喂低磷日粮是主要病因　产量高的奶牛对磷的需要量大,加上气候干旱易导致饲料缺磷,有些是地方性土壤缺磷等,造成发病。磷的缺乏使红细胞的无氧糖酵解不能正常进行,产生的三磷酸腺苷(ATP)减少,而三磷酸腺苷可维持红细胞膜正常的生理功能。磷缺乏时,红细胞膜变脆,细胞变圆,严重时发生溶血,排血红蛋白尿。水牛血红蛋白尿与泌乳关系不密切,主要是缺磷造成,干旱和寒冷可能是重要的诱因。

2.采食油菜、甜菜渣、萝卜、甘蓝等含磷低并含有皂苷类物质多的饲料,可造成溶血。铜的缺乏也是一个诱因。

**【症状】**

突然排出淡红色的尿液是主要特征,2~3 d 内尿色逐渐加深,呈暗红或棕褐色。短时间内伴发黄疸、奶量下降,排尿次数增加,尿量增多。心搏动增强,可能有贫血性杂音,颈静脉怒张和波动。粪便干硬,有的拉稀。最后全身衰弱、卧地不起。若能耐过 3~5 d,则可恢复,但身体末梢部位(耳尖、趾、尾尖和乳头等)会发生坏死。

**【诊断】**

(1)发病的季节性(寒冷冬季)、地区性,发病牛的年龄及生理阶段。

(2)临床特征是排红色尿液(血红蛋白尿)和贫血。红色尿液也见于血尿,注意鉴别:血红蛋白尿的特点是尿潜血阳性,但尿沉渣检查不见红细胞;血尿镜检可见红细胞。

(3)实验室检查可见红细胞数、血红蛋白含量和红细胞压积值均低,红细胞大小不一。血清无机磷明显降低。

(4)鉴别诊断(表 4.1)

表 4.1　几种血红蛋白尿病鉴别要点

| 疾病名称 | 共同症状 | 流行病学 | 鉴别要点 |
|---|---|---|---|
| 焦虫病 | | 由蜱传播,8—9 月份多发 | 高热,血涂片可见红细胞内虫体 |
| 钩端螺旋体 | 血红蛋白尿,贫血 | 有季节性,由鼠类传播 | 鼻、唇黏膜及皮肤坏死,短期发热 |
| 牛蕨中毒 | | 春季蕨发芽时多发 | 可视黏膜瘀斑性出血,鼻孔、肠道及泌尿生殖道向外流血,凝血不良 |
| 慢性铜中毒 | | 长期摄入过量铜 | — |

**【防治】**

治疗牛血红蛋白尿最为有效的方法就是尽快补磷,可通过静脉注射和饲料补磷相结合的方式;输液补充血容量。

(1)静脉注射 20% 磷酸二氢钠($NaH_2PO_4$),一次 300~500 mL,1~2 次/d。一般在用药 1~2 次后红尿消失。结合皮下注射磷酸二氢钠,能较长时间维持有效血磷浓度,剂量也和静注相同。但切勿用磷酸氢二钠、磷酸二氢钾和磷酸氢二钾。

(2)补充富磷饲料,如麸皮、米糠、骨粉、花生饼等。骨粉 120~180 g,每日 2~3 次,连续饲喂 5~7 d。结合静脉注射磷酸二氢钠,则可加速痊愈。

(3)对贫血严重的病牛可输血,并补充维生素 A 和复合维生素,以促进造血功能。

(4)预防措施保证饲料的全价,在冬、春季节,可每天给牛补喂麸皮 500~1 000 g 或 50 g 骨粉。含磷低的饲料如萝卜、甘蓝等不应超过 5~10 kg。

### 4.3.4 笼养蛋鸡疲劳症

笼养蛋鸡疲劳症是一种营养紊乱性骨骼疾病,又称为蛋鸡猝死症、青年母鸡病,主要危害年轻的高产鸡群,初开产鸡群产蛋率在 20%~60% 时死亡较多。

【病因】

到目前为止,本病的发病原因和机制还不是十分清楚。但以下一些因素可能与其有关:

(1)一般认为,各种原因造成的机体钙、磷缺乏或二者比例失调是此病的直接原因。

(2)可能和缺乏运动有关。如育雏、育成期笼养,或上笼过早,笼内密度过大,鸡的运动不足造成骨骼发育不良和体质较弱而易发该病。

(3)此外,如一些寄生虫病、中毒病、管理的原因以及遗传因素也能导致发病。

(4)夏季的热应激也是本病的诱因。

【症状】

急性的往往在第二天早晨喂料时发现前一天健康的鸡死亡。死亡率和高产成正比。死亡鸡多见泄殖腔突出、充血。

慢性病鸡瘫在笼子里,颈、翅、腿软弱无力,负重时呈弓形或以飞节和尾部支撑身体,如企鹅状。站立困难,脱水、体重下降。病初产软壳蛋、薄壳蛋,鸡蛋的破损率增加,但食欲、精神均无明显变化。易骨折,胸骨软、变形;蛋黄大,蛋清稀薄,种蛋孵化率低。若能及时发现病鸡,可从笼中取出放养,当产下鸡蛋后即可恢复。

【病理变化】

死鸡口内有黏液,肺脏充血水肿,心肌松弛。腺胃黏膜溃疡,柔软,变薄,腺胃乳头平坦且可挤出黄褐色液体,有时腺胃壁(多在腺胃与肌胃交界处)出现穿孔。卵泡充血、出血,大小正常。输卵管黏膜干燥,在子宫部常有一枚未产出的硬壳蛋。泄殖腔黏膜出血。肝脏有浅黄白色条纹,有小的出血点。肠道出血,肠内容物呈灰白或黑褐色。

【治疗】

发现病鸡时,及时从笼中挑出,放在地面平养,补充骨粉或粗颗粒碳酸钙,让鸡自由采食,病鸡 1 周内即可康复。对于血钙低的同群鸡,在饲料中再添加 2%~3% 的粗颗粒碳酸钙,每千克饲料中添加 2 000 IU 的维生素 $D_3$,经过 2~3 周,鸡群的血钙就可以恢复到正常水平。但仍需继续补充粗颗粒碳酸钙和维生素 $D_3$,持续 1 个月左右。如果病情发现较晚,一般 20 d 左右才能康复,个别病情严重的瘫痪病鸡可能会死亡。

【预防】

本病应从饲养管理和营养上采取相应措施。

合理调整鸡群密度,育雏即育成期应及时分群。在炎热的天气,给鸡饮用凉水,在水中添加电解多维,防止热应激。做好鸡舍内的通风降温工作。每天早起观察鸡群,以便及时发现病鸡,及时采取措施。按照鸡龄适时换料,一般在开产前两周开始用预产料,当产蛋率达到 5%~10% 时换成高峰料。在夜间稍增加光照,使光照时间在鸡高产期达 16 h,光照强度 10 lx。

保证全价营养,使育成鸡成熟时达到最佳的体重和体况。笼养高产蛋鸡饲料中钙的含量不要低于3.5%,并保证适宜的钙磷比例,每千克饲料中添加维生素D 2 000 IU以上。当发现产软壳蛋时就应做血钙的检验。合理确定日粮比例,使日粮钙含量不低于3%,钙磷比例控制在1.4∶1左右。防制肠道疾病,尽量不用能络合钙的土霉素等药物。

### 4.3.5　异食癖

异食癖指由于营养代谢紊乱和饲养管理不当引起的味觉异常综合征,它是许多疾病的临床综合表现。各种畜禽都可发生,冬季和早春舍饲的动物多发。常见鸡的啄癖、猪的咬尾症、羔羊的食毛癖、毛皮兽的自咬症、鹌鹑啄鼻癖、小鹅啄毛癖等。

【病因】

异食癖的发病原因较为复杂,归纳起来大致有以下方面:

1.营养因素　许多营养物质的缺乏都可引起异食癖。特别是矿物质及微量、某些维生素、蛋白质和氨基酸缺乏。

2.饲养管理及环境因素　鸡短时间内多次换料可引发啄肛;鸡舍内光线过亮与光色不适诱发啄癖;舍内通风不良造成舍内温度和有毒有害气体(氨、硫化氢、二氧化碳)浓度增高,导致鸡群不安并引发啄癖;生理换羽,鸡只自啄羽毛诱发群体啄羽行为;饲养密度过大、食槽与饮水器不足,造成鸡群的抢食而引发啄癖。

3.疾病因素　球虫病、消化不良等病可引起啄羽、啄肛,鸡白痢、大肠杆菌病、法氏囊早期易发啄肛。患有慢性肠炎而造成营养吸收差会引起互啄。外伤出血、直肠脱出,周围鸡见到红色泄殖腔就去啄食,造成流血过多而死亡,或将肠道全部食掉。身体的有些变化会对动物产生应激,如猪的咬尾症可因尾尖坏死而引发。

【症状】

异食癖多呈慢性经过。最初多表现为消化不良,逐渐出现味觉异常和异食症状。病畜舔食、啃咬、吞咽被粪便污染的饲草和垫草。啃食砖块、饲槽、墙壁、泥土、塑料、毛发等。对外界刺激敏感性增高,易惊,后来变为迟钝。毛蓬乱无光,皮肤干燥。拱腰、磨牙。口腔干燥、先便秘后下痢,或干、稀交替。贫血、渐进性消瘦,终因衰竭死亡。

(1)鸡啄癖包括啄羽癖、啄趾癖、食蛋癖、啄肛等。啄羽癖可能因硫、铁和B族维生素缺乏引起,常发于产蛋高峰期和换羽期;啄趾癖可因外寄生虫或出血而引发;啄肛常由腹泻、脱肛引起;食蛋癖常在产蛋高峰期,有的鸡产软壳蛋后被踩破被鸡抢食,可能发展成啄癖。

(2)母猪食自己所产的仔猪和胎衣,可能与蛋白质、维生素、微量缺乏和产后未及时给水有关。断奶后仔猪、育成猪易发咬腹侧、咬尾症及咬耳症。猪的咬腹侧症主要发生于6~20周龄较大的猪群。

(3)羔羊食毛癖多在早春饲草缺乏的季节,再加上蛋白质及含硫氨基酸、矿物质微量缺乏时易发。多见于绵羊。一旦有个别羔羊有食毛现象(春季羊只大量脱毛),很快在羊群中蔓延开来。食毛较多的病羊日渐消瘦,贫血,毛粗乱,食欲差,拉稀。严重的可阻塞幽门或肠道,表现腹胀、腹痛、不吃、不排粪。

(4)幼驹食粪癖,这是一种恶癖。主要是初生幼驹食母马刚排出的新鲜粪便。食粪幼驹易发肠阻塞,若不及时治疗,可导致死亡。

【诊断】

根据异食的症状诊断此症并不困难,但要找出确切病因并不容易。

【防治】

治疗原则是缺什么补什么。但异食癖的根本原因有时并不能确定,所以常用以下综合措施来防治。

1.猪咬癖 给仔猪断尾是防止咬尾的有效措施,即仔猪出生后 24 h 内,在离尾根约 1 cm 处将尾巴剪掉,并涂上碘酊。及时隔离怪癖行为猪、合理降低饲养密度、限制光照、合理设计饲槽、适度喂料喂水。在日粮配制上,可适度增加食盐用量、提高日粮含钙量、加强日粮维生素、选用优质蛋白质原料、提高日粮赖氨酸水平。注意定期驱虫。

2.禽啄癖 饲养管理方面。一般在 7 d 龄左右给鸡断喙,在其喙尖至鼻孔的 2/3 处切断,使上喙稍短,可有效防制啄癖。改善饲养管理、控制饲养密度、合理配合饲料、控制光照强度和光色,鸡舍灯光的颜色最好是红色,可减少啄癖发生。发现鸡感染刺皮螨、虱等外寄生虫时,可用阿维菌素拌料喂饲,疗效显著。

营养方面。提高日粮蛋白质质量和补加含硫氨基酸。在 1~2 d 内饲料中加 2%~4%食盐并充足饮水,而后迅速降为 0.5%食盐以治疗缺盐引起的恶癖,或连续 3 d 内在饲料中加入 1%硫酸钠治疗缺硫引起的啄肛癖,见效后改为 0.1%常规用量。而在蛋鸡日粮中加入 0.4%~0.6%硫酸钠就对治疗和预防啄肛有效。在饲料中加入 1.5%~2.0%石膏粉治疗原因不清的啄羽症,或饲用硫酸亚铁,以 0.3%浓度拌料,连用 3 d,治疗啄羽。

# 任务 4.4 微量元素缺乏性疾病

学 习 目 标

1.会诊断锰、钴、锌等微量元素缺乏症。

2.能结合规模化畜禽生产,合理调配饲料中微量元素含量,科学饲养,有效防治微量元素缺乏性疾病的发生。

## 4.4.1 微量元素概述

畜禽体内的微量元素指占体重 0.05%以下的各种元素。体内的微量元素一般分为两大类:一类是必需微量元素,机体缺乏时,会患有特殊的疾病;另一类是异常微量元素。畜禽体内的微量元素多达 50 多种,其中必需微量元素有 14 种,即锰、铁、钴、铜、锌、钼、碘、氟、硅、钒、铬、硒、锡和镍,其余为非必需的异常微量元素。微量元素在体内分布极不均匀,许多元素都有其特异的集中存在的部位。如锌、溴、锂、汞有 50%以上集中在肌肉;碘有 85%以上集中在甲状腺;铁有 70%左右集中在红细胞内;铜大部分集中在肝脏。微量元素在畜禽体内的存在方式有离子形式,有的与蛋白质结合,有的则形成有机化合物。

已知微量元素的生理功能是多种多样的,归纳如下:

(1)许多微量元素与酶的活性有关,如硒是谷胱甘肽过氧化物酶的必需因子,锌是硫酸酐酶、碱性磷酸酶等的必需因子。

(2)有些微量元素是构成某些生物学活性物质的成分,如碘是甲状腺素的成分,缺碘会影响动物的基础代谢,发生甲状腺肿大,生长发育受阻;钴是维生素 $B_{12}$ 的成分,缺乏会造成巨幼细胞性贫血;铁是血红蛋白的成分,缺乏也引起贫血。

(3)氟可被吸附在牙齿珐琅质的羟磷灰石晶体的表面,形成一层抗酸的氟磷灰石,对牙齿有保护作用。缺乏微量元素会对机体造成代谢性疾病,如果摄入过多,则会造成中毒,如氟中毒、铜中毒。

### 4.4.2　铜缺乏症

铜缺乏症是饲料中铜含量太少或铜虽充足,但含有一些干扰铜吸收和利用的因素(如钼、硫等),造成动物缺铜症。缺铜病在我国主要发生于牛、羊、鹿、骆驼等草食动物。

【病因】

1.原发性缺铜　主要是因土壤中铜含量较少,特别是沙土地、严重贫瘠的土壤、表土太薄的海岸或沼泽地带的泥炭土和腐殖土铜的含量仅为 0.1~2 mg/kg,植物含铜仅为 3~5 mg/kg。一般认为,饲料中铜低于 5 mg/kg 可引起发病。

2.继发性缺铜　也称条件性缺铜,是铜的拮抗物影响铜的吸收引起。

(1)土壤中钼和硫含量太高是常见因素。

(2)一些金属冶炼厂,排放的含钼废水污染了附近的土壤。

(3)饲料中铜与钼的比例低于 5∶1,容易发生条件性缺铜。

(4)土壤中锌、铁、铅含量高,都可诱导条件性缺铜。

(5)高硫饲料,如添加过多蛋氨酸、硫酸钠、胱氨酸等含硫过多的物质。

【发病机理】

动物体内摄入的铜,可被机体反复利用,排出极少。铜主要贮存在肝脏中。缺铜的发病机制,还不完全清楚。

(1)铜元素的影响　铜是许多酶的组成成分或活性中心,如铜蓝蛋白,超氧化物歧化酶,赖氨酸氧化酶等。缺乏铜使这些酶活性降低。引起造血机能障碍,发生贫血;细胞色素氧化酶活性降低,ATP 减少,磷脂合成障碍,患畜表现共济失调,后肢麻痹;同时也可降低了骨胶原的弹性和强度,致骨骼畸形、骨折;造成毛弹性降低,卷曲数减少,直毛增多,并使毛发黑色素沉积不够而褪色。

(2)钼、硫等元素的影响　硫是铜的拮抗元素,无论是无机硫还是有机硫,都能在反刍动物的瘤胃微生物作用下转化成硫化物,在瘤胃内硫化物和钼产生硫钼酸盐,再与铜作用,形成难溶解的复合物,从而降低了铜的吸收利用。

【症状及病理变化】

铜缺乏症最典型的早期表现是毛发色素沉着障碍,特别是眼眶周围,另一特征是腹泻。

体征最显著的变化是消瘦和贫血。

1.牛　食欲减退,被毛褪色(红毛变成淡锈红色,黑毛变成淡灰色),神经机能紊乱,母牛发情率低或延迟发情,繁殖机能下降,贫血。犊牛生长发育缓慢,关节变形,运动障碍,持续腹泻(排黄绿色植黑色水样粪便,称为泥炭泻)。牛慢性缺铜还表现神经症状,如癫痫、转圈、肌肉震颤、很快死亡。继发性缺铜病的主要症状以突然伸颈、吼叫、跌倒并迅速死亡为特征。

2.羊　原发性缺铜羊的被毛绒化,卷曲消失,逐渐变直,形成钢丝毛,容易折断。羔羊发病多,产羔时可集中暴发,但大多于1~2月龄时发生。初生或1月龄内发生者多死亡,年龄越大,死亡越少。主要是运动不协调,驱赶时后躯倒地,关节屈曲,前肢受影响后,病羊躺卧,但食欲不受影响。也有先天性营养性缺铜症,如羔羊摇背症,表现为出生后运动不协调,或运动时后躯摇晃,有的死亡。

3.猪和鸡自然发生的缺铜病极少　鸡可因主动脉破裂突然死亡。成年马几乎没有缺铜病。

4.临床病理学变化主要是贫血,尤其是原发性缺铜病　血红蛋白浓度降为$50 \sim 80$ g/L,红细胞数降为$2 \times 10^{12} \sim 4 \times 10^{12}$/L,但无明显的血红蛋白尿。组织病理变化为肝、脾、肾内有过多的血黄素沉积,有骨质疏松等骨营养不良的表现。

【诊断】

根据临床出现不明原因的拉稀、消瘦、贫血,关节肿大,肝、脾、肾内血铁黄蛋白沉着等特征,以及补铜后的效果等,可作出初步诊断。确诊可根据对饲料、血液、肝脏等组织中铜浓度测定。应排除其他因素引起的腹泻,如寄生虫(如肝片吸虫、肠道线虫、球虫病等)、病毒、细菌、霉菌毒素中毒等。

【防治】

畜禽缺铜病的主要防治措施是补铜。饮用1%硫酸铜溶液,牛400 mL、羊150 mL,每周1次。如发生过地方性缺铜病的牧场,可在母羊妊娠期间补铜。羔羊出生后,每2周1次,每次3~5 mL。

投放含铜的预防性盐砖,让牛、羊自由舔食。

### 4.4.3　锌缺乏症

饲料中锌含量不足导致动物生长缓慢、皮肤角化不全、毛(羽)缺损、繁殖机能障碍和骨骼发育不良。各种动物都可发生,但多见于猪和禽。生长快速的仔猪在断奶后7~10周最易发生,鸡、火鸡易发。

【病因】

1.饲料中缺锌　饲料中锌含量与土壤锌密切相关。当土壤锌低于10 mg/kg时易发病。谷物类籽实含锌很低,用这些饲料长期饲喂畜禽易引起锌缺乏。

2.干扰锌吸收的因素　高钙日粮可降低锌的吸收。另外,镉、铜、铁、锰、钼、磷、碘等元素,也干扰锌的吸收。禽常因饲料添加锌不足而发病。棉酚与锌络合失去活性或排出体外引起锌缺乏。因此,长期饲喂含棉酚的棉籽饼可促进缺锌发生。

**【发病机理】**

(1)锌分布于机体的所有组织器官中,但以肌肉、肝脏。皮毛等组织器官的含锌量较高。各种动物体内锌的含量差异不大。正常动物体内锌的总含量为 30 mg/kg 左右。骨骼中含锌量最高,约占 28%。

(2)锌参与多种酶、核酸和蛋白质的合成。

(3)锌与免疫。缺锌不但影响胸腺和法氏囊的生长发育,而且还使外周免疫器官脾脏和盲肠扁桃体也明显减小。缺锌早期,以淋巴细胞减少和胸腺萎缩为特征。

(4)锌与生长繁殖。锌参与激素合成,缺锌可使生长激素和性激素含量下降,影响精子的生成、成活,睾丸萎缩、生殖能力下降。母畜卵巢和子宫发育不良,造成不孕。锌也影响维生素 A 的作用,引起顽固性夜盲症。

(5)锌与骨骼、皮肤和味觉。锌作为碱性磷酸酶的成分,参与骨骼形成,缺锌导致骨质疏松症。缺锌使皮肤胶原合成减少,表皮角化障碍。锌还促进肉芽生长和创伤愈合。锌与味觉关系密切。缺锌使味觉异常,食欲下降,采食减少。

**【症状】**

1.生长发育缓慢　幼畜禽发育受阻,被毛粗乱,消瘦。食欲减退,口腔反复性溃疡。

2.皮肤角化不全、被毛质量差　皮肤粗糙、脱屑,有经久不愈的皮炎和湿疹病变。瘙痒,脱毛,弹力下降。禽类羽毛稀疏,无光泽,尤其翼羽和尾羽受损严重,有时腿和趾上有坏死性皮炎。绵羊的毛变直、变细,角的正常环状结构消失,甚至脱落。缺锌时伤口愈合较慢。

3.骨骼发育异常　长骨变粗、变短,形成骨短粗症。腿弯曲,关节粗大。

4.繁殖机能障碍　母畜性周期紊乱,公畜睾丸萎缩,精子生成障碍,第二性征不明显。母鸡产蛋少,蛋壳薄,孵化率下降,胚胎畸形。

**【诊断】**

根据临床症状(皮屑增多、掉毛、皮肤裂开,经久不愈的皮炎,骨短粗等)可作初步诊断。补锌后经 1~3 周,临床症状迅速好转。分析和测定饲料中钙/锌比、植酸含量、土壤锌含量等有助于诊断。

**【防治】**

尽可能保证饲料的全价和各种营养物质之间的平衡。发病后,可用硫酸锌、碳酸锌和氧化锌治疗。0.02%碳酸锌(100 mg/kg),肌内注射按 2~4 mg/kg,连续 10 d,补锌后食欲很快恢复,3~5 周内皮炎症状消失。猪用 2‰的硫酸锌水溶液,0.5 mL/kg 体重,连用 1 周以上。同时提高维生素 A、D 和蛋白质的含量。对于皮炎可用氧化锌软膏涂擦。

注意饲料中钙、锌比例(Ca:Zn=100:1),各种动物对锌的需要量一般在 35~45 mg/kg,但实际生产中往往需要加大 50%剂量才能防止缺锌发生,因为饲料中常有一些干扰因素存在。

缺锌的地区可施用锌肥,每公顷施硫酸锌 7.5~22.5 kg,可防止植物缺锌,缺点是锌成本较高。

### 4.4.4　锰缺乏症

锰缺乏症是由于日粮中锰供给不足引起的一种以生长停滞、骨骼畸形、繁殖机能障碍（发情异常、不易受胎或容易流产）以及新生畜运动失调为特征的疾病。家禽对缺锰最为敏感，尤其是鸡和鸭发病较多，表现骨短粗病。猪、羊、牛也都能发生缺锰症。本病呈地方性流行。

【病因】

1.原发性因素　日粮中锰含量过低引起。

2.继发性因素　饲料中钙、磷以及植酸盐含量过多，可影响机体对锰的吸收、利用。禽饲料中磷酸氢钙含量过多，会加重锰的缺乏。高蛋白和胆碱、维生素 $B_2$、维生素 $B_{12}$、维生素 D 等不足，也可致锰缺乏。此外，动物机体患慢性胃肠道疾病时，也可降低对锰的吸收、利用。

【症状】

锰缺乏症的临床特征为生长受阻，骨骼短粗，骨重无异常。繁殖机能障碍，母畜不发情，公畜精子质量下降。母鸡产蛋少，鸡胚易死亡。各种动物的临床表现也有不同：

1.禽　特征是骨骼短粗和滑腱症。腿关节肿大，不愿运动，胫骨的下端和跗骨上端扭转或弯曲。腿弯曲无法站立，因不能采食而死。幼禽骨骼变得短粗。种禽缺锰，蛋壳孵化率明显降低，鸡胚多在孵化 19~21 d 死亡。

2.反刍动物　新生犊牛表现为先天性腿部畸形，生长慢，被毛干燥，无光泽，关节麻痹和肌肉震颤乃至痉挛性收缩，麻痹之前呻叫为其特征。成年牛、羊发情缓慢或不发情，或受精卵不易在子宫附着，隐性流产、弱胎或死胎，卵巢萎缩。种公畜性欲减退，严重者失去交配力，同时出现关节周围炎、跛行等。

3.猪　表现骨骼生长缓慢，肌肉无力，肥胖，发情不规律或不发情，无乳，胎儿吸收或死胎。腿无力，前肢呈弓形，腿短粗而弯曲。由缺锰母猪所生的仔猪形体矮小，体质衰弱，骨骼畸形，不愿活动，甚至不能站立。

【诊断】

主要根据病史、临床症状可初步诊断，日粮中补充锰以后，食欲改善，青年动物开始发情受孕，鸡胚发育后期死亡现象明显好转等可作出进一步诊断。

【防治】

改善饲养，供给含锰丰富的青绿饲料。牛的日粮中至少应含 20 mg/kg 锰，猪、鸡日粮中至少供给 40 mg/kg 锰，高产母鸡还需更高些，一般为 50~60 mg/kg，才可防止锰缺乏症。

鸡通常用 1 g 高锰酸钾溶于 20 L 水内饮用，每天 2 次，连用 2 d，停药 2 d 再饮。同时日粮中添加 0.1% 氯化胆碱，对预防和早期治疗有显著效果，或在饲料中添加硫酸锰 0.1~0.2 g/kg。已发生骨短粗和跟腱滑脱的，很难完全康复。

### 4.4.5 硒-维生素 E 缺乏症

微量元素硒和维生素 E 都具有强大的抗氧化功能,缺乏可致骨骼肌、心肌、肝脏组织变性坏死、生长发育不良、繁殖障碍等临床综合征,多发于幼龄畜、禽。本病的发生常有地方性、季节性,冬末初春是发病高峰期。

**【病因】**

(1)土壤缺硒是硒缺乏症产生的根本原因。饲料中硒来源于土壤硒,当土壤硒低于 0.5 mg/kg时,即为贫硒土壤。

(2)条件性缺硒。条件性缺硒即土壤不缺硒,但其他一些因素也会导致硒相对缺乏。因阴雨过多,导致土壤硒大量流失而致饲料含硒量少。玉米本身就是一种低硒植物,在阴雨年份收获的玉米更加缺硒。工业污染造成土壤中硫、硒比例的失调(硫与硒互为拮抗物),使硒缺乏。饲料中维生素 E 缺乏,使硒的消耗增加。幼龄畜禽生长快,对硒的需求量大,若不在饲料中添加硒,即可发生硒缺乏症。

(3)饲料久贮、饲料发霉、脂肪酸败(有哈喇味)、鱼粉品质差等可使维生素 E 减少;蛋白质饲料添加过多。

**【发病机理】**

硒和维生素 E 是两种天然的抗氧化剂,目前的研究表明,硒的抗氧化作用是通过谷胱甘肽过氧化物酶(GSH-Px)和清除不饱和脂肪酸来实现的,维生素 E 的抗氧化作用是通过抑制多价不饱和脂肪酸产生的游离根对细胞膜的脂质过氧化。GSH-Px 能清除体内产生的过氧化物和自由基,保护细胞膜免受损伤。自由基如过氧化氢($H_2O_2$),羟自由基($OH \cdot$),超氧阴离子($O_2^-$),有机的脂质过氧自由基($ROO \cdot$)等。

正常情况下,体内自由基不断产生,又不断被清除,生成速度和清除速度保持相对平衡。在机体缺硒时,这种平衡被破坏,自由基增多,破坏蛋白质、核酸、碳水化合物的代谢,促进细胞衰老。自由基使细胞脂质过氧化链式反应发生,破坏细胞膜,造成细胞结构和功能损害,导致细胞死亡。临床上出现白肌病、仔猪营养性肝病、鸡渗出性素质、胰腺纤维化、黄牛猝死等。这些疾病在临床上是互相联系的。

**【症状】**

1.共同症状 急性型的常突然死亡。慢性型表现顽固性腹泻;贫血;骨骼肌病变引起的姿势异常和运动障碍;心律不齐,心脏功能不全;神经兴奋或抑制;繁殖机能障碍。幼畜以白肌病(肌营养不良)为主,成年家畜以繁殖障碍为主。动物种类以及年龄、性别不同,临床特征也有差异。

2.猪 多见于哺乳和断奶仔猪,尤其是生长快、体况好者。精神沉郁,顽固性腹泻,站立困难,常呈前腿跪下和犬坐姿势,皮肤、可视黏膜苍白。呼吸和脉搏增高,肺部听诊有湿啰音。排红棕色尿液。有的病例突然急性心衰而死亡。成年猪多为慢性经过,在寒冷地区常因感冒等诱发。特点是病程长,明显的繁殖障碍,屡配不孕、早产、死胎、弱仔。排红尿,死亡率高。

3.禽

（1）雏禽（2~3周龄）多发渗出性素质。由于毛细血管通透性增加，血浆蛋白渗出并积聚于皮下，引起翅膀、胸腹部皮肤出现淡蓝绿色水肿。排稀便或水样便，最后衰竭死亡。

（2）4周龄以后幼雏易发白肌病，表现为全身软弱无力，贫血，腿麻痹而卧地不起，羽毛松乱，翅下垂，衰竭而亡。

（3）2~7周龄雏鸡脑软化，也称"幼鸡衰弱病"。这是维生素E缺乏为主的疾病。表现为发育不良，软弱。

（4）种蛋维生素E缺乏，孵化在开始就发育不良，第7 d死亡率增加。孵出的雏鸡失明，不活泼，成活率低。

犊牛和羔羊表现为典型的白肌病症状群。2~4月龄生长迅速的犊牛最易发生，运动可促进病情加剧。病初症状是步态强拘和衰弱，随后麻痹，呼吸紧迫，吃奶无力，消化紊乱，伴有顽固性腹泻、心率加快、心律不齐。成年母牛产后胎衣不下与低硒有关。母羊妊娠率降低。

【病理变化】

病变主要在骨骼肌、心肌、肝脏，其次是肾脏和脑组织。

骨骼肌色淡，局灶性发白或发灰的条状或片状变性区，呈鱼肉或煮肉样，双侧对称。心肌扩张变薄，心内膜下肌肉层呈灰白色或黄白色的条纹或斑块（即"虎斑心"）。有些仔猪生前无明显症状，剖检可见心脏变形，横径增大，看似球形，有的呈桑葚样，称为"桑葚心"。肝脏肿大，表面粗糙，外观似槟榔样花纹，称为"槟榔肝"。肾脏充血肿胀，有出血点和灰白色的斑状病灶。猪、鸡出现脑软化。

【诊断】

根据发病情况、临床症状、典型病理变化等可以确诊。

【治疗】

白肌病应对病畜及早应用硒制剂治疗，配合维生素E；脑软化应以补维生素E为主，配合硒制剂。

（1）0.1%亚硒酸钠肌内或皮下注射，仔猪1~2 mL，羔羊2~3 mL，犊牛5 mL，雏鸡、鸭0.3~0.5 mL；成年猪10~20 mL，成年羊5 mL，成年牛15~20 mL，成年鸡、鸭1 mL，隔15~20 d再注射1次。维生素E肌内注射，犊牛300~500 mg，羔羊、仔猪减量。

（2）配合使用维生素A、B、C。

（3）禽类用亚硒酸钠-维生素E拌料较为方便。在饲料中补充0.5%植物油，或每天每只添加维生素E 500 IU可起到防治鸡脑软化的作用。

（4）补硒时注意用量不可过大，以免硒中毒。

【预防】

（1）应在冬、春季加强对妊娠母畜和仔畜的饲养管理，增加蛋白质饲料和富硒豆科牧草（如苜蓿）等。

地方性缺硒，对母畜妊娠中后期，肌注0.1%亚硒酸钠液，牛、马5~15 mL，猪、羊4~6 mL，也配合维生素E。产后补充1次。对出生后2~3 d内的新生仔畜注射0.1%亚硒酸钠液 1 次,犊牛、幼驹 5~10 mL,羔羊、仔猪 1~2 mL,隔 1 月后再注射 1 次,并在饲料中添加含硒的微量元素添加剂。

(2)使用硒缓释丸。用亚硒酸钠或硒酸钠与铁等金属制成硒丸,把硒丸投入反刍动物的瘤胃中。这种方法安全、可靠、维持时间长。

(3)把硒制剂喷洒于饲料中,边喷边搅拌混合均匀,然后再饲喂家畜。

(4)给植物叶面喷洒亚硒酸钠液,可提高粮食和秸秆的含硒量,在预防人与动物硒缺乏症方面起到一定作用。将 0.5~1 g 亚硒酸钠溶于 20 kg 水中,可喷洒 1 亩(1 亩 ≈ 666.67 $m^2$)地。

### 4.4.6　钴缺乏症

钴缺乏症又称营养不良、地方性消瘦等,是由于土壤、饲料或饮水中钴不足,或钴的利用出现障碍而引起的代谢病。仅发生于绵羊、山羊和牛等反刍动物,其他动物少见。临床上以贫血、进行性消瘦、食欲减退、异食癖为特点。一年四季均可发生,但因冬季饲料单纯和缺乏,往往到春季发病较多。

【病因及发病机理】

1.土壤及饲料缺钴是主要原因　土壤中钴低于 0.25 mg/kg 时,牧草中钴含量即不能满足动物机体的需要。持续性饲喂钴缺乏(低于 0.07 mg/kg 干重)草类或稻草的牛群,易发钴缺乏症。饲料中钙、铁、锰及土壤 pH 值高会影响钴的利用。

2.反刍动物易发钴缺乏症与其生理特点有关　反刍动物体内糖的来源主要靠糖的异生,而这个过程必须有维生素 $B_{12}$(作为辅酶)参与,钴则为维生素 $B_{12}$ 的成分。钴缺乏时维生素 $B_{12}$ 合成受阻,使反刍动物能量代谢障碍,引起消瘦、虚弱。维生素 $B_{12}$ 合成不足也直接影响瘤胃微生物的生长繁殖,从而影响纤维素的消化。

3.钴也影响其他营养成分　钴可改善锌的吸收,小剂量钴可增强胃肠道对铁的吸收,同时加速体内贮存铁的动员,使之易进入骨髓。钴导致维生素 $B_{12}$ 合成减少,胸腺嘧啶合成受阻,细胞分裂终止,细胞只是体积增大而不能正常成熟,引起巨幼细胞性贫血。

【症状】

缺钴地区的牛、羊食欲差但发生异食,贫血,消瘦,也称干瘦病。可视黏膜淡染或苍白、皮肤变薄、肌肉乏力、松弛外,被毛无光泽,换毛延迟,体表鳞屑增多,流泪。流泪是病的晚期的重要特征,泪水可使整个面部被毛黏结。奶牛产量下降明显,发情延迟或不孕,流产或死胎。病程可达数月至数年。

【诊断】

此病的症状与很多病相似,尸体剖检也没有特征病变,诊断较为困难。若怀疑患有钴缺乏症时,试用钴制剂治疗,观察治疗效果。为了获得正确诊断,最好是对土壤、牧草进行钴的分析,土壤钴含量低于 3 mg/kg,牧草中钴含量低于 0.07 mg/kg,可认为是钴缺乏。同时要注意与寄生虫、铜、硒和其他营养物质缺乏引起的消瘦症相区别。

【防治】

补钴是防治本病的主要措施。一般是向精料里添加氯化钴或硫酸钴。氯化钴的日服治疗量/预防量分别为:成年牛500 mg/25 mg;犊牛200 mg/10 mg;羊100 mg/5 mg,羔羊50 mg/2.5 mg。同时肌内注射维生素B$_{12}$,羊每次100~300 μg,牛1 000~2 000 μg,每周一次,疗效更好。预防量的钴可长期饲喂。

预防钴缺乏症,可向饲料里直接添加钴盐,也可对缺钴的土壤施以含钴肥料。饲料中钴含量应在0.06~0.07 mg/kg干物质,最好在0.1~0.3 mg/kg。在缺钴地区,可用90%的氯化钴药丸投入瘤胃,羊5 g,牛20 g,对防治缺钴有效,但对瘤胃尚未发育完全的犊牛或羔羊效果不明显。对缺钴的牧场可喷施硫酸钴,每公顷405~600 g,隔3~4年再喷,可预防钴缺乏。也可用含0.1%钴的盐砖,让牛自由舔食。

# 任务 4.5　维生素缺乏症

1.会诊断治疗常见维生素缺乏症。

2.能结合畜禽生产,合理调控营养,有效防治维生素缺乏。

## 4.5.1　维生素 A 缺乏症

维生素 A 缺乏症是由于维生素 A 或胡萝卜素(维生素 A 原)不足引起的以皮肤及黏膜上皮角化、生长发育较慢、夜盲症、繁殖机能障碍等为特征的营养代谢病。常发生于幼畜禽及毛皮动物。

动物体内维生素 A 的来源,完全依靠饲料供给。维生素 A 存在于动物源性饲料中,如鱼肝油和鱼油。胡萝卜素存在于植物性饲料中,如各种青绿饲料,特别是青干草、胡萝卜、黄玉米、南瓜等。胡萝卜素在体内吸收后可转化成维生素 A。

【病因】

1.饲料中维生素 A 和胡萝卜素长期不足是原发性病因　牛羊长期采食曝晒后的秸秆,冬季缺乏青绿饲料又长期不补给维生素 A,鸡饲料中不添加维生素 A,长期用酸败的肉类饲喂毛皮动物,都造成维生素 A 缺乏症。马铃薯、甜菜根、棉籽、萝卜、麸皮等几乎不含胡萝卜素。

2.其他营养物质的影响　饲料中缺乏脂肪类物质,影响维生素 A 或胡萝卜素在肠道中的溶解和吸收。缺乏蛋白质,影响运输维生素 A 的载体蛋白的形成。无机磷、维生素 C、维生素 E、钴、锰的缺乏,都能影响体内胡萝卜素的转化和维生素 A 的贮存。

3.生理需要增加或疾病影响　妊娠、哺乳母畜及生长发育快的幼畜,对维生素 A 的需要量增加。动物患胃肠道疾病或肝脏疾病致维生素 A 吸收或胡萝卜素转化障碍。

【发病机理】

维生素 A 是保持动物生长发育、视力、骨骼生长、上皮组织的正常生理功能所必需的一种营养物质。

（1）维生素 A 是构成视觉细胞内感光物质——视紫红质中视黄醛的成分,缺乏维生素 A 使视黄醛合成障碍,引起动物在阴暗光线中视物不清,即夜盲症。

（2）维生素 A 维持上皮组织的完整性。当其缺乏时,细胞的代谢受阻,上皮干燥和角化,完整性破坏,抵抗病原微生物的能力下降,损害黏膜免疫功能。眼结膜上皮细胞角化,泪腺阻塞,呈干眼症。尿道上皮角化诱发公畜尿结石。皮肤干燥、脱屑。胚胎发育不全,常见脑、眼损害。

（3）维生素 A 维持成骨细胞和破骨细胞的正常功能。维生素 A 缺乏时,软骨和骨骼的生长受到影响,常导致胚胎和幼畜的脊柱与头骨钙化不全和畸形。

【症状】

各种动物的临床症状基本相似,表现视力障碍、生长发育不良、皮肤干燥脱屑、幼畜骨骼成形不全、繁殖力下降,神经症状、免疫功能下降等。但不同种动物在表现程度上稍有差异。

成年产蛋鸡多发且为慢性经过。表现衰弱,产蛋下降,孵化率降低。公鸡精液品质不良。特征症状是眼病,眼中流出乳状分泌物,上下眼睑黏合在一起,角膜混浊不清,眼中大量白色干奶酪样物(图 4.3),角膜软化,甚至失明。鼻孔常流出黏稠鼻液。

（a）　　　　　　　　　　　（b）

图 4.3　鸡维生素 A 缺乏症
（a）眼中充满渗出物　　　　（b）眼中排出干奶酪样物

1.雏鸡　发病多与种蛋维生素 A 缺乏有关,表现软弱无力,生长停滞,毛生长不良,眼流泪或干燥,有阵发性神经症状,歪头,转圈等。口角、腿黄色退去,颜色苍白。

2.猪　早期眼睛病变并不突出,而以神经症状为主。共济失调比其他家畜出现早而明显,头弯向一侧,步态不稳,后躯麻痹,多有异食癖(如吃胎衣)。逐渐出现夜盲,干眼症和角膜软化。皮肤角化脱落,抵抗力下降,常发胃肠炎和呼吸系统炎症。母猪早产、胎儿被吸收、干尸化。新生仔猪畸形、瞎眼、四肢下部弯曲等。

3.牛、羊　早期眼病突出,特别是犊牛,流泪、夜盲、角膜炎、角膜混浊、结膜炎,严重的失明。呼吸道、口腔、胃肠道泌尿生殖道黏膜上皮角化,导致呼吸道炎症、腹泻、流产、泌尿生殖器官炎症,甚至易发尿石症。缺乏维生素 A 的母畜产后胎衣不下,所生的仔畜衰弱,有的视力障碍或死亡。犊牛有生长停滞、贫血、惊厥、关节肿大、皮肤脱屑和共济失调,易发肺炎。

4.毛皮兽　狐、貂早期性机能障碍,神经症状;幼畜生长慢,换牙延迟,水样腹泻,粪便中混有黏液和血液。

【病理变化】

动物维生素 A 缺乏没有特征性的眼观变化,主要为被毛粗乱,皮肤异常角化,泪腺、唾液腺及食道、呼吸道、泌尿道黏膜发生鳞状上皮角化。幼龄动物由于软骨内成骨受到影响和骨成形失调,长骨变短和骨骼变形。

鸡口腔、咽、食道黏膜角化脱落似细麸皮样,剥离后黏膜完整并无溃疡和出血,可与白喉相鉴别。小鸡因肾脏受损而致尿酸盐沉着,肾呈灰白色。

【诊断】

根据饲料分析、临床特征、剖检病变等初步诊断。确诊需要测定肝脏和血样中胡萝卜素和维生素 A 含量。犊牛眼底检查,视网膜绿毯部,发现由正常时的绿色至橙黄色变成苍白色。

【防治】

对患病动物,应查明病因。继发性维生素 A 缺乏症,要积极治疗原发病。

增补维生素 A 和胡萝卜素的饲料,优质青草或干草、胡萝卜、黄玉米、南瓜、青贮料等。治疗可用维生素 A 制剂和鱼肝油。维生素 AD 滴剂:马、牛 5~10 mL,犊牛、猪、羊 2~4 mL,仔猪、羔羊 0.5~1 mL 内服。鱼肝油内服,马、牛 20~60 mL,猪、羊 10~30 mL,驹、犊 1~2 mL,仔猪、羔羊 0.5~2 mL,禽 0.2~1 mL。禽类饲料中添加维生素 A,雏鸡 1 200 IU,蛋鸡按 2 000 IU 计算。维生素 A 用量过大或应用时间过长会引起中毒,应引起注意。

日粮中要保证青绿饲料、优质干草、胡萝卜和块根类及黄玉米,必要时应给予鱼肝油或维生素 A 添加剂。孕畜和泌乳母畜应增加 50%,可在产前 4~6 周给予鱼肝油或维生素 A:孕牛、马 60 万~80 万 IU,孕猪 25 万~35 万 IU,孕羊 15 万~20 万 IU,每周 1 次。

## 4.5.2 维生素 B 族缺乏症

维生素 B 族包括硫胺素(维生素 $B_1$)、核黄素(维生素 $B_2$)、泛酸(维生素 $B_3$)、烟酸(维生素 PP)、吡哆醇(维生素 $B_6$)、维生素 $B_{12}$ 等,广泛存在于青绿饲料、酵母、米糠、麸皮及发芽谷物籽实中。动物肠道中微生物也能合成维生素 B,一般不会缺乏。若长期饲喂维生素 B 缺乏的饲料,或鸡饲料中维生素 B 不足,导致维生素 B 缺乏。饲料贮存时间长、变质、加热或碱处理,使维生素 B 破坏。机体慢性消化道疾病时,维生素 B 吸收障碍。长期应用磺胺类药物,可抑制维生素 B 合成。

维生素 B 族缺乏症主要见于鸡、猪和毛皮动物。共同症状为:消化机能障碍,多见腹泻,不同程度的运动障碍和神经症状,皮炎,消瘦,被毛发育不良,肌无力甚至麻痹,跛行,瘫痪。

【维生素 B1 缺乏症】

维生素 $B_1$(即硫胺素)缺乏症是由于维生素 $B_1$ 缺乏所致 α-酮酸的氧化脱羧机能障碍,产生多量丙酮酸对神经系统造成损害,临床特征为多发性神经炎,角弓反张。禽类多发。维生素 $B_1$ 主要存在于谷物外皮和胚芽中,约占 90%。

1.病因

①维生素 $B_1$ 拮抗因子存在。绿豆、米糠、芥菜籽、棉籽和亚麻籽中含有维生素 $B_1$ 的拮抗因子。

②硫胺素酶。蕨类植物,一些淡水鱼、蛤类、小虾中有硫胺素酶,放养的鸭子因食用过量

也易发维生素 $B_1$ 缺乏症。当用其饲喂食肉动物,特别是毛皮兽,如量过大,也引起维生素 $B_1$ 缺乏症。

③日粮中维生素 $B_1$ 含量减少或胃肠道疾病。

2.发病机制 维生素 $B_1$ 在体内以维生素 $B_1$ 焦磷酸(TPP)的形式参与糖代谢过程中的 $\alpha$-酮酸的氧化脱羧反应,是 $\alpha$-酮酸的氧化脱羧酶系的辅酶。当维生素 $B_1$ 缺乏时,丙酮酸氧化脱羧受阻,不能进入三羧酸循环彻底氧化,造成丙酮酸、乳酸堆积,能量供给不足,从而影响神经、心脏和肌肉功能,尤其是神经组织最易受害,表现多发性神经炎(神经节段性变性和髓鞘脱失,下肢最长的神经-坐骨神经最先受害)、外周神经麻痹和心脏功能不全。高碳水化合物饲料易造成维生素 $B_1$ 消耗增加。

3.症状 主要表现为厌食和多发性神经炎。食欲不振,易疲劳,衰弱,发育不良。严重时,运动失调,惊厥,昏迷,死亡。

①鸡。特征是外周神经麻痹,痉挛。厌食,生长不良,羽毛松乱,翅下垂,两腿前伸,两翅及尾着地,爪挛缩,头颈向后极度弯曲,即典型的"观星姿势"(图 4.4),反复发作。

图 4.4 鸡维生素 $B_1$ 缺乏曲颈背头姿势

②犊牛、羔羊。表现为共计失调,走路摇摆,惊厥,腹泻。脑白质广泛性软化,坏死,绵羊羔病死率 100%。

③猪。一般不易发生维生素 $B_1$ 缺乏症。发生者表现为采食减少,呕吐,腹泻,生长不良,消瘦和水肿。

④毛皮兽。通常维生素 $B_1$ 不足超过 20 d,就会引起食欲减退或废绝,出现神经症状,体温下降,步态不稳,抽搐,痉挛,后躯麻痹。有的腹泻。如不及时注射维生素 $B_1$,可在 1~2 d 内死亡,耐过者发育不良。妊娠母畜多流产,死胎或弱仔。

⑤犬。后肢发软,行走不稳,食欲差,有时干呕。触摸肌肉时,发出尖叫。股部肌肉明显萎缩。

4.诊断 根据饲料分析、多发性神经炎及角弓反张等主要临床症状及血液丙酮酸升高(正常 20~30 $\mu g/L$ 升高到 60~80 $\mu g/L$)可作诊断。

5.防治 保证日粮的全价性,供给富含维生素 $B_1$ 的饲料。目前,养殖场普遍采用补充维生素添加剂的方法。

动物发病后,添加优质青草、发芽谷物、麸皮、米糠或饲用酵母富含维生素 $B_1$ 的饲料。因维生素 $B_1$ 缺乏症病畜禽多厌食,因此饲料中添加维生素 $B_1$ 治疗效果不好,通常选择肌内注射的方式,剂量按 0.25~0.5 mg/kg 计算,连续注射 5~7 d。另配合其他 B 族维生素(如 $B_2$、

$B_6$ 等)可增加疗效。

### 【维生素 $B_2$ 缺乏症】

维生素 $B_2$ 即核黄素,广泛存在于植物性饲料中,酵母和糠麸类含量最高。

维生素 $B_2$ 缺乏导致机体生物氧化机能障碍,临床上以皮炎、趾爪蜷缩、眼和口唇发炎等为特征。多发生于鸡,常与其他 B 族维生素缺乏相伴发。

1.病因 维生素 $B_2$ 缺乏症在自然情况下发生不多。长期饲喂维生素 $B_2$ 缺乏的日粮或过度煮熟及用碱处理过的饲料,可能发生缺乏症。妊娠或哺乳母畜,生长过快的幼龄动物,维生素 $B_2$ 消化增多,需要加量。高脂肪和低蛋白饲料以及寒冷可增加维生素 $B_2$ 的消化量。白色来航鸡维生素 $B_2$ 缺乏与遗传因素有关。

2.发病机理 维生素 $B_2$ 为合成黄酶(辅基中含有核黄素的氧化还原酶类的统称)辅基的原料,这些酶在氧化还原反应中起传递氢的作用。维生素 $B_2$ 缺乏就会影响这些辅基的合成,从而辅酶合成受阻,体内的生物氧化、能量供给等方面的代谢发生障碍。

3.症状及病理变化

①鸡。多发于育雏期和产蛋高峰期。雏鸡表现腹泻,生长慢,特征为趾爪向内蜷缩(图 4.5),两腿软弱瘫痪,以飞节着地或卧地不起。成年鸡趾爪蜷缩,产蛋下降,孵化率低,蛋白稀薄。剖检特征为尸瘦,坐骨神经和臂神经显著肿大、变软,特别是坐骨神经,其直径比正常粗 4~5 倍。大多胚胎在孵化 11 d 内死亡,胚胎短小畸形,鸡胚羽毛卷曲呈球状。

图 4.5 维生素 $B_2$ 缺乏
引起趾爪向内蜷缩

②猪。生长慢,皮肤粗糙脱屑或脂溢性皮炎,脱毛,皮肤湿疹;眼睛结膜充血,有的失明;步态强拘,走路小心。妊娠母猪早产或不孕。

③犊牛、羔羊。厌食,生长不良,腹泻,口唇、口角、鼻孔处黏膜充血,流涎、流泪、腹泻。

④毛皮兽。神经系统受害,特征为步态不稳,后肢轻瘫,痉挛,昏睡。心脏衰弱。被毛褪色和脱毛。母兽不孕和所产仔兽畸形(骨变短和上腭裂),新生仔兽毛灰色或灰黄。

4.诊断 根据饲养管理状况、动物生理阶段、临床症状及特征病理变化进行诊断,也可进行治疗性诊断。

注意与马立克氏病(典型的劈叉姿势,一侧坐骨神经粗大)、维生素 A、$B_1$、$B_5$ 缺乏症区别。

5.防治 注意饲料的配合并添加维生素 $B_2$ 和富含维生素 $B_2$ 的青绿饲料(三叶草、苜蓿)、肝脏、酵母、脱脂乳、谷物籽实等,要特别注意对种畜和仔畜的增补。

发病后应加倍补充维生素 $B_2$,同时补充复合维生素。蛋鸡剖检后坐骨神经病变不明显的,治愈率高,经 10~15 d 可治愈,半月后可恢复产蛋。严重的病例,肌内注射维生素 $B_2$,0.1~0.2 mg/kg,连用 1 周。核黄素拌料或内服,每日用量:犊牛 30~50 mg,猪 50~70 mg,仔猪 5~6 mg,雏禽 1~2 mg,貂 1.5 mg,狐 3~4 mg,连用 8~15 d。

**【维生素 $B_{12}$ 缺乏症】**

维生素 $B_{12}$ 也称钴胺素,其缺乏主要见于反刍动物,是因饲料中钴缺乏而引起的。临床特征为厌食、消瘦、造血机能障碍及繁殖机能障碍。一般呈地方性缺钴而致维生素 $B_{12}$ 缺乏,多发生于犊牛、猪和禽。

维生素 $B_{12}$ 属于抗贫血因子。植物性饲料中除豆科植物的根含有外,几乎不含有维生素 $B_{12}$。动物性饲料尤其是肝脏、肾脏、肠中含量丰富。牛、羊的瘤胃、马属动物的盲肠和其他动物大肠内的微生物可利用钴合成维生素 $B_{12}$。

1.病因

①长期大量使用抗菌药物,造成胃肠道微生物区系紊乱,影响维生素 $B_{12}$ 的合成。

②维生素 $B_{12}$ 合成需要有微量元素钴和蛋氨酸。当饲料中钴和蛋氨酸缺乏,则因合成原料不足而发生维生素 $B_{12}$ 缺乏。

③胃肠疾病特别是前胃疾病(前胃弛缓、瘤胃积食等)引起维生素 $B_{12}$ 合成和吸收障碍。

④幼畜维生素 $B_{12}$ 的来源主要是母乳。母乳中 $B_{12}$ 含量不足是幼龄动物 $B_{12}$ 缺乏的根本原因。

⑤肝脏受损,使吸收的 $B_{12}$ 在肝脏中不能转化为活性代谢产物,因而不能发挥作用。

2.发病机理　维生素 $B_{12}$ 参与机体的蛋白质、脂肪和碳水化合物的代谢,促进核酸合成,对动物生长发育、造血、上皮生长及维持髓鞘神经纤维功能的完整性所必需。维生素 $B_{12}$ 缺乏时,会引起 DNA 合成异常,导致巨幼红细胞性贫血。血浆蛋白含量下降,也可导致脂肪肝的发生、丙酮酸分解代谢障碍,脂质代谢失调,阻碍髓鞘形成而导致神经系统损害。

3.症状及病理变化　一般症状有食欲减退或异食,生长缓慢,可视黏膜苍白,皮肤湿疹,神经兴奋性增高,共济失调。各种动物剖检时肝脏色黄而脆,肝细胞脂肪变性。

①牛。食欲减退,异食,发育不良,可视黏膜苍白,皮肤湿疹,触觉过敏,共济失调,易发肺炎和胃肠炎。犊牛生长停滞,皮肤、被毛粗糙,走路摇摆。

②猪。先是生长慢,皮肤粗糙,背部皮炎。逐渐出现贫血症状,皮肤、黏膜苍白,红细胞体积大,数量减少。消化不良,异食,腹泻。运动障碍,后躯麻痹。成年猪以繁殖障碍为主,母猪易流产、死胎、胎儿畸形、弱仔。

③鸡。食欲不振,苍白贫血,饲料转化率低。产蛋鸡蛋量下降,孵化率低,胚胎弱小、畸形,多在孵化后期(17 d)胚胎死亡。

4.诊断　根据病史、临床症状(贫血、皮炎、消化不良)、病理变化(消瘦、可视黏膜苍白、肝脏变性)及血液学检验诊断。

5.防治　增加富含维生素 $B_{12}$ 的饲料,鱼粉、肉屑、肝粉和酵母等,同时增补氯化钴等钴制剂。

肌内注射维生素 $B_{12}$,马、牛 1~2 mg,猪、羊 0.3~0.4 mg,产蛋鸡 2 μg,仔猪 20~30 μg,毛皮兽 10~15 μg,每日或隔日 1 次。每千克饲料添加 30 μg 维生素 $B_{12}$ 能维持雏鸡好的出壳率。

### 4.5.3　维生素 C 缺乏症

维生素 C 即抗坏血酸,其缺乏症是因维生素 C 缺乏导致的以皮肤及内脏器官出血、贫血、齿龈溃疡、创伤难以愈合等为主要特征的营养代谢病。多发生于猪、狗和毛皮兽等。

维生素 C 广泛存在于青饲料、胡萝卜和新鲜乳汁中,松针里也很丰富。健康动物的肝脏和肾脏可合成自身需要的维生素 C,一般不会发生缺乏症。但幼龄畜禽生长快,需要量大,易发缺乏症。猪合成维生素 C 不够机体需要,仍需饲料补充。

【病因】

(1)长期饲喂缺乏维生素 C 的食物而不补充维生素 C,如食物蒸煮过度,或食肉腐败变质。食肉动物更易因此引起维生素 C 缺乏症。

(2)妊娠及幼龄畜对维生素 C 需求量较大,而又未及时补充。仔猪、犊牛在出生后一段时间,不能合成维生素 C。犊牛大约到 3 周龄以后才开始合成。禽的嗉囊可合成少量抗坏血酸。

(3)肠道疾病及肝脏疾病可影响维生素 C 的吸收或合成。

(4)维生素 C 缺乏常继(并)发于结核病、布氏杆菌病、巴氏杆菌病、仔猪副伤寒等传染病的后期。

【发病机理】

维生素 C 缺乏可引起一系列代谢紊乱,主要是胶原和黏多糖合成障碍,导致骨骼、牙齿及毛细血管壁组织的间质形成不良,再生能力降低。毛细血管间质减少,管壁空隙增大,通透性增高,导致器官、组织出血。骨骼易折断,牙齿脱落,创伤不易愈合。缺维生素 C 影响铁在肠内的转化、吸收和叶酸活性降低,影响造血功能而致贫血。抗体生成和网状内皮系统机能减弱,机体抵抗力降低,极易继发和感染其他疾病。

【症状】

动物体内(除灵长类)能合成一些维生素 C,因此其缺乏症发生较慢。

1.共同症状　病初,倦怠,易疲劳,贫血。逐渐出现特征性的出血性素质——坏血病,即皮肤(尤其在背部和颈部)出血,毛囊周围点状出血,以后融合成斑片状;齿龈肿胀、出血、溃疡,牙齿松动易脱落,且在颊、舌、咽等处也发生溃疡和坏死;胃肠、肾和膀胱出血,排血便和血尿;鼻腔出血;伤口不易愈合。机体抵抗力降低,易发消化道和呼吸道疾病。

2.不同动物维生素 C 缺乏症的表现也不尽相同:

①毛皮兽。主要因母畜维生素 C 缺乏引起仔畜发病,常称"红爪病"。10 d 龄以内仔兽发病严重,且多呈窝发。新生仔兽四肢、关节肿大,爪垫肿胀发红,甚至溃疡;吮乳能力弱,有的关节变粗,尾部水肿潮红,尾尖一节节烂掉。

②犬。贫血、口炎,拒吃热食。猪表现明显的贫血和出血性素质,出血部皮肤处被毛易脱落,口腔流出大量酸臭唾液。新生仔猪脐管大出血而死亡。牛、羊此病较少见,无典型临床症状,主要为虚弱,胎衣滞留,齿龈肿胀,出血。犊牛和羔羊则有关节肿胀。禽生长缓慢,产蛋减少,蛋壳变薄。

【诊断】

本病可根据饲养管理情况、贫血、出血性素质及血、尿、乳中维生素 C 含量低下等综合判定,建立诊断。

【防治】

防治本病重在加强饲养管理,多喂新鲜青绿饲草、松针叶,冬季可加胡萝卜、青贮、块根等。毛皮兽、鸡和猪应按照饲养标准添加维生素 C。母毛皮兽在妊娠后期禁止饲喂贮存过久的脂肪饲料,日粮中除补加新鲜蔬菜外,每日还应添加维生素 C 25 mg。妊娠母猪产前 1 周每天口服维生素 C,可预防新生仔猪脐管出血。有原发性热性病时,注意补充维生素 C,增强机体抵抗力。

　　治疗可静脉注射维生素 C 注射液或口服维生素 C 片,连用 7~15 d。口腔溃疡的,可用 0.1%的高锰酸钾、抗菌素溶液、收敛药液冲洗口腔,并涂擦碘甘油或抗生素软膏。贫血时补给铁制剂。

# 项目 5　中毒病

项目导读

**项目导读**

本项目讲解了中毒知识概论和临床常发的畜禽中毒病,包括饲料中毒、霉败饲料中毒、有毒植物中毒、农药化肥中毒、矿物质中毒、兽药及饲料添加剂中毒、动物毒素中毒等。要求通过了解各种中毒病的病因和掌握致病机理、特征症状、病理变化等,能够正确诊断和治疗各种中毒性疾病。

## 任务 5.1　中毒概论

**学 习 目 标**

1.会对畜禽中毒进行诊断。

2.会对畜禽中毒进行救治。

3.能根据所学内容对畜禽中毒进行急救并能在实际生产中进行有效防治。

### 5.1.1　毒物与中毒

**【毒物】**

在一定条件下,一定剂量的某种物质进入机体,与机体发生相互作用,并能使机体组织器官产生一定的病理变化,这种物质称为毒物。某种物质的毒性与动物接受这种物质的剂量、途径、次数及动物的种类和敏感性等有关。比如,食盐是无毒的体内必需品,但猪、鸡常因摄入食盐过量而中毒;蝎、蜂刺蛰动物皮肤能引起中毒,但家禽吃活蜂、活蝎却不中毒。因此,毒物是相对的,而不是绝对的。

毒物对机体的损害能力用毒性来表示。某种物质对生物体的损害能力越大,其毒性也越强,毒性反映了毒物的剂量与机体反应之间的关系。

【中毒】

由毒物引起的机体生理功能障碍及代谢紊乱的过程,称为中毒。由毒物引起的疾病称为中毒病。

### 5.1.2　畜禽中毒的原因和分类

【中毒的原因】

1.自然因素　其包括有毒矿物质、有毒植物、动物毒素等。

2.人为因素　其包括工业污染、农药、药物使用不当、饲料收获或贮藏不当、饲料发霉及恶意投毒等。

【中毒的分类】

中毒按病程可分为急性、亚急性和慢性中毒三种类型。

中毒按毒物的来源可分为:饲料毒物中毒、有毒植物中毒、霉菌毒素中毒、农药中毒、药物中毒与饲料添加剂中毒、矿物质中毒、动物毒素中毒等。

### 5.1.3　畜禽中毒的诊断

【病史调查】

怀疑中毒需要了解畜群的饲养管理情况,有无接触毒物的可能性;了解饲料的种类、品质、是否发霉,饮水的品质;饲养场周围是否存在污染源;发病前后用药情况等。

【临床症状】

典型的临床症状是诊断疾病的重要依据。但临床观察到的仅是中毒某个阶段的症状,且不同机体对同一毒物敏感性差异很大。因此,仅凭症状是不够的。有的中毒病可表现示病症状,常常作为鉴别诊断时的主要指标,如氢氰酸中毒时血液及可视黏膜鲜红色,呼出气有苦杏仁味;有机磷中毒时瞳孔缩小、大量流涎等。

【病理变化】

病理剖检应在动物死后或处理后尽快进行。首先检查体表,注意被毛、口腔黏膜颜色,然后对皮下脂肪、肌肉、体腔、内脏等进行检查,必要时检查骨骼。对消化器官应仔细检查,特别是胃内容物的性质对诊断有重要意义。如胃内发现老鼠尸体,则可能是杀鼠剂引起的中毒;胃内发现有毒植物叶片或嫩枝,则可能是植物中毒的诊断依据。

【动物试验】

动物试验即给敏感动物饲喂可疑的饲料或饮水并观察其症状。通常对同种健康动物饲喂可疑物质,效果最好。如果在试验中能使自然病例得到复制,则对确定病因和诊断是非常有意义的。

【毒物检验】

采取剩余饲料、呕吐物或胃内容物进行毒物检验。某些毒物检验方法简便、迅速、可靠,这对中毒病的治疗和预防有现实指导意义。但毒物检验很少单独应用,只有把毒物分析和临床症状、尸体剖检等结合起来综合分析才能作出准确的诊断。

【治疗性诊断】

中毒病往往发生突然,来不及对上述各种诊断方法逐一采用,所以可根据临床经验和可疑毒物的特性进行试验性治疗,通过疗效诊断及验证诊断。

### 5.1.4 中毒的治疗

【切断毒源】

首先更换可疑有毒饲料、饮水,如果毒物难以确定,应考虑更换场地、用具等。

【排除体内毒物】

1.催吐　适用于狗、猫、猪等易于呕吐的动物,马不吐,牛不可催吐。中毒初期动物清醒时适合。通常应用阿扑吗啡(多用于狗,忌用于猫)和吐根糖浆。内服1%硫酸铜也可催吐,犬20~100 mL,猫5~20 mL。咽喉部放生食盐也可催吐。

2.洗胃　适用于马、牛、羊及猪等中毒初期。最常用的洗胃液是温水(30~38 ℃)。也可根据毒物的种类和性质,选用不同的洗胃液。一般在毒物进入消化道4~6 h以内者效果较好。

3.瘤胃切开术　反刍动物发生中毒初期,心脏等脏器功能良好时,施行瘤胃切开术,取出有毒内容物,然后用小苏打冲洗,接种健康牛的瘤胃液或直接注入解毒药和吸附剂。

4.泻下　此法可使毒物从胃肠内排出,一般用于中毒中期。盐类泻剂常用硫酸钠,因作用慢,用量要大。一般用5%~8%的浓度,低于5%起不到下泻作用,高于8%则刺激作用加剧。油类泻剂常用石蜡油,应用于有明显的出血性胃肠炎的病例,但不能用于脂溶性毒物(有机磷、碘、酚类等)中毒。当中毒病畜已出现严重的腹泻和脱水时,忌用泻剂。

5.灌肠　适用于中毒时间较长(1~2 d)的动物。灌肠液可用清温水、肥皂水或1%食盐水。

6.利尿　为加速毒物从肾脏排出,可选择利尿剂或多饮水。

7.放血　静脉放血可促使部分吸收入血液的毒物排出。放血较多时,应在放血后立即进行输液(两倍放血量的等渗液体),不仅可使毒物稀释,还可防止因放血而引起血压下降,发生虚脱。放血量根据畜体情况而定,牛放血1 000~2 000 mL不会对机体产生多大影响。

8.吸附法　是把毒物分子自然地黏合到一种不能被机体吸收的载体上,通过消化道向外排除。吸附剂主要有木炭末、活性炭、万能解毒药(活性炭10 g、轻质氧化镁5 g、白陶土5 g、鞣酸5 g混合)。

9.黏浆剂　蛋清、牛奶、豆浆、淀粉等可在胃肠道部黏膜表面形成一层保护膜,并可延缓毒物的吸收。

10.沉淀剂　蛋清、鞣酸、浓茶和钙剂等,可使金属毒物沉淀为难溶性的盐类。生物碱中毒时,可用碘化钾溶液内服,使之沉淀成为无毒物质。

【应用解毒剂】

1.特效解毒剂　当已知是某种毒物中毒时,应尽快选用特效解毒剂,这是治疗中毒病的有效方法。如有机磷中毒,应用解磷定等胆碱酯酶复活剂;重金属(汞、铅、铜等)和类金属(砷、锑、磷等)中毒可用二巯基丙醇或二巯基丙磺酸钠解毒。

2.一般解毒剂　静脉注射高渗葡萄糖可增强机体肝脏的解毒机能,改善心肌营养及利尿,会起到一定的治疗作用。还有硫代硫酸钠、甘草绿豆汤等,这类解毒剂虽无特效解毒作用,但可以缓解中毒的症状。但有机磷中毒时切忌输入大量葡萄糖液。

【支持和对症治疗】

中毒病畜常会出现急性心力衰竭、循环虚脱、呼吸困难、脱水,以及过度兴奋、昏迷或瘤胃臌气等症状,这些往往是引起动物死亡的关键原因。因此,在排毒解毒的同时应根据病情采取相应对症治疗措施。

# 任务 5.2　饲料中毒

1.会诊断动物饲料中毒疾病。

2.会治疗动物各种饲料中毒疾病。

3.能够根据畜禽营养需求,合理调配,使饲料中营养均衡,减少畜禽群体发生饲料中毒疾病。

## 5.2.1　棉籽饼中毒

棉籽饼中毒是因长期连续饲喂或过量饲喂生棉籽饼,致使动物摄入过量的棉酚而引起的畜禽中毒。临床特征为出血性胃肠炎、水肿、神经紊乱、血尿和血红蛋白尿等。

【病因】

棉籽饼是棉籽榨油后的副产品,含有丰富的蛋白质和磷,是一种廉价的蛋白质饲料。但是生棉籽饼中含有多种有毒成分,其中棉酚色素含量较多,长期过量饲喂生棉籽饼常易引起动物中毒。特别是在冬季缺乏饲草、饲料的情况下,牛采食了大量的棉籽、棉籽饼或棉壳极易发生中毒。当棉籽饼发霉、腐烂时,毒性更大。此外,在棉花的茎、叶以及棉籽皮中也含棉酚。

单胃动物、妊娠母畜、犊牛和家禽等对棉酚色素比较敏感,成年牛耐受性强。犊牛因吮吸饲喂棉籽饼的母乳而中毒。日粮中钙和维生素缺乏时,也能促使本病发生。

【致病机理】

有毒棉酚称游离棉酚,榨油时通过加热或发酵,游离棉酚可与棉籽中的蛋白质结合成为比较稳定的结合棉酚,不能被机体消化吸收,毒性大大降低。棉酚的毒性并不高,但长期少量摄入,会因蓄积而导致慢性中毒。游离棉酚的毒性作用主要有:

(1)刺激胃肠黏膜,引起胃肠炎;损伤心脏导致心力衰竭,引起肺水肿;增强血管通透性,导致体腔积液;牛在慢性棉酚中毒时易发尿石症,可能与泌尿器官上皮损伤有关。

（2）棉酚与铁离子结合，干扰血红蛋白合成，造成缺铁性贫血。

（3）破坏公畜生精能力，导致繁殖力降低或不育。

（4）导致维生素 A 缺乏，发生夜盲症。

棉籽饼中还含有一类不饱和脂肪酸——环丙烯脂肪酸，对禽蛋品质有影响。环丙烯脂肪酸能使卵黄膜通透性升高，铁离子透过卵黄膜，进入蛋清中并与蛋清蛋白结合，形成红色复合物，蛋清变为桃红色。还能使蛋黄硬度增高。

【症状】

1.牛　饲喂棉籽饼 10~30 d 后发病。先表现瘤胃积食、瓣胃和真胃阻塞等症状。顽固性腹泻，排黑色粪便，先便秘后腹泻，消瘦，继而四肢下部、眼睑、下颌、垂皮等处水肿。尿频，尿呈红色、暗红或酱红色，结膜发绀，心力衰竭，多死亡。多伴发视力障碍。公牛往往发生尿结石。

2.猪　呕吐，兴奋，呼吸困难，有时出现皮疹，精神沉郁，低头拱腰，走路摇晃，呼吸迫促。

3.鸡　采食少，消瘦。腿无力，头颈扭曲、转圈。蛋黄深褐色，蛋清粉红色，煮后蛋黄变硬，形成"海绵蛋"。

【诊断】

（1）长期或大量饲喂棉籽饼的病史。

（2）顽固性胃肠炎、水肿、排血尿、视力障碍等临床症状。

（3）棉酚的定性检验　取棉籽饼粉少许，研成细末，加硫酸数滴，振荡 1~2 min，若显深胭脂红色，将其煮 1~1.5 h，红色消失表明含有棉酚。

【治疗】

原则是去除病因，排除毒物，脱水利尿，防止继发感染。

（1）停喂棉籽饼，改喂其他蛋白质饲料或补充维生素 A 等多种维生素。

（2）破坏毒物，加速排除。用 0.1%高锰酸钾或 3%碳酸氢钠溶液洗胃，然后用硫酸亚铁，马、牛 7~15 g，猪、羊 3~5 g，加水 1 次内服。

（3）解毒、制止渗出，增强心脏功能。牛用 25%葡萄糖液 500~1 000 mL，10%安钠咖 20 mL，10%氯化钙 100 mL，一次静脉注射，配合维生素 A、D、C 等效果更好。

（4）胃肠炎严重时，抗菌消炎，保护胃肠黏膜。内服磺胺脒，牛 30~40 g，猪 5~10 g。还可内服面糊（面粉 250 g，开水冲成稀糊状）、藕粉等，保护胃肠黏膜，1 日 2 次。

【预防】

1.控制日粮中棉籽饼的含量　牛不超过 1~1.5 kg/d，猪少于 0.5 kg/d，孕畜、幼畜及种鸡不用。

2.脱毒处理

①将棉籽饼粉碎蒸煮或热炒 1 h，可使游离棉酚大大减少。

②化学法：用 0.1%~0.2%硫酸亚铁浸泡 24 h，清水冲洗干净后再喂。

3.调整饲料　饲喂棉籽饼时，要注意蛋白质、钙、维生素 A、维生素 D 的补充，营养全面的动物不易发生棉酚中毒。棉籽饼最好与豆饼、鱼粉等其他蛋白饲料配合应用，以免中毒。反刍动物应搭配豆科干草或其他优良饲料或青饲料。

### 5.2.2　菜籽饼中毒

菜籽饼中毒是由于家畜采食过量含有芥子甙(硫葡萄糖甙)的菜籽饼而引起的疾病,表现胃肠炎、肺气肿和肺水肿、肾炎、溶血性贫血等临床综合征。主要发生于猪、鸡和牛。

【病因】

菜籽饼是油菜籽榨油后的副产品,营养丰富,是一种高蛋白饲料。但菜籽饼中含有较多影响家畜采食、消化吸收的有毒成分,总称为"抗营养因子",其中芥子甙影响最大。芥子甙本身无毒,当进入动物胃肠道后在芥子酶(菜籽饼中存在)的作用下,水解为多种有毒物质,吸收后对家畜产生毒害作用。

【症状】

菜籽饼中毒主要表现在泌尿、消化、呼吸和神经系统等方面。

1.溶血性贫血　一般病例先表现血尿,迅速衰弱,精神沉郁,黏膜苍白,心跳过速,呼吸加快,腹泻。

2."油菜目盲"　牛、羊吃油菜后突然呈现目盲。检目镜检查,眼睛正常,瞳孔对光有反应。一般视觉可恢复,但需经过数周时间。小公牛有仰头和疯狂等神经症状。

3.肺气肿　严重呼吸困难,呼吸加快或张口呼吸,较快地发展为皮下气肿。大多转成慢性,不能痊愈。

4.消化紊乱　厌食,排粪少,瘤胃蠕动音低或消失,腹痛、腹泻。

【治疗】

目前尚无可靠的治疗方法,中毒后立即停喂有毒菜籽饼,补充铁制剂。

(1)保护胃肠黏膜,减少毒素吸收。将淀粉用开水冲成浆待温后内服,也可用0.5%的鞣酸溶液洗胃或内服。

(2)保肝、强心、预防肺水肿。用10%的葡萄糖溶液和维生素C以及强心剂进行静脉注射。

(3)"油菜目盲"和肺气肿时,应用抗组胺药物有效,其他药物疗效均较差。

【预防】

国内外已经培育出"双低"(低芥酸、低硫甙)油菜品种。对普通菜籽饼可做如下脱毒处理:

①坑埋法。将菜籽饼用水拌湿(1:1加水量)后埋入土坑中30~60 d,可除去大部分毒物。

②水浸法。用水浸泡12~24 h,换水后再煮1~2 h。但水溶性营养成分在浸泡后损失较大。

③热处理。蒸、炒、高压热处理都可使毒性降低。

若直接饲喂,必须控制用量。一般而言,日粮中菜籽饼含量:鸡在5%以下,猪10%以下,牛15%以下。

### 5.2.3 马铃薯中毒

马铃薯也称土豆、洋芋,当动物采食富含龙葵素的马铃薯时易引起中毒。临床特征为神经症状、胃肠炎和皮肤湿疹。多发生于猪,其次为牛。

【病因】

发芽、变绿、未成熟及腐烂的马铃薯中含有大量龙葵素(也称茄碱),尤其在芽及芽的周围毒素含量高,家畜采食后引起中毒。成熟的马铃薯中龙葵素很少。此外,马铃薯的叶子和花中也含有龙葵素。

龙葵素在正常胃肠道很少被吸收,当胃肠道黏膜发炎或损伤时,可被吸收。龙葵素的毒性作用:抑制呼吸中枢及运动中枢;强心作用;破坏红细胞导致溶血;致畸作用,导致无脑畸形和脊柱裂。

【症状】

以神经系统和消化系统机能紊乱为主。

1.共同症状 急性型以神经症状表现明显。狂暴不安,肌肉麻痹,共济失调,呼吸无力,黏膜发绀,瞳孔散大,全身痉挛,2~3 d内死亡。慢性型:呈现明显的胃肠炎症状,呕吐、腹泻、流涎,便中带血。病畜精神不振,极度衰弱,孕畜流产。

2.不同症状

①猪。神经症状较轻,以胃肠炎为主。表现不同程度食欲减少,口腔黏膜轻度肿胀,并伴有流涎,呕吐,腹痛,腹泻,腹胀症状。腹部、股内侧皮肤湿疹,头、颈、眼睑部水肿。

②牛、羊。多于口、唇周围,肛门、尾根、四肢的系凹部及母猪阴道和乳房部发生湿疹或水泡性皮炎(也称马铃薯性斑疹)。绵羊则常呈贫血和尿毒症症状。

【诊断要点】

(1)有采食马铃薯的病史。

(2)神经症状、胃肠炎和皮肤湿疹。

【治疗】

(1)立即改换饲料,并采用饥饿疗法,以及排出胃肠内容物。

(2)促进毒物排出。

①洗胃或催吐。牛用0.1%高锰酸钾溶液或0.5%鞣酸溶液2 500~3 000 mL洗胃或浓茶水洗胃,然后投石蜡油550 mL和滑石粉300 g或用硫酸钠600 g,加水后内服。猪可用1%硫酸铜20~50 mL灌服,催吐。

②下泻。洗胃或催吐后灌服盐类或油类泻剂,促进肠道内毒物排出。

(3)对症治疗。

①镇静。溴化钠,马、牛15~50 g,猪、羊5~15 g灌服;或硫酸镁注射液,静注或肌注,牛、马50~100 mL,猪、羊10~20 mL。

②胃肠炎。1%鞣酸溶液,牛、马 500~2 000 mL,猪、羊 100~400 mL 灌服,保护胃肠黏膜。

③解毒、补液。5%~10%葡萄糖、5%糖盐水等,静脉注射。

④皮疹。可静注 10%氯化钙溶液,并局部涂上 3%龙胆紫或 2%硝酸银溶液。

(4)用食醋灌服,每次剂量为 600~1 800 mL。

**【预防】**

马铃薯应存放在干燥、凉爽的地方,以防发芽变绿。对生芽过多或皮肉发绿的,应削去绿皮,挖掉嫩芽及其周围组织,并用水浸泡半小时以上,然后再换水,加些米醋(因龙葵素遇醋酸可分解为无毒物质)煮透后饲喂。孕畜禁喂,以免流产。

### 5.2.4　食盐中毒

食盐即氯化钠,是动物日粮中不可缺少的一种矿物质盐类,但动物食入量过大或饮水不足时,会引起中毒,以胃肠炎、脑水肿及神经症状为特征。本病可发生于各种动物,但以猪、鸡最为敏感,其次是牛、羊。

**【病因】**

(1)饲料中含盐量过高。舍饲家畜中毒多见于配料疏忽、搅拌不匀,饲喂含盐分高的泔水、酱渣、咸菜及腌菜水等。食盐中毒量为牛、猪 1~2 g/kg,羊 3~6 g/kg,鸡 1~1.5 g/kg 体重。

(2)饮水不足是食盐中毒的重要因素。维生素 E、含硫氨基酸缺乏,导致动物对食盐敏感性增加。

(3)鸡食盐中毒的最常见原因是劣质鱼干或鱼粉含盐量过高。此外,在鸡群因食盐缺乏而发生啄癖时,饮用食盐水浓度过大、喂的时间过长或饮水供应不足,也能引起中毒。鸡可耐受 0.25%的盐水。

(4)错误使用口服补液盐或自配糖盐水中 NaCl 超标;治疗马肠阻塞用食盐或硫酸钠过量,都可引起动物中毒。

**【发病机理】**

动物体内 90%以上钠离子($Na^+$)存在于细胞外液中,是维持细胞外液渗透压的主要成分,食盐中毒主要是钠离子中毒。氯化钠对机体的作用:

(1)高浓度 NaCl 对胃肠道的刺激作用,同时因消化道内盐浓度过高而使肠壁中的水分大量进入肠道,引起严重腹泻、脱水。

(2)$Na^+$潴留造成离子平衡失调和组织水肿。一般情况下,$Na^+$和 $K^+$具有兴奋神经的作用,$Mg^{2+}$和 $Ca^{2+}$有抑制作用,$Na^+$升高,使 $Na^+$、$K^+$/$Mg^{2+}$、$Ca^{2+}$之间的平衡破坏,出现神经机能失调而兴奋不安。同时细胞外液中 $Na^+$浓度增加,引起组织特别是脑组织水肿,颅内压升高,脑组织供氧不足。

**【症状】**

食盐中毒主要表现为口渴贪饮、神经症状、出血性胃肠炎等。

1.鸡　大量饮水,厌食,惊慌不安。嗉囊大而软,拉水样稀粪。有时出现神经症状,头颈弯曲,鸣叫,仰卧挣扎,最后衰竭死亡。

2.猪　常突然表现神经症状,突然倒地四肢作游泳样运动,反复发作。肌肉发抖、口吐白沫、磨牙、抽搐。慢性病例主要是长时间缺水造成,表现便秘、口渴,皮肤发痒,突然暴饮后,脑组织及全身发生水肿,出现与急性中毒相似的症状,称"水中毒"。

3.牛、羊　口渴,腹痛、腹泻,粪中有黏液,重者双目失明,后肢麻痹,多尿。肌肉痉挛,发抖,衰弱,卧地。慢性中毒主要因饮盐水引起,症状较轻。奶牛食盐中毒时多发生酮病。

【病理变化】

急性食盐中毒一般表现胃肠黏膜充血或出血,甚至溃疡,血凝不良。脑回展平,发水样光泽。鸡仅消化道出血,嗉囊内大量黏性液体。猪小肠病变严重。牛瓣胃与真胃病变明显,病程稍长的骨骼肌水肿,心包积水。慢性病例,主要是脑水肿,灰质部出现软化坏死灶。

【诊断】

(1)过饲食盐或限制饮水的病史,癫痫样发作等突出的神经症状和脑水肿。

(2)鸡嗉囊肿大、积液,排水样粪便。

(3)必要时可测定血清及脑脊液中的 $Na^+$ 浓度。当脑脊液中 $Na^+$ 浓度超过 160 mg/L,脑组织中 $Na^+$ 超过 180 mg/L 时,就可认为是钠盐中毒。此外,也可测定饲料中食盐含量。

【治疗】

无特效解毒药。治疗原则是利尿排钠、缓解脑水肿、解痉镇静、恢复阳离子平衡和对症治疗。

1.控制饮水量　对尚未出现神经症状的病畜禽应多次少量给予新鲜饮水,切忌暴饮,以免引起脑水肿。一旦发生中毒,立即将病畜禽移到安静宽敞的环境,切勿惊赶。

2.药物治疗

①禽。用葡萄糖粉和电解多维饮水可缓解症状。病情严重的,可另加 0.3%~0.5% 的醋酸钾溶液饮水,可逐只灌服。

②猪。症状较轻的,可用食醋 100~500 mL,加水适量,一次投喂。对于症状明显的,采取以下措施:20% 甘露醇 100~400 mL,25% 硫酸镁 10~30 mL,维生素 C 0.2~0.5 g,一次静脉注射。以 0.5 mg/kg 体重内服双氢克尿噻。可根据不同动物及体重加减药量。

为恢复血液中阳离子平衡,可静脉注射 5% 葡萄糖酸钙液 200~400 mL 或 10% 氯化钙液 100~200 mL(马、牛)。猪按 0.2 g/kg 体重氯化钙计算。

【预防】

严格控制饲料中食盐含量,猪不超过 0.5%,鸡低于 0.3%。保证充足的饮水,利用酱渣、腌菜汤、咸鱼粉、残羹剩饭喂猪时,应考虑其中的食盐含量,并与其他饲料混合使用,不加或少加盐。禽类饲料应将鱼粉的含盐量计算在内,禁用劣质掺盐鱼粉。

# 任务 5.3　霉败饲料中毒

1.会诊断各种霉败饲料中毒。
2.能结合畜禽生产,有效预防畜禽霉败饲料中毒。

当饲料中的水分含量较高、空气潮湿、温度适宜时,霉菌容易繁殖,导致饲料发霉变质,而且少数霉菌在生长繁殖过程中还可产生有毒代谢产物——霉菌毒素,畜禽食入发霉饲料造成中毒。

## 5.3.1　黄曲霉毒素中毒

黄曲霉毒素中毒是严重危害畜禽的一种霉败饲料中毒病,且人畜共患。其临床特点是全身出血、消化机能紊乱、黄疸、腹水、神经症状等。长期小剂量摄入,还有致癌作用。我国南方地区饲料污染黄曲霉毒素比较严重。

各种畜禽均可发病,但敏感程度随动物种类、年龄、性别及营养状况等不同而有差别。各种畜禽的敏感顺序是:雏鸭>雏鸡>仔猪>犊牛>肥育猪>成年牛>绵羊。

【病因】

黄曲霉毒素(AFT)是黄曲霉、寄生曲霉等真菌产生的一类代谢产物,尤其在温暖、潮湿的环境下,黄曲霉大量生长,产生毒素。黄曲霉毒素种类很多,其中 AFTB$_1$ 的毒性最强。黄曲霉毒素主要污染玉米、花生、豆类、棉籽、麦类、大米、秸秆及其副产品——酒糟、油粕、酱油渣等,且耐高温。动物采食了被黄曲霉污染的饲料而中毒。

【发病机理】

黄曲霉毒素被动物胃肠道吸收后,主要分布于肝脏,肝脏中比其他器官高 5～10 倍。部分黄曲霉毒素及其代谢产物在动物体内残留,进入牛奶、鸡蛋、畜禽内脏和肌肉中,人因食用这些被污染的动物性食品而影响健康。

黄曲霉毒素的靶器官是肝脏,属肝脏毒。其毒理主要是抑制 DNA、RNA 和蛋白质合成,损伤肝细胞。黄曲霉毒素还具有致癌、致突变和致畸性。黄曲霉毒素是已发现毒素中最强的致癌物。

【症状】

1.家禽　雏鸭、雏鸡中毒多呈急性经过,且死亡率很高,可达 80%～90%。食欲减退,翅膀下垂,腹泻,排带血稀粪。冠髯苍白,步态不稳,肌肉痉挛,死亡很快。成年禽常呈慢性经过,初期多不明显,表现食欲减退,消瘦,不愿活动,贫血,产蛋率和孵化率降低,多呈零星死亡。

2.猪　黄曲霉毒素中毒有 3 种类型。

①急性型。多发生于2~4月龄的仔猪,尤其是食欲旺盛、体质强健的仔猪,常表现突然死亡。

②亚急性型。多数病猪属这一类型,精神沉郁,食欲减退,口渴,粪便干硬,表面带有黏液和血液。可视黏膜苍白,后期黄染。后肢无力,步态不稳,间歇性抽搐。严重者卧地不起,常于2~3 d内死亡。

③慢性型。多发生于育成猪,表现为吃食少,生长慢,消瘦,可视黏膜黄染,皮肤紫斑,进一步发展出现神经症状,如兴奋不安、痉挛和角弓反张。

3.牛  犊牛对AFT敏感,死亡率高。成年牛多为慢性经过,死亡率低。表现厌食,磨牙,前胃弛缓、臌气,间歇性腹泻,奶量降低,孕牛早产、流产。绵羊:耐受性高,很少有自然发病病例。

【病理变化】

1.禽  特征性病变是肝脏。急性中毒,肝肿大,广泛性出血和坏死。慢性者,肝组织增生,纤维化,质硬变小。

2.猪  急性中毒主要为贫血和出血,全身性皮下脂肪不同程度黄染。慢性主要是肝硬化,脂肪变性和胸、腹腔积液,肝呈土黄色,质硬。肾苍白,体积小。

3.牛  特征是肝硬化和肝脏肿瘤,胆管增生,胆囊扩张,胆汁变稠,肾表面呈黄色、水肿。

【诊断】

(1)调查病史,饲料样品检验。

(2)临床表现(黄疸、出血、水肿,消化障碍及神经症状)及病理变化(肝脏出血,硬化)。

(3)必要时可进行敏感动物——雏鸭的毒性试验。

(4)实验室检测  对一般样品进行毒素检测之前,可先用直观过筛法初选(主要用于玉米样品),若为阳性,再用化学方法检测。初选具体做法是:取可疑玉米样品于盘内,摊成一薄层,直接在360 nm波长的紫外灯光下观察荧光。若产品中存在AFTB,则可看到蓝紫色荧光。

【治疗】

尚无特效解毒剂。

1.停喂霉败饲料,改喂全价日粮  牛、羊可改喂青绿饲料,减少或不喂含脂肪过多的饲料。

2.缓泻  内服硫酸钠、人工盐等。

3.保肝和止血  20%~50%葡萄糖液、维生素C、10%氯化钙溶液,静脉注射。

4.补液、强心,调节胃肠功能  为防继发感染,可用抗生素,禁用磺胺类药物。

【预防】

1.防止饲料发霉  在收割及保存饲草时,应充分晾干,不要堆积发酵,不要雨淋。南方高温多雨的气候为霉菌的繁殖提供了良好的环境和条件,应将饲料贮存在干燥通风的环境下,还可加入防霉剂,如丙酸钠、丙酸钙,1~2 kg/t,可安全存放8个星期以上。防霉剂可抑制谷物中真菌的生长,但对已经含有的真菌毒素没有效果。

2.处理发霉饲料  严重发霉饲料禁止饲喂畜禽。轻微发霉饲料可用以下方法处理:

①清水反复浸泡漂洗多次后饲喂。

②用5%~8%的石灰水浸泡霉败饲料3~5 h后,再用清水淘净,晒干便可饲喂。

③用吸附剂吸附毒素,如雏鸡和猪饲料中添加0.5%沸石,不仅可吸附毒素,还可促进生长发育。其他吸附剂还有黏土(膨润土)、活性炭等。

④当饲料受黄曲霉毒素污染时,可加入更多的蛋氨酸,以减少对动物的不良作用。

### 5.3.2 赤霉菌素中毒

赤霉菌素中毒是动物采食镰刀菌污染的粮食作物后引起的中毒病。主要发生于猪,牛、羊也有发生。临床特征有外阴肿胀、潮红,流产,乳房肿大等雌激素样综合征或呕吐、腹泻。

**【病因及发病机理】**

小麦(或麸皮)、玉米、高粱、水稻、豆类及青贮饲料等干燥不充分,在阴雨连绵或湿度过大情况下发霉,引起多种镰刀菌感染并在生活过程中合成有毒代谢产物——赤霉菌素。玉米感染镰刀菌后变成深紫红色,小麦感染后尖端变成粉红色。动物采食发霉饲料而中毒。

赤霉菌素中有两种对动物产生严重不良影响,一种是玉米赤霉烯酮,可导致动物表现雌激素亢进症,性成熟前的母猪对这种毒素最敏感;另一种是单端孢霉烯(T-2毒素),对皮肤和黏膜具有直接刺激作用,会造成肠胃道黏膜损伤从而导致大面积出血和发炎;抑制骨髓造血功能并引起凝血功能障碍,免疫机制受到抑制。T-2毒素导致猪拒食、呕吐、流产和内脏器官的出血性损伤。

**【临床症状】**

1.玉米赤霉烯酮中毒

①猪。小母猪外阴肿胀、潮红。未去势的小母猪持续发情。已去势的小母猪阴门也有同样表现,可能误认为阉割不净造成。严重的可导致整群小母猪发病,但死亡率很低。成年母猪延长发情或假发情,子宫肿胀,窝产仔数减少,流产及不孕,胚胎发育缓慢、早期胚胎死亡。严重时能引起母猪阴道脱或直肠脱。公猪:乳腺肿胀,包皮水肿,睾丸萎缩及精液质量下降。

②牛。呈现雌激素亢进症,如兴奋不安、敏感、假发情等,可持续1~2个月,不孕或流产。

2.单端孢霉烯(T-2毒素)中毒

①猪。拒食和呕吐,流涎,消化不良,出血性胃肠炎。慢性中毒时,多数病猪生长缓慢,变成僵猪。

②牛、羊。中毒较轻,急性病例有共济失调和出血性胃肠炎症状,继而广泛性出血,如皮肤出血,便血,尿血。慢性病例与急性中毒相同,但多诱发造血机能障碍。

**【诊断】**

根据临床症状,未去势的小母猪或已去势的小母猪群同时或先后发生外阴肿胀、潮红,结合检查玉米饲料或麸皮饲料发现有粉红色霉斑,即可初步确定为赤霉菌素中毒。若确诊需对饲料进行赤霉菌素的测定。玉米赤霉烯酮在波长为254 nm短紫外光照射下发出蓝绿色荧光。

【防治】

当诊断为赤霉菌素中毒时,应立即停喂霉变饲料。

若为玉米赤霉烯酮引起的中毒,一般在停喂发霉饲料 1~2 周后,中毒症状可逐渐消失,不用药物治疗。对外阴肿胀严重或发生直肠脱、阴道脱的猪,需用 0.1%高锰酸钾水、2%~4%明矾水清洗,涂抗生素软膏后还纳整复,并加以固定。其方法见直肠脱。若为 T-2 毒素中毒,尽快给予泻剂,清除胃肠内毒素,同时保护胃肠黏膜,灌服吸附剂和黏膜保护剂。再配合对症治疗。

最新的一种预防办法是添加一些酶制剂(如酯酶能够破坏玉米赤霉烯酮的内酯环),加快毒素的分解,从而减轻其危害。其他可参考黄曲霉毒素中毒的预防。尽量不要将霉菌污染的谷物喂给种猪和低日龄猪。

### 5.3.3　霉稻草中毒

霉稻草中毒是家畜采食发霉稻草而引起的疾病,临床特征为跛行、蹄腿肿胀、溃烂,甚至蹄匣脱落,耳尖和尾梢坏死为主要特征,也称"蹄腿肿烂病"。本病主要发生于舍饲耕牛,水牛较黄牛严重,在我国南方产稻地区多发。

【病因】

阴雨连绵的季节,稻草发霉呈现肉红色、白色、黑色及灰色等。霉稻草中有多种镰刀菌寄生并产生毒素丁烯酸内酯,在气温较低(7~15 ℃)的环境中毒素产量高,而在常温下产毒量少。因此,牛在冬季采食污染霉菌的稻草后,容易引起中毒。

丁烯酸内酯是侵害动物末梢血液循环的毒素,主要使外周血管局部血管末端发生痉挛性收缩,导致血管壁增厚,管腔狭窄,血流慢,血液循环障碍,引起患部肌肉淤血、水肿、出血,肌肉变性与坏死。

【症状】

病初出现步态僵硬及患肢间歇性提举的表现,蹄冠微肿、微热,系凹部皮肤有横行裂隙,触之动物有痛感。数日后,肿胀蔓延至腕关节或跗关节,呈现明显跛行。继而肿胀皮肤变凉,表面有淡黄色透明液体渗出。继续发展,肿胀部皮肤破溃、出血,甚至化脓、坏死。发生在蹄冠及系凹部疮面久不愈合,导致蹄匣或趾关节脱落。肿胀消退后,皮肤呈硬痂如龟板状,有些病牛肢端在肿胀消退后发生干性坏疽,跗(腕)关节以下的皮肤形成明显的环形分界线,坏疽部远端皮肤紧缠于骨骼上,干硬如木棒。

除蹄腿肿烂外,大部分病牛还伴发不同程度的耳尖、尾梢坏死,病变与健康部分分界明显,病变部干硬呈暗褐色,最后患部脱落。孕牛流产、死胎,胎衣不下,阴道外翻等。

水牛病程长,可达数月,卧地不起,体表多形成褥疮,终因极度衰竭而死。黄牛症状多不如水牛明显,病程较短(3~5 d),最多 1 周,治愈率高。

【诊断要点】

(1)多在 11~12 月份发病,有采食霉稻草的病史。

(2)动物蹄末梢部位如蹄部、耳尖、尾梢等部位肿胀或坏死。

（3）鉴别诊断（表 5.1）

表 5.1　霉稻草中毒与相似疾病鉴别诊断表

| 病　名 | 与霉稻草中毒相似的症状 | 区别要点 |
|---|---|---|
| 腐蹄病 | 跛行、蹄腐烂等与本病后期症状相似 | 本病初期并无局部化脓性坏死变化 |
| 麦角中毒 | 牛肢端、耳尖坏死 | 作产毒霉菌的分离培养和鉴定 |
| 硒中毒 | 蹄壳脱落 | 主要发生于高硒地区，无季节性，也无皮肤干枯坏死 |
| 冻伤 | 蹄腿肿烂或末梢坏死 | 一般条件下，由于冻伤引起牛蹄腿肿烂较少 |
| 伊氏锥虫病 | 肢端干枯，尾干枯脱落 | 血液检查，可见锥虫 |

【治疗】

尚无特效疗法。

1.初期　为促进局部血液循环，按摩、热敷患肢，灌服白胡椒酒（白酒 200 ~ 300 mL，白胡椒 20 ~ 30 g，一次灌服）。用辣子秆、茄子秆、大葱各 700 g，花椒 38 g，共煎成药汁热敷患部，每天热敷 2 次，每次 30 min，热敷后擦干净再包扎。

2.后期

①局部治疗：有感染时，先用 0.1%高锰酸钾冲洗，再涂红霉素软膏。

②全身治疗：10%葡萄糖 1 500 ~ 2 000 mL，5%的维生素 C 溶液 50 mL，静脉注射；25%的尼可刹米溶液 25 mL，肌内注射；肌内注射抗生素（青霉素、链霉素）。

# 任务 5.4　有毒植物中毒

1.会诊断常见有毒植物中毒疾病。

2.能判断牧场中的有毒植物，有效预防畜禽有毒植物中毒。

## 5.4.1　青杠树叶中毒

青杠树叶中毒是反刍家畜（耕牛、山羊、绵羊）采食大量青杠树叶后，引起以前胃弛缓、便秘或下痢、皮下水肿，少尿或无尿、血尿等肾病综合征为特征的中毒病。青杠树也称栎树（图 5.1），是对壳斗科栎属一些种类植物的通称，分布于我国华南、华中、西南、东北及陕甘宁的部分地区。

**【病因】**

一些山地丘陵地区以放牧为主,由于饲料缺乏,贮草不足,早春就开始放牧,牧草发芽晚,唯独青杠树先出芽长叶,牛羊争先抢食,而由于青杠树枝叶及籽实(橡子)中含有有毒成分栎单宁造成中毒。青杠树叶数量占日粮的50%左右即可引起中毒,超过75%则会中毒死亡。

**【发病机理】**

栎单宁在胃肠道内降解产生毒性更大的化合物,被机体吸收而中毒。栎单宁降解产物可刺激胃肠道,导致出血性肠炎,吸收的毒物经肾脏排除时导致以肾小管变性和坏死,最后因肾功能衰竭而死。

图5.1 青杠树

**【症状及病理变化】**

1. 初期 精神不振,心音亢进或正常,食欲减少,厌食青草,鼻镜少汗,大便干燥,呈算盘珠状,色黑,附黏液和血丝,尿多、清亮。尿pH值8.0~7.5。

2. 中期 以水肿和少尿为特征。食欲废绝,反刍消失,瘤胃蠕动停止,鼻镜干燥,大便秘结,少尿,有的病例胸前、颌下、腹下出现轻度水肿。尿pH值7.0~6.5。

3. 后期 不排粪,或排出恶臭黑褐色稀粪,无尿。胸下、肉垂、颌下或阴囊、腹下、股内侧、肛门等多处水肿,程度较重,穿刺水肿有淡黄色清亮的液体流出,体温降低,有腹痛表现。头弯向腹侧,磨牙,呻吟,终因肾衰竭而死。病程1~3周。尿pH值6.5~5.5。

自中毒初期尿蛋白即持续阳性。

**【诊断】**

(1)在栎树区的栎属植物萌发期,放牧牛有采食栎树叶的病史。

(2)早期诊断。体温正常,粪便干,色黑带黏液及少量血丝,尿多。自中毒初期尿蛋白就呈阳性,这也是早期诊断的重要依据之一。中后期水肿明显。

**【治疗】**

以牛为例说明:

(1)立即禁食青杠树叶,促进胃肠内容物排除和解毒。

①瓣胃注射。3%食盐水1 000~2 000 mL。

②解毒。用硫代硫酸钠8~15 g,制成5%~10%溶液,一次静脉注射,每天1次,连用2~3 d。对初中期病例有效。

③碱化尿液。用5%碳酸氢钠液300~500 mL,一次静脉注射。

(2)对症治疗。对机体衰弱的,出现水肿的,用5%糖盐水1 000 mL、任氏液1 000 mL、安钠咖20 mL一次静脉注射。消肿可用利尿剂。

**【预防】**

贮备足够的冬春饲草,不在青杠树林放牧,不采集青杠树叶喂牛。在春季,放牧牛群可半日放牧半日舍饲并加喂夜草,控制牛对青杠树的采食量。也可在每天放牧归来后灌服高锰酸钾溶液(取2~3 g高锰酸钾,溶于4 000 mL清水中),可起到预防作用。

### 5.4.2 闹羊花中毒

闹羊花也称羊踯躅,别名黄杜鹃、老虎花等(图5.2),属山地自生的灌木。

闹羊花中毒时因动物采食闹羊花的嫩叶或花引起的中毒病。临床以泡沫性流涎,呕吐,共济失调等为特征,主要发生于羊、马、牛,猪也有发生。

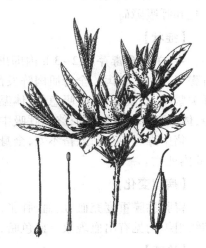

图5.2 闹羊花

**【病因】**

放牧过程中,家畜采食闹羊花的嫩叶或花,或收割的牧草中混有闹羊花而引起中毒。

闹羊花的叶和花中含有梫木毒素和石楠素等。这些毒素具有减慢心率,降低血压,麻醉和致呕吐的作用。

**【症状】**

临床以急性中毒多见,采食后4~5 h发病。

1.消化机能紊乱 首先表现泡沫状流涎,剧烈呕吐,呈喷射状,腹痛不安,拉稀,胃肠音增强,猪常磨牙。

2.神经症状 精神沉郁或兴奋,四肢叉开,步态不稳,重者四肢麻痹,卧地不起,昏迷。

3.循环机能障碍 心律不齐,脉搏不整,心跳减慢(30~50 次/min),血压降低。

**【诊断】**

根据采食闹羊花的病史及剧烈呕吐,运动失调等典型临床症状可以确诊。

**【防治】**

无特效疗法,以对症治疗为主。针对呕吐,可用硫酸阿托品注射液(1 mg/ mL),牛、马10~20 mL 和10%樟脑磺酸钠注射液15~20 mL,分别皮下注射,1 日 2 次,效果良好。重症可配合静注氯化钙和补液。

每天放牧前给羊灌服 5 g 活性炭,可有效预防。

### 5.4.3 毒芹中毒

毒芹是生长于低洼、潮湿草地、沼泽、湖泊、河流岸边的多年生草本植物(图5.3)。我国东北、西北、华北地区均匀分布。家畜毒芹中毒以兴奋不安、瘤胃臌气、全身痉挛为特征。早春季节放牧牛、羊多发。

**【病因及发病机理】**

毒芹在早春就开始发芽,放牧家畜不仅采食毒芹的幼苗,甚至连根拔起,整株吃掉,引起中毒。

毒芹的整株植物中均含有有毒成分毒芹素,干燥根

图5.3 毒芹

茎中含量更高。毒芹素是一种类脂质样物质的生物碱,在家畜体内吸收迅速并很快扩散到全身。一般会引起家畜急性中毒。吸收后首先作用于神经系统的延脑和脊髓,引起反射兴奋性增高;作用于脊髓,可引起强直性痉挛;作用于迷走中枢及血管运动中枢,引起心脏活动变化和呼吸障碍。

【症状】

牛、羊采食毒芹后2~3 h内即出现临床症状。兴奋不安,流涎,食欲废绝,反刍停止,瘤胃臌气,腹痛,腹泻。全身肌肉阵发性或强直性痉挛,痉挛发作时,病畜突然倒地,角弓反张,牙关紧闭,心跳加快,呼吸急促,体温升高,瞳孔散大。后期躺卧不动,反射消失,四肢末端冰冷,体温下降,脉搏细弱,终因呼吸中枢麻痹而死亡。

猪中毒时,呕吐,兴奋不安,全身抽搐,呼吸迫促,卧地不起呈麻痹状态。严重者多于1~2 d内死亡。

【病理变化】

胃肠黏膜重度充血、出血、肿胀,脑及脑膜充血。心内膜、心肌、肾实质、膀胱黏膜及皮下结缔组织均见有出血现象。血色暗,稀薄。

【诊断】

根据对放牧地区植被的调查结果、临床症状及剖检(胃内有未嚼碎的毒芹根茎或茎叶),进行综合诊断。

【治疗】

无特效疗法,一般只能采用对症治疗。

1.排除毒物  用0.5%的鞣酸溶液或5%活性炭反复洗胃。洗胃后,为了沉淀消化道内残存的毒素,防止吸收,可灌服碘剂(碘1 g,碘化钾2g,水1 500 mL),牛、马200~500 mL,羊、猪100~200 mL,间隔2~3 h,再灌服1次;也用豆浆或牛奶灌服。对严重中毒的早期病例,可采用瘤胃切开术,取出有毒内容物。

2.对症治疗  当兴奋、肌肉痉挛时,可静脉注射水合氯醛硫酸镁注射液(含8%水合氯醛、5%硫酸镁、0.9%氯化钠),牛、马100~200 mL,羊、猪20~40 mL。也可用氯丙嗪。对于其他症状,可用强心剂、葡萄糖、维生素C等药物来改善机体状态,提高抵抗力。

用食盐加白酒(牛:食盐100 g、白酒250 mL)灌服也可获得较好疗效。

### 5.4.4  蕨中毒

蕨中毒是动物采食了大量野生蕨后引起的中毒病。牛、羊及单胃动物均可发病,发病率和死亡率很高。

【病因】

蕨主要生长在山区阴湿地带,我国常见品种为蕨和毛蕨。放牧饲养或靠收割山野杂草饲养的牛、羊、马,经过冬季的枯草期后,早春时节,蕨类植物萌发并生长茂盛,家畜在放牧中采食草场上的鲜嫩蕨而导致中毒(图5.4)。

图5.4  蕨

**【发病机理】**

蕨中含有多种有毒成分,导致贫血、硫胺素缺乏、尿血等症状。

1.硫胺素酶　这是导致单胃动物中毒的主要原因。蕨中硫胺酶可使体内的硫胺素(维生素 $B_1$)大量分解破坏,导致硫胺素缺乏症,如马的"蹒跚症"。反刍动物的瘤胃细菌可合成硫胺素,一般采食蕨不会导致硫胺缺乏症,但绵羊大量采食蕨也能因体内硫胺素大量破坏而发生脑灰质软化症。

2.原蕨苷　实验证明,它可引起犊牛类似于牛蕨中毒的骨髓损害。因此,原蕨苷被认为是蕨中毒的主要毒素。

**【症状】**

1.牛　以发生再生障碍性贫血为特征。在出现症状前,常有较长的潜伏期(一般 2~8周)。临床表现为食欲减退或废绝,消瘦,精神沉郁,步态跟跄。病情恶化时体温突然升高,可达 42 ℃,胃肠音消失,粪干硬,呈暗褐色,后期粪稀软,呈糊状,混有血液和黏液。慢性中毒,因长期少量采食蕨引起,形成膀胱肿瘤,呈现地方性血尿症。犊牛表现为迟钝和倦息,鼻孔和口腔周围有黏液,咽喉部水肿,致使呼吸困难,有喘鸣音。

2.马　特征为共济失调,故称为"蕨蹒跚"。初期呈轻度共济失调,心率减慢并心律失常。随后出现典型的蹒跚症状,四肢运动不协调,前肢或后肢交叉,站立时四肢外展,低头拱背。严重时肌肉震颤,感觉过敏,最后出现阵发性惊厥和角弓反张。

3.绵羊　永久失明,瞳孔散大,眼睛无分泌物,对光反射微弱或消失,即"亮盲"。病羊经常抬头保持怀疑和警惕姿势。

**【诊断】**

根据有采食蕨的病史,出血性胃肠炎、血液学变化、血尿等,牛的急性蕨中毒不难作出诊断。凡在富蕨牧地放牧两年以上而出现不明原因血尿者首先应考虑慢性蕨中毒的可能性。

**【治疗】**

牛以促进骨髓造血机能为主。

1.骨髓刺激剂　DL-鲨肝醇对早期病例有一定效果。用法:把 1 g 鲨肝醇溶于 10 mL 橄榄油内,皮下注射,连续 5 d。

2.输血疗法　目前是最满意的治疗方法。根据牛体重可一次输入健康牛新鲜血液500~2 000 mL,隔 7 d 再输一次。在输血的同时配合使用 1% 硫酸鱼精蛋白(肝素拮抗剂),静脉注射,可促进凝血,减少渗出。

3.内服促反刍药物以刺激食欲。

马主要是应用硫胺素(维生素 $B_1$)5 mg/kg 体重,静脉或肌内注射,2 次/d,连用 4 d,同时配合对症治疗。

**【预防】**

(1)加强饲养管理,减少接触蕨的机会,是预防蕨中毒的重要措施。如放牧前补饲,避免到蕨类植物茂密区放牧(特别是在春季蕨叶萌发时期),缩短放牧时间,去除混入饲草中的蕨叶等。

(2)用化学除草剂防除蕨类植物,用黄草灵较为理想,因其使用安全、稳定、经济、高效及高选择性而成为那些以蕨为主而某些有价值牧草需保留地区的首选除草剂。

# 任务 5.5　农药化肥中毒

1.会诊断有机磷中毒、尿素中毒。

2.能快速诊断农药化肥中毒并能及时给予急救。

## 5.5.1　有机磷中毒

有机磷农药是农业生产中常用的杀虫剂。但使用和保管不当易导致动物中毒,以神经机能紊乱为特征,且发病快、死亡率高。

**【病因】**

有机磷种类很多,常用的有对硫磷、内吸磷(1059)、甲胺磷、甲拌磷(3911)、敌敌畏、乐果、敌百虫、马拉硫磷等。

(1)采食、误食或偷食施过农药不久的农作物、牧草、蔬菜或拌过农药的种子。

(2)使用敌百虫来驱除家畜体内外寄生虫,若用量过大或舔食体表的药物而发生中毒。

(3)饮水或饲料被农药污染。

(4)误食农药或人为投毒。

**【发病机理】**

有机磷农药一般难溶于水,易溶于有机溶剂(乐果和敌百虫除外)。有机磷多通过消化道进入机体,也可经呼吸道、皮肤和黏膜等进入。

有机磷主要是抑制胆碱酯酶的活性。正常情况下,胆碱酯酶的作用是分解胆碱能神经末梢释放的乙酰胆碱。当胆碱酯酶和有机磷结合形成复合物后,不能正常分解乙酰胆碱,导致体内大量乙酰胆碱蓄积,引起神经传导功能紊乱,出现胆碱能神经的过度兴奋现象。

**【症状】**

胆碱能神经兴奋主要有以下表现:

毒蕈碱样作用(M样作用):主要表现为流涎,腹泻、呕吐,腹痛,痉挛,多汗,尿失禁,瞳孔缩小,可视黏膜苍白,呼吸困难,支气管分泌增加,肺水肿等。

烟碱样作用(N样作用):肌肉震颤,常出现躯体及四肢僵硬。骨骼肌无力和麻痹。

中枢神经系统症状:脑内乙酰胆碱升高可导致兴奋不安,体温升高,抽搐,严重时呈现昏迷。

不同动物有机磷中毒的症状也不尽相同。

牛:主要以毒蕈碱样症状为主,表现不安,流涎,拉稀,肌肉痉挛,瞳孔缩小,磨牙,呻吟。呼吸困难,心跳加快。

猪:以烟碱样症状明显,如肌肉发抖,眼球震颤,流涎。

【诊断】

根据流涎、瞳孔缩小、肌纤维震颤、呼吸困难等症状进行诊断,并结合病畜有机磷农药接触史,必要时进行实验室检测,如用 B.T.B(溴麝香草酚蓝)试纸进行测定。

【治疗】

1.促进毒物排出  若经消化道中毒,必须彻底洗胃。洗胃液一般用 30~38 ℃温水。中毒在 2 h 以内的猪、犬,可以催吐。为了阻止毒物继续吸收,可灌服活性炭。缓泻严禁用油类泻剂。

因外用敌百虫等制剂过量所致的中毒,应充分水洗用药部位(勿用碱性药剂),以免毒性增强,同时尽快用药物救治。

2.解毒  最理想的是阿托品与胆碱酯酶复活剂合用。轻度中毒可单独使用阿托品。

(1)阿托品。为乙酰胆碱的生理拮抗剂,可迅速缓解毒蕈碱样症状和对抗呼吸中枢抑制,而对烟碱样症状和恢复胆碱酯酶活力无作用。通常阿托品的治疗剂量为:牛、马 10~50 mg,猪、羊 5~10 mg。可根据病情每 10~30 min 或 1~2 d 给药 1 次,直到毒蕈碱样症状明显好转,即患畜出现"阿托品化"(即轻度骚动不安,瞳孔散大,停止流涎、黏膜潮红,心率加快)表现为止,这时应减少阿托品剂量或停用。如出现瞳孔扩大、狂躁不安、抽搐、昏迷和尿潴留等,说明阿托品中毒,应停用阿托品。

(2)胆碱酯酶复活剂。应早期足量应用。对中毒时间超过 72 h 者效果不佳。

解磷定:药效快,持续时间短,仅 1.5~2 h。对内吸磷、对硫磷、甲基内吸磷等大部分有机磷中毒有效,但对敌百虫、乐果、敌敌畏、马拉硫磷等作用较差。

氯磷定:副作用小于解磷定,对乐果效果较差。

双复磷:对有机磷中毒引起的烟碱样、毒蕈样及中枢神经系统症状均有效。

3.对症治疗  有机磷中毒的死因主要是肺水肿、呼吸肌麻痹或呼吸中枢衰竭。因此对症治疗应以维持正常呼吸功能为重点,例如保持呼吸道通畅,输氧或应用人工呼吸器。控制肺水肿用阿托品或盐酸山莨菪碱。

### 5.5.2 有机氟中毒

有机氟化物主要有氟乙酰胺、氟乙酸钠、敌蚜螨、甘氟等农药,用于杀虫或灭鼠。犬、猫对其非常敏感,其次是牛、绵羊、猪等。

【病因】

犬、猫、猪等常因吃了被有机氟毒死的鼠尸、鸟尸,家禽啄食被毒杀的昆虫、污染的谷物、饲料后引起中毒,这是由于有机氟在体内代谢、分解和排泄较慢,再被其他动物采食后引起所谓"二次中毒"。

【致病机理】

氟乙酰胺在体内脱胺形成氟乙酸,氟乙酸进入组织细胞中,经乙酰辅酶 A 活化并在缩合酶的作用下,代替乙酰辅酶 A 与草酰乙酸缩合,生成氟柠檬酸。氟柠檬酸的结构同柠檬酸相似,与柠檬酸竞争顺乌头酸酶而使其活性受抑制,三羧酸循环减慢以至中断,柠檬酸不能转化为异柠檬酸,组织和血液内的柠檬酸蓄积而 ATP 生成不足,破坏了组织细胞的正常功能。这一毒性在能量代谢需求旺盛的心和脑组织出现得最快、最严重,从而出现痉挛、抽搐等神经症状。

【症状】

犬、猫有机氟中毒后神经症状突出。摄入氟乙酰胺后 30 min 左右出现症状,吞食鼠尸 4～10 h 后发作。主要表现为兴奋、狂奔、嚎叫、心动过速、心律不齐、呼吸困难,可在数分钟至几小时内因循环和呼吸衰竭而死。

牛、羊以心力衰竭为特征。全身无力,不愿走动,反刍停止,磨牙、呻吟,不排粪,心律失常,步态蹒跚,因脑缺氧,可发生阵发性痉挛,病程 2～3 d,因心脏和呼吸衰竭死亡。急性病例常突然倒地、抽搐或角弓反张而死亡。

猪表现为兴奋不安,狂奔,口吐白沫,痉挛,倒地抽搐,数小时内死亡。

【诊断】

依据病史、神经兴奋和心律失常为主的临床症状,可作出初步诊断。临床可用治疗性诊断,注入解氟灵后观察效果,症状缓解或消失证明诊断准确。

【治疗】

(1)犬、猫用硫酸铜催吐或用 0.02%高锰酸钾洗胃,然后灌服鸡蛋清。

(2)特效解毒药:解氟灵(50%乙酰胺),剂量为每日 0.1～0.3 g/kg 体重,以 0.5%普鲁卡因液稀释,分 2～4 次肌内注射,首次注射为日量的一半,连续用药 3～7 d。也可用乙二醇乙酸酯 50～100 mL,溶于适量水中灌服。还可用每千克体重 5%酒精 2 mL、5%醋酸 2 mL,内服。

(3)强心补液、镇静、兴奋呼吸中枢:5%葡萄糖、10%葡萄糖酸钙、维生素 C 一次静脉注射。犬、猫可加辅酶 A、三磷酸腺苷(ATP)等辅助治疗。

### 5.5.3　灭鼠药中毒

灭鼠药种类很多,目前常用的有安妥、磷化锌、敌鼠钠及有机磷、有机氟制剂等。畜禽可因误食毒饵、被鼠药污染的饲料或食入灭鼠药中毒的鼠尸而发生急性中毒。因此,凡毒鼠药物均应妥善保管,死毒鼠应及时收集深埋,以免引起家畜中毒。鼠药中毒多见于犬、猫、猪、禽。

【磷化锌中毒】

磷化锌为剧毒灭鼠药,灰色粉末,有显著蒜味,不溶于水。

磷化锌在胃酸的作用下,分解为剧毒的磷化氢,刺激胃肠黏膜,引起重度胃肠炎。动物表现剧烈呕吐和腹痛,腹泻,呕吐物和粪便带血、有蒜臭味,在黑暗处可见磷光,这是磷化锌中毒的特征之一。口腔及咽、喉黏膜可出现糜烂,进一步发展,可出现共济失调,呼吸困难,血尿,肌肉痉挛,最终虚脱死亡。病程多为 1～3 d。剖检特征为肺水肿、充血及胸腔有渗出液,胃内容物有蒜臭味。

治疗方案为:

(1)排除和破坏毒物。灌服 2%硫酸铜溶液,猪 20～50 mL,犬、猫 5～10 mL,既可催吐,也能与磷化锌结合,形成无毒的磷化铜。或用 0.1%高锰酸钾反复洗胃,直至洗出物无蒜臭味,然后内服硫酸钠缓泻,猪 50~100 g,犬、猫 10~20 g(配成 8%溶液),禁用油类泻剂。

(2)强心补液、保肝止渗。用 25%葡萄糖、10%氯化钙、10%安钠咖静脉注射。

(3)鸡中毒可迅速切开嗉囊,取出有毒内容物,效果较好。

(4)犬、猫中毒也可及时取白糖 50~100 g,加水灌服。

**【敌鼠钠中毒】**

敌鼠钠是抗凝血类灭鼠剂,无腐蚀性,作用迟缓。对人畜毒性低,是目前推广使用的常见毒鼠药之一。

敌鼠钠杀鼠和中毒的机理是抑制肝脏合成维生素 K 依赖凝血因子,影响凝血酶原合成和致凝血时间延长,直接损伤毛细血管,导致机体毛细血管广泛性出血。一般在中毒后 2~3 d 发病。呕吐、腹泻,不吃,便中带血和黏液。可视黏膜苍白,有出血斑点,有时排血尿,皮肤有紫斑。呼吸迫促时黏膜发绀,四肢末端发凉,后期口鼻出血,卧地挣扎,终因窒息死亡。剖检以全身严重出血为特点。

治疗方案为:

(1)急性中毒应尽快催吐、洗胃和导泻。用 0.1%高锰酸钾洗胃,再灌服 8%硫酸钠。

(2)维生素 $K_1$ 为敌鼠钠中毒的特效药物。肌内注射,每次用量:犬 5 mg/kg,猫 2.5~5 mg/kg,每日 2 次,连续 5~7 d。后改用维生素 $K_1$ 口服。同时用足量的维生素 C,溶于 5%葡萄糖液中静脉注射。

抗凝血灭鼠剂分为香豆素类(如杀鼠灵、溴敌隆、大隆等)和茚满二酮类(如敌鼠、敌鼠钠盐等),它们的中毒机理、中毒症状、急救治疗均与敌鼠钠相同。

**【安妥中毒】**

安妥(甲奈硫脲)毒性较磷化锌小,纯品为白色结晶,商品为灰色粉剂,常按 2%比例配成毒饵灭鼠。但犬、猫、猪较为敏感。各种动物的口服致死量为(每千克体重):猪 20~50 mg,犬 10~40 mg,猫 75~100 mg,家禽 2 500~5 000 mg。安妥可引起肺毛细血管通透性加大,导致肺水肿。

畜禽中毒的特征为严重呼吸困难。流涎呕吐,体温偏低,鼻孔流带血色的泡沫状液体,咳嗽,听诊肺部有明显湿啰音,心跳快,心音混浊。有明显神经症状,兴奋不安,怪声嚎叫,倒地后挣扎死亡。剖检以肺水肿为主。

治疗方案为:

(1)催吐或洗胃、缓泻。

(2)制止渗出,缓解肺水肿。10%葡萄糖酸钙静脉注射。也可用渗透性利尿剂如 50%葡萄糖溶液和甘露醇。

(3)皮下注射地塞米松、维生素 C 可减少气管分泌,增强抗休克作用。

## 5.5.4　尿素中毒

尿素是含氮 46%的中性高效化肥,除应用于农作物外,还是反刍动物蛋白质的补充饲料,如果补饲不当,常会引起中毒。临床特征是神经症状及呼吸困难。常见于牛、羊。

**【病因】**

当动物大量误食或补饲尿素量过大、补饲方法不当时易发生中毒。另外,当家畜喝入过量人尿也发生尿素中毒。

尿素可在反刍动物瘤胃中脲酶的作用下产生氨、氨甲酰胺等有毒物质。氨部分吸收进入肝脏解毒,另一部分在进入外周血中,当超过正常水平时出现中毒。外周血中氨直接作用于心血管系统,使毛细血管通透性增高,体液丧失,血液浓缩,损害心脏引起死亡。当瘤胃内容物的 pH 值在 8 左右时,脲酶最为活跃。

**【症状】**

牛采食尿素后 20~30 min 发病。开始出现不安,呻吟,反刍停止、臌气,肌肉震颤,步态不稳。继而反复发作痉挛,呼吸困难,口、鼻流出泡沫状液体,心搏动亢进。后期出汗,瞳孔散大,肛门松弛。急性中毒,病程 1~2 h 以内即窒息死亡。

羊中毒症状与牛类似,痉挛发作时,眼球震颤,呈角弓反张姿势。

**【诊断】**

结合病史(突然饲喂大量尿素或饮用含高浓度尿素的水)、症状(强直性痉挛、循环衰竭、呼吸困难等)和瘤胃内容物有氨臭味可作出诊断。

**【治疗】**

对瘤胃臌气严重的病例,应穿刺放气。早期灌服大量食醋或稀醋酸等弱酸,可抑制瘤胃中的脲酶活性,也可中和尿素分解产生的氨。成年牛 1%醋酸 1 L,白糖 0.5~1 kg,温水 1 L,混合灌服。

**【预防】**

加强肥料的保管,防止误用和动物误食。开始饲喂尿素时,尿素的喂量要逐渐增加,即要有 2~4 周的适应期。注意与其他饲料的配合比例,尿素的用量以不超过日粮总量的 1%为宜。而且在饲用混合日粮前,必须搅拌均匀。严禁把尿素溶在水中饲喂牛,喂尿素 1~2 h后再给饮水。用尿素的磷酸块供补饲用,比较安全。

# 任务 5.6　矿物质中毒

1.会诊断矿物质中毒病。

2.会预防各类矿物质中毒病。

## 5.6.1　铜中毒

铜中毒是动物摄入过量铜而发生的以腹痛、腹泻、肝功能异常和贫血为特征的中毒病。猪铜中毒临床发生较多。

**【病因】**

1.多因一次误食可溶性铜盐　如猪常因矿物质添加剂或饲料中铜含量过高中毒;也有用硫酸铜溶液内服给绵羊驱虫,因浓度和剂量较大造成中毒的。

2.环境污染或土壤中铜含量太高　长期用含铜较多的猪粪、鸡粪给牧草施肥,致牧草中铜含量较高;某些植物,如地三叶草、天芥菜等可引起肝脏对铜的亲和力增加,铜在肝内蓄积。这些因素常引起慢性中毒。

单胃动物对铜耐受性强,绵羊最易感,其次为牛。据报道,因长期用同一机器搅拌猪和绵羊饲料而引发绵羊慢性铜中毒。一般要求在仔猪生长日粮中以添加 125~200 mg/kg 最为适宜,猪对铜的耐受量为 250 mg/kg,大于 500 mg/kg 可致死亡。绵羊、犊牛摄入铜 20~100 mg/kg,成年牛 200~800 mg/kg,可引起急性中毒。

**【症状】**

急性铜中毒主要表现严重的胃肠炎,腹泻,粪及呕吐物中含绿色至蓝色黏液,心跳加快,惊厥,麻痹,1~2 d 内虚脱而死。病程稍长的,会出现黄疸和血红蛋白尿。

慢性铜中毒往往因长期蓄积引起,开始症状不明显,常突然出现溶血(因为当肝铜蓄积到一定程度后,才突然释放进入血液,血铜浓度迅速提高并进入红细胞和尿液),表现为精神差,虚弱,粪便稀而色黑,不吃,喝水多,尿红色或酱油色,可视黏膜苍白、黄染。妊娠母猪铜中毒常发生流产,多为木乃伊和黑死胎。

**【诊断】**

根据病史,结合腹痛、腹泻、贫血而作出初步诊断。结合饲料、饮水中铜含量测定可以确诊。简易诊断:取胃内容物或粪便,加氨水,检样由绿变蓝,说明可能有铜存在。

**【治疗】**

急性中毒可按 0.5 mg/kg 体重的三硫钼酸钠,稀释成 100 mL,缓慢静脉注射,可促进铜通过胆汁排入肠道。对慢性铜中毒按每日每只日粮中补充 100 mg 钼酸铵和 1 g 无水硫酸钠,拌匀饲喂,连续数周。

**【预防】**

正确使用铜制剂,绝对不能盲目大量添加。此外,在饲料中适量添加铁和锌元素,使动物体内的铜、铁、锌三种元素保持相对平衡,可预防铜中毒。如在生长猪饲粮中锌为 130 mg/kg、铁为 150 mg/kg 时,可防止 250 mg/kg 饲料铜的毒性作用,并能显著促进仔猪生长及降低饲料消耗。

### 5.6.2　硒中毒

硒中毒是动物摄入过量的硒而发生的急性或慢性中毒病。急性中毒以腹痛、呼吸困难和运动失调为特征。慢性中毒以脱毛、蹄壳变形、蹄脱落为特征。各种动物均可发生。

**【病因】**

日粮中硒含量 5 mg/kg 即可出现明显的中毒现象,动物对硒的最大耐受量为 2 mg/kg。
(1)土壤含硒量过高,使当地植物中含硒量较高。我国只有两个富硒地区,一是湖北恩施州;二是陕西紫阳县部分地区。

（2）采食富含硒的植物,如黄芪、紫云英等。

（3）防治硒缺乏症时硒用量过大或在饲料添加时混合不匀造成中毒。据报道,有人为防羊拉稀自配亚硒酸钠溶液给羊注射,造成羊只大量死亡。

【症状】

1.急性中毒　运动失调,肌肉震颤,腹痛,胃肠臌气,心跳快,呼吸困难,鼻孔有泡沫,黏膜发绀,终因呼吸衰竭死亡。

2.亚急性　又称"蹒跚病"或"瞎撞病"。主要是家畜较长时间采食高硒植物或谷物而发生的中毒。初期视力下降,盲目游荡,不避障碍,食欲减退。进一步发展,视力更差,步态蹒跚,体温下降,喉、舌麻痹,吞咽障碍。终因呼吸衰竭死亡。中毒动物数周至数月不表现症状,一旦症状出现则于数日内死亡。

3.慢性中毒　又称"碱病",主要发生于采食天然富硒饲草或饲料,见于牛、羊、猪、马。表现跛行,蹄裂,关节僵硬,迟钝,贫血,脱毛。牛蹄变形,末端过长而向前卷起。

【诊断】

根据高硒地区放牧或采食高硒饲料的病史,以及视力减退、运动障碍、脱毛和蹄变形等症状可初步诊断。饲料及血液、被毛和组织硒含量分析是确诊的重要依据。

【防治】

无特效解毒药,可采取对症治疗和支持疗法。慢性中毒用0.1%亚砷酸钠溶液皮下注射,有一定效果。

预防本病的措施主要是控制日粮中硒的添加量。一定要根据机体需要,掌握在安全范围内,并混合均匀。在治疗硒缺乏症时,要严格掌握用量和浓度。在富硒地区,增加日粮中蛋白质含量可预防硒中毒。

### 5.6.3　镉中毒

镉中毒是动物长期摄入大量的镉而引起的生长发育缓慢、肝脏和肾脏机能障碍、贫血和骨骼损伤为特征的中毒病。主要发生在环境镉污染地区,常见于放牧的牛、羊和马。

【病因】

环境污染是造成镉中毒的主要原因。如江西赣南地区由于钨矿选矿的废水中含有镉,用其灌溉农田,导致土壤镉、稻草镉升高,同时由于钼污染,共同作用使水牛发生"红皮白毛症",猪和鸭也表现明显镉中毒病变。

镉影响机体对铁的吸收,由于造血原料缺乏而发生贫血。长期作用引起肝坏死。镉能引起动物睾丸损伤、坏死和精子畸形。镉能影响神经递质含量而对中枢神经系统造成损害。

【症状】

1.急性中毒　表现呕吐,腹痛、腹泻。严重者虚脱死亡。

2.慢性中毒　一般无特征性临床表现,各种动物表现不同。绵羊精神沉郁,毛粗乱无光,食欲下降,黏膜苍白,消瘦,走路摇摆,严重者下颌间隙及颈部水肿,血液稀薄。猪生长缓慢,皮肤及黏膜苍白,其他症状不明显。水牛钼镉中毒时,贫血,消瘦,皮肤发红。

繁殖功能障碍,公畜睾丸缩小,精子生成受损,母畜不孕或死胎。

【诊断】

根据贫血、消瘦等临床症状及本病发生在镉污染地区等可初步诊断。参考血液变化(血稀薄,红细胞数减少,红细胞变形和脆性增大)。土壤、牧草和动物体内镉含量的分析可作为诊断依据。

【防治】

解毒主要用乙二胺四乙酸钠钙或巯基络合剂(参考铅中毒)。

### 5.6.4　氟中毒

无机氟化物中毒简称氟中毒,是指动物摄入含无机氟化物过多的饲料或饮水或吸入含氟气体而引起的中毒病。临床上以慢性中毒多见。慢性氟中毒又称氟病,以骨、牙齿病变为特征,常呈地方性群发,主要见于犊牛、奶牛、羊。

【病因】

急性氟中毒可因动物一次食入大量氟化物中毒,慢性氟中毒是动物长期连续摄入少量氟而在体内蓄积造成的,具体原因有:

1.地方性高氟　如磷矿地区、温泉附近、干旱及荒漠地区,土壤及牧草、饮水含氟量较高,可达到中毒水平。

2.工业氟污染　利用含氟矿石作为原料或催化剂的工厂(磷肥厂、钢铁厂、氟化物厂等),排放含氟废气与粉尘污染周围空气、土壤、牧草及地表水,危害较大。

3.长期用未经脱氟处理的磷酸氢钙作畜禽的矿物质饲料,也可引起氟病。也有乳牛因饲喂大量过磷酸盐或用大量氟化钠给猪驱虫引起的急性无机氟中毒。

【发病机理】

氟是动物机体必需的微量元素之一,促进牙齿和骨骼的钙化。但摄入过量氟化物会损害骨骼和牙齿,呈现低血钙、氟斑牙和氟骨症等。

过量氟与血清钙结合,形成氟化钙,使骨盐的羟基磷灰石结晶变成更加坚硬且不易溶解的氟磷灰石结晶,骨质硬化。同时氟影响骨基质胶原,使骨盐沉积减少,骨质疏松,易于骨折。氟主要损害发育期的恒牙,损害牙釉质、牙本质及牙骨质。大量氟及其化合物若直接与呼吸道和皮肤接触,会产生强烈的刺激和腐蚀作用。

【症状】

1.急性中毒　多在食入过量氟化物半小时后出现临床症状。一般表现为厌食、流涎、呕吐、腹痛、腹泻,呼吸困难,肌肉震颤、阵发性强直痉挛,虚脱而死。

2.慢性中毒　主要变化在牙齿和骨骼。

(1)牙齿损伤是本病早期特点之一。切齿釉质失去光泽,有黄褐色条纹,即氟斑牙,并形成凹痕。臼齿磨损严重。

(2)骨变形。肋骨与肋软骨接合部形成大的骨赘,腕关节肿大,异常坚硬。颌骨显著肿大,形成所谓"河马头"。关节周围软组织发生硬化,关节僵硬,跛行。严重的病例脊柱和四肢僵硬,腰椎及骨盆变形,且随年龄的增长而病情加重。

（3）病畜异嗜,生长发育不良。

**【诊断】**

急性氟中毒常突然发生,可结合症状和病史综合分析。慢性中毒病畜有对称性斑釉齿,牙齿过度磨损,磨灭不齐;长期、逐渐严重的跛行,下颌骨、肋骨变粗变形,有骨赘等均具有诊断意义。氟斑是骨营养不良和氟中毒的主要鉴别依据。

**【防治】**

急性氟中毒可内服 30~50 g 硫酸铅,或 1%~2% 的氯化钙,以便形成难溶的氟化钙而排出体外,再静脉注射葡萄糖酸钙或氯化钙,降低神经的敏感性,并配合维生素 D、$B_1$、C 等治疗。慢性氟中毒一般用治疗骨营养不良的方法有一定的效果,补给钙剂,在饲料中添加骨粉。

本病的预防首先要停止摄入高氟牧草或饮水,移至安全牧区放牧是最经济有效的办法,并给予富含维生素的饲料及矿物质添加剂。修整牙齿。对补饲的磷酸盐应该脱氟。

# 任务 5.7  兽药及添加剂中毒

## 学 习 目 标

1. 会诊断和预防兽药及添加剂中毒病。
2. 能根据畜禽生产需求,合理使用兽药与添加剂,有效预防兽药及添加剂中毒病。

### 5.7.1  喹乙醇中毒

喹乙醇是一种畜禽专用的广谱抗菌药,少量应用可促进畜禽生长,提高饲料转化率。但畜禽中毒也常有发生,尤其是家禽和猪。

**【病因】**

防治疾病时,用药量过大,是造成本病的主要原因。

（1）当作饲料添加剂应用时计算不准确、混合不均。

（2）误将喹乙醇当成土霉素使用。

（3）重复用药。有的饲料和兽药（如复方禽菌灵）中含有喹乙醇,鸡发病再用喹乙醇治疗,即可发生中毒。

（4）随意加大剂量。喹乙醇在防治细菌性疾病时治疗量为 50 mg/kg 饲料,每天 1 次,连用 3 d。预防量为每千克饲料添加 25~35 mg,连用 5~7 d 后,如需要再用,则应先停药 3~5 d。盲目增大剂量或使用时间过长常引起中毒。

（5）用药方式错误。该药在水中几乎不溶,使喹乙醇饮水投药时,部分药物沉积水底导致部分鸡中毒。

**【症状及病理变化】**

1.鸡　厌食,大量喝水。冠及肉髯发绀,初期有白色水泡,1~2 d后,水泡破溃,冠髯呈青紫色,后期坏死、干枯。粪便先干后稀,呈酱油状。羽毛松乱,排黄绿色稀粪,行走摇晃或瘫卧,有时呈角弓反张等神经症状。蛋鸡产蛋量急剧下降,种蛋受精率、孵化率降低。剖检以全身出血为特征,血凝不良。

2.猪　皮肤充血,全身呈红色,耳根及背中线两侧出现黄豆大的水泡,水泡易破裂流出液体,最后结痂。

**【诊断】**

根据用药史、临床观察及剖检变化进行综合分析,容易作出诊断。用可疑剩余饲料喂少量健康鸡复制出相同病例,也是诊断手段之一。

**【治疗】**

目前无特效解毒药物。发生中毒后应立即停喂可疑饲料、饮水或药物,适当增加5%葡萄糖水和服用维生素C以促进肾的排泄和肝的解毒功能,有一定效果。同时在饲料中补充维生素K和复合维生素B,治疗效果更好。

**【预防】**

关键在于预防。应严格掌握用药量和连续用药时间,鸡预防量为25~35 mg/kg饲料,治疗量为50~100 mg/kg饲料,超过125 mg/kg即可中毒。连续用药3 d后停用7 d,混合要均匀。对所用饲料及添加剂、药物等都应充分了解其成分,避免重复用药。产蛋鸡禁用。

### 5.7.2　磺胺类药物中毒

磺胺药种类多,抗菌谱广,性质稳定,价格低廉,在养禽生产中广泛使用,但使用不当可引起中毒。

**【病因】**

一次用量过大或长期服用治疗量的磺胺类药物,搅拌不匀,用药期间饮水少,可使动物出现中毒。例如磺胺二甲嘧啶按0.25%混料饲喂,能使鸡体重减轻,生长减慢。有些动物对磺胺类药物过敏。

磺胺类药物对各脏器均有毒性作用,能引起肝脏损害和造血机能障碍。损伤肾脏,致尿酸盐沉积。碱性尿液可促进磺胺类药的排泄。饮水多,尿量大则毒性反应小。

**【症状及病理变化】**

1.急性中毒　精神沉郁,冠、髯苍白,缩头,卧地。慢性中毒,产蛋鸡降蛋,产软壳蛋、薄壳蛋(影响碳酸盐的形成和分泌),棕色蛋壳褪色。影响肠道微生物对维生素K和维生素B族的合成,导致多发性神经炎和全身出血性变化。

2.剖检　全身广泛出血,常见于冠、肉垂,眼睑、面部及胸肌、腿肌。血液稀薄,凝固不良;骨髓颜色变淡或变黄。胃肠道黏膜点状出血,肝肿大、质脆且有出血点;肾肿大,色白,有出血斑,输尿管变粗并充满白色尿酸盐。

【诊断】

有不当使用磺胺类药物的病史;皮下出血和生长不良等症状;剖检广泛性出血和肾脏尿酸盐沉积。

【治疗】

(1)出现中毒时立即停药,给予充足饮水,其他抗菌、抗球虫药也要停用。

(2)在饮水中加入0.5%~1%碳酸氢钠、葡萄糖、维生素C等。碳酸氢钠可促进磺胺类药排泄,减轻对肾脏的损害,葡萄糖可提高机体的解毒能力。

(3)同时在饲料中增加维生素B和维生素K,减少出血,提高治愈率。

【预防】

临床使用磺胺类药物要注意剂量与疗程、配伍禁忌等。

(1)应掌握磺胺药的安全剂量,不可任意增大剂量。连续用药时间不超过5 d。1月龄内的雏鸡和产蛋鸡禁用。

(2)拌料或饮水时应搅拌均匀,使用水溶性药物(钠盐)混饮。

(3)磺胺类药及其代谢物遇酸性时易析出结晶造成肾损害,因此在使用时要注意配伍,不可与氯化铵、氯化钙等合用。为减少对肾脏的损害,可与碳酸氢钠合用,用药期间应充分供给饮水。

### 5.7.3　马杜霉素中毒

马杜霉素是离子载体类抗球虫药,用量极少,不易产生耐药性,在生产中广泛应用。但安全范围很小,家禽、兔中毒较多,常因使用不当引起中毒,以神经症状和运动障碍为特征。

【病因】

(1)加量、使用不当。马杜霉素推荐使用剂量为5 mg/kg,仅限用于肉鸡。据报道,用量达到7 mg/kg时鸡群即出现生长停滞或轻度中毒症状,达9 mg/kg时可引起明显中毒。因此,临床上不可随意加量使用。对于如此低的使用量,人工搅拌很难混匀,若饲料颗粒太大,更不易混匀。

(2)马杜霉素与泰妙菌素合用即使在常量下也可引起中毒,属配伍禁忌。

(3)重复应用　马杜霉素商品名很多,有粉剂和饮水剂。有些肉鸡饲料中已添加预防量的马杜霉素,养殖户在治疗球虫病时又用该药造成重复用药而中毒。

【症状及病理变化】

厌食是离子载体中毒最显著的特征。

1.鸡　急性中毒,表现厌食,腿无力,运动失调,呼吸困难和腹泻。排出黄色或绿色水样粪便,两腿后伸,脱水甚至死亡。慢性中毒主要是厌食,生长缓慢,有的出现腹水症,种鸡产蛋率和孵化率下降。剖检主要是广泛性充血、出血。肝肿大,胆囊充盈。心包积液。

2.兔　发病急,死亡快。最急性者突然兴奋乱窜,随即尖叫几声后死亡,死亡率可达95%以上。慢性者出现减食、拉稀、伏卧、昏睡、运动失调等。

**【诊断】**

根据应用马杜霉素过量的病史、神经症状和运动障碍等诊断。注意与食盐中毒、新城疫、禽脑脊髓炎等区别。

**【治疗】**

无特效解毒药。采用 5% 葡萄糖、维生素 C,电解多维或口服补液盐饮水,站不起来的可灌服,并及时补充复合维生素和亚硒酸钠-维生素 E,可使病情得到一定控制。

**【预防】**

防治球虫时应特别注意:饲料一定要混合均匀;注意使用的饲料中是否添加马杜霉素;不可随意加量,控制总含量不超过 6 mg/kg;有些药物虽商品名不同,但成分相同,应注意其有效成分,防止因同时使用同类药物剂量过量而引起中毒,造成不必要的经济损失。禁用于兔。

### 5.7.4　饲料添加剂应用不当的问题

合理使用添加剂可改善饲料品质、降低饲养成本、促进生长、充分发挥动物的遗传性能,带来更好的经济效益。但贮存和使用不当也会出现生长发育停滞、产量下降等异常现象,有的还发生中毒死亡。

**【维生素添加剂】**

长期摄入过量脂溶性维生素,吸收后的脂溶性维生素多贮存在肝脏中,会对机体产生毒害作用,而水溶性维生素不易中毒。

1.维生素 A 中毒　维生素 A 从机体内排泄的速率较慢,长期超量或一次大量摄入均可引起畜禽中毒。猪常表现为被毛粗糙,鳞状皮肤,腹部和腿部周围皮肤的裂纹处出血,血尿、便中带血,过度兴奋,对触摸敏感,运动障碍,周期性震颤甚至死亡。雏鸡表现出精神沉郁,采食量下降,骨骼变形。妊娠母畜中毒,造成早期流产,后期胎儿畸形。瘤胃微生物可大量破坏维生素 A,因此反刍动物对于摄入大量维生素 A 的耐受力高于单胃动物。

2.维生素 D 中毒　维生素 D 在体内转化后可促进骨骼钙化和增加肠道钙的吸收。但摄入过多可使机体钙代谢紊乱,引起血钙升高,软组织广泛性钙化。各种畜禽均可中毒,猫最敏感。表现厌食、饮水多、多尿、乏力、关节疼痛及运动障碍,骨骼脆性增加,易骨折。过量的维生素 D 引起血钙过高使多余的钙沉积在心脏、血管、关节、心包或肠壁,并导致心力衰竭,关节强直或肠道疾患,甚至死亡。

**【微量元素添加剂】**

微量元素在饲料中含量甚少,但也为生命所必需,常用的有铁、铜、锰、碘、钴、硒和钼等,主要是以硫酸盐或碳酸盐的形式添加于饲料中。但某种元素量不够或过多,都会导致动物代谢紊乱而表现出与之相关的微量元素缺乏症或中毒症。比如当仔猪内服铁高于 15 mg/kg 时,可造成中毒;饲料中铁含量 500 mg/kg 时,可引起仔猪发育迟缓及佝偻病。畜牧生产中猪的铜中毒多发。中毒的原因多是随意添加,将一种添加剂同时饲喂多种畜禽,微量元素添加剂含量过量或畜主计算剂量失误,混合不均等。

**【抗生素添加剂】**

饲料中添加适量的抗生素可促进生长,预防畜禽疾病。同时,一些负面效应也暴露了出来:长期使用抗生素导致细菌产生抗药性,造成畜禽机体免疫力下降;机体内菌群失调;在肉、蛋、奶中造成残留;畜禽中毒时有发生。因此,为了减少抗生素饲料添加剂对人畜的危害,必须按照规定标准正确使用。目前,一些无残留、促生长的抗生素替代品不断被开发出来,如益生素(活菌制剂)、低聚糖、酶制剂、大蒜素、中草药等。

**【其他饲料添加剂】**

合成抗菌药物添加剂,比如喹乙醇、磺胺类、有机砷类、呋喃类等。喹乙醇和磺胺类药物中毒常发生于猪与禽。

抗球虫药物添加剂如马杜霉素,因用量少、治疗量与中毒量很接近,发生禽类中毒较多。

**【饲料添加剂的正确使用】**

饲料添加剂中毒具有发病率高、危害面积大、死亡率高等特点。防止添加剂中毒的措施有:严格控制用量;要与饲料混匀饲喂,可先将添加剂加到少量的饲料(如玉米粉、稻谷粉、麸皮等)中混拌均匀,然后将其逐级加入其他饲料中搅拌均匀即可;根据每种动物的日龄、体重、发育阶段、健康状况、环境条件(水土中微量元素含量)等合理添喂,切勿滥用。例如生长促进剂多用于幼畜,抗生素用于卫生条件差的饲养环境。添加剂宜保存于干燥、阴凉、避光的环境。维生素添加剂更应该避免高温和暴晒,以免失去活性造成营养代谢性疾病。

# 项目6 其他内科病

## 项目导读

通过本项目的学习,会预防应激性疾病和皮肤病,减少疾病发生。

## 任务 6.1 应激性疾病

### 学习目标

◇会诊断急性应激综合征、应变性胃肠溃疡、肉鸡猝死或腹水综合征。

◇会预防急性应激综合征、应变性胃肠溃疡、肉鸡猝死或腹水综合征,能根据畜禽生产需要,加强饲养管理,减少发病。

### 6.1.1 急性应激综合征

急性应激综合征是指动物在应激原作用下,很短时间内出现的一系列应答性反应。本病除常发生于猪,肉鸡、蛋鸡、蛋鸭外,还可发生于犬、马、猫、鹿、牛和其他野生动物。在同种动物之间,存在明显的品种差异。

【病因】

动物的急性应激综合征与遗传因素和应激原共同作用有关。引起动物应激反应的应激原包括以下诸多因素。

1.饲养管理因素　断奶、拥挤、过热、过冷、运输、驱赶、斗架、混群、母子分离、去势、免疫注射、去角、抓捕、声音、灯光、电击等。

2.化学药品　氟烷、甲氧氟烷、氯仿、安氟醚、琥珀酸胆碱等,作为应激原或单独或合并应用,可导致应激的产生。

3.营养因素　饲料中的营养,特别是微营养(维生素、微量元素)的不足或缺乏是导致应激发生原因之一。

4.遗传因素　猪的应激基因是一种常染色体隐性遗传基因,具有明显的种属之间的差异。易发生急性应激综合征的猪的品种有皮特兰、丹麦长白猪、波中猪。艾维因肉鸡是公认应激敏感品种之一。

【发病机理】

关于急性应激综合征的发病机理,目前有两种学说来解释,即神经内分泌学说和自由基学说。

1.神经内分泌学说　本学说认为,动物在应激原作用下,经过大脑皮层整合,交感-肾上腺髓质轴和垂体-肾上腺皮质轴兴奋,垂体-性腺轴、垂体-甲状腺轴等发生改变,引起应激激素变化,继而出现一系列效应,导致应激综合征的发生。

2.自由基学说　在动物体内与疾病有关的氧自由基有:羟基自由基,超氧阴离子。在生理情况下,自由基在体内不断产生,体内借助酶清除系统,但在应激时,自由基代谢可发生紊乱,自由基产生增加,其清除能力减弱,结果使自由基过剩,活性氧增多,因而引起脂质过氧化(使多链不饱和脂肪酸分子过氧化),生成脂质过氧化物、乙烷等。

【症状】

由于动物种类不同,临床症状也不尽一致,现分别叙述如下。

1.猪　初期表现尾、四肢及背部肌肉轻微震颤,很快发展为强直性痉挛,运步困难。由于外周血管收缩,皮肤出现苍白、红斑及发绀。呼吸困难,甚至张口呼吸,口吐白沫,体温升高。后出现昏迷、休克、死亡。

2.禽　在肉鸡中最为敏感,常可因抓捕、声音、灯光等发生应激。应激鸡可出现呼吸困难,循环衰竭,皮肤及可视黏膜发绀,急性休克死亡。蛋鸡少有死亡,但可出现明显产蛋率下降或停止,免疫力低下,易继发各种疾病。产蛋鸭因抓捕运输或转场,可于第3天完全停止产蛋,并持续1个月以上。

3.牛、羊　急性应激可出现拉稀、腹泻,瘤胃轻度臌气,采食减少,反刍减少或停止,抗病力降低,极易继发其他疾病,泌乳牛(羊)产奶量急剧下降。

4.犬　最常见的症状为呕吐、腹泻、体温升高、厌食,幼龄犬病程一般为3~5 d,如不及时治疗死亡率一般可达30%以上。

5.其他　鹿、斑马等动物为神经质类动物,常可由于细小的变化而发生强烈的应激反应,表现惊恐不安、冲撞、来回不停地奔跑,很快倒地,呈休克状,如不及时抢救则迅速死亡。

【诊断】

可以根据遭受应激病史,动物易感性,急性休克样症状以及肌肉震颤,体温快速升高,呼吸急促,心动过速,强直性痉挛等就可初步诊断。血液有关指标测定可以作为辅助。该病还要与高热环境中强迫运动所致的中暑或剧烈运动后引起的肌红蛋白尿相区别。

【治疗】

对于应激敏感动物,预防的作用远远大于治疗。

(1)消除应激原,注射镇静剂,大剂量静脉补液,配合5%碳酸氢钠溶液纠正酸中毒。同时,可采取体表降温等措施,有条件的可输氧。

(2)天然的抗应激中草药具有安全无害、无抗药性、无残留、无毒副作用等特点。如刺五加等。

(3)日粮中添加抗应激药是消除或缓解应激的有效途径。如:安定止痛剂、安定剂、镇静剂。

【预防】

(1)适量添加微营养素(维生素 A、维生素 E、维生素 C,微量元素硒、铁),添加量因动物种类不同而异。

(2)预防短期应激,安定每千克体重 1~7 mg,盐酸苯海拉明、静松灵每千克体重 0.5~1 mg。

(3)对于已发生应激的动物除上述镇静药物外,还应注意补碱,对于已发生休克的病例,应补液、强心等对症处理。

(4)加强饲养管理,防止光污染、噪声污染和畜舍过热、过冷或拥挤。

(5)对于猪、鸡应加强品种选育,筛除致病基因,育种学家已成功培养出不带有应激敏感基因的皮特兰猪。

## 6.1.2  应变性胃肠溃疡

应变性胃肠溃疡主要发生于牛和猪,病畜往往无明显临床症状,多为亚临床型。但是,也有些病例,表现为胃肠运动功能异常、消化不良、腹部疼痛、便秘或下痢,甚至胃肠出血、排泄黑粪的综合征。其他动物也可发生,不多见。春、秋两季较为常见。

【病因】

本病与饲养管理有关。如更换饲料、免疫注射、中毒和感染,以及畜舍狭小、过于拥挤,误食有毒物质、劳役过度,或环境卫生不良,或受到异常的声、光、色的刺激和影响,从而引起本病的发生和发展。应激反应在本病的发生上,特别是对牛、猪和鸡的作用和危害,更是不可忽视。

【发病机理】

家畜应变性胃肠溃疡的发生及其病理演变过程,是由以上原因致使内源性前列腺素(PG)缺乏,其发生机理:

(1)胃酸分泌旺盛,超过胃、十二指肠黏膜所能耐受的水平。

(2)胃黏液分泌降低,十二指肠液反流减少,对胃酸中和以及胃黏膜保护作用减弱。

(3)胃排除异常,胃窦部食糜滞积、膨胀,促进胃泌素的分泌。

(4)胃及十二指肠壁血管痉挛收缩,循环血量减少,从而促进胃液中盐酸和蛋白酶消化黏膜组织作用,导致溃疡的发生和发展。

【症状】

应变性胃肠溃疡通常以消化性溃疡病为主,临床病症比较轻微,多与消化不良的临床症状互相掩映,不易区别。

病情较为急剧的病例,病畜表现呕吐、肚腹疼痛、排黑色粪便(血便),显示出胃肠溃疡病症。马呈现间歇性疝痛,便秘或下痢,粪便潜血反应呈阳性。牛营养不良,贫血,黄疸,慢性瘤胃鼓胀,便秘,排泄黑色粪便。猪的病症缓和或呈现亚临床症状,精神沉郁,体质虚弱,消化不良,有时吐血,或呕吐,磨牙,便秘,粪中含有血液时呈黑色。有的病例,不表现任何临床症状突然死亡。

【病理变化】

剖解病畜,病变常发生在胃和十二指肠的起始部,局部黏膜自体消化,形成溃疡。猪常在胃小弯和胃窦部有散在圆形溃疡或消化性溃疡黏膜血管被侵蚀,甚至形成穿孔和邻近器官粘连,牛多数在幽门窦和胃底部黏膜皱襞上形成溃疡。

【诊断】

本病呈现亚临床症状,往往不易确诊。出现重剧性病例,腹壁紧张,腹痛,粪便含血液,呈酱油色才易诊断。应注意与其他胃肠道出血性疾病进行鉴别。

【治疗】

本病以减少抗原性因素的刺激,抗菌消炎,调节胃肠机能为治疗原则。

首先清理胃肠,可用油类泻剂轻泻;然后采取健胃,助消化疗法,选用人工盐、食母生;保护黏膜溃疡不受胃酸、胃蛋白酶的侵蚀作用,可用合成硅酸铝、次硝酸铋;胃肠溃疡出血时,应用鞣酸蛋白、维生素 K 以及刚果红(茶红)等药物进行治疗。为了消除变应性反应,可选用苯海拉明,或扑尔敏等抗组胺药物,为了防止感染,可用抗生素或磺胺类药物。

【预防】

本病的预防,在于平时避免各种变应抗原性物质对机体的影响和刺激,引起变应性反应,防止本病的发生。

### 6.1.3　肉鸡猝死综合征

肉鸡猝死综合征又称肉鸡急死综合征或翻仰症,常发生在快速生长肉鸡群中食欲和体况最好的雄性个体。患鸡生前一般难以见到任何明显临床症状,常常在食槽附近突然翻到或仰卧,鸡翅扑打和两脚骚动几次后死去。

【病因】

本病病因复杂,发生可能与下列一些因素有关。

1.性别因素　多发生在雄性仔鸡,通常在一个肉鸡群中,雄性肉鸡猝死综合征病鸡占整个病鸡数的 50%~80%。

2.生长速度　生长快速的肉鸡,其发病率明显高于生长缓慢的肉鸡,但生长速度降低10% 时,对发病率似乎无多大影响,只有生长速度降低 40% 时,其发病率可几乎降低至零。

3.饲料因素　与日粮组成、形态、营养成分等有关。高营养浓度的日粮,饲喂粉状饲料或糊状饲料,低蛋白、低脂肪,维生素不平衡等对肉鸡猝死综合征发病率增加。

4.应激　饲养密度过大、噪声、抓扑以及其他的一些应激因素均可提高肉鸡猝死综合征的发病率。

5.光照　连续光照与限制光照的饲养相比较,前者显然提高肉鸡猝死综合征的发病率。其原因可能是持续光照使鸡群有最大限度的采食量,与鸡群生长很快有关。

【症状】

患鸡生前没有任何先兆症状。Newberry 等通过录像研究了死于肉鸡猝死综合征患鸡死亡前后 12 h 的异常行为,发现所有死于 SDS 的肉鸡都是突然发病,身体失去平衡,向前或向后跌倒,呈仰卧或俯卧,双翅剧烈扑动,肌肉痉挛,发出“嘎嘎”叫声。患鸡死后多数两脚朝天(80%),少数侧卧(15%)和俯卧(5%),腿和颈伸展。

**【病理变化】**

患鸡体格健壮,肌肉丰满,嗉囊和肠道内充满了食糜;心房扩张,内有血凝块,心室紧缩,质地坚硬;肝脏稍肿,色泽较淡,部分病鸡肝脏破裂;胆囊空虚或变小,胆汁少或无胆汁;肺充血水肿;腹膜和肠系膜上血管充血,静脉怒张。

**【诊断】**

对患鸡广泛的细菌学和病毒学检查均不能发现任何潜在的病原体;患鸡死后观察,可见其体况良好,多呈仰卧姿势;嗉囊和胃肠道内食糜充盈;胆囊变小或空虚;肺淤血和水肿;心房扩张,心室紧缩,后腔静脉淤血、扩张。

**【防治】**

肉鸡猝死综合征病因复杂,必须采取综合性防治措施才能有效控制该病的发生。对3~20 d龄肉仔鸡进行限制性的饲喂;在鸡舍内变持续光照为间隙光照;在日粮添加牛磺酸;提高日粮中蛋白质的水平;在饲料中以葵花油替代动物脂肪;在日粮中添加维生素A、维生素D、维生素E、维生素$B_1$和维生素$B_6$,尽可能减少应激因素;发现低钾血症患鸡后,可按0.6 g/只剂量的$KHCO_3$通过饮水投服,也可按每吨饲料搀入3.6 kg的$KHCO_3$后进行饲喂。在饲料中添加硒制剂和维生素E粉有一定的防治作用,用粉状饲料替代颗粒饲料可降低肉鸡猝死综合征的发病率。

### 6.1.4　肉鸡腹水综合征

肉鸡腹水综合征是危害快速生长幼龄肉鸡的以浆液性液体过多地积聚在腹腔,右心扩张肥大,肺部淤血水肿和肝脏病变为特征的非传染性疾病。

**【病因】**

引起腹水综合征的原因较为复杂,主要包括下述5个方面。

1.缺氧　由于冬季门窗关闭,通风不良,一氧化碳、二氧化碳、氨、尘埃等有害气体浓度增高,致使氧气减少,导致氧气吸入减少,在腹水症发生过程中也有同上的致病性。

2.遗传因素　主要与肉鸡的品种和年龄有关。肉鸡生长发育快,对能量的需要量高,携氧和运送营养物的红细胞比蛋鸡明显大,能量代谢增强,致使右心衰竭,血液回流受阻,血管通透性增强,引起腹水征。

3.饲养环境寒冷和管理不当　由于供热保温,通风降到最低程度,因而鸡舍内一氧化碳浓度增加,形成慢性缺氧,加之天气寒冷,肉鸡代谢增加,耗氧量多,随后可发生腹水征,且死亡率明显增加。

4.营养和中毒因素　某些营养元素缺乏或过盛等引起腹水征,如硒、维生素E或磷的缺乏;日粮或饮水中食盐含量过高,呋喃唑酮、莫能菌素过量都可诱发腹水征。有的毒物可使毛细血管的脆性和通透性加强,有的可破坏凝血因子或损伤骨髓造成贫血性缺氧。

5.疾病因素　应激、曲霉菌性肺炎、大肠杆菌、沙门氏杆菌等都可以引起呼吸系统、心脏、肝脏的疾病,从而继发腹水症。

**【症状】**

病鸡食欲减少,体重下降或突然死亡。最典型的临床症状是病鸡腹部膨大,腹部皮肤变薄发亮,用手触诊有波动感,病鸡不愿站立,以腹部着地,行动缓慢,似企鹅状运动,体温正常。羽毛粗乱,两翼下垂,生长滞缓,反应迟钝,呼吸困难和发绀。抓鸡时可突然抽搐死亡。用注射器可从腹腔抽出不同颜色的液体。

【病理变化】

腹腔中积有大量透明而淡黄色的液体,右心显著扩张,心肌柔软,壁变薄,心肌色淡,并带有白色条纹。肝脏肿大、柔软,肝静脉明显扩张,肝表面不平滑,常有一层灰白色或淡黄色胶冻样物质附着。肾脏肿大充血。肠道及黏膜淤血、肠壁增厚,腿肌淤血及皮下水肿。

【诊断】

根据病鸡腹部膨大,腹部皮肤变薄发亮和站立腹部着地,行走呈企鹅状等特征性临床症状,结合腹水、右心扩张、肝脏疾病及病史分析,可初步诊断。必要时可作血液检查,作出确诊。

【防治】

治疗原则是改善饲养,加强心、肺功能,减缓或终止腹水形成及对症治疗。

(1)在饲料中添加维生素 C、维生素 E、氯化胆碱(每吨饲料加 5%氯化胆碱 1 000 g),补硒和抗生素等对症治疗,能显著控制腹水症的发生和发展,对减少发病和死亡有一定的作用。

(2)选用双氢克尿噻,每日 4~5 mg,口服,每天 2 次,连用 3 d。

(3)在饲料中添加 125 mg/kg 脲酶抑制剂,并在低养条件下,在日粮中添加 1%的亚麻油,可降低腹水症的死亡率。

(4)改善孵化和饲养环境,合理搭配饲料按照肉鸡生长需要供给优质饲料,减少高油脂饲料,按营养要求适当添加食盐、磷和钙,不用发霉变质的饲料。

(5)合理使用药物和消毒剂,防止对心、肝和肺造成损害。

(6)控制大肠杆菌、沙门氏杆菌等传染性疾病的感染。

# 任务 6.2　湿疹

会湿疹诊断与治疗。

## 6.2.1　湿疹

湿疹是表皮和真皮上皮(乳头层)的过敏性炎症反应。临床上以患部皮肤发生红斑、丘疹、水疱、脓疱、糜烂、结痂及鳞屑等皮损,并伴有热、痛、痒症状为特征。各种家畜都能发生,一般多发生在春、夏季节。

【病因】

(1)外界因素。

①机械性刺激。主要是啃咬和昆虫的叮咬,挽具持续性的压迫和摩擦等。

②物理性刺激。污垢蓄积在被毛间等因素引起皮肤不洁,使皮肤受到刺激,或阴雨潮湿环境中,动物长期处于阴暗潮湿畜舍和畜床上,或烈日暴晒,时间长使皮肤的抵抗力降低,极易引起湿疹。

③化学性刺激。主要是强烈刺激药涂擦皮肤、浓碱性肥皂水洗刷局部等使用化学药品方法不当,都可引起湿疹。

(2)内在原因。摄取致敏性饲料、病灶感染、细菌毒素等使患畜皮肤发生变态反应引起湿疹。外界各种刺激因素,虽然是引起湿疹的重要因素,但是否发生湿疹,还决定于家畜的内部状况。

(3)由于动物营养失调、新陈代谢紊乱、慢性肾病、内分泌机能障碍等都可使皮肤抵抗力降低,导致湿疹发生。

【发病机理】

一般认为神经系统在湿疹的发生上起着重要作用。

皮肤经常受到外界不良因素的刺激,在变态反应的基础上,通过组胺等化合物的作用引起毛细血管扩张和渗透性增高。渗出液和组织液使生发层细胞之间的空隙逐渐增大。由于组织液被含类脂质的粒层所阻拦,生发层的上部产比较潮湿,细胞发生膨胀,而导致湿疹的发生。

【症状】

在临床上,一般可按病程和皮损表现分为急性、慢性两种。

1.急性湿疹　按病性及经过:红斑期(患部充血,可见大小不一的红斑),丘疹期(皮肤浆液性浸润,形成界限分明的粟粒到豌豆大小的隆起),水疱期(表皮下形成含有透明的浆液性水疱),脓疱期(化脓感染时,水疱变成小脓疱),糜烂期(水疱破裂后,露出鲜红色糜烂),结痂期(渗出物凝固干燥后,形成黄色或褐色痂皮)6个时期(图6.1),有时某一期占优势,而其他各期不明显,甚至某一期停止发展,病变部结痂或脱屑后痊愈。

2.慢性湿疹　病程与急性大致相同,其特点是病程较长,渗出物少,患部皮肤干燥增厚(图6.2),易于复发。

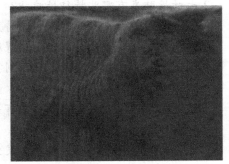

图6.1　牛皮肤出现黄色或褐色痂皮　　　　图6.2　皮肤干燥增厚,形成皱折

【诊断】

根据皮肤特异性变化和比较明显的临床症状,容易诊断。

注意与螨病、霉菌性皮炎、皮肤瘙痒症等区别:螨病是由于疥螨侵袭所致,痒感显著,病变部刮削物镜检有螨虫。霉菌性皮炎:除具有传染性外,易查出霉菌孢子。皮肤瘙痒症:皮肤虽瘙痒,但皮肤完整无损。皮炎:主要表现皮肤的红、肿、热、痛,多不瘙痒。

【治疗】

治疗原则是除去病因,消炎,脱敏。

1.除去病因　应保持皮肤清洁,干燥,厩舍要通风良好,使患畜适当运动,并给以一定时间的日光浴,防止强刺激性药物刺激,给以富有营养而易消化的饲料。一旦发病,应及时进行合理治疗。

2.消炎　红斑性、丘疹性湿疹,避免刺激,宜用等量混合的胡麻油和石灰水,涂于患部。

水疱性、脓疱性、糜烂性湿疹:先剪除患部被毛,用1%～2%鞣酸溶液,3%硼酸溶液洗涤患部,涂布将3%～5%龙胆紫,或2%硝酸银溶液,或撒布氧化锌滑石粉(1:1),碘仿鞣酸粉(1:9),以防腐、收敛和制止渗出。随着渗出的减少,可涂布氧化锌软膏或水杨酸氧化锌软膏(氧化锌软膏100 g、水杨酸4 g)等。炎症呈慢性经过时,涂布可的松软膏或碘仿鞣酸软膏(碘仿10 g、鞣酸5 g、凡士林100 g)。

此外,对全身出现的动物也可以应用10%氯化钙溶液,静脉注射(马、牛100～150 mL;猪、羊20～50 mL),隔日注射一次,连续应用。也可应用自家血疗法,内服或静脉注射维生素$B_1$,维生素C等。

3.脱敏　外用苯海拉明(马、牛0.1～0.5 g,猪、羊0.04～0.06 g),或用异丙嗪(马、牛0.25～0.5 g,猪、羊0.05～0.1 g),肌内注射,每日1～2次。宜配合普鲁卡因疗法。止痒,患畜出现剧痒不安时,可用1%～2%石炭酸酒精液涂擦患部止痒。

4.中药疗法　急性者应用寒水石、石膏、冰片、赤石脂、炉甘石各等份,共为细末,撒布患部或用水调涂。慢性者宜用雌黄50 g,白芨50 g,白敛50 g,龙骨50 g,大黄50 g,黄柏50 g共为细末,水调成糊,涂抹患部,隔日涂1次,连续3次奏效。

### 思考题

1.奶牛瘤胃鼓气的治疗方法有哪些?

2.大叶性肺炎有哪些特征性症状?

3.试述鉴别前胃疾病的临床不同特点?

4.如何区别胃肠卡他与胃肠炎?胃肠炎怎么治疗?

5.治疗支气管肺炎应遵循什么原则?大叶性肺炎、小叶性肺炎各有何治疗特点?

6.简述心力衰竭的发生原因。

7.试述尿结石的发生与哪些因素有关?常发生于哪些部位?

8.营养代谢病的常见病因有哪些?

9.奶牛为什么易发酮病?简述其发生机理和预防措施。

10.通过禽脂肪代谢的特点来叙述脂肪肝发生的机理。氯化胆碱和蛋氨酸用于脂肪肝的治疗,其机理是什么?

11.痛风发生的机制是什么?禽痛风在临床上有何表现?

12.佝偻病和骨软症在病因和症状上有何异同?如何防治?

13.奶牛产后血红蛋白尿发生的原因是什么?如何鉴别血红蛋白尿和血尿?

14.硒-维生素 E 缺乏的临床特征及病理变化有哪些？白肌病如何防治？

15.家禽为什么易发维生素缺乏症？常见缺乏症的临床特征是什么？

16.毛皮兽常发的营养代谢病有哪些？各有何临床表现？

17.引发鸡啄癖发生的因素有哪些？该如何预防啄癖发生？

18.影响家畜繁殖的营养因子及其代谢疾病有哪些？

19.哪些常见代谢病都可引起动物骨骼的病变？临床上如何鉴别诊断？

20.动物中毒后,一般采取哪些治疗措施？

21.排除体内的毒物可用哪些方法？如何合理选择这些方法？

22.亚硝酸盐中毒和氢氰酸中毒如何鉴别？分别应如何治疗？

23.食盐中毒有哪些特征临床症状？为什么食盐中毒后应限制饮水？

24.青杠树中毒早期诊断的依据有哪些？

25.有机磷农药中毒的临床特点有哪些？其毒理是什么？如何有效治疗？

26.常见霉菌毒素的致病机理分别是什么？引起动物什么临床表现？

27.如何预防霉菌毒素中毒病的发生？

28.动物无机氟中毒有哪些临床特征？与骨营养不良如何鉴别？

29.矿物质中毒常见有哪些？各有何临床特征？

30.如何合理使用饲料添加剂？

31.畜禽药物中毒的原因有哪些？

32.给牛、羊补饲尿素,应怎样饲喂才不会造成中毒？

# 模块2
## 外科疾病
WAIKE JIBING

# 项目7 损伤

**项目导读**

　　机体常见的损伤有创伤、挫伤、血肿和淋巴外渗等,在损伤的早期还应注意并发症休克,晚期并发症溃疡、瘘管和窦道。本项目对上述病症的病因、症状、治疗进行了阐述。掌握这些知识对指导临床有重要意义。

　　损伤是由各种不同外界因素作用于机体,引起机体组织器官在解剖上的破坏或生理上的紊乱,并伴有不同程度的局部或全身反应。

　　损伤按组织和器官的性质分为软组织损伤和硬组织损伤(关节和骨损伤、关节脱位和骨折)。按损伤的病因分为机械性损伤、物理性损伤、化学性损伤和生物性损伤。

## 任务7.1　开放性损伤

　　1.会诊断创伤,根据不同类型的创伤进行有效治疗。

　　2.能对新鲜创和化脓创合理处理,促进机体康复。

　　创伤是因锐性外力或强烈的钝性外力作用于机体组织或器官,使受伤部皮肤或黏膜出现伤口及深在组织与外界相通的机械性损伤。

　　创伤一般由创围、创缘、创壁、创底、创腔、创口等组成。当创腔呈管状时,可称创道;当创底浅在,露于空间的伤面称创面。创伤的主要临床症状:出血及组织液外流、创口裂开和创伤疼痛。创伤严重者,可出现较明显的机能障碍和全身反应。

**【创伤的种类及临床特征】**

　　按伤后经过的时间分类,可分为新鲜创和陈旧创;按创伤有无感染分类,可分为无菌创、污染创及感染创。

1.按致伤物的性状分类

①刺伤。由细长锐利的物体引起。创口小创道长而狭,适于厌气菌生长繁殖。如果致伤物折断并残留于创内时,容易形成久不愈合的瘘管。

②切创。因锐利的刀类、铁片、玻璃片等切割组织发生的损伤。切创的创缘及创壁比较平整,组织受挫灭轻微,出血量多,疼痛较轻,创口裂开明显,污染较少。一般经适当的外科处理和缝合,能迅速愈合。

③砍创。由劈砍类物体引起。创口裂开较大,疼痛明显,出血较少,挫灭组织较多,容易感染,愈合较慢。

④挫创。由暴钝力打击或跌撞于不平硬地上引起,创缘、创壁不整齐,组织挫灭和污染程度严重,极易感染,愈合缓慢。

⑤火器创。由火药武器投射物(枪弹、弹片)引起。创口小,创道深,损伤范围广,挫灭组织多,污染严重。

此外,还有裂创、压创、咬创、踢创、毒创等许多种,由于它们的症状和病性不同,临床上应予以区别,以便给予相应的治疗。

2.按伤后经过的时间分类

①新鲜创　伤后的时间较短,创内尚有血液流出或存有血凝块,且创内各部组织的轮廓仍能识别,有的虽被严重污染,但未出现创伤感染症状。

②陈旧创　伤后经过时间较长,创内各组织的轮廓不易识别,出现明显的创伤感染症状,有的排出脓汁,有的出现肉芽组织。

3.按创伤有无感染分类

①无菌创　通常将在无菌条件下所做的手术创称为无菌创。

②污染创　创伤被细菌和异物所污染,但进入创内的细菌仅与损伤组织发生机械性接触,并未侵入组织深部发育繁殖,也未呈现致病作用。污染较轻的创伤,经适当的外科处理后,可能取第一期愈合。污染严重的创伤,在未及时而彻底地进行外科处理时,常转为感染创。

③感染创　进入创内的致病菌大量发育繁殖,对机体呈现致病作用,使伤部组织出现明显的创伤感染症状,甚至引起机体的全身性反应。

【创伤愈合】

1.创伤愈合过程　创伤愈合分为第一期愈合、第二期愈合和痂皮下愈合。

①第一期愈合。创伤第一期愈合是最理想的愈合形式。其特点是创缘、创壁整齐,创口吻合,无肉眼可见的组织间隙,临床上炎症反应较轻微。创内无异物、坏死灶及血肿,组织仍有生活能力,失活组织较少,没有感染,具备这些条件的创伤可完成第一期愈合。无菌手术创绝大多数可达第一期愈合。新鲜污染创如能及时做清创术处理,也可以期待达到此期愈合。

第一期愈合的过程是从伤口出血停止时开始。在伤口内有少量血液、血浆、纤维蛋白及白细胞等将伤口黏合。这些黏合物质刺激创壁组织,毛细血管扩张充血,渗出浆液,白细胞等渐渐地侵入黏合的创腔缝隙内,进行吞噬、溶解,以清除创腔内的凝血及死亡组织,使创腔净化。经过 1~2 d 后,创内有结缔组织细胞及毛细血管内皮细胞分裂增殖,以新生的肉芽组织将创缘连接起来,同时创缘上皮细胞增生,逐渐覆盖创口。新生的肉芽组织逐渐转变为纤维性结缔组织。

②第二期愈合。第二期愈合的特征是伤口增生多量的肉芽组织,充填创腔,然后形成疤痕组织被覆上皮组织而治愈。一般当伤口大,伴有组织缺损,创缘及创壁不整,伤口内有血液凝块。细菌感染、异物、坏死组织以及由于炎性产物、代谢障碍,致使组织丧失第一期愈合能力时,要通过第二期愈合而治愈。临床上多数创伤病例取此期愈合。

取第二期愈合的创伤,在其愈合过程中受伤组织内表现一系列的形态、生物、物理、胶体化学等方面的复杂变化。此愈合过程,分为两个阶段,即炎性净化阶段和组织修复阶段。

炎性净化阶段:是通过炎性反应达到创伤的自家净化。临床上主要表现是创伤部发炎、肿胀、增温、疼痛,随后创内坏死组织液化,形成脓汁,从伤口流出。创伤净化过程的特点,各种动物不尽相同。马和狗以浆液性渗出为主,液化过程完全,胶原膨胀明显,清除坏死组织迅速,但易引起吸收中毒。牛、羊、猪以浆液——纤维素性渗出为主,液化过程较弱,是通过形成化脓性分离线使坏死组织脱离的,净化过程慢,但不易引起吸收性中毒。

组织修复阶段:修复核心是肉芽组织的新生。它是由新生的成纤维细胞和毛细血管构成的,还有许多不定的中性粒细胞、巨噬细胞及其他炎性细胞,参与肉芽组织的新生。肉芽组织成熟过程,在伤后 5~6 d,增生的成纤维细胞开始产生胶原纤维,胞体变长,胞核变小变长。到 2 周左右胶原纤维形成最旺盛,以后逐渐变慢。此时成纤维细胞转化为长梭形的纤维细胞。与此同时,肉芽组织中大量毛细血管闭合、退化、消失,只留下部分毛细血管及细小的动脉和静脉营养该处。至此肉芽组织逐渐成熟为纤维织疤痕。

在肉芽组织开始生长的同时,创缘的上皮组织增殖,由周围向中心逐渐生长新生的上皮,当肉芽组织增生高达皮肤面时,新生的上皮再生完成,覆盖创面而愈合。当创面较大,由创缘生长的上皮不足以覆盖整个创面时,则以上述的疤痕形成、取代而告终。如此可能引起伤部的损伤和功能障碍。愈合的疤痕组织无毛囊、汗腺和皮脂腺。损伤部位有一定的功能障碍。

③痂皮下愈合。痂皮下愈合是表皮损伤,伤面浅在并有少量出血,以后血液及渗出液逐渐干燥而结成痂皮,覆盖在伤的表面,具有保护作用,痂皮下损伤的边缘再生表皮而治愈。若感染细菌时,于痂皮下化脓取第二期愈合。

2.影响创伤愈合的因素 创伤愈合的速度常受因素包括外界条件、人为和机体方面。创伤诊疗时,应尽力消除妨碍创伤愈合的因素,创造有利于愈合的良好条件。

①创伤感染。创伤感染化脓是延迟创伤愈合的主要因素,由于病原微生物的致病因素使伤部组织遭受更大的破坏,同时炎性产物降低机体抵抗力,影响创伤的修复过程,延长愈合时间。

②创内存有异物或坏死组织。当创伤深部存留异物或坏死组织时,炎性净化过程长,不会停止,创伤愈合慢,甚至继续化脓,形成化脓性窦道。

③受伤部血液循环障碍。受伤部血液循环不良,既影响炎性净化过程的顺利进行,又影响肉芽组织的生长,从而延长创伤愈合时间。

④受伤部制动不合理。受伤部经常进行活动,容易引起继发损伤,并破坏新生肉芽组织的健康,影响创伤的愈合。

⑤处理创伤不合理。如止血不彻底,施行清创术过晚和不彻底,引流不畅,不合理的缝

合与包扎,频繁地检查创伤和不必要地换绷带以及不遵守无菌规则、不合理地使用药剂等,都会延长创伤的愈合时间。

⑥机体维生素缺乏。维生素 A 缺乏时,上皮细胞的再生作用迟缓,皮肤干燥及粗糙;维生素 B 缺乏时,能影响神经纤维的再生;维生素 C 缺乏时,由于细胞间质和胶原纤维的形成障碍,毛细血管的脆弱性增加,致使肉芽组织水肿、易出血;维生素 K 缺乏时,由于凝血酶原的浓度降低,致使血液凝固缓慢,影响创伤愈合时间。

【治疗】

创伤的治疗原则是抗休克,预防和治疗创伤感染,纠正水与电解质失衡,维持和提高受伤组织的再生能力,正确处理局部和全身的关系,加速伤口愈合。

1.新鲜创的治疗   新鲜创都伴有出血和有不同程度的污染,治疗注意止血和防止感染,尽早施行清创术,创造达到创伤第一期愈合条件。治疗时按以下步骤操作。

①止血。采用适当方法,尽早彻底止血,采用压迫止血、钳夹止血和结扎止血法进行。当创腔较大时,应填塞灭菌纱布块止血。如有较大血管大量出血,可进行结扎止血。

②创围清洁。止血后,用消毒纱布覆盖创口后,对创围剪毛;清洁、消毒。清理创腔,潜在性的无挫灭组织的小创伤,不必进行机械处理。组织损伤严重的创伤,修整创缘,扩大创口,消除创囊,暴露创底。

③清洗创腔。对污染严重的可用消毒液冲洗创腔,应用 0.1% ~ 0.2% 高锰酸钾溶液、0.1% ~ 0.5% 新洁尔灭溶液、3% 过氧化氢溶液或 0.1% 雷夫奴尔溶液等反复冲洗,直至洗干净为止。并用灭菌纱布吸净残留药液。

④应用药物。对外科处理彻底,创面整齐,便于缝合的创伤可不用药。创口污染严重的创伤,创经处理后,应用撒布抗生素、碘仿磺胺粉(1∶9)等抗感染的药物。

⑤缝合、包扎与引流。用药 2 ~ 3 d 后,缝合、包扎及引流,对创面整齐,处理彻底的新鲜创可密闭缝合,对污染严重并有发展成为感染危险的,或组织缺损较多,创腔较大的,可进行部分缝合,在创口下角留排液孔,并放置引流物;创口裂开过宽时在创口两端作若干个结节缝合,组织损伤严重或不便于缝合时可行开放疗法。

2.化脓创的治疗   化脓创同样要清洁创围。

①清洗创面。化脓初期呈酸性反应,应用碱性药液冲洗创腔,可应用生理盐水、2% 碳酸氢钠溶液、0.1% ~ 0.5% 新洁尔灭溶液等。若为厌气菌、绿脓杆菌、大肠杆菌感染,可用 0.1% ~ 0.2% 高锰酸钾溶液、2% ~ 4% 硼酸溶液或 2% 乳酸溶液等酸性药物冲洗创腔。

②处理创腔。按照具体情况进行扩创,消除创囊,排脓,除去异物,切除坏死组织,处理务求干净、彻底。

③应用药物。应选择能加速坏死组织液化脱落,促进创伤净化过程,具有抗菌和消炎作用,并能碱化创伤环境的药物,应用高渗溶液清洗创腔,常用药物有 8% ~ 10% 氯化钠溶液、10% ~ 20% 硫酸镁或硫酸钠溶液,以促进创伤的净化;肉芽创可应用 10% 磺胺鱼肝油、青霉素鱼肝油、磺胺软膏、青霉素软膏、金霉素软膏等药物以促进肉芽的生长。

④创伤灌注或创伤引流。创伤引流为随时排除创液和脓汁,并向创内导入上述药物,采用纱布条引流。

3.肉芽创的治疗   同样要清洁创围和创内。

①清理创面用生理盐水或弱防腐液清洗,而不用刺激性强或浓度大的药物,也不要刮除肉芽面上的黏性脓汁。应注意不必每日进行处置,可隔 1~2 d 进行处置,以保持创伤安静,促进肉芽生长。

②用药。宜用刺激小的软膏或流膏制剂,以保护肉芽和上皮的生长。如鱼肝油凡士林(1∶1)、碘仿鱼肝油(1∶9)、碘仿软膏等,对肉芽生长有利。赘生的肉芽组织可用硝酸银、硫酸铜等将其腐蚀掉。当赘生肉芽较大时,可在创面撒布高锰酸钾粉,用厚棉纱研磨,使其重新生长出健康的肉芽组织。

如果肉芽创面较大,可行皮肤矫形术或皮肤移植术,促进肉芽创的愈合。当创部形成肉芽面时,经必要的处理和修整后,撒布青霉素粉,进行密闭缝合或创缘创壁的阶段性缝合,以使创缘尽可能接近,可减少疤痕形成。

4.创伤的全身治疗　对局部化脓症状剧烈的病畜,除局部治疗外,都应及时采用抗生素疗法或磺胺疗法,连续 3~5 d。当大失血、营养不良或创伤愈合缓慢时,可考虑输血、补液、补给葡萄糖、维生素等。感染创处于急性炎症阶段,为预防和治疗中毒,提高机体抗病应激能力,减少毒物吸收大动物可静脉注射 10%氯化钙注射液 150~200 mL,5%碳酸氢钠注射液 300~500 mL。根据病情采取对症治疗。

# 任务 7.2　软组织的非开放性损伤

1.会诊断挫伤、血肿、淋巴外渗,并能鉴别诊断。
2.会对挫伤、血肿、淋巴外渗进行治疗。
3.能根据不同病情,合理治疗挫伤、血肿、淋巴外渗。

软组织的非开放性损伤是由于钝性外力的撞击、挤压、跌倒等而致软组织损伤,伤部的皮肤和黏膜保持完整。常见的有挫伤、血肿和淋巴外渗等,因伤情较为复杂,不能忽视。

## 7.2.1　挫伤

引起挫伤的原因可能有:被马踢、棍棒打击、车辆冲撞、跌倒等。发生在机体不同部位的严重挫伤,可能出现各种不同的并发症,如脑震荡、骨折、关节韧带撕裂和内脏破裂等。

【症状及诊断】

挫伤的一般症状为溢血、肿胀、疼痛和机能障碍。溢血使局部出现血斑、血液浸润甚至血肿,使皮肤变色。肿胀部增温、呈坚实感,如并发血肿,则有弹性感或波动感。肿胀的下部常有弥散样水肿,呈捏粉状。重度挫伤时,可出现一时性感觉丧失现象,不呈现疼痛。机能障碍的有无和严重程度取决于挫伤发生的部位和伤情。肌肉、神经、骨和关节挫伤时,影响运动机能;头部较重挫伤则引起意识障碍;鼻、喉、气管和胸部挫伤时,影响呼吸机能;腹部挫伤有时伴发腹壁疝或内出血,影响全身机能;腰荐部挫伤有时引起后躯瘫痪。

【治疗】

治疗原则是制止溢血、镇痛消炎、促进肿胀吸收、防止感染、加速组织的修复能力。病初可用冷却疗法,经过 2 d 后,当溢血停止时,改用温热疗法、红外线疗法、普鲁卡因封闭疗法,局部可涂用刺激剂,如樟脑酒精或 5%鱼石脂软膏等。局部涂抹用醋调制的复方醋酸铅散,对促进肿胀消退有良好效果。用中药山栀子粉,以黄酒调成糊状外敷有效。内服中药活血镇痛散更好。

及时治疗并发病和继发病。

### 7.2.2　血肿

血肿是在外力作用下,使较大血管破裂,溢出的血液分离周围组织,形成充满血液的腔洞。因钝性外力作用引起软组织非开放性损伤时形成血肿,但在骨折、刺创、火器伤时也能发生。

【症状及诊断】

血肿的临床特点是肿胀迅速增大,呈波动性或饱满有弹性。4~5 d 后肿胀周围呈坚实感,并有捻发音,中央有波动,局部增温。穿刺时,可排出血液。有时可见淋巴结肿大和体温升高等全身症状。血肿感染可形成脓肿,注意鉴别。

【治疗】

治疗原则是制止溢血、排除积血和防止感染。病初,可于患部装置绷带压迫止血,必要时,全身应用止血剂。经 4~5 d 后,可穿刺或切开血肿,排除积血,除去血凝块和坏死组织,如发现继续出血,可结扎已断裂的血管。清理创腔后、局部使用抗生素等,最后对创口可行部分缝合或开放疗法。

### 7.2.3　淋巴外渗

在钝性外力作用下,特别是斜方向的外力强力滑擦体表,致使淋巴管破裂,大量淋巴液积聚于组织内所引起的非开放性损伤称为淋巴外渗。如跌倒、冲压、墙壁门框的挤擦,马蹄搔爬,冲撞饲槽时易均易发生。

【症状及诊断】

淋巴外渗多发生于淋巴管丰富的皮下结缔组织内,如胸前、颈部、肩部、腹侧、臀部和股内侧。犬有时发生于腮腺部,须注意与腮腺炎相鉴别。淋巴外渗在临床上形成肿胀缓慢,一般于伤后 3~4 d 出现肿胀,并逐渐增大。肿胀界限明显,有波动感,皮肤不紧张,无热痛,炎症轻微。穿刺液橙黄色稍透明,有时其中混有少量血液。病程长者,肿胀有坚实感。

【治疗】

首先应除去病因,使动物安静,以利于淋巴管闭塞。较小的淋巴外渗可于波动明显处用注射器抽出淋巴液,然后注入 95%酒精或酒精福尔马林液( 95%酒精 100 mL,福尔马林

1 mL,碘酊数滴,混合),停留片刻,将其抽出,以期淋巴液凝固堵塞淋巴管断端,而达到制止淋巴液流出的目的。应用1次无效时,可行第2次注入。对较大的淋巴外渗,可行切开,排出积液及纤维素块,用酒精福尔马林液冲洗,并将浸有该药液的纱布填塞于腔内,作假缝合。当淋巴管完全闭塞后,再按创伤治疗。

治疗时应当注意,长时间的冷敷能使皮肤发生坏死;温热、刺激剂和按摩疗法,均可促进淋巴液流出和破坏已形成的淋巴栓塞,都不宜用。

# 任务 7.3　损伤并发症

1.会诊断休克、溃疡、窦道和瘘等疾病。

2.会治疗休克、溃疡、窦道和瘘等疾病。

3.能对发生休克的动物进行及时解救。

## 7.3.1　休克

休克不是一种独立的疾病,而是神经、内分泌、循环、代谢等发生严重障碍所表现的综合征候群。当严重创伤,重度感染,心血管疾病,大面积烧伤,药物过敏,异型输血和恶性肿瘤等疾病过程中,能引起弥散性微循环血管内凝血,使微循环血流受阻,引起微循环障碍,导致机体各组织器官缺氧,发生严重机能和代谢障碍。

休克主要临床表现为血压下降、心跳加快、脉搏细弱、可视黏膜苍白、皮肤发冷、尿量减少、反应迟钝甚至昏迷。

【原因及类型】

休克是由于创伤、中毒等多种原因引起的,按其发生原因可分为以下5类。

1.低血容量性休克　由于血液总量减少所致,多见于各种类型的大失血或大量丧失体液(呕吐、腹泻、大出汗、大面积烧伤等)时。

2.感染性休克　由于病原微生物感染所致。多见于某些细菌、病毒、霉菌等感染,如败血症、脓毒败血症、中毒性肺炎等。

3.过敏性休克　是由某些药物(如青霉素)或血清制剂(如破伤风抗毒素、免疫血清)等引起变态反应所致。

4.心源性休克　由心输出量减少所引起。多见于广泛性心肌炎、急性心肌梗死、急性心包积液或积血等,引起心脏收缩无力或舒张期充盈不足,使心输出量减少。

5.神经性休克　由于受到强烈疼痛刺激(严重外伤,骨折等)或脑脊髓发生损伤所致。

【症状及诊断】

休克的发生发展与微循环障碍密切相关,根据微循环变化,将休克分为3期。

1.微循环缺血期(代偿期) 微循环灌流量,决定于微循环灌流压及微循环血流阻力两个方面。当血液总量减少,心功能发生障碍时,使微循环血量减少,或者在过敏,感染及中枢神经发生损伤时,使血管容量增大,微循环灌流压降低,导致微循环灌流量减少,是休克发生的始动环节。

休克初期,机体呈现缺血、缺氧等损伤性病理变化,同时也使机体产生抗休克代偿适应反应,因此,临床主要表现为可视黏膜苍白、皮肤发冷、心跳加快加强、尿量减少,血压无明显变化。

2.微循环瘀血期(血管扩张期) 在上一期病理变化的基础上,如果致病因素不能消除,将使休克继续发展。在儿茶酚胺的继续作用下,上述器官(心、脑除外)缺血、缺氧越来越严重,无氧分解加强,使酸性代谢产物在局部蓄积增多,小动脉、微动脉、后微动脉、毛细血管前括约肌在酸性环境中对儿茶酚胺的敏感性降低而发生舒张,血液大量流入毛细血管网,而微静脉和小静脉对酸性环境有较大的耐受性,在酸性环境仍保持对儿茶酚胺的敏感性,仍处于收缩状态。因此,毛细血管后阻力增加,使微循环内血液灌流增多,流出减少,大量血液瘀积在微循环内,称为微循环瘀血期。

休克中期由于瘀血、缺氧和酸中毒,主要临床表现有可视黏膜发绀、皮温下降、心跳加快、心收缩力减弱、血压下降、静脉萎陷、少尿或无尿、精神沉郁甚至昏迷。

3.微循环凝血期(微循环衰竭期) 主要特点是在微循环内形成弥散性血管内凝血。

晚期由于微循环血管内广泛形成血栓,临床主要表现为血压明显下降,各器官机能障碍,伴有出血和微血管病性溶血性贫血,严重时导致死亡。

休克过程中微循环障碍 3 个时期的变化,是各种类型休克的一般规律,微循环灌流量不足是休克始动环节,可造成机体缺氧和酸中毒,进一步发展导致微循环瘀血和弥散性血管内凝血,反过来后者又进一步加重机体的缺血、缺氧,形成恶性循环造成组织细胞严重损伤,使全身各器官系统出现严重的病理变化。

【治疗】

休克治疗原则是除去病因;补充血容量;增强心功能,改善微循环;调节代谢障碍;加强饲养管理与护理。

1.消除病因 根据休克原因,采取相应的处置。如为出血性休克,关键是止血,在止血的同时也必须迅速地补充血容量。如为中毒性休克,要尽快消除感染原,对化脓灶、脓肿、蜂窝织炎要切开引流。

2.补充血容量 使用血容量扩充剂,如在贫血和失血病例,使用全血是必需的,不足的血容量根据需要补给血浆、右旋糖酐或生理盐水等。葡萄糖溶液在大量补充时,会导致血内低渗状态,使细胞水肿,故用量应加以限制。

3.改善心脏功能 根据休克的病因,结合休克的不同时期,选用强心药,糖皮质激素类药物等,以期改善心血管功能。

4.调节代谢障碍 轻度的酸中毒给予生理盐水,中度酸中毒则须用碱性药物,如碳酸氢钠、乳酸钠等,严重的酸中毒或肝受损伤时,不得使用乳酸钠。

5.加强饲养管理与看护 休克病畜要加强管理,指定专人护理,使家畜保持安静,要注意保温,但也不能过热,保持通风良好,给予充分饮水。输液时使液体保持同体温相同的温度。

### 7.3.2　溃疡

皮肤(或黏膜)上经久不愈合的病理性肉芽创称溃疡。溃疡与一般创口不同之点是愈合迟缓,上皮和瘢痕组织形成不良。

**【病因】**

溃疡创内有坏死组织、污染的缝线、弹片等异物;机械性、温热性及化学性等因素的多次反复刺激;患部血液供应不足或神经营养性障碍;营养不良、缺乏维生素或患肿瘤疾病;继发于慢性贫血、中毒、败血症、淋巴管症、鼻疽和坏死杆菌病等。

**【症状及诊断】**

临床上常见的有下述7种溃疡。

1.单纯性溃疡　多见于经久不愈的创伤。溃疡表面被覆有蔷薇红色、颗粒均匀的健康肉芽组织,但创缘上皮生长不良,呈淡红或淡紫色。溃疡周围肿胀,但疼痛轻微。

2.炎性溃疡　多见于局部感染,创内引流不畅时。溃疡面上肉芽组织呈鲜红色,有大量脓性分泌物。周围肿胀、触之有疼。炎症加剧时,肉芽易坏死,脓汁稀薄,溃疡面积扩大。

3.坏疽性溃疡　多见于冻伤、坏疽和坏死杆菌病时。特征是局部组织呈进行性坏死,溃疡面上被覆有软化污秽的组织分解产物,呈恶臭腐败液状,常伴有全身症状。

4.蕈状溃疡　多发生在四肢下部。特征是肉芽组织过度生长,呈蕈状增殖,蓝紫色,柔软易出血,表现不平,被覆黏液性或脓性分泌物。周围呈炎性浸润,上皮生长非常迟缓。

5.胼胝性溃疡　多因不合理使用强刺激性药剂引起。溃疡周围皮肤硬化,边缘呈软骨样硬度,肉芽苍白、表面平滑无颗粒,过早形成疤痕,缺乏上皮。

6.无力性溃疡　多因体机衰弱、缺乏维生素和局部血液循环障碍引起。肉芽生长无力,表面颗粒小呈灰白色,上皮生长停止。

7.神经营养性溃疡　多见于神经损伤时。溃疡愈合非常缓慢,可拖延一年至数年。肉芽苍白或发绀见不到颗粒,分泌大量污灰色黏液脓性分泌物。边缘菲薄,无上皮生长,无痛。

**【治疗】**

首先要除去病因,才能达到良好疗效。及时处理创伤、合理用药、补充维生素,加强饲养管理,可以减少本病的发生。选用鱼肝油、水杨酸软膏局部应用以刺激上皮生长,辅以普鲁卡因封闭疗法、红外线照射以刺激肉芽正常生长。

### 7.3.3　窦道

窦道是机体狭窄不易愈合的病理性管道,可发生于机体的任何部位,借助于管道使深在组织中的脓窦与体表相通,一般呈盲管状。窦道常为后天性的,多见于臀部、鬐甲部、颈部、股部、肩胛和前臂部等。

**【病因】**

1.异物　随致伤物体一同进入,或手术时遗忘物,如弹片、沙石、草秸、缝线、纱布和棉球等。

2.坏死性炎症　创伤深部存在有坏死组织,如腱及韧带坏死、骨坏死等。

3.化脓创　创伤深部蓄脓,不能顺利排出,或长期不正确的使用引流等,造成排脓困难。

【症状】

体表出现窦道口,不断流出多少不等的脓汁。当窦道口过小,位置又高,脓汁大量潴留留于窦道底部,常在运动时,因肌肉收缩压迫而排出较多脓汁。窦道口下方的被毛和皮肤上常附有干涸的脓痂。

新发生的窦道,管壁肉芽组织未形成瘢痕,窦道口常有肉芽组织赘生。久之窦道壁因肉芽组织瘢痕化而变得狭窄而光滑。

【诊断】

注意检查窦道口的状态、排脓的特点及脓汁的性状,还要对窦道的方向、浓度、有无异物等进行探诊。探诊时可用金属探针、硬质胶管,有时可用消毒过的手指进行。如发现异物,应进一步确定其存在部位、异物的性质、大小和形状、与周围组织的关系等。

【治疗】

主要是消除病因和病理性管壁,通畅引流以利愈合。

(1)对疖、脓肿、蜂窝织炎自溃或切开形成的窦道,可灌注 10%碘仿醚、3%双氧水等以减少脓汁的分泌和促进组织再生。

(2)当窦道内有异物、结扎线和组织坏死块时,最好行手术疗法:扩创后,切除窦道壁,清理窦内坏死组织,取出异物,之后按化脓创治疗。在手术前最好向窦道内注入除红、黄色以外的防腐液,使窦道管壁着色或向窦道内插入探针以利于手术的进行。

(3)当窦道口过小、管道弯曲,由于排脓困难而潴留脓汁时,可扩开窦道口,根据情况造反对孔或作辅助切口,导入引流物以利于脓汁的排出。

(4)窦道管壁有不良肉芽或形成瘢痕组织者,可用腐蚀剂腐蚀,或用锐匙刮净或用手术方法切除窦道。

(5)当窦道内无异物和坏死组织块,脓汁很少且窦道壁的肉芽组织比较良好时,可堵塞铋碘蜡泥膏(次硝酸铋 10.0;碘仿 20.0;石蜡 20.0)。

### 7.3.4　瘘

瘘和窦道一样,也是一种不易愈合的病理性管道,二者的共有特征是均有管口、管道、管壁,且管壁上附有上皮或肉芽组织,自管口不断排出分泌物或脓汁,长期不愈。窦道和瘘不同的地方是前者可发生在机体的任何部位,从体表至深层组织,为一端开口。而后者是两端开口,使体腔与体表或使空腔器官互相交通,是两边开口。

【病因】

先天性瘘是由于胚胎发育畸形所致,如脐瘘、直肠-阴道瘘等。后天性瘘较为多见,多因损伤腺体和有腔器官所致。如胃瘘、肠瘘、颊瘘、腮腺瘘及乳腺瘘等。

【分类及症状】

1.分泌性瘘　其特征是经瘘的管道分泌腺体器官的分泌物(如唾液、乳汁)。常见于腮腺部及乳房创伤之后。如腮腺瘘，当采食时，有大量唾液从瘘口流出，经久的病例，瘘口很小，呈漏斗状，长期不愈。

2.排泄性瘘　其特征是经瘘的管道向外流出空腔器官的内容物，如食物、尿液、食糜和粪水等。多由创伤、手术而引起。小肠瘘常因严重脱水引起动物死亡。

【治疗】

1.腮腺瘘等分泌性瘘　对小部分腺体或细小的导管分枝损伤形成的瘘，可按一般创伤处理。腮腺总导管损伤所形成的瘘，可采用20%碘酊或10%硝酸银液灌注，或向瘘内滴入甘油数滴，然后撒布高锰酸钾粉少许，用棉球轻轻按摩，用其灼烧作用破坏瘘壁，造成急性炎症闭塞管道，待其逐渐愈合。一次不能愈合者可反复使用。上述方法无效时，对腮腺瘘可先向管内用注射器在高压下灌注溶解的石蜡，之后装绷带压迫。亦可先注入5%~10%的甲醛溶液或20%的硝酸银溶液15~20 mL，数日后当腮腺已发生坏死时进行腮腺摘除术。

2.胃瘘、肠瘘等排泄性瘘　必须用手术疗法。用纱布堵塞瘘管口，扩大切开创口，剥离粘连的周围组织，找出通向空腔器官的切口，除去堵塞物，检查内口的状态，根据情况对内口进行修整手术、部分切除术或全部切除术，密闭缝合，修整周围组织，缝合。手术中一定要尽可能防止污染新创面，以争取第一期愈合。

# 项目 8　外科感染

**项目导读**

　　本项目主要内容包括外科感染的概念、发生发展的基本因素、诊断与防治；并且讲述了常见外科局部感染疾病：疖、痈、脓肿、蜂窝织炎及全身化脓性感染的病因、症状及治疗等。

## 任务 8.1　外科感染认知

**学习目标**

　　1.会诊断和鉴别各种外科感染。
　　2.能根据外科感染程度,对外科感染病畜采取有效治疗。

### 8.1.1　外科感染的概念

　　外科感染是动物有机体与侵入体内的致病微生物相互作用所产生的局部和全身反应。它是有机体对致病微生物的侵入、生长和繁殖造成损害的一种反应性病理过程,也是有机体与致病微生物感染与抗感染斗争的结果。常见致病菌有:好气菌、厌氧菌和兼气菌,常见的化脓性致病菌有:葡萄球菌、链球菌、大肠杆菌、绿脓杆菌等。

### 8.1.2　外科感染的种类

　　外科感染是一个复杂的病理过程。侵入体内的病原菌根据其致病力的强弱、侵入门户以及有机体局部和全身的状态而出现不同的结果。

【病原菌感染的途径分类】

　　1.外源性感染　致病菌通过皮肤或黏膜面的伤口侵入有机体某部,随循环带至其他组织或器官内的感染过程。

2.隐性感染　是侵入有机体内的致病菌当时未被消灭而隐藏存活于某部(腹膜粘连部位、形成瘢痕的溃疡病灶和脓肿内、组织坏死部位、作结扎和缝合的缝合线上、形成包囊的异物等),当有机体全身和局部的防卫能力降低时则发生此种感染。

**【病原菌的种类分类】**

如外科感染是由一种病原菌引起的称为单一感染;多种病原菌引起的称为混合感染。

**【按病原菌感染的先后顺序分类】**

在原发性病原微生物感染后,经过若干时间又并发他种病原菌的感染,则称为继发性感染;被原发性病原菌反复感染时则称再感染。

外科感染与其他感染的不同点是:绝大部分外科感染是由外伤所引起;外科感染一般均有明显的局部症状;常为混合感染;损伤的组织或器官常发生化脓和坏死过程,治疗后局部常形成瘢痕组织。

### 8.1.3　外科感染发生发展的基本因素

在外科感染的发生发展过程中,存在着两种相互制约的因素,即机体的防卫机能和促进外科感染发生发展的基本因素。此两种因素始终贯穿着感染和抗感染、扩散和反扩散的相互作用。

**【有机体的防卫能力】**

在动物的皮肤表面,被毛、皮脂腺和汗腺的排泄管内,在消化道、呼吸道、泌尿生殖器及泪管的黏膜上,经常有各种微生物(包括致病能力很强的病原微生物)存在。在正常的情况下,这些微生物并不呈现任何有害作用,这是因为有机体具有很好的防卫机能,足以防止其发生感染。常见的有机体的防卫能力包括皮肤、黏膜、淋巴结、血管及血脑的屏障作用;体液中的杀菌因素;吞噬细胞的吞噬作用;炎症反应和肉芽组织新生及其透明质酸参与组织器官的防卫机能等。

**【促使外科感染发展的因素】**

1.致病微生物数量和毒力　细菌的数量越多,毒力越大,发生感染的机会亦越大。

2.外科感染的发生与局部环境条件　皮肤黏膜破损可使病菌入侵组织,局部组织缺血缺氧或伤口存在异物、坏死组织、血肿和渗出液均有利于细菌的生长繁殖。

### 8.1.4　外科感染的病程演变

病原微生物、机体抵抗力以及治疗措施三方面决定了在不同时期感染可以向不同的方向发展。可有 3 种结局:

(1)动物机体的抵抗力占优势,感染局限化,有的自行吸收,有的形成脓肿。

(2)当动物机体的抵抗力与致病菌致病力处于相持状态,感染病灶局限化,形成溃疡、瘘、窦道或硬结等,转为慢性感染。

(3)在致病菌毒力超过机体的抵抗力的情况下,感染扩散,引起严重的全身感染。

### 8.1.5　外科感染诊断

一般根据临床表现可做出正确诊断,必要时可进行一些辅助检查。

1.局部症状　红、肿、热、痛和机能障碍是感染的典型症状,但这些症状随着病程迟早、病变范围及位置深浅而异,并不一定全部出现。

2.全身症状　感染轻微的可无全身症状,感染较重的有发热、食欲减退、精神沉郁、心跳和呼吸加快等症状。感染严重时继发感染性休克、器官衰竭甚至出现败血症。

3.实验室检查　一般均有白细胞计数增加和核左移,但某些感染,特别是革兰氏阴性杆菌的感染时或免疫功能低下的患畜,白细胞计数增加不明显,甚至减少。

### 8.1.6　治疗

治疗原则既要消除外源性因素、切断感染源,同时要及早预防和注意营养支持,充分调动机体的防御功能,提高畜体免疫力等。

1.局部治疗　治疗化脓灶的目的是使化脓感染局限化,减少组织坏死和毒素吸收。

(1)休息和患部制动。使病畜充分安静,以减少疼痛刺激和恢复病畜的体力。同时限制病畜活动,避免刺激患部,在进行细致的外科处理后,根据情况决定是否包扎。

(2)外部用药。如鱼石脂软膏用于疖等较小的感染,50%硫酸镁溶液湿敷用于蜂窝织炎。

(3)物理疗法。用热敷或湿热敷外,微波及红外线治疗对急性局部感染灶的早期有较好疗效。

(4)手术治疗。包括脓肿切开术和感染病灶的切除。

2.全身治疗

(1)抗菌药物者。合理适当应用抗菌药物是治疗外科感染的重要措施。葡萄球菌感染选用青霉素、复方磺胺甲基异噁唑(SMZ-TMP),红霉素、麦迪霉素等大环内酯类抗生素或其他抗生素;溶血性链球菌首选青霉素,其他可选用红霉素等;大肠杆菌及其他肠道革兰氏阴性菌选用氨基糖甙类抗生素、喹诺酮类等;绿脓杆菌首选药物哌拉西林,另外环丙沙星对绿脓杆菌亦有效。上述药物常与丁胺卡那霉素合用。

(2)给药方法。对轻症和较局限的感染,可肌内注射,但对严重感染应静脉给药。在全身情况和局部感染灶好转后 3~4 d,即可停药。但严重全身感染停药不能过早,以免感染复发。

3.支持治疗　病畜严重感染导致脱水和代谢性酸中毒,应及时补充水、电解质及碳酸氢钠。化脓性感染易出现低钙血症,给予钙制剂。应用葡萄糖疗法可补充糖源以增强肝脏的解毒机能和改善循环。注意饲养管理,对病畜饲给营养丰富的饲料和补给大量维生素(特别是维生素 A、B、C)以提高机体抗病能力。

4.对症疗法　根据病畜具体情况进行必要的对症治疗,如强心、利尿、解毒、解热、镇痛及改善胃肠道的功能等。

# 任务 8.2  外科局部感染

1.会诊断常见外科局部感染疾病。

2.能对疖、痈、脓肿、蜂窝织炎等疾病进行有效治疗。

## 8.2.1  疖

疖是细菌经毛囊和汗腺侵入引起的单个毛囊及其所属的皮脂腺的急性化脓性感染。限于毛囊的感染称毛囊炎;连续发生在患畜全身各部位称为疖病。

【病因】

疖的直接病因是由于皮肤受到摩擦、刺激、汗液的浸渍及污染时感染金黄色葡萄球菌或白色葡萄球菌而引起。同时维生素缺乏、气候炎热和病畜对感染的抵抗力下降均能促使机体继发疖病,各类家畜均可发生。

【临床症状】

家畜的疖多发生于四肢,其次见于背部腰部及臀部等处。最初局部出现温热而又剧烈疼痛的圆形肿胀结节,界限明显,呈坚实样硬度,病程发展,病灶顶端出现明显的小脓包,中心部有被毛竖立。以后逐步形成小脓肿。在皮肤厚的部位,病初肿胀不显著,剧痛,以后逐渐增大,不突出于皮肤表面。

病程经数日后,病灶区的脓肿可自行破溃,流出乳汁样微黄白色脓汁,局部形成小的溃疡,炎症随之消退,其后表面被覆肉芽组织和脓性痂皮。疖常无全身症状,但发生疖病时,病畜常出现体温升高、食欲减退、乳牛泌乳量降低等全身症状。

【治疗】

对浅表的炎症性结节可外涂 2.5%碘酊、鱼石脂软膏等,已有脓液形成的,局部消毒切开。对浸润期的疖,可用青霉素盐酸普鲁卡因溶液注射于病灶的周围,亦可涂擦鱼石脂软膏、5%碘软膏等或理疗。疖病的治疗必须局部和全身疗法并重,同时全身给予抗生素,加强饲养管理和消除引起疖病发生的各种因素。

## 8.2.2  痈

痈是由致病菌同时侵入多个相邻的毛囊、皮脂腺或汗腺所引起的急性化脓性感染。

【病因】

主要是由葡萄球菌和链球菌单一感染或者混合感染。它们单一或同时侵入若干并列的皮脂腺形成多头疖。由于感染的继续发展而形成了很大的痈。

**【临床症状】**

病初,在患部形成迅速增大有剧烈疼痛的化脓性炎性浸润,局部皮肤紧张、坚硬、界限不清。继而在病灶中区出现多个脓点,破溃后呈蜂窝状。以后病灶中央部皮肤、皮下组织坏死脱落,自行破溃或手术切开后形成大的脓腔。病情严重者可引起全身化脓性感染,病畜血常规检查白细胞明显升高。

**【治疗】**

应注重局部和全身治疗相结合。病初,局部使用 50% 硫酸镁,也可用金黄膏等外敷。病灶周围普鲁卡因封闭疗法,全身应用抗菌药物,如青霉素、红霉素类药物。病畜患部制动、适当休息和补充营养。出现全身症状时,可行局部十字切开。术后应用开放疗法。

### 8.2.3　脓肿

在组织或器官内形成外有脓肿膜包裹,内有脓汁潴留的局限性脓腔时称为脓肿。在解剖腔内(胸膜腔、喉囊、关节腔、鼻窦)有脓汁潴留时则称为蓄脓。

**【病因】**

(1)引起脓肿的致病菌有葡萄球菌、化脓性链球菌、大肠杆菌、绿脓杆菌和腐败菌。由于家畜种类不同,对同一致病菌的感受性亦有差异。血液或淋巴可将致病菌由原发病灶转移至某一新的组织或器官,形成转移性脓肿。

(2)注射某种刺激性药品如水合氯醛、氯化钙、高渗盐水及砷制剂时误注、漏出静脉外,或注射时不遵守无菌操作规程而引起的注射部位出现无菌性脓肿。

**【症状】**

1.浅在脓肿　多发生于皮下结缔组织、筋膜下及表层肌肉组织内,急性病例,初期局部肿胀,无明显的界限。触诊局温增高、坚实有疼痛反应。以后肿胀的界限逐渐清晰成局限性,最后形成坚实样的分界线;在肿胀的中央部开始软化并出现波动,并可自溃排脓。慢性脓肿发生缓慢,有明显的肿胀和波动感,温热和疼痛反应不明显。

2.深在脓肿　发生于深层肌肉、肌间、骨膜下及内脏器官。由于部位深在,加之被覆较厚的组织,局部增温不易触及。常出现皮肤及皮下结缔组织的炎性水肿,触诊时有疼痛反应并常有指压痕。很易引起感染扩散,而呈现较明显的全身症状,严重时可引起败血症。

**【治疗】**

治疗原则为消炎止痛,促进脓肿的成熟及脓汁排出,增强机体抵抗力。

1.消炎、止痛及促进炎症产物消散吸收　脓肿初期,局部涂擦樟脑软膏,或用冷疗法(如复方醋酸铅溶液冷敷,鱼石脂酒精、桅子酒精冷敷),以抑制炎症渗出和具有止痛的作用。当炎性渗出停止后,可用温热疗法、短波透热疗法、超短波疗法以促进炎症产物的消散吸收。局部治疗的同时,可根据病畜的情况配合应用抗生素、磺胺类药物并采用对症疗法。

2.促进脓肿的成熟　当局部炎症产物已无消散吸收的可能时,局部可用鱼石脂软膏、鱼石脂樟脑软膏、超短波疗法、温热疗法等以促进脓肿的成熟。待局部出现明显的波动时,应立即进行手术治疗。

3.手术疗法　脓肿形成后其脓汁常不能自行消散吸收,因此,只有当脓肿自溃排脓或手术排脓后经过适当地处理才能治愈。常用的手术疗法有:

(1)脓汁抽出法。适用于关节部脓肿膜形成良好的小脓肿。其方法是利用注射器将脓肿腔内的脓汁抽出,然后用生理盐水反复冲洗脓腔,抽净腔中的液体,最后灌注混有青霉素的溶液。

(2)脓肿摘除法。常用以治疗脓肿膜完整的浅在性小脓肿。此时需注意勿刺破脓肿膜,预防新鲜手术创被脓汁污染。

(3)脓肿切开法。脓肿成熟出现波动后立即切开。先对局部进行剪毛消毒,作局部或全身麻醉,切开前可先用粗针头将脓汁排出一部分,其目的是为了防止脓肿内压力过大脓汁向外喷射,深在性脓肿切开时进行分层切开,切开后的脓肿创口可按化脓创进行外科处理。切开时应注意:切口应选择波动最明显且容易排脓的部位,且有一定的长度并作纵向切口,脓汁能顺利地排出;切开时要防止外科刀损伤对侧的脓肿膜;及时对出血血管进行结扎或钳压止血,以防引起脓肿的致病菌进入血循,而发生转移性脓肿;忌用挤压排脓,防止感染扩散;一个切口不能彻底排空脓汁时亦可根据情况作必要的辅助切口。

## 8.2.4　蜂窝织炎

蜂窝织炎是疏松结缔组织发生的急性弥漫性化脓性感染。其特点常发生在皮下、筋膜下、肌间隙或深部疏松结缔组织;病变不易局限,扩散迅速,与正常组织无明显界限;并伴有明显的全身症状。

【病因】

主要是溶血性链球菌、金黄色葡萄球菌、大肠杆菌等致病菌由皮肤或黏膜创口的感染引起;邻近组织化脓性感染扩散或通过血液循环和淋巴道的转移继发。

【症状】

蜂窝织炎时病程发展迅速。局部症状主要表现为大面积肿胀,局部增温,疼痛剧烈和机能障碍。全身症状主要表现为病畜精神沉郁,体温升高,食欲不振并出现各系统的机能紊乱。

1.皮下蜂窝织炎　常发于四肢(特别是后肢),病初出现局部弥漫性渐进肿胀。触诊时热痛反应非常明显。初期肿胀呈捏粉状有指压痕,后则变为稍坚实感。局部皮肤紧张,无可动性。

2.筋膜下蜂窝织炎　常发生于前肢的前臂筋膜下、鬐甲部的深筋膜和棘横筋膜下,以及后肢的小腿筋膜下和阔筋膜下的疏松结缔组织中。其临床特征是患部热痛反应剧烈;机能障碍明显。患部组织呈坚实性炎性浸润。

3.肌间蜂窝织炎　常继发于开放性骨折、化脓性骨髓炎、关节炎及腱鞘炎之后。患部肌肉肿胀、肥厚、坚实、界限不清,机能障碍明显,触诊和其运动时疼痛剧烈。表层筋膜因组织内压增高而高度紧张,皮肤可动性受到很大的限制。肌间蜂窝织炎时全身症状明显,体温升高,精神沉郁,食欲不振。局部已形成脓肿时,切开后可流出灰色、常带血样的脓汁。

【治疗】

蜂窝织炎治疗应减少炎性渗出、抑制感染扩散、减轻组织内压、改善全身状况、增强机体抗病能力。要采取局部和全身疗法并举的原则。

1.局部疗法　发病 2 d 内应用 10% 鱼石脂酒精、90% 酒精或复方醋酸铅溶液冷敷。用 0.25%~0.5% 盐酸普鲁卡因青霉素注射液 20~30 mL,在病灶周围分数点封闭。当炎性渗出已基本平息,患部改用温热疗法。

2.手术疗法　蜂窝织炎一旦形成化脓性坏死,应及早切开患部,排出炎性渗出物。切口要有足够的长度和深度,可做几个平行切口或反对口。用 3% 过氧化氢溶液、0.1% 新洁尔灭溶液或 0.1% 高锰酸钾溶液冲洗创腔,用纱布吸净创腔内药液,用 50% 硫酸镁溶液浸泡的纱布条引流,并及时更换。

3.全身疗法　早期应用抗生素疗法、磺胺疗法及盐酸普鲁卡因封闭疗法,为预防败血症,大动物可静脉注射 5% 碳酸氢钠注射液 300~500 mL、5% 葡萄糖氯化钠注射液 1 000~2 000 mL,1~2 次/d,连用 3~5 d。也可用 0.25% 盐酸普鲁卡因注射液 100~200 mL,静脉内注射,进行全身性封闭。

# 任务 8.3　全身化脓性感染

1.会分析全身化脓性感染的发病机理并预测预后。

2.能对全身化脓性感染提出有效预防与治疗方案,减少损失。

全身化脓性感染又称为急性全身感染,包括败血症和脓血症等多种情况。败血症是指致病菌(主要是化脓菌)侵入血液循环,持续存在,迅速繁殖,产生大量毒素及组织分解产物而引起的严重的全身性感染。脓毒血症是指局部化脓灶的细菌栓子或脱落的感染血栓进入血液,并在机体其他组织或器官形成转移性脓肿。如果败血病和脓毒血症同时存在,又称为脓毒败血症。一般说来,全身化脓性感染都是继发的,它是开放性损伤、局部炎症和化脓性感染过程以及术后的一种最严重的并发症,如不及时治疗,病畜常因发生感染性休克而死亡。

【病因】

局部感染治疗不及时或处理不当,如脓肿引流不及时或引流不畅、清创不彻底等;致病菌繁殖快、毒力大;病畜抵抗力降低等均可引起全身化脓性感染。

此外,免疫机能低下的病畜,还可并发内源性感染尤其是肠源性感染,肠道细菌及内毒素进入血液循环,导致本病发生。

【症状】

1.败血症　原发性和继发性败血病灶的大量坏死组织、脓汁以及致病菌毒素进入血循后引起患畜全身中毒症状。病畜体温明显增高,一般呈稽留热,恶寒战栗,四肢发凉,脉搏细数,动物常躺卧,起立困难,运步时步态蹒跚,有时能见到中毒性腹泻。随病程发展,病畜可见食欲废绝,结膜黄染,呼吸困难,脉搏细弱,病畜烦躁不安或嗜睡,尿量减少并含有蛋白或无尿,皮肤黏膜有时有出血点,血液学指标有明显的异常变化,死前体温突然下降。最终器官衰竭而死。

2.脓血症　致病菌进入血循环而被带到其他组织和器官内形成转移性脓肿。脓肿由粟粒大至拳头大不等,可见于机体的任何器官。病灶周围严重水肿、剧痛。肉芽组织发绀、坏死、分解,表面有多量稀而恶臭的脓汁。病畜精神沉郁,食欲废绝,饮欲增强,恶寒战栗,呼吸及脉搏加快,体温升高,多呈弛张热或间歇热。血沉加快,白细胞总数增多,核左移。

【治疗】

全身化脓性感染是严重的全身性病理过程。因此必须早期的采取综合性治疗措施。

1.局部感染病灶的处理　必须从原发和继发的败血病灶着手,以消除传染和中毒的来源。为此必须彻底清除所有的坏死组织,切开创囊、流注性脓肿和脓窦,摘除异物,排除脓汁,畅通引流,用刺激性较小的防腐消毒剂彻底冲洗败血病灶。然后局部按化脓性感染进行处理。创围用混有青霉素的盐酸普鲁卡因溶液封闭。

2.全身疗法　根据病畜的具体情况可以大剂量地使用青霉素、链霉素、四环素、磺胺类、恩诺沙星等广谱抗菌药。增强机体的抗病能力,维持循环血容量和中和毒素,增强肝脏的解毒机能和增强机体的抗病能力。可应用5%葡萄糖氯化钠注射液1 000~2 000 mL,40%乌洛托品注射液40 mL、5%碳酸氢钠注射液500~1 000 mL,静脉内注射;中小动物剂量酌减。大量给予饮水,补充维生素。

3.对症疗法　目的在于改善和恢复全身化脓性感染时受损害的系统和器官的机能障碍。当心脏衰弱时可应用强心剂,肾机能紊乱时可应用乌洛托品,败血性腹泻时静脉内注射氯化钙。

# 项目 9　头、颈、腹部疾病

### 项目导读

　　本项目主要内容包括家畜常见眼病如角膜炎、结膜炎,疣及疣的类型与治疗,还包括动物风湿病以及直肠脱出等。希望理论与实践线结合,在理解病理规律的基础上,以解决实际问题为出发点学习本项目。

## 任务 9.1　头、颈部疾病

### 学习目标

　　1.会诊断常见头、颈部疾病。
　　2.能根据发病原因,采取有效措施防治结膜炎、角膜炎、扁桃体炎。

### 9.1.1　结膜炎

　　结膜炎是指眼结膜受外界刺激和感染而引起的炎症,是最常见的一种眼病,各种动物都能发生,马、牛、犬最为常见。结膜炎临床分为卡他性、化脓性、滤泡性、伪膜性及水泡性等类型,并呈急性或慢性发生。

【病因】

　　结膜对各种刺激有敏感性,常由于外来的或内在的轻微刺激而引起:

　　1.外伤及异物刺激　棍棒打击及尖锐异物铁丝、麦芒、饲草、沙土等所刺激结膜。

　　2.化学因素　石灰粉、熏烟、空气中大量的氨,以及化学药品,如农药、消毒液等溅入眼睛。

　　3.光学因素　眼睛未加保护,遭受夏季日光的长期直射、紫外线或 X 射线照射等。

　　4.过敏性因素　牛由变态反应可引起结膜水肿。

　　5.继发性因素　本病常继发于上颌窦炎、泪囊炎、角膜炎等;也继发于流行性感冒、犬瘟热、牛恶性卡他热等传染病;还能继发于一些寄生虫病,如,牛泪管吸吮线虫多出现在结膜囊或第三眼睑内,可引起牛结膜炎。

**【症状】**

各种类型结膜炎的共同症状是羞明、流泪、结膜充血、结膜浮肿、眼睑痉挛、渗出物及白细胞浸润。

1.卡他性结膜炎 是临床上最常见的病型，有急性型与慢性型之分。

（1）急性型。病初结膜轻度充血，潮红，疼痛，分泌物少而稀薄，怕光、眼睑肿胀；随着病情发展，分泌物逐渐增多，呈黏液性；重度时，充血明显，甚至表面出现出血斑。

（2）慢性型。肿胀、疼痛减轻，分泌物减少，但眼睑结膜肥厚，在眼内角下方皮肤上可见到泪痕，形成湿疹样皮炎，脱毛，发痒。炎症波及角膜时，角膜表面发生云雾状弥漫性角膜混浊。

2.化脓性结膜炎 眼内流出多量黄色、脓性分泌物，脓汁变稠时，上下眼睑互相黏着。往往继发角膜炎。

**【诊断要点】**

羞明流泪，疼痛，眼睑肿胀。眼内有多量黏液性或脓性分泌物。无全身症状。

在诊断时，应注意是散发的还是多发性的。当牛群中有多数发病，呈流行性时，应注意与红眼病（传染性角膜炎）、牛传染性鼻气管炎及牛病毒性腹泻之间的区别。牛传染性鼻气管炎病毒可引起犊牛群发性结膜炎。牛巴氏杆菌病、嗜血杆菌病、病毒性腹泻-黏膜病等，都伴有结膜炎的症状。还有犬瘟热、传染性肝炎等。

**【治疗】**

治疗原则是消除病因，减少刺激，抗菌、消炎。

（1）除去眼内的异物。用刺激性小的消毒药液冲洗患眼，如2%硼酸溶液、生理盐水或0.01%的新洁尔灭液。洗眼时不要用力擦拭，也不可用棉球来回擦，尽量减少刺激，以免损伤黏膜。

（2）消炎止痛。急性炎症用数层纱布浸上述洗眼药液，敷在患眼上，用绷带绑扎，每日3次。黏液性结膜炎用可的松眼药水、青霉素液（青霉素1 000 U、蒸馏水1 mL）点眼。疼痛重剧的，可用下述配方点眼：硫酸锌0.05%~0.1%、盐酸普鲁卡因0.05%、硼酸0.3%、0.1%肾上腺素2滴、蒸馏水10.0 mL。

化脓性结膜炎，先用3%硼酸冲洗，后用青霉素、氯霉素眼药水点眼。

慢性的，可用3%~5%硫酸锌溶液，0.5%~1%硝酸银滴眼。如有增生时，先反复清洗外翻结膜上的污物，用外科方法除去坏死和增生组织，涂上0.5%金霉素眼膏、5%磺胺软膏。对较顽固的病例，也可取自身血治疗，方法是静脉取血2~3 mL，作结膜下注射。

（3）取水蛭（蚂蟥）5~8条，焙干，研成粉末，加入50 g蜂蜜调匀后，将其涂擦在眼结膜上，每天2次，连用2~4 d即可治愈。

**【预防】**

（1）保持圈舍和运动场的清洁卫生，注意通风与采光，防止风尘的侵袭，不在圈舍调试饲料和刷拭畜体。

（2）治疗眼病时，要特别注意药品的浓度和有无变质情形。

### 9.1.2 角膜炎

角膜炎是角膜组织发生炎症的总称，以角膜混浊，角膜周围形成新生血管或睫状体充血，眼前房内纤维素样物沉着，角膜溃疡、穿孔、留有角膜斑翳为特征。牛、犬较常见。

**【病因】**

最常见原因是外伤或异物进入眼内而引起。温热和化学性物质灼伤、细菌感染、营养失调及邻近组织病变的蔓延均可诱发此病。也可继发于一些传染病，如流感、牛恶性卡他热、牛红眼病（传染性角膜炎）、混睛虫、结膜炎、周期性眼炎及维生素 A 缺乏症等。

**【症状】**

急性角膜炎除表现结膜炎症状外，还有角膜损伤、溃疡和混浊，角膜周围形成新生血管、充血、增生，视力减退。

1. 慢性角膜炎　在角膜面上留下点状或线状的白斑及色素斑，有的呈不透明的白色瘢痕，称为角膜翳，造成不同程度视力障碍。

2. 角膜浅层炎症　临床较常见，通常为角膜直接受到外来刺激造成的。角膜表面粗糙，侧面观之无镜状光泽，为灰白色混浊，有时在眼周围增生很多血管，呈树枝状侵入角膜表面，形成血管性角膜炎。

3. 角膜深层炎症　多因眼内感染引起。一般症状与浅层炎症基本相似，不同的是角膜表面不粗糙，仍有镜状光泽，混浊部位在角膜深部，呈点状、棒状及云雾状，颜色为黑白色、乳白色、黄红色和绿色。角膜边缘及周围血管充血、增生，呈刷状，自角膜缘深入角膜内。严重时与虹膜发生粘连。

4. 角膜化脓性炎　细菌感染时，角膜上出现大小不等的黄色局限性混浊脓肿，脓肿周围有灰白色晕圈，轻者脓肿破溃形成溃疡，重者向内方穿孔，形成前房蓄脓，往往继发化脓性全眼球炎。

**【诊断要点】**

（1）羞明流泪，疼痛，眼睑闭合、肿胀。

（2）角膜周围血管增生、充血，角膜出现不同程度混浊。

**【治疗】**

本病的治疗原则是消除炎症，促进吸收和消散。急性期的冲洗和用药与结膜炎的治疗大致相同。

首先用消毒药液冲洗（同结膜炎），然后用醋酸可的松或抗生素眼膏消炎。

为了促进角膜混浊的吸收，可向患眼吹入等份的甘汞和乳糖（白糖也可以）；40%葡萄糖溶液或自家血点眼；1%~2%黄降汞眼膏涂于患眼内。每天静脉内注射 5%碘化钾溶液 20~40 mL，连用 1 周；或每天内服碘化钾 5~10 g，连用 5~7 d。疼痛剧烈时，可用 10%颠茄软膏或 5%狄奥宁软膏涂于患眼内。

可用青霉素、普鲁卡因、氢化可的松或地塞米松作球结膜下或作患眼上、下眼睑皮下注射，对小动物外伤性角膜炎引起的角膜翳效果良好。

继发虹膜炎时,可用 0.5%~1%阿托品点眼。当感染化脓时,用生理盐水冲洗后涂抗生素眼膏,同时配合抗生素或磺胺类药治疗。

### 9.1.3　扁桃体炎

扁桃体炎多发生于犬,其他家畜较少发病。

【病因】

动物骤饮冷水等寒冷刺激,针、骨头等异物刺激而发病。当有细菌感染时,则发生化脓性扁桃体炎。咽炎和其他上呼吸道炎症也能蔓延到扁桃体而发病,通常咽炎与扁桃体炎同时发生。肾炎、关节炎等也可并发扁桃体炎。

【症状】

1.急性扁桃体炎　1~3岁的犬易发,病畜突然体温升高,流涎,精神沉郁,食欲废绝,有时发生咳嗽、呕吐、打呵欠。有的病犬表现抓耳、频频摇头。扁桃体视诊,可发现其肿大、突出,呈暗红色。

2.慢性扁桃体炎　多发生于幼犬,长反复发作,间隔时间不定。扁桃体突出、肿大、易出血。精神沉郁,食欲减退。反复发作数次后,动物表现衰弱,四肢无力,体重下降,被毛粗乱,有时呕吐、咳嗽等。

【诊断】

打开口腔,将舌向口外拉出,再用压舌板将舌根部下压,即可看到粉红色的扁桃体。发炎时,其颜色变得暗红,肿大、突出,有时可见有出血或坏死斑点,并覆盖有黏液或脓性分泌物。

【治疗】

急性扁桃体炎可全身应用广谱抗生素 5~7 d,局部涂布碘甘油。当扁桃体肿胀过大而影响吞咽时,或反复发作的慢性扁桃体炎时,应行扁桃体摘除术。

# 任务 9.2　腹部疾病

学　习　目　标

1.会诊断常见外科腹部疾病。
2.会手术法治疗脐疝、腹股沟疝。
3.能根据所学知识对牛、猪脐疝进行有效诊断与防治。

### 9.2.1　疝

疝,又称赫尔尼亚,是腹腔内的脏器经腹壁的自然孔道或病理性破裂孔,脱到皮下或邻近解剖腔道的疾病。各种家畜都可发生,但以猪、马、牛、羊更为常见,小动物犬、猫也较多发生。

**【疝的分类】**

根据发病原因分为先天性与后天性两类:先天性疝,多见于初生幼畜,由解剖孔(脐孔、腹股沟环)先天性扩大,膈肌发育不全引起;后天性疝:常因外伤和腹压过大等原因而发生。

根据向体表突出与否,分为外疝(如脐疝)和内疝(如膈疝)。

根据发病的解剖部位分为:腹股沟阴囊疝、脐疝、腹壁疝、会阴疝等。

根据疝内容物的活动性的不同,分为可复性疝与不可复性疝。可复性疝是指当家畜体位改变或压迫疝囊时,疝内容物可通过疝孔而还纳到腹腔。不可复性疝是指用压迫或改变体位疝内容物依然不能回到疝囊内,故称为不可复性疝。疝内容物不能回到腹腔的原因是:疝孔比较狭窄或者疝道长而狭;疝内容物与疝囊发生粘连;肠管之间互相粘连;肠管内充满过多的粪块或气体。如果疝内容物嵌闭在疝孔内,脏器受到压迫,血液循环受阻而发生瘀血、炎症,甚至坏死等统称为嵌闭性疝。

**【疝的构成】**

疝的构造模式如图9.1所示。

1.疝轮(孔)　是疝内容物及腹膜脱出时经由的孔道,有天然孔(如脐孔、腹股沟管)和病理性破裂孔(如钝性暴力造成的腹肌的撕裂),脏器由此脱出。

2.疝囊　是包围疝内容物的外囊。主要有腹膜、腹壁筋膜和皮肤构成,其形状为鸡蛋形、扁平形或圆球形。

3.疝内容物　是通过疝轮脱到疝囊的一些可移动脏器,常见为小肠和网膜,其次为瘤胃、皱胃,少数为子宫、膀胱等。几乎所有的病例疝囊内都含有数量不等的浆液——疝液,可复性疝的疝液常透明、微带有乳光色的浆液性液体;嵌闭性疝的疝液变为混浊、血样,并带有恶臭腐败气味。

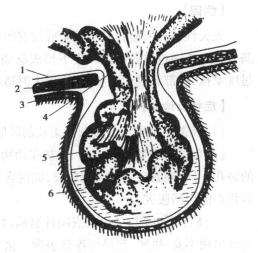

图9.1　疝的构造模式图

1—腹膜;2—肌肉;3—皮肤;

4—疝轮;5—疝内容物;6—疝液

**【症状】**

外疝中除腹壁疝外,其他各种疝如脐疝、腹股沟阴囊疝、会阴疝等都有其固定的解剖部位发病处。腹壁疝可发生在腹壁的任何部位。非嵌闭性疝一般不引起家畜的任何全身性障碍,而只是在局部突然呈现一处或多处的柔软性隆起,当改变家畜体位或用力压迫疝部时有可能使隆起消失,可触摸到隆起疝孔。外伤性腹壁疝随着腹壁的组织受伤程度,扁平的炎性肿胀往往从疝孔开始逐步向下向前蔓延,有时甚至可一直延伸到胸壁的底部或向前达到胸骨下方处,压之有水肿指痕。嵌闭性疝则突然出现高度的疝痛,局部肿胀增大、变硬、紧张,排粪、排尿受到影响,或发生继发性臌气。

**【预防】**

(1)严禁选用有脐疝史的后代仔猪作为种猪。

(2)应尽可能避免近亲交配  近交使胎儿的阴囊疝、脐疝的发生率明显上升。

(3)正确阉割。在阉割时,禁止牵拉腹股沟管和精索,并做好消毒工作,防止感染。

(4)正确断脐。断脐时,应将脐带内的血液捋向仔猪后,左手固定仔猪腹部脐带的近心端,另一只手在距根部5~6 cm处捏断或剪断,然后用5%碘酊消毒处理。正常情况下,仔猪在第2~7 d脐孔会收缩闭合,脐带自然脱落。

### 9.2.2  脐疝

腹腔脏器经扩大的脐孔脱至皮下叫脐疝。各种家畜均可发生,但以仔猪、犊牛及犬多发,尤其是仔猪。以先天性原因为主,疝内容物多为小肠和网膜。

**【病因】**

先天性脐疝因脐孔发育不全或没有闭锁脐孔,当腹压增加时(强力努责、用力跳跃等),肠管容易于通过脐孔而进入皮下形成脐疝。后天性脐疝多因出生后脐孔闭锁不全,断脐时过度牵拉,脐部感染而化脓,腹压增大时造成脐疝。

**【症状及诊断】**

(1)脐部出现突出的半圆形柔软的肿胀,仔猪在挣扎或吃饱后脐部肿胀可增大。

(2)触摸肿胀物无热无痛,病初在动物改变体位时可将内容物还纳回腹腔,能摸到明显的脐孔,可听到肠音。若时间较长,疝内容物与疝壁发生粘连,形成粘连脐疝。疝囊变厚,内容物不能送回腹腔。

(3)疝孔较小时,会出现嵌闭性脐疝,触诊不可复。虽不多见,但发生时全身症状明显。病畜出现不安、拱腰、起卧等疼痛表现。猪、犬有呕吐现象,呕吐物常常有粪臭。如不及时进行手术则常会引起死亡。

**【治疗】**

1.保守治疗  适合疝轮小、年龄小的家畜。用绷带或皮带压迫腹部,使疝轮缩小,组织增生而治愈。将肠管压入腹腔,在疝环周围肌层用95%酒精(碘液或10%~15%氯化钠溶液可代替酒精)分4~6点注射,每点3~5 mL。缺点是复发率高,易导致粘连。

2.手术疗法  比较可靠。

(1)可复性疝。仰卧保定,局部剪毛、消毒,1%普鲁卡因10~15 mL浸润麻醉。在疝囊基部靠近脐孔处纵向切开皮肤,但不切开腹膜,将腹膜与疝内容物送入腹腔,对疝孔进行纽扣状缝合或袋口缝合,皮肤结节缝合。外涂碘酊,系保护绷带。绝大多数脐疝是陈旧性的,疝孔边缘瘢痕化形成厚硬的疝轮并与腹膜融合,必须沿疝轮边缘修剪成新鲜创面(修剪

0.2 cm左右),然后进行纽孔状缝合,闭合疝孔。皮肤适度修剪后进行结节缝合,之后装结系绷带。

哺乳仔猪可用皮外疝轮缝合法。具体做法:将疝内容物还纳腹腔,皱襞提起疝轮两侧肌肉及皮肤,用纽扣状缝合法闭锁脐孔。

(2)嵌闭性脐疝。在患部皮肤上小心切一小口,手指探查内容物种类及粘连程度。用手术剪按所需长度剪开疝轮。仔细剥离粘连物,防止肠管破裂,然后扩大疝孔,还纳疝内容物。若肠管坏死(凡肠管呈紫黑色,失去光泽和弹性,即已经坏死),需要切除坏死的肠管,然后进行肠管吻合术,最后缝合疝环和皮肤,装压迫绷带。

(3)术后护理。术后,不宜喂得过饱,限制剧烈活动,防止腹压增高。术部包扎绷带,保持 7~10 d,可减少复发。

### 9.2.3　腹股沟阴囊疝

当脏器通过腹股沟管口脱入鞘膜腔内,称腹股沟阴囊疝(图9.2)。多见于公猪、公马,犬也有发病。公猪的腹股沟阴囊疝有遗传性。

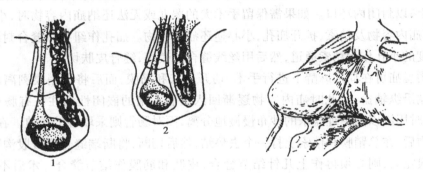

图 9.2 腹股沟阴囊疝

1—鞘膜内疝;2—鞘膜外疝

【病因】

腹股沟阴囊疝以鞘膜内疝气较为常见,多见于小公猪,发生的原因是腹股沟管的腹环过大,大多由于遗传,与近亲繁殖有关,有的在去势后发生。有些因后天性腹压增高,使腹股沟管扩大所致,如怕跨、跳跃、后肢滑走或过度开张及努责等都可引起。

【症状及诊断】

1.可复性阴囊疝　仔猪、幼驹多发。多为一侧发生,患侧阴囊皮肤紧张、增大、下垂,触摸无热无痛,柔软有弹性,听诊可听到肠蠕动音。压迫时肿胀缩小,疝内容物(多半为小肠)可还纳于腹腔,可摸到腹股沟环。捕捉及腹压增大时阴囊部更大。

2.嵌闭性阴囊疝　突然出现剧烈腹痛,一侧或两侧阴囊变得紧张,出现浮肿,皮肤发凉(少数病例发热),阴囊的皮肤因汗液而变得湿润。病畜不愿走动,并在运步时开张后肢,步态紧张,表示显著疼痛,脉搏及呼吸数增加。随着炎症现象的发生,全身症状加重,体温升高。当嵌闭的肠管坏死时,则并发嵌闭疝综合征,应该进行急救手术,切除肠管,可免于死亡。

猪的腹股沟阴囊疝症状明显,一侧或两侧的阴囊增大,触诊是硬度不一,内容物多为小肠,多数为可复性阴囊疝,少数发展为嵌闭性阴囊疝,肠管与阴囊壁发生广泛的粘连。

公犬腹股沟阴囊疝多为单侧发生,成年犬多见。临床上多突然发生,尤其在公犬配种之后。在患犬一侧腹股沟及阴囊处可见一条索状肿物,较易发生粘连形在不可复性疝甚至发生嵌闭。

**【治疗】**

嵌闭性阴囊疝具有剧烈疝痛等全身症状,只有立即进行手术治疗(根治手术)才可能挽救其生命。非嵌闭性阴囊疝,尤其是先天性者有可能随着年龄的增长而逐渐缩小其腹股沟环而达到自愈。但本病的治疗还是以早期进行手术为宜。

犬的手术疗法:侧卧或仰卧保定,充分暴露术部,进行全身麻醉。在腹股沟管外环处纵向皱襞切开皮肤,切口长度4~6 cm,分离暴露总鞘膜。根据需要采取以下两种处理:如不需保留手术犬的生殖机能,则在还纳总鞘膜内的疝内容物后,将总鞘膜和睾丸一起沿精索纵轴结扎,然后在结扎线下方0.5 cm处切断精索和总鞘膜,除去睾丸,将结扎线尾固定缝合在内环两侧缘上,以封闭内环口。如果需保留手术犬的睾丸或无法还纳疝内容物时,小心剪开总鞘膜,暴露疝内容物及精索,扩开疝孔,小心逆还疝内容物。疝孔作纽扣状缝合封闭,最后留一大小适度的小孔作为精索通道,然后用丝线缝合总鞘膜,缝合皮肤切口。

猪的阴囊疝可在局部麻醉下进行手术,切开皮肤和筋膜,而后将总鞘膜剥离出来,从鞘膜囊的顶端沿纵轴捻转,此时疝内容物逐渐回入腹腔。猪的嵌闭性疝往往有肠粘连、肠鼓气,在剥离时用浸以温生理盐水的纱布慢慢地分离,而对肠管则采取轻的压迫。在确认还纳全部内容物后,在总鞘膜和精索上打一个去势结,然后切断,将断端缝合到腹股沟环上,若腹股沟环仍很宽大,则必须再作上几针结节缝合,皮肤和筋膜作结节缝合。术后不宜喂得过饱、过早,适当控制运动。未去势的可在手术同时去势。

# 任务 9.3　风湿病

1.会诊断动物风湿病。

2.会防治风湿病。

3.能根据所学知识对动物风湿病进行综合防治。

风湿病是一种容易复发的急性或慢性非化脓性炎症。该病常侵害对称性的骨骼肌、关节、蹄,还有心脏,临床表现肌肉、肌腱、关节等部位疼痛。我国各地均有发生,但以东北、华北、西北等地发病率较高。本病见于牛、马、猪、羊、犬、鸡等各种家畜。

**【病因】**

近年来研究表明,风湿病是一种变态反应性疾病,与 A 型溶血性链球菌的感染有关,如患咽炎、扁桃体炎、上呼吸道感染等,可能导致链球菌感染。而由溶血性链球菌感染后所引起的病理过程有两种:一种表现为化脓性感染;另一种则表现为延期性非化脓性并发症,即变态反应性疾病。而风湿病就属于后一种类型,并且通过了临床、流行病学及免疫学方面研究,证实风湿病是一种由链球菌感染所引起的变态反应或过敏反应。

但是风湿病的发生要有 4 个条件:

(1)A 型溶血性链球菌感染。

(2)病原菌持续存在或有反复感染。

(3)机体对链球菌产生抗体。

(4)感染必须在上呼吸道,而在其他部位的连球菌感染不会引起风湿病。

此外,过劳、感冒等为诱因。天气湿冷、贼风侵袭、畜舍寒冷、汗后受雨淋,夜卧于寒冷之地或露宿于风雪之中等都可以诱导发病。风、寒、湿 3 种气象要素是风湿病发病的重要诱因。

**【症状与分类】**

风湿病的主要症状是发病的肌群、关节及蹄的疼痛和机能障碍,疼痛时轻时重,部位多固定但也有转移的。

1.根据发病部位的不同分类

(1)颈部风湿病。主要是急性或慢性风湿性肌炎,有时也能累及颈部关节。患部肌肉僵硬,有时疼痛。一侧肌肉患病,表现斜颈;两侧肌肉风湿,患畜低头困难。

(2)前肢风湿(肩臂部风湿病)。主要为肩臂肌群的急性或慢性风湿性炎症。有时可波及肩、肘关节。病畜驻立时患肢常前踏,减负体重。运步时出现明显的悬跛。两前肢同时发病时,步幅缩短,关节伸展不充分。

(3)背腰部风湿病。主要为背最长肌、髂肋肌的急性或慢性风湿性炎症,有时也波及腰肌及背腰关节。临床最常见的是慢性背腰风湿病。病畜驻立时背腰稍拱起,腰僵直。触诊背最长肌和髂肋肌等发病肌肉时,僵硬如板,凹凸不平。病畜后躯强拘,步幅缩短,不灵活,卧地后起立困难。

(4)后肢风湿(臀股部风湿病)。主要侵害臀肌群和股后肌群,有时波及髋关节。主要表现急性或慢性风湿性肌炎的症状。患病肌群僵硬而疼痛。两后肢运步缓慢而困难,有时出现明显的跛行症状。

2.根据发病的组织和器官的不同分类

(1)肌肉风湿病。主要发生于活动性较大的肌群,如肩肌群、背腰肌群、臀肌群、股后肌群及颈肌群等。其特征是急性经过时发生浆液性或纤维素性炎症,炎性渗出物积聚于肌肉结缔组织中;慢性经过时出现慢性间质性肌炎。风湿性肌炎常有游走性,时而一个肌群好转时而另一个肌群又发病。触诊患病肌群有痉挛性收缩,肌肉表面凹凸不平而有硬感,肿胀。急性经过时疼痛明显。

(2)关节风湿病。最常发生于活动性较大的关节,如肩关节、肘关节、髋关节和膝关节等。脊柱关节(颈、腰)也有发生。常常对称关节同时发病,且有游走性。本病的特征是急性期呈现风湿性关节滑膜炎的症状,关解囊周围组织水肿,滑液中有的混有纤维蛋白及颗粒细胞。患病关节外形粗大,触诊温热、疼痛、肿胀,运步出现跛行。慢性经过时则呈现慢性关节炎症状。关节滑膜及周围组织增生,肥厚。关节活动范围变小,运动时能听到噼啪声。

**【诊断要点】**

(1)往往由风、寒、湿诱发本病。

(2)患部肌肉僵硬、疼痛,关节伸展不充分。

(3)注意与骨软化症、肌炎、神经炎、多发性关节炎,颈和腰部的损伤及牛的锥虫病等疾病作鉴别诊断。

**【治疗】**

原则是消除病因、祛风除湿、解热镇痛,同时要加强饲养管理。

1.水杨酸钠疗法

(1)撒乌安注射液静注(10%水杨酸钠注射液 150 mL;40%乌洛托品注射液 30 mL;10%安钠咖注射液 20 mL)每日 1 次,连用 5~7 d。小家畜可肌注 30%安乃近或复方氨基比林注射液 10~30 mL,每日 1 次。

(2)乙酰水杨酸钠粉剂,口服,牛 25~75 mg,猪及羊 3~10 mg。

(3)10%水杨酸钠 200 mL;5%碳酸氢钠注射液 200 mL,每日 1 次静注,自家血注射,第 1 天 80 mL;第 3 天 100 mL;第 5 天 120 mL;第 7 天 140 mL,7 d 为 1 疗程。对急性风湿效果显著,使慢性风湿病例转好。

2.肾上腺皮质激素疗法　这类药物能抑制许多细胞的基本反应,因此有显著的消炎和抗变态反应的作用。临床常用醋酸考的松注射液、氢化考的松注射液、地塞米松注射液、醋酸氢化考的松注射液、醋酸泼尼松等。例如,2.5%醋酸考的松注射液牛 200~750 mg/次;猪 50~100 mg/次,每天 1 次肌注,治疗风湿性关节炎效果较好,但容易反复。

3.物理疗法　红外线疗法、水杨酸离子透入法、超短波电疗法,热敷法如炒热的酒糟或醋麸皮,装于布袋内一次热敷 20~30 min,1~2 次/d,连用 7 d。上述疗法对慢性风湿病效果较好。

4.中药　中药防风散、独活寄生汤等方剂对治疗风湿病效果较好。

# 任务 9.4　直肠脱

1.会诊断牛、猪的直肠脱。

2.会处理动物直肠脱。

3.能根据所学知识对牛、猪直肠脱出进行综合防治。

直肠脱是直肠末端一部分黏膜或直肠后部全层肠壁向外翻出,脱出于肛门之外而不能自行缩回的一种疾病。本病常发生于仔猪和产后母猪。其他动物也有发生。

**【病因】**

直肠脱是由多种原因综合的结果,长期努责是引起本病的直接原因。常见于长期下痢、便秘、病理性分娩、腹压过高等病例,阴道脱、体虚瘦弱、仔猪维生素缺乏、猪饲料突然改变、寒冷刺激等也是本病的诱因。

**【症状】**

1.直肠部分性脱出(黏膜性脱出)　俗称"脱肛"(图9.3),常在猪卧地或排粪后,在肛门外突出一个鲜红色或暗红色的球形肿胀物,表面形成许多横纹皱褶。初期常可自行缩回。若反复出现时,直肠黏膜受到尾巴及外界异物的刺激,很快出现水肿、感染或坏死。

2.直肠全层脱出　可见由肛门内突出圆筒状下垂的肿胀物(图9.4),同时表面污秽不洁,混有泥土、粪便等,脱出的黏膜干裂,甚至发生坏死。严重病例往往伴有全身症状,体温升高,食欲减退,并频频努责。

当前段直肠连同小结肠套入脱出的直肠内时,在肛门后面形成的圆柱状肿胀,比单纯性直肠脱硬而厚,手指伸入脱出的肠腔内,可摸到套入的肠管,也称直肠疝。有时套入的肠管突出于脱出的直肠外。此时脱出的肠管由于后肠系膜的牵张,其圆柱状肿胀向上弯曲。

图 9.3　猪直肠部分脱出

图 9.4　猪直肠全层脱出

**【诊断】**

肛门外可见鲜红色至暗红色的脱出物。根据临床症状诊断不难。但要注意判断是否并发肠套迭和直肠疝。单纯性的直肠脱出,呈圆筒状肿胀,脱出部分向下弯曲、下垂,手指不能沿脱出的直肠和肛门之间向骨盆方向插入,而伴有肠套迭时,脱出的肠管由于受肠系膜牵引,而使脱出的圆筒状肿胀向上弯曲,坚硬而厚,手指可沿直肠和肛门之间向骨盆腔方向插入。

另外,要注意是散发还是群发,若为群发,则可能需更改日粮配方。

**【治疗】**

尽早处理脱出的直肠,以防破裂感染。

1.整复　即使脱出的肠管恢复到原位上。适用于发病初期或部分脱垂的病例。方法是:先用10%高渗盐水或0.1%高锰酸钾或1%明矾溶液清洗脱出部分,除去污物或坏死黏膜,涂上润滑剂或抗生素,缓慢将脱出的黏膜还纳于肛门内。在肠管还原后,可在肛门处温敷,以防复发。

2.固定　为防止再脱,在肛门周围进行荷包缝合。猪留1~2指大小的排粪口,7~10 d后拆线。在距离肛门边缘1~2 cm处,分上下左右4点,每点皮下注射10%氯化钠溶液15~30 mL,使局部发生无菌性炎症,可起到固定作用。

3.手术切除　适用于脱出过多、整复困难、脱出直肠发生坏死、穿孔、有套叠而不能复位的病例。

先清洗消毒患部,局部浸润麻醉。固定肠管,在固定针后约2 cm处,将坏死直肠环形横切,充分止血(应特别注意位于肠管背侧痔动脉的止血)。分别把浆膜和肌层分别作结节缝合。用0.1%新洁尔灭或0.1%高锰酸钾溶液充分冲洗,蘸干,除去固定针,涂上碘甘油或抗生素还纳于肛门内。

4.术后护理　手术后喂以麸皮、米粥和柔软饲料,多饮温水,防止卧地;给以镇静、消炎措施;注意使腹压升高的因素,如便秘、下痢等。

# 项目 10　四肢疾病

项目导读

**项目导读**

　　本项目主要内容包括动物跛行、关节疾病、肌腱、黏液囊、骨折及蹄部疾病的种类、诊断、治疗方法。通过本项目的学习使学生掌握肢体病的诊断与治疗，并应用于实践。

## 任务 10.1　跛行诊断

**学　习　目　标**

　　1.会对动物进行跛行诊断。

　　2.会对各种跛行进行鉴别诊断。

　　3.能对跛行动物进行有效治疗,减轻疼痛,促进康复。

　　跛行是动物的肢蹄或其邻近部位因病态而表现出的四肢运动机能障。跛行不是一种独立的疾病,而是肢蹄疾病或某些疾病的一种综合症状。

**【跛行的原因、种类与程度】**

1.跛行的原因　跛行的原因很多,许多疾病都可引起,主要归纳如下:

（1）由于四肢的运动及支柱器官的疼痛性疾患,如跌打损伤、滑倒等,使关节、肌腱、腱鞘、滑膜囊等发生急性炎症,而引起四肢机能障碍。

（2）由于慢性炎症过程,形成关节粘连,骨瘤,腱及韧带挛缩等,引起四肢异常运动,呈现四肢机械性障碍。

（3）由于神经麻痹和肌肉萎缩,如肩胛上神经麻痹、桡神经麻痹、坐骨神经麻痹及股四头肌萎缩,则四肢肌肉功能受阻碍,而影响四肢运动。

（4）由于某些疾病过程,常可引起四肢机能障碍,如血管、胃肠疾患,无机盐代谢障碍（骨软症、佝偻病）、风湿病、鼻疽、布氏杆菌病、睾丸炎、阴囊疝及中毒等,都可引起不同程度的跛行。

2.跛行的种类　跛行的种类主要根据患肢机能障碍的状态及步幅的变化来确定。

健康家畜的四肢在前进运动中,必须经过两个阶段或时期才能完成,即一肢的悬垂作用(悬垂期)与另一肢的支柱作用(支柱期)是同时开始,同时停止的(即前进中四肢的左前右后与右前左后互为悬垂互为支柱)。因此,要弄懂跛行的种类,必须了解健康家畜运动正常步幅。

正常家畜运动时,一肢的支柱作用(支柱期)与对侧另一肢的悬垂作用(悬垂期),是同时起同时止。所谓家畜的步幅,就是悬垂肢从第 1 次着地的蹄迹到第 2 次着地的蹄迹之间的距离,称为一步,也称为一步幅。在行进同时,此一步幅以被对侧支柱肢的蹄迹分为两个半步(或两个步段),在对侧支肢蹄迹前方的叫前半步,在对侧支柱肢蹄迹后方的叫后半步。前后两个半步的距离,健康家畜是基本相等的(图 10.1)。

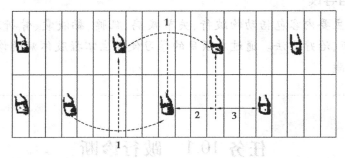

图 10.1　健康家畜的步幅

1—一步幅;2—后半步;3—前半步

当肢蹄患病时,患肢的一步与对侧健康肢的一步,仍然是相等同长,也就是患肢悬垂作用障碍时,由支柱作用来补偿,如支柱作用障碍时,则由悬垂作用来补偿。其一步幅虽无变化,但其一步幅的前后两个半步在比例上发生明显改变。即患肢的一步被对侧健肢分成的前后两个半步,其中一个半步增长时则另一个半步相应缩短,以调节其运步。若前半步缩短则称前方短步,若后半步缩短则称后方半步。

在形成步幅的过程中,如悬垂作用或支柱作用出现机能障碍,则步幅的前后两个半步发生明显变化,根据步幅的变化跛行可分为以下 3 种:

(1)支跛(踏跛)。患肢在支柱或负重瞬间,表现明显的机能障碍,称为支跛,如图 10.2所示。支跛最基本的特征是负重时间缩短和避免负重。驻立时呈现减负体重或免负体重,或两肢频频交替。在运步时,对侧的健肢就比正常运步时伸出得快,即提前落地,所以以健蹄

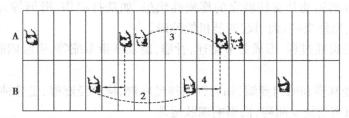

图 10.2　患支跛家畜的步样

A.健肢　　B.患肢

1、4—后半步;2、3—一步幅

蹄印量患肢所走的一步时,呈现后一半步短缩,临床上称为后方短步。某些负重较大的关节,其关节面或关节内有炎症或缺损时,也表现为支跛。可以概括为"敢抬不敢踏,病痛腕跗下"。

（2）悬跛（运跛、扬跛）。患肢的提举和伸扬出现机能障碍,称为悬跛（图10.3）。其特征是患肢提举伸扬不充分（抬不高、迈不远）,患肢前进运动时,在步伐的速度上和健肢比较常常是缓慢的。两肢腕跗关节抬举的高度,患肢常常是比较低下,该肢常拖拉前进。患肢"抬不高"和"迈不远",所以以健蹄蹄印量患肢的一步时,出现前半步短缩,临床上称为前方短步。前方短步,运步缓慢,抬腿困难是临床上确定悬跛的表现。

关节的伸屈肌及其附属器官分布在上述肌肉的神经、关节囊、牵引肢前进的肌肉、关节屈侧皮肤、某些淋巴结、某些部位的骨膜等发生炎症或疾患时,都可引起悬跛。可以概括为"敢踏不敢抬,病痛上段呆"。

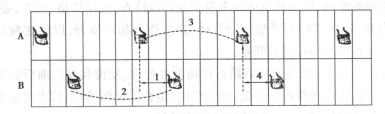

图 10.3　患悬跛家畜的步样
A.健肢　　B.患肢
1,4—前半步;2,3——步幅

（3）混合跛（混跛）。患肢提举、伸扬及负重时,都出现机能障碍,称为混合跛,即支跛与悬跛的特征同时存在。根据患肢步幅,前后半步的长短,又可分为以支跛为主的混合跛（支混跛）和以悬跛为主的混合跛（悬混跛）。混合跛常见于上部关节疾病、上部骨折、神经及肌肉麻痹,或肢体上下段同时患病。

3.临床上以某些独特状态命名的特殊跛行的特征

（1）间歇性跛行。马在开始运步时,一切都很正常,在劳动或骑乘过程中,突然发生严重的跛行,甚至马匹卧下不能起立,过一会儿跛行消失,运步和正常马匹一样。但在以后运动中,可再次复发,这种跛行常发于以下情况:动脉栓塞;习惯性脱位;关节石。

（2）黏着步样。呈现缓慢短步,见于肌肉风湿、破伤风等。

（3）紧张步样。表现呈现急速短步,见于蹄叶炎。

（4）鸡跛。患肢运步呈现高度举扬,膝关节和跗关节高度屈曲,肢在空间停留片刻后,又突然着地,如鸡行走的样子（图10.4）。

以临床特殊状态而命名的特殊跛行,只能作为以生理机能分类的补充。临床工作者还把不能确诊病名的跛行,按发病的部位而分为蹄跛行、肩跛行、髋跛行等。

4.跛行的程度　家畜的运动机能障碍,由于原因和经过不同,可以表现为不同的程度,所以当跛行诊断时,除了确定跛行的种类外,同时还要确定跛行的程度,以

图 10.4　鸡跛

便测知病患的严重性。跛行程度临床上分为3类。

（1）轻度跛行。患肢驻立时可以蹄全负缘着地，有时比健肢着地时间短。运步时稍有异常，或病肢在不负重运动时跛行不明显，而在负重运动时出现跛行。

（2）中度跛行。患肢不能以蹄全负缘负重，仅用蹄尖着地，或虽以蹄全负缘着地，但上部关节屈曲，减轻患肢对体重的负担。运步时可明显看出提伸有障碍。

（3）重度跛行。患肢驻立时几乎不着地，运步时有明显的提举困难，甚至呈三肢跳跃前进。

【诊断方法】

跛行诊断是比较复杂繁难的临床工作，不能只单纯注意局部病变，而应该从有机体是一个整体出发来诊断疾病，应该对机体的全身状况加以检查，包括体格、营养、姿势、精神状态、被毛、饮欲、食欲、排尿、排粪、呼吸、脉搏、体温等，逐项加以检查，以供在判断病情时参考。同时也要注意患畜和外界环境的联系。

1.病史调查　通过询问方法了解跛行动物饲养管理、使役和发病前后的情况，询问内容包括：患畜的饲喂、管理和使役的情况；瘸的时间；是否受过伤，腿瘸后当时的表现；何时瘸得最厉害；患畜以前得过此病没有；得病后治疗情况等。

2.确定患肢　采用视诊方法检查。观察动物在站立或运动中所表现的异常状态，可分驻立检查和运步检查。

（1）驻立检查。驻立视诊在确诊疾病上有时可起主导作用，因为通过驻立视诊，可找到确诊疾病的线索。视诊时，应离患畜1 m以外，围绕患畜走一圈，仔细发现各部位的异常情况。驻立视诊时应该注意：肢的驻立和负重；被毛和皮肤；肿胀和肌肉萎缩；蹄和蹄铁；骨及关节。

（2）运步检查。运步检查视诊的目的主要是确定患肢；定患肢的跛行种类和程度。初步发现可疑的患部，为进一步诊断提供线索。

举扬和负重状态：判定是前方短步还是后方短步，听蹄音，以确定跛行种类，找出患肢。

点头运动：一前肢发生支跛时，健肢着地负重时，头向健侧低下；患病前肢着地负重时，则头向患侧高举，此种随运步而上下摆动头部的现象，称点头运动，概括为"点头行，前肢痛""低在健，抬在患"。

臀部升降运动：一后肢发生支跛时，为使后躯重心移向对侧健肢，在健肢负重时，臀部显著下降，而患肢负重时臀部显著高举，称此为臀部升降运动，概括为"臀升降，后肢痛""降在健，升在患"。

运动量对跛行程度的影响：当有关节扭伤、蹄叶炎等带疼痛性疾患时，跛行程度随运动量的增加而加剧。患风湿病等疾病时，跛行程度随运动的增加而逐渐减轻乃至消失。

用上述方法尚不能确定患肢时，可用促使跛行明显化的一些特殊方法，这些方法不但能够确定患肢，而且有时可确定患部和跛行种类。

圆周运动：圆周运动时圈子不能太小，过小不但阻碍肢的运动，而且不便于两肢比较。支持器官有疾患时，圆周运动病肢在内侧可显出跛行，因为这时身体重心落在靠内侧的肢上较多。主动运动器官有疾患时,外侧的肢可出现跛行,因为这时外侧肢比内侧肢要经过较大的路径,肌肉负担较大。

回转运动:使患畜快步直线运动,趁其不备的时候,使之突然回转,患畜在向后转的瞬时,可看出患肢的运动障碍。回转运动需连续进行几次,向左向右都要回转,以便比较。

乘挽运动:驻立和运步都不能认出患肢时,可行乘骑或适当拉挽运动,在乘挽运动过程中,有时可发现患肢。

硬地、不平石子地运动:有些疾病患肢在硬地和不平石子地运动时,可显出运动障碍,因为这时地面的反冲力大,可使支持器官的患部遭受更大震动,或蹄底和腱、韧带器官疾患在不平石子上运步时,加重了局部的负担,使疼痛更为明显。

软地运动:在软地、沙地运步时,主动运动器官有疾患时,可表现出机能障碍加重,因为这时主动运动器官比在普通路面上要付出更大的力量。

上坡和下坡运动:前肢的悬跛和后肢的悬跛,上坡时跛行都加重,后肢的支跛在上坡时,跛行也加重;前肢的支持器官有疾患时,下坡时跛行明显。

3.寻找患部　患肢确定后,就可以进一步观察跛行的种类和程度,有步骤、有重点地进行肢蹄检查,以找出患病部位。检查过程中尤其要注意与对侧肢进行比较。

(1)蹄部检查。主要注意蹄形有无变化;蹄壁面有无裂缝或缺损;蹄底各部有无刺伤物及刺伤孔等。检查牛蹄时应特别注意趾间韧带有无异常。以手掌触摸蹄壁,感知蹄温,并应做对比检查。若蹄内有急性炎症,则蹄温显著升高。用检蹄钳敲打蹄壁、钉节和钉头,再钳压蹄匣各部,如动物拒绝敲钳压,或肢体上部肌肉呈现收缩反应或抽动患肢,则说明蹄内有带痛性炎症存在。

(2)肢体检查。使患畜自然站立由冠关节开始逐渐向上触摸压迫各关节、屈膝、骨骼等部位,注意有无肿胀、增温、疼痛、变形等变化。

(3)被动运动检查。即人为地使动物关节、腱及肌肉等做屈佃、伸展、内收、外转及旋转运动,观察其活动范围及患病情况,有无异常音响,进而发现患病部位。

4.特殊诊断方法　在上述诊断方法尚不能确诊时,根据情况可选用下述的特殊诊断方法。

(1)测诊。测诊常用的工具有穹窿计、测尺(直尺和卷尺)、量角规等,如无上述工具,也可用绳子、小木棍等代替。常用卷尺量关节周径,以确定其肿胀程度。

(2)外围神经的麻醉诊断。用 1%~2% 盐酸普鲁卡因液 20~60 mL 注射到所怀疑的部位,皮下先注射少量,然后准确地注射到要麻醉的组织,注射后加以局部按摩,使药液能均匀地分布到所麻醉的组织内,15~20 min 后,可观察动物的运步。外围神经麻醉后,患部或神经所支配的部位疼痛暂时消失,跛行也可随痛觉消失而消失,这样便可鉴明诊断所怀疑的部位。麻醉诊断用于肢的下部,效果比较确实。怀疑有骨裂和韧带、腱部分断裂时,不能应用麻醉诊断。麻醉诊断顺序,应该从肢的最下部开始,因为最下部麻醉呈阴性时,仍可顺序向上进行麻醉。但麻醉重点怀疑部位和痛点浸润麻醉例外。

(3)X 射线诊断。在四肢的骨和关节疾患,如骨折、骨膜炎、骨炎、骨髓炎、骨质疏松、骨坏死、骨溃疡、骨化性关节炎、关节愈着、关节周围炎、脱位等,可以广泛地应用 X 射线检查。

当怀疑肌肉、腱和韧带有骨化时,可用 X 射线确诊,当组织内进入异物,如针、钉子、铁丝等,可用 X 射线检查。

（4）直肠内检查。直肠检查在大动物髋部疾病的确诊上有着特殊的作用,因为髋骨外面有很厚的肌肉,不容易摸到骨的病理变化,同时,骨盆腔内有许多器官,它们有病理过程时,也会引起肢的机能障碍。当髋骨骨折、腰椎骨折、髂荐联合脱位时,直肠检查不但可确诊,而且还可了解其后遗症和并发症,如血肿、骨痂等。此外,腰肌的炎症过程、腹主动脉及其分支的血栓、股骨头脱位等都可用直肠检查确诊。

（5）热浴检查。当蹄部的骨、关节、腱和韧带有疾患时,可用热浴作鉴别诊断。在水桶内放 40 ℃ 的温水,将患肢热浴 15～20 min,如为腱和韧带或其他软组织的炎症所引起的跛行,热浴以后,跛行可暂时消失或大为减轻,相反,如为闭锁性骨折、籽骨和蹄骨坏死或骨关节疾病所引起的跛行,应用热浴以后,跛行一般都增重。

（6）斜板试验。斜板（楔木）试验主要用于确诊蹄骨、屈腱、舟状骨（远籽骨）、远籽骨滑膜囊炎及蹄关节的疾病。斜板为长 50 cm,高 15 cm,宽 30 cm 的木板一块,检查时,迫使患肢蹄前壁在上,蹄踵在下,站在斜板上,然后提举健肢,此时,患肢的深屈腱非常紧张,上述器官有病时,动物由于疼痛加剧不肯在斜板上站立。

（7）电刺激诊断。神经和肌肉麻痹时,其对电刺激应激性减弱,因而两侧肢同一部位比较,可确定患部和麻痹的程度。

（8）实验室诊断。实验室检查在跛行诊断上可起辅助作用。通过实验室检查,对某些病的病理性质可以确诊。

当怀疑关节、腱鞘、黏液囊有炎症时,可抽出腔内液体进行检查,检查颜色、黏稠度、细胞成分及氢离子浓度等。关节单纯性炎症时,抽出物为浆液性并含有炎性细胞;化脓时,抽出物常为混浊状态;关节血肿时,抽出物为血液成分;关节内骨折时,抽出物中常含有血细胞成分和脂肪颗粒。

# 任务 10.2　关节疾病

学 习 目 标

1.会对各种关节疾病进行诊断。

2.能判断关节损失情况,对患病动物采取有效治疗方案,以提高运动功能。

## 10.2.1　关节扭伤

关节扭伤是指关节在突然受到间接的机械外力作用下,超越了生理活动范围,瞬时间的过度伸展、屈曲或扭转而发生的关节损伤。此病是最常发生于系关节和冠关节,其次是跗、膝关节、肩关节和髋关节。各种动物均可发生。

【病因】

关节扭伤发病原因是动物在不平道路上的重剧使役,急转、急停、转倒、失足登空、嵌夹于穴洞的急速拔腿、跳跃障碍、不合理的保定、肢势不良、跌倒等;这些病因的主要致伤因素是机械外力的速度、强度和方向及其作用下所引起的关节超生理活动范围的侧方运动和屈伸引起关节韧带和关节囊损伤。

【症状】

关节扭伤的共同症状:受伤当时立即出现不同程度的跛行。站立时患肢屈曲,减负体重以蹄尖着地,或完全不敢负重而提举。

触诊患部肿胀、热痛,压迫损伤的关节侧韧带时有明显压痛点。被动扭转使受伤关节韧带紧张时,疼痛反应激烈。当关节韧带断裂,可感到关节活动范围增大,严重的还可听到骨端撞击声音。

四肢上部关节扭伤时,由于肌肉丰满较厚,患部肿胀常不明显。

【治疗】

关节扭伤的原则:制止出血和炎症发展,促进吸收,镇痛消炎,预防组织增生,恢复关节机能。

1.制止出血和渗出  在伤后 12 d 内,为了制止关节腔内的继续出血和渗出,应进行冷疗和绷带压迫包扎。冷疗可用冷水浴或冷敷。症状严重时,可注射加速凝血剂使病畜安静。

2.促进吸收  急性炎症缓和,渗出减轻后,及时采用 25～40 ℃温水浴,连续使用,每用 2～3 h 后,应间隔 2 h 再用。或干热疗法(热水袋、热盐袋)促进溢血和渗出液的吸收。同时关节内注入 0.25%普鲁卡因青霉素溶液。或石蜡疗法、酒精鱼石脂绷带,或敷中药四三一散(处方:大黄 4.0 g、雄黄 3.0 g,龙脑 1.0 g,研细,蛋清调敷)。

3.消炎镇痛  向疼痛较重的患部注射 0.25%～0.5%盐酸普鲁卡因溶液 30～40 mL,或向患关节内注射 2.0%盐酸普鲁卡因溶液。或涂擦弱刺激剂,如 10%樟脑酒精、碘酊樟脑酒精合剂(处方:5%碘酊 20 g、10%樟脑酒精 80 mL),或注射醋酸氢化可的松。在用药的同时适当牵遛运动,加速促进炎性渗出物的吸收。必要时,可用抗生素与磺胺类药物。

对转为慢性经过的病例,患部可涂擦碘樟脑醚合剂(处方:碘 20 g、95%酒精 100 mL、乙醚 60 mL、精制樟脑 20 g、薄荷脑 3 g、蓖麻油 25 mL)每天涂擦 5～10 min,涂药同时进行按摩,连用 3~5 d。

## 10.2.2  关节挫伤

马、骡和牛经常发生关节挫伤,多发生于肘关节、腕关节和膝关节,而其他缺乏肌肉覆盖的膝关节、跗关节也有发生。

【病因】

打击、冲撞、跌倒、跳越沟崖,拖曳重车时滑倒等常引起关节挫伤。牛棚地面(畜床)不平,不铺垫草,缰绳系绊得过短,牛在起卧时腕关节碰撞饲槽,是发生腕关节挫伤的主要原因。

【症状】

轻度挫伤时,皮肤脱毛,皮下出血,局部稍肿,随着炎症反应的发展,肿胀明显,有指压痛,他动患关节有疼痛反应,轻度跛行。

重度挫伤时,患部常有擦伤或明显伤痕,有热痛、肿胀,病后经 24～36h 则肿胀达高峰。初期肿胀柔软,以后坚实。关节腔血肿时,关节囊紧张膨胀,有波动,穿刺可见血液。软骨或骨骺损伤时,症状加重,有轻度体温升高。病畜站立时,以蹄尖轻轻支持着地或不能负重。运动时出现中度或重度跛行。损伤黏液囊或腱鞘时,并发黏液囊炎或腱鞘炎。

【治疗】

治疗方法同关节扭伤,擦伤时,按创伤疗法处理。

### 10.2.3 关节创伤

关节创伤是指各种不同外界因素作用于关节囊招致关节囊的开放性损伤。有时并发软骨和骨的损伤,多发生于跗关节和腕关节,并多损伤关节的前面和外侧面,但也发生于肩关节和膝关节。

【病因】

锐利物体的致伤,有刀、叉、枪弹、铁丝、铁条、犁铧等所引起刺创、枪创,钝性物体的致伤等。

【症状】

根据关节囊的穿透有无,分关节透创和非透创。

1.关节非透创　轻者关节皮肤破裂或缺损、出血、疼痛,轻度肿胀。重者皮肤伤口下方形成创囊,内含挫灭坏死组织和异物,容易引起感染。

2.关节透创　特点是从伤口流出黏稠透明、淡黄色的关节滑液,有时混有血液或由纤维素形成的絮状物,有滑液流出,严重挫创时跛行明显。多为悬跛或混合跛行。

伤后关节囊伤口长期不愈合,滑液流出不止,出现感染症状。

【治疗】

限制关节活动,首先作创伤外科治疗(见创伤疗法)。

1.局部理疗　为改善局部的新陈代谢,促进伤口早期愈合,可应用温热疗法,如温敷、石蜡疗法、紫外线疗法、红外线疗法和超短波疗法,以及激光疗法等。

2.全身疗法　为了控制感染,从病初开始尽早地使用抗生素疗法,磺胺疗法、普鲁卡因封闭疗法(腰封闭)、碳酸氢钠疗法。自家血液和输血疗法及钙疗法(处方:氯化钙 10 g、葡萄糖 30 g、苯甲酸钠咖啡因 1.5 g、生理盐水溶液 500 mL,灭菌,一次注射,或氯化钙酒精疗法(处方:氯化钙 20 g、蒸馏酒精 40 mL、0.9%氯化钠溶液 500 mL,灭菌,马一次静脉内注射)。

### 10.2.4 关节脱位

关节骨端的正常的位置关系,因受力学的、病理的以及某些作用,失去其原来状态,称关节脱位或脱臼。关节脱位常是突然发生,有的间歇发生,或继发于某些疾病。本病多发生于各种动物。

关节脱位按病因可分为:先天性脱位、外伤性脱位、病理性脱位、习惯性脱位。按程度可分为:完全脱位、不全脱位、单纯脱位、复杂脱位。

【病因】

脱位的原因可分为外伤性、病理性及先天性 3 种。

(1)外伤性者多见于打击、冲撞、蹴踢、坠落、滑倒、跳跃、突然起立以及肌肉强力收缩等。

(2)病理性者多起因于关节及骨关节端的疾患,关节囊的紧张或骨关节端破坏。

(3)先天性脱位多由于关节囊的发育不良所致。

【症状】

(1)关节脱位的共同症状。包括关节变形、异常固定、关节肿胀、肢势改变和机能障碍。

①关节变形。因构成关节的骨端位置改变,使正常的关节部位出现隆起或凹陷。

②异常固定。因构成关节的骨端离开原来的位置被卡住,使相应的肌肉和韧带高度紧张,关节被固定不动或者活动不灵活,运动后又恢复异常的固定状态,带有弹拨性。

③关节肿胀。由于关节的异常变化,造成关节周围组织受到破坏,因出血、形成血肿及比较剧烈的局部急性炎症反应,引起关节的肿胀。

④肢势改变。呈现内收、外展、屈曲或者伸张的状态。

⑤机能障碍。伤后立即出现。由于关节骨端变位和疼痛,患肢发生程度不同的运动障碍,甚至不能运动。

(2)临床上以膝盖骨上方脱位多见,其特征为站立时大腿、小腿强直,呈向后伸直肢势,膝关节、跗关节完全伸直而不能屈曲。如两后肢膝盖骨上方脱位同时发生时,病畜完全不能运动。

有时在运动中,突然发出复位声,脱位的膝盖骨自然复位,恢复正常肢势。局部炎症和跛行消失。如症状长期持续,常并发关节炎、关节周围炎。

【治疗】

原则:早期整复、确实固定、促进断裂韧带的修复、功能锻炼。

复位是使关节的骨端回到正常的位置,整复越早越好,当炎症出现后会影响复位。整复应当在麻醉状态下实施,以减少阻力,易达到复位的效果。其方法有按、揣、揉、拉和抬等,使脱出的骨端复位;大动物采用绳子将患肢拉开反常固定的患关节,然后按照正常解剖位置使脱位的关节骨端复位;当复位时会有一种声响,此后,患关节恢复正常形态。整复后,下肢关节可用石膏或者夹板绷带固定,经过 3～4 周后去掉绷带,牵遛运动让病畜功能恢复。在固定期间用热疗法效果更好。

膝盖骨上方脱位应切断内直韧带。术部剃毛消毒,适当使用镇静剂,先确定胫骨结节,可摸到软骨样棒状内直韧带,周围局麻。在胫骨结节稍上方内直韧带与中直韧带之间沟内,皮下纵切口 6～7 cm,切开皮下组织、浅筋膜,韧带周围钝性剥离并加以整理,将球头弯刃插入,由内向外切断韧带,创内撒布抗生素或磺胺类药物,缝合筋膜和皮肤,包扎绷带。

### 10.2.5　滑膜炎

滑膜炎是以关节囊滑膜层的病理变化为主的渗出性炎症。按病原性质可分为无菌性和感染性;按渗出物性质可分为浆液性、浆液纤维素性、纤维素性、化脓性及化脓腐败性滑膜炎;按临床经过可分为急性、亚急性和慢性滑膜炎。常发于马、牛、猪、羊。

【病因】

本病主要由于各种肌肉机械性损伤而引起。例如,常在不平道路上负重役,幼龄家畜早期使役或肢势不正,或关节发育不良等均易发生。关节扭伤、挫伤、脱臼,常继发滑膜炎。此外,副伤寒、腺疫、流感、布氏杆菌病以及骨软症等的经过中,也易继发本病。

【症状】

1.急性关节滑膜炎　站立时患肢病关节屈曲,减负体重。运动步时关节屈伸不全,呈支跛或混跛。关节局限性肿胀,增温而有波动。关节囊穿刺时,关节液比较混浊,容易凝固。

如关节腔内有纤维素渗出或感染化脓有脓汁时,症状加剧,并有体温升高等全身变化。往往并发关节炎周围组织的化脓性炎症、骨髓炎等。

2.慢性关节滑膜炎　多由急性转来,其特征是关节腔内有大量渗出物蓄积,波动明显,炎症反应较轻,关节囊肥厚,绒毛增殖。一般不呈明显机能障碍,但关节运动不灵活,屈伸比较缓慢,容易疲劳。关节囊穿刺时,关节液比正常稀薄。

3.治疗　治疗原则是消除致病因素,制止渗出,促进吸收,恢复机能。

(1)急性炎症期。可用冷却疗法制止渗出,以后装着压迫绷带,或石膏绷带。同时进行普鲁卡因封闭。也可先无菌抽出渗出液后用0.5%氢化可的松10~20 mL,或2.5%醋酸可的松2~10 mL加青霉素20万 IU(牛、马)注入关节腔内。隔4~7 d一次。

急性炎症缓和后,促进吸收,可用温热疗法,一般应用石蜡疗法、热醋泥疗法、饱和盐水湿绷带或鱼石脂热酒精绷带等。每日2~3次。静脉注射氯化钙或葡萄糖酸钙有良好辅助作用。

(2)慢性炎症可碘樟脑醚涂擦后结合用温敷疗法。

### 10.2.6　关节周围炎

关节周围炎是在关节囊及韧带抵止部所发生的慢性纤维性和慢性骨化性炎症,但毫不损伤关节滑膜组织。此病多发生于马的腕关节、跗关节、膝关节和冠关节,特别是前两者比较多见,牛也发生。

【病因】

常继发于关节的扭伤、挫伤、关节脱位及骨折等,因关节剧伸,韧带、关节囊的抵止部的滑膜发生撕裂,有时并发于关节囊的蜂窝织炎,以及凡能使关节边缘的骨膜长期受刺激的慢性关节疾病,关节烧烙和涂强刺激剂,牛的布氏杆菌病等,都能引起关节周围炎。

【症状】

本病可分为慢性纤维性关节周围炎和慢性骨化性关节周围炎两种。

1.慢性纤维性关节周围炎 患关节出现无明显热痛、界限不清的坚实性肿胀,关节粗大,外形稍平坦,关节活动范围小,运动有疼痛且关节不灵活,特别是在休息之后,运动开始时更为明显,继续运动一段时间后,此现象逐渐减轻或消失,久病可能因增生的结缔组织收缩,发生关节挛缩。

2.慢性骨化性关节周围炎 由于纤维结缔组织增殖,骨化,关节粗大,活动性小,甚至不能活动,肿胀坚硬无热痛。硬肿部位根据骨赘或骨瘤的部位不同,有的在某侧,有的在关节的屈面或伸面,有的包围全关节。肿胀部位皮肤肥厚,可动性小。运动时,关节活动不灵活(强拘)、屈伸不充分,并根据骨质增生的程度、部位的不同,机能障碍的程度也不同。有的跛行明显,有的仅在运动开始时出现跛行,有的不出现跛行。休息时不愿卧倒,卧倒时起立困难。病久患肢肌肉萎缩。

诊断本病时,对有疑问的病例,可进行传导麻醉或 X 线检查。

【治疗】

对慢性纤维型关节周围炎,应用温热疗法,酒精温敷、可的松皮下注射、透热疗法及碘离子透入疗法。可试用二氧化碳激光扩焦患部照射。

### 10.2.7 髋部发育异常

髋部发育异常是狗常见的一种髋关节病,以髋关节发育不良和不稳定为特征,股骨头从关节窝半脱位到完全脱位,最后引起髋关节变性性关节病。本病多见于大型、快速生长的品种,如德国牧羊犬,但在较小型犬(比格犬)和猫也有报道。

【病因】

髋部发育异常是多因素的,与遗传、营养、骨盆部肌肉状态、髋关节的生物力学、滑液量等都有关系。在未成年犬,医源性原因也可引起本病。

【症状】

症状出现,通常始于 5~8 月龄,几年以后出现变性性关节病征候。

后肢抬起困难,特别在运动后。股骨头外转时疼痛,触摸可认髋关节松弛。负重时出现跛行,髋关节活动范围限制。后肢肌肉可见萎缩。

放射学摄片检查,轻度时变化不明显;中度以上时可见髋臼变浅,股骨头半脱位到完全脱位,关节间隙消失,骨硬化,股骨头扁平,髋变形,有骨赘。放射学摄片所见不一定与临床征候成正相关。

【治疗】

控制运动,减少体重,给镇痛药。手术治疗,可用髋关节成形术。耻骨肌切断,可减轻疼痛。

# 任务 10.3　肌、腱、黏液囊疾病

1.会诊断肌腱、黏液囊疾病。

2.会治疗肌腱、黏液囊疾病。

3.能对患肌腱、黏液囊疾病的动物进行综合防治。

## 10.3.1　腱炎

腱炎是负重时,超过其生理范围,腱纤维因高度牵张发生炎症。役用马、骡、驴和役用牛的常发疾病。在马、骡、驴的前肢多发。牛后肢发病率较高。一般屈腱比伸腱发病多。

**【病因】**

装蹄不当、滑倒、使役不当等于机械性损伤,炎症都能引起腱的剧伸损伤腱纤维而发病。少数因外伤或局部感染引起腱炎。也有发生于蟠尾丝虫的寄生,引起非化脓性或化脓性腱炎。

**【症状】**

1.急性无菌性腱炎　患部增温,肿胀疼痛。不同程度的跛行。腱变粗而硬固,弹性降低乃至消失,结果出现腱的机械障碍。因损伤部位的肉芽组织机化形成瘢痕组织,腱短缩,甚至与之有关的关节活动均受限制。腱的挛缩和骨化,常能引起腱性突球。病因不除或治疗不当,则容易转为慢性炎症。

2.慢性纤维性腱炎　经常反复的损伤所引起的,患部硬固疼痛肿胀;病畜每当运动开始,表现严重的跛行,随着运动则跛行减轻或消失。休息之后,患部迅速出现瘀血,疼痛反应加剧。

3.化脓性腱炎　临床症状比无菌性炎症时剧烈,常发部位在腱束间的结缔组织,因而经常并发局限性的蜂窝织炎,最终能引起腱的坏死。

**【治疗】**

治疗原则是减少渗出,促进吸收和出血凝固,防止腱束的继续断裂,恢复功能。

1.急性炎症时的腱炎　首先使病畜安静,如出现肢势不正或护蹄、装蹄不当的病例,进行矫形装蹄和削蹄,以防止腱束的继续断裂和炎症发展。

急性炎症初期,为控制炎症发展和减少渗出,可用冷疗法。病后 1～2 d 内进行冷疗,亦可使用冰囊、雪囊、凉醋、明矾水和醋酸铅溶液冷敷。炎症减轻后,为了消炎和促进吸收,使用酒精热绷带、酒精鱼石脂温敷,或涂擦复方醋酸铅散加鱼石脂等。抑或使用中药消炎散(处方:乳香、没药、血竭、大黄、花粉、白芷各 100 g,白芨 300 g,碾细加醋调成糊状)贴在患部,包扎绷带,药干时可浇以温醋。

封闭疗法,将盐酸普鲁卡因注射液注于炎症患部,效果较好。

2.慢性经过时间较久的腱炎 对亚急性和转为慢性经过时间不久的病畜,应当使用热疗法,如电疗、离子透入疗法、石蜡疗法,或使用可的松3~5 mL加等量0.5%盐酸普鲁卡因注射液在患肢两侧皮下进行点注,每点间隔2~3 cm,每点注入0.5~1 mL,每4~6 d一次,3~4次为一疗程。也可以涂擦碘汞软膏(处方:水银软膏30.0 g、纯碘4.0 g)2~3次,用至患部皮肤出现结痂为止,但在每次涂药后,应包扎厚的绷带。用药后注意护理,预防咬舔患部。经过5~10 d换绷带。腱挛缩时可进行切腱术。

3.化脓性腱炎 应按照外科感染疗法治疗。

### 10.3.2 黏液囊炎

黏液囊炎由于机械作用引起黏液囊的浆液性、浆液纤维素性及化脓性炎症。临床上,家畜四肢的皮下黏液囊炎较多见,其中以马、骡的肘结节皮下黏液囊炎、牛的腕前皮下黏液囊炎最多发,并常取慢性经过,肉用型鸡常见有龙骨黏液囊炎。

【病因】

主要是黏液囊长期受机械刺激所致,如与地面的摩擦、压迫、跌打、蹴踢、冲撞,以及挽具、饲槽、墙壁等的压迫与摩擦,牛厩床不平、牛栏狭小更易发生。此外,周围组织炎症的蔓延以及布氏杆菌病等疾病继发。

【症状】

1.共同症状 急性炎症时,黏液囊紧张膨胀,体积增大,热痛,波动明显,有机能障碍。皮下黏液囊炎的肿胀轻微,界限不清,常无波动,机能障碍显著。

慢性炎症时,患部呈无热无痛的局限性肿胀,机能障碍明显。若为浆液性炎症时,黏液囊显著增大,波动明显,皮肤可移动。若为浆液纤维素性炎时,肿胀大小不等,突出处有波动,有的部位坚实微有弹性,若纤维组织增多,则囊腔变小,囊壁明显肥厚,触诊硬固坚实,皮肤肥厚。

化脓性炎时,多为弥漫性,波及周围组织发生蜂窝织炎,有时体温升高,机能障碍显著。

2.结节间滑液囊炎 病畜在举肢前进时,患肢表现高度悬跛。病肢提举困难,甚至在疼痛减轻之后,当运步时病肢仍为前方短步。强迫行进时,病畜拒绝患肢负担体重。后退时并无多大困难(图10.5)。

3.肘头皮下黏液囊炎 俗称"肘肿",经常出现的症状是在肘头部有界限明显的肿胀,发炎的黏液囊内积聚含有纤维素凝块的液体,大如人拳。破溃时流出带血的渗出液。黏液囊内含物有时可被吸收,黏液囊周围的炎症亦随之消失。过度延伸的皮肤,形成松弛的皱襞。本病一般没有跛行(图10.6)。

4.腕前皮下黏液囊炎 俗名"膝瘤"或"冠膝"。病畜腕关节前面发生局限性、带有波动性的隆起,逐渐增大,无痛无热,时日较久,患病皮肤被毛卷缩,皮下组织肥厚。牛的腕前膨大可增至排球大小,上皮角化,呈鳞片状。肿胀的内容物多为浆液性,混有纤维素小块,有时带有血色。如有化脓菌侵入,则形成化脓性黏液囊炎。若腕前皮下黏液囊由于炎症积液多而过度增大,运步时出现机械障碍。

图 10.5 左前肢结节间滑
液囊炎的悬跛肢势

图 10.6 马的左侧肘头
皮下黏液囊炎

【治疗】

治疗原则是去除病因,抑制渗出,促进吸收。

病初 48 h 内的急性炎症可用冷疗,例如冷敷、装设冰袋或冷水淋浴。第 3、4 天,局部可用温热疗法。初发的滑液囊炎可用可的松或 2%盐酸普鲁卡因注射液进行囊内注射。慢性过程可多次搓擦松节油或四三一合剂等轻刺激剂,促使炎症的消散。

若已成为化脓性黏液囊炎,可在外下位切开、排脓,然后注入溶有青霉素 80 万 U 的 0.25%盐酸普鲁卡因注射液 20 mL。肌内注射抗菌素。在黏液囊增大、坚实、肥大的慢性过程,可实行手术彻底摘除。

【预防】

加强饲养管理工作。注意地面的平整,铺垫干燥而柔软的垫草。

# 任务 10.4 骨折

学 习 目 标

1.会判断动物骨折情况,并能进行及时处理。

2.会对骨折动物进行有效的治疗。能对复杂骨折动物进行整复与固定。

由于外力的作用,使骨的完整性或连续性遭受机械破坏,出现断、裂、碎现象,同时常伴有周围软组织不同程度的损伤称为骨折。

按骨折病因分为外伤性骨折和病理性骨折;按皮肤是否破损可分为闭合性骨折(骨折部皮肤或黏膜无创伤,骨断端与外界不相通)和开放性骨折(骨折伴有皮肤或黏膜破裂,骨断端与外界相通);按骨损伤的程度和骨折形态可分为不全骨折(骨的完整性或连续性仅有部分中断)和全骨折(骨的完整性或连续性完全被破坏)。

**【病因】**

骨折主要发生在打击、挤压、冲撞、角顶、火器伤等各种机械外力直接直暴力作用。或肌肉过度牵引引起肌肉突然强烈收缩,可导致肌肉附着部位骨的撕裂。食物中缺钙也极易出现病理性骨折。

**【症状】**

1.骨折的特有症状

(1)肢体变形。骨折两断端因受伤时的外力、肌肉牵拉力和肢体重力的影响等,造成骨折段的移位。骨折后的患肢呈弯曲、缩短、延长等异常姿势。

(2)异常活动。正常情况下,肢体完整而不活动的部位,在骨折后负重或作被动运动时,出现屈曲、旋转等异常活动。但椎骨、肋骨、蹄骨、干骺端等部位的骨折,异常活动不明显或缺乏。

(3)骨摩擦音。骨折两断端互相触碰,可听到骨摩擦音,或有骨摩擦感。但在不全骨折、骨折部肌肉丰厚、局部肿胀严重或断端间嵌入软组织时,通常听不到。

2.骨折的其他症状

(1)出血与肿胀。骨折时骨膜、骨髓及周围软组织的血管破裂出血,经创口流出或在骨折部发生血肿,加之软组织水肿,造成局部显著肿胀。

(2)疼痛。骨折后骨膜、神经受损,病畜即刻感到疼痛,患病动物不安、避让,马常可见肘后、股内侧出汗,全身发抖等症状。

(3)功能障碍。骨折后因肌肉失去固定支架,以及剧烈疼痛而引起不同程度的功能障碍,如四肢骨骨折时突发重度跛行、脊椎骨骨折伤及脊髓时可致相应区后部的躯体瘫痪等。

3.全身症状　轻度骨折一般全身症状不明显。严重的骨折伴有内出血、肢体肿胀或者内脏损伤时,可并发急性大失血和休克等一系列综合症状;闭合性骨折于损伤 2~3 d 后,因组织破坏后分解产物和血肿的吸收,可引起轻度体温上升。骨折部若继发细菌感染时,体温升高,局部疼痛加剧,食欲减退。

**【诊断】**

根据外伤史和局部症状,一般不难诊断。根据需要,可用 X 线等方法作辅助检查。

**【治疗】**

骨折后愈合时间的长短以及愈合后病肢功能恢复的程度有较大差异。除了有价值的种畜动物,可尽力进行治疗外,对于一般家畜,若预计治疗后不能恢复生产性能,或治疗费用要超过该家畜的经济价值时,就应该断然作出淘汰的决定。对于犬猫等伴侣动物,骨折通过外固定、内固定术进行治疗效果好。治疗原则:正确整复,合理固定,促进愈合,恢复机能。

1.急救措施　骨折发生后,首先使用镇静和镇痛剂,使患病动物安静,防止断端活动和严重并发症。然后简易夹板临时固定包扎骨折部;注意止血,预防休克;开放性骨折,创伤内消毒止血,撒布抗菌药物后,固定包扎,以防感染。

2.整复与固定

（1）正确整复。患畜侧卧保定,全身浅麻醉或局部浸润麻醉后,按"欲合先离,离而复合"的原则,采取牵引,旋转或屈伸以及提按、捏压断端的方法,使两端正确对接,恢复正常的解剖学位置。

（2）合理固定。骨断端对合复位后,立即进行外固定。常用夹板绷带、石膏绷带、金属支架等。固定部位剪毛、衬垫棉花。固定范围一般应包括骨折部上、下两个关节。马可吊在柱栏内(牛不能长期吊起,犬、羊可自由活动)。开放性骨折,而彻底地清除创内完全游离并失去血液供应的小碎骨片及凝血块等;大块的游离骨片应在彻底清除污染后重新植入,以免造成大块骨缺损而影响愈合。对陈旧开放性骨折,应按感染创处理,清除坏死组织和死骨片,撒布大量抗菌药物,再装着固定绷带或有窗固定绷带。

3.药物疗法和物理疗法 骨折初期局部肿胀明显时,宜选用有关的中草药外敷,同时结合内服有关中药方剂。加速骨痂形成,需要增加钙质和维生素,可在饲料中多添加骨粉、碳酸钙和增加青绿饲草等。幼畜骨折时可补充维生素 A、D 或鱼肝油。必要时可以静脉补充钙剂。

骨折愈合的后期常出现肌肉萎缩、关节僵硬、骨痂过大等后遗症。可进行局部按摩、搓擦,增强功能锻炼,同时配合物理疗法如石蜡疗法、温热疗法、中波透热疗法及紫外线治疗等,以促使早日恢复功能。

# 任务 10.5　蹄部疾病

1.会诊断常见蹄部疾病。

2.会治疗常见蹄部疾病。

3.能根据畜禽养殖生产情况,加强饲料管理,有效防治养牛场腐蹄病。

## 10.5.1　蹄底创伤

蹄底创伤即尖锐物体造成的蹄真皮的损伤,包括蹄钉伤及蹄底刺创。蹄底创伤常伴有出血,往往引起化脓感染,也可并发破伤风。本病多发生于大家畜。

【病因】

钉伤是装蹄时下钉不当引起,如蹄钉直接刺入蹄真皮(直接钉伤)或钉身靠近、弯曲压迫蹄真皮(间接钉伤)等。

蹄底刺创是铁钉、铁丝、气碎铁片、飞茬子等尖锐物体刺入蹄底或蹄叉,损伤深部组织所致。轻则损伤蹄底或蹄叉真皮,重则导致蹄骨、屈腱、籽骨滑膜囊的损伤。

【症状】

直接钉伤的病畜即呈疼痛不安,患肢挛缩拔出蹄钉后,可从钉孔流出血液,有时钉尖带血。间接钉伤常在装蹄后 2~3 d(个别可长达月余)患肢站立时呈蹄尖着地,系部直立,有时表现挛缩,运动时呈中等度支跛,患肢疼痛挛缩,有时可压出污秽黑色液体,蹄温升高。

蹄底刺创常在运动中突然发生支跛,如果刺伤部位是在蹄踵,运步时即蹄尖先着地,同时球节下沉不充分,从蹄叉体或蹄踵垂直刺入深部的刺创,可使蹄深层发炎、蹄枕化脓、蹄骨的屈腱附着部发炎,继发远籽骨滑液囊及蹄关节的化脓性炎症,患肢出现高度支跛。蹄叉中、侧沟及其附近发生刺创,不易发现刺入孔,约 2 周后炎症即在蹄底与真皮间扩展,可从蹄球部自溃排脓。

【治疗】

治疗原则是除去蹄钉和刺伤物,防止感染,加强护理。

除去刺入异物,并注意刺入物有无折损。如果刺入部位不明确,可进行压诊、打诊,以切削患部的蹄底或蹄叉以利确诊。对于刺入孔,用蹄刀扩大创口,用 3% 过氧化氢溶液注洗创内。注入碘酊或青霉素、盐酸普鲁卡因溶液,填塞灭菌纱布块,涂松馏油。然后敷以纱布棉垫,包扎蹄绷带。排脓停止及疼痛消退后,装以铁板蹄铁保护患部。

如并发全身症状,应施行抗生素疗法或磺胺类药物疗法。应注意注射破伤风抗毒素。

【预防】

要注意厩舍、养马场及装蹄场的清洁卫生。应合理装蹄,蹄底、蹄叉不宜过削。

## 10.5.2　牛、羊腐蹄病

腐蹄病是指(趾)间隙皮肤和邻近软组织的急性和慢性坏死性或化脓性炎症,其主要临床特征是蹄叉的角质分解腐败化脓,从蹄叉沟流出恶臭红黄色或黑色黏稠分泌物,又名慢性坏死性蹄皮炎,是牛、羊、猪常发的蹄病。

【病因】

过长蹄、芜蹄、牛舍和运动场潮湿、不洁是本病的病因。蹄叉角质长期受到浸泡;运动不足,护蹄不良,不按时清洁蹄底或挖蹄;蹄叉过削,蹄踵高,均会使蹄叉开张机能减弱,蹄部血液循环不良。指(趾)间皮炎与发生在球部的糜烂有直接关系,结节状杆菌、坏死杆菌,绿脓杆菌,链球菌等从指间隙侵入,在此厌氧环境中大量繁殖,引发此病。

【症状】

呈急性病例的牛羊,一肢或数肢突然出现跛行,卧地不起。体温升高,食欲减退。蹄冠红,肿,热,痛。蹄叉中沟和侧沟出现角质腐烂,排出恶臭污秽不洁液体。大多数病例进展很慢,除非有并发症,很少引起跛行。轻病例只在底部、球部、轴侧沟有小的深色坑,进行性病例,坑融合到一起,有时形成沟状,坑内呈黑色,外观很破碎。最后,在糜烂的深部暴露出真皮。糜烂可发展成窦道,出现红色颗粒性肉芽,触之易出血,跛行加剧,疼痛异常,蹄冠产生不正常蹄轮,使蹄匣变形。

**【治疗】**

应彻底清洁蹄,削除分解或腐烂的角质,用1%高锰酸钾溶液或3%氢氧化钠溶液清洗患部,再用酒精棉球擦干,注入少量5%～10%碘酊。手术扩开所有的窦潜道,冲洗完污物和腐败物质后再用5%来苏儿液或3%硫酸铜溶液进行温蹄浴,然后塞上有0.1%雷佛奴尔溶液的纱布条,应用硫酸铜和松馏油绷带包扎。

当病程从急性转为慢性时,角质分解脱落,蹄深部组织感染形成化脓灶,并形成。真皮乳头露出,有赘生肉芽者,可用硝酸银棒或10%硫酸铜溶液腐蚀后,用生理盐水清洗,涂以10%碘酊或填塞松馏油纱布,然后缠以绷带。

### 10.5.3　蹄叶炎

蹄叶炎是蹄壁真皮弥散性、无菌性炎症。其临床特征是疼痛,蹄变形和程度不同的跛行。蹄叶炎分为急性、亚急性或慢性。马、骡发生两前蹄,也发生在所有四蹄,或很偶然地发生于两后蹄或单独一蹄发病。牛多见于两后肢。

**【病因】**

致病原因尚不能确切肯定,一般认为本病属于变态反应性疾病,但从疾病的发生看,可能为多因素的。

1.饲养失宜　分娩前后长期饲喂过多的碳水化合物饲料及精饲料,粗饲料缺乏;或饲料骤变而缺乏运动时,可引起消化障碍,产生有毒物质被吸收后造成血液循环紊乱,蹄真皮淤血发炎。

2.使役不当,长途运输　在坚硬的地面上长期站立,有一肢发生严重疾患,对侧肢进行代偿,长时期、持续性担负体重,势必过劳;马匹骤遇寒冷、使体力消耗等均能诱发本病。

3.蹄形不正　广蹄、低蹄、倾蹄等在蹄的构造上有缺陷,躯体过大使蹄部负担过重,蹄底或蹄叉过削、削蹄不均等,均能使蹄部缓冲装置过度劳累,使蹄的机能发生严重障碍,影响蹄部血液循环而发病。

4.继发于其他疾病　胃肠炎或便秘、感冒、难产、胎衣不下等,乳房水肿,乳房炎及酮病、传染性胸膜肺炎、肺炎、疝痛、瘤胃酸中毒。霉败饲料中毒等的并发病或继发本病。

**【发病机理】**

在上述因素作用下,蹄真皮毛细血管扩张、充血,血液停滞、血管壁通透性增强,炎性渗出物沉积于真皮小叶与角质小叶之间压迫真皮而引起剧痛。炎症继续发展,渗出液大量积聚压迫蹄骨,破坏真皮小叶与角质小叶的结合,造成蹄骨变位下沉乃至蹄底穿孔,蹄前壁凹陷导致蹄轮密集,蹄尖翘起,蹄匣变形而呈芜蹄。

目前认为,急性蹄叶炎的开始是循环变化引起生角质细胞的代谢性改变。

**【症状】**

1.急性蹄叶炎　患畜精神沉郁,食欲减少,体温升高(40～41 ℃),呼吸变快(50～60 次/min),脉搏频数(80～120 次/min),心动亢进、出汗、病畜运步缓慢、步样紧张、肌肉震颤,不愿意站立和运动。因避免患蹄负重,常常出现典型的肢势改变。如果两前蹄患病时,病马的后肢伸至腹下,两前肢向前伸出,以蹄踵着地。两后蹄患病时,前肢向后屈于腹下。如果四蹄均发病,站立姿势与两前蹄发病类似,体重尽可能落在蹄踵上。

亚急性病例可见上述症状,但程度较轻。常限于姿势稍有变化,不愿运动。蹄温或指(趾)动脉亢进不明显。急性和亚急性蹄叶炎如治疗不及时,可发展为慢性型。

2.慢性蹄叶炎　全身症状不明显,患蹄出现特征蹄形改变。蹄轮不规则,蹄前壁蹄轮较近,而在蹄踵壁的则增宽。最后可形成芜蹄,蹄匣本身变得狭长,蹄踵壁几乎垂直,蹄尖壁近乎水平。角质蹄壁浑圆而蹄底角质凸出,蹄壁延长;系部和球节下沉。重型病例弓背,步态强拘。当站立时,健侧蹄与患蹄不断地交替负重。X 射线摄影检查,有时可发现蹄骨转位以及骨质疏松。蹄骨尖被压向后下方,并接近蹄底角质。在严重的病例,蹄骨尖端可穿透蹄底。

【治疗】

治疗原则,即消除病因、解除疼痛、改善循环、防止蹄骨转位加强。

1.改变日粮结构　减少精料,消除瘤胃酸中毒,酮病,乳房炎和子宫炎等诱发因素。

2.放血疗法　为改善血液循环,可颈静脉或蹄头放血 1 000~2 000 mL,体弱者禁用,然后静脉注入等量糖盐水,内加 0.1%盐酸肾上腺素溶液 1~2 mL 或 10%氯化钙注射液 100~150 mL。

3.冷敷及温敷疗法　病初 2~3 d 内,可行冷敷、冷蹄浴,2~3 次/d,每次 30~60 min,以后改为温敷或温蹄浴。

4.封闭疗法　用 0.5%盐酸普鲁卡因溶液 40~60 mL,分别注射于系部皮下指(趾)深屈肌腱内外侧,隔日 1 次,连用 3~4 次。

5.脱敏疗法　病初可用抗组织胺药如内服盐酸苯海拉明 0.5~1 g 或静脉注射 10%氯化钙 150 mL 和 10%维生素 C 液 10~20 mL,分别静脉注射。

6.促进吸收　静脉注射高渗氯化钠、高渗葡萄糖溶液 300~500 mL,或皮下注射盐酸毛果芸香碱等均有良好作用。为清理肠道和排出毒物,可应用缓泻剂。静脉注射碳酸氢钠,乳酸钠也可获得满意效果。

慢性蹄叶炎的治疗,首先应注意护蹄,并预防急性型或亚急性型蹄叶炎的再发(如限制饲料、控制运动等)。首先,应注意清理蹄部腐烂的角质以预防感染。刷洗蹄部后,在硫酸镁溶液中浸泡。蹄骨微有转位的病例(例如蹄骨尖移动少于 1 cm 而蹄底白线只稍微加宽),即简单地每月削短蹄尖并削低蹄踵是有效方法。

如蹄骨已有明显的转位,就更加需要施以根治的措施,即在蹄踵和蹄壁广泛地削除角质,否则蹄骨不能回到正常的位置。

【预防】

围产期间不要突然改变饲料,日粮中粗精料比例要适当;饲料中增加碳酸氢钠,以改善瘤胃 pH,自由舔吃食盐;定期用 40%硫酸铜液喷洒浴蹄,定期修蹄。

**思考题**

1.简述创伤的概念、愈合、症状及治疗。

2.血肿和淋巴外渗有何异同？它们各自的临床处理怎样？

3.阐述常见机体损伤并发症的类型及其病因、症状和治疗。

4.什么是外科感染？外科感染的种类有哪些？

5.详述影响外科感染发生发展的因素及外科感染的症状和治疗方法。

6.分别叙述脓肿、蜂窝织炎及败血症的概念、症状及治疗。

7.家畜常见眼病(角膜炎和结膜炎)的病因和症状是什么？如何进行防治？

8.何谓疝气？疝由哪些部分组成？疝气可分为哪几种？

9.常见的疝气有哪几种？各自的症状特点是什么？如何进行防治？

10.简述直肠脱出、直肠破裂的病因及治疗。

11.何谓风湿病？其发病机理怎样？

12.详述风湿病的症状、诊断及治疗。

13.什么是跛行？跛行的分类及诊断方法怎样？

14.关节扭伤和关节软肿的症状是什么？如何进行治疗？

15.关周炎症状是什么？其治疗措施如何？

16.何谓屈腱炎和腱断裂？它们各自的病因、症状及治疗方法怎样？

17.简述黏液囊炎的症状、诊断及治疗措施和方法。

18.骨折的类型有哪几种？它们各自症状、诊断及治疗方法是怎样？

19.详叙蹄叶炎的概念、病因、发病机理、症状及治疗方法。

# 模块3
# 产科疾病
CHANKE JIBING

# 项目 11　产科生理

📖【项目导读】

　　本项目主要就母畜的生殖生理有关的知识进行阐述,为产科疾病防治奠定基础理论知识,主要内容包括母畜的初情期、妊娠、胎盘与胎膜、分娩、接产等内容。通过学习,要求学生掌握与母畜妊娠和分娩有关的基本知识,了解家畜妊娠的发生机制,分娩的过程以及分娩过程中母体与胎儿的关系,接产的方法等知识内容。通过本项目的学习使学生具备在兽医临床实践中处理产科疾病所必需的先备知识与技能。

## 任务 11.1　母畜生殖生理

学 习 目 标

　　1.会根据家畜生理情况,选择合适配种时间。
　　2.能根据家畜生殖生理情况,合理制订养殖场的繁殖方案。

### 11.1.1　初情期

　　初情期是母畜初次表现发情并发生排卵的时期。幼畜发育到初情期,性腺才真正具有了配子生成和内分泌的双重作用。初情期的开始和垂体释放促性腺激素具有密切关系。达到初情期时,母畜虽已开始具有繁殖能力,但生殖器官尚未发育充分,功能也不完全。第 1 次发情时,卵巢上虽有卵泡发育和排卵,但因体内缺乏孕酮,一般不表现发情症状(安静发情);或者虽有发情表现且有卵泡发育,但不排卵;或者能够排卵,但不受孕,表现为"初情期不孕"。

　　雌性幼畜在初情期前,生殖器官的增长速度与其他器官非常相似,但进入初情期后,生殖器官的增长明显加快。例如,猪在 169~186 日龄时,子宫角的长度平均增加 58%,子宫的质量增加 72%,卵巢的质量增加 32%。

大多数家畜初情期的年龄与体重密切相关,中国荷斯坦牛体重达到成年的 45%,绵羊体重达到成年的 60% 时,可出现初情期。因此营养是影响初情期的一个重要因素。一般来说,营养水平高、生长速度快的家畜,初情期比营养水平低、生长缓慢的早。季节性繁殖的动物,初情期的年龄受季节的影响。

### 11.1.2　性成熟

母畜生长发育到一定年龄,生殖器官已经发育完全,生殖机能达到了比较成熟的阶段,基本具备了正常的繁殖功能,称为性成熟。但此时身体的生长发育尚未完成,故一般尚不宜配种,受孕不仅妨碍母畜继续发育,而且还可能造成难产,同时也影响幼畜的生长发育。

【母畜的繁殖适龄期】

母畜的繁殖适龄期是指母畜既达到性成熟,又达到体成熟,可以进行正常配种繁殖的时期。体成熟是指母畜身体已发育完全并具有雌性成年动物固有的特征与外貌。开始配种时的体重一般应达到成年体重的 70% 以上。初配时,不仅要看年龄,而且也要根据母畜的发育及健康状况作出决定。

【繁殖年限】

家畜的繁殖年限基本上取决于两个因素,一是衰老使繁殖功能丧失;二是疾病使生殖器官严重受损或其功能发生障碍,繁殖活动也将会停止。

奶牛的繁殖年限为 8~10 年,羊的繁殖年限为 6~10 年,猪的繁殖年限为 6~8 年,母畜至年老时,繁殖功能逐渐衰退,继而停止发情。

# 任务 11.2　发情周期

1.会准确诊断动物发情周期,并判断发情情况。
2.能根据动物发情情况,选择合适的配种时间,确保受精率。

母畜达到初情期以后,其生殖器官及性行为重复发生一系列明显的周期性变化称为发情周期。根据卵巢、生殖道及母畜性行为的一系列生理变化,可将一个发情周期分为互相衔接的 4 个时期。

### 11.2.1　发情前期

发情前期也称前情期。在此阶段,由于受促卵泡素的影响,卵泡开始明显生长,子宫黏膜血管增生,黏膜变厚;阴道上皮水肿,子宫颈逐渐松弛,子宫颈及阴道前端杯状细胞和子宫腺分泌的黏液增多。在发情前期的末期,雌性动物一般会表现对雄性有兴趣。此期持续时间一般为 2~3 d。

### 11.2.2 发情期

发情期指母畜表现明显的性欲并接受交配的时期。发情期以母畜能接受交配开始,至最后一次接受交配结束,在此阶段,母畜一般寻找并接受公畜交配。大多数动物在发情期临近结束时发生排卵。牛和羊的排卵发生在发情开始后 24~30 h,犬 24~48 h,猫在交配后 24~30 h。

### 11.2.3 发情后期

发情后期也称后情期,是紧接发情期后在 LH 的作用下黄体迅速发育的时期。在后情期,子宫内膜黏液分泌减少,后情期的中后期,子宫变得松软。在牛、羊、猪和马,后情期的长短与排卵后卵子到达子宫的时间大致相同,一般为 3~6 d。

### 11.2.4 发情间期

发情间期也称间情期,是家畜发情周期中最长的一段时间,在此阶段黄体发育达成熟,黄体酮对生殖器官的作用更加明显。子宫内膜增厚,腺体肥大。子宫颈收缩,阴道黏液黏稠,子宫肌松弛。该期的后期,黄体开始退化,逐渐发生空泡化。子宫内膜及其腺体萎缩,卵巢上开始有新卵泡发育。

# 任务 11.3  妊　娠

1.会准确记录各种动物的妊娠期。
2.能根据动物的配种时间和妊娠期,准确计算分娩时间。

### 11.3.1 动物的妊娠期

精子进入卵子后所发生的一系列变化的最终结果是妊娠。妊娠是从受精开始,经由受精卵阶段、胚胎阶段、胎儿阶段,直至分娩的整个生理过程。妊娠期是指胎生动物胚胎和胎儿在子宫内完成生长发育的时期。通常从最后一次配种之日算起,直至分娩为止所经历的一段时间。

各种动物妊娠期的长短很不相同,品种之间亦有差异,甚至同一品种的动物间也不尽一致。

尽管如此,各种动物的正常妊娠期都有各自的平均时限和范围。正常条件下,妊娠期的长短受母体、胎儿、环境(季节、日照等)及遗传等因素的影响,并在一定范围内变动。各种家畜的妊娠期见表 11.1。

表 11.1　各种家畜的妊娠期

| 畜种 | 妊娠期范围/d | 平均值/d |
|---|---|---|
| 牛 | 260~305 | 285 |
| 羊 | 145~152 | 150 |
| 猪 | 110~122 | 115 |
| 犬 | 55~62 | 60 |
| 猫 | 55~63 | 60 |
| 兔 | 26~35 | 30 |

### 11.3.2　妊娠识别

妊娠识别,从免疫学上来说,母体的子宫环境受到调节,使胚胎能够存活下来,而不被排斥掉。从细胞生物学来说,涉及胚胎和子宫上皮的相互作用,发生形态学和生物化学变化。从内分泌学来说,是孕体产生信号,阻止黄体退化,使其继续合成并分泌孕激素,从而使妊娠能够确立并维持下去的一种生理机制。妊娠建立是指继妊娠识别后产生母子信息和物质交流的现象,它有赖于发育中的孕体与母体子宫之间生化信息的传递,在此过程中机能性黄体的延期最为重要。

对于大多数家畜来说,妊娠建立和维持需要周期黄体延续下来,要有一个黄体或多个黄体持续存在,分泌高浓度黄体酮,负反馈作用于丘脑下部,抑制卵泡发育和排卵,阻止返情。维持妊娠的重要激素是黄体酮。受精后,母体必须能够识别进入子宫的胚胎,并使黄体的寿命延长和继续分泌黄体酮,才能达到妊娠的确立。否则就会停止产生黄体酮,而导致流产。所以黄体持续分泌黄体酮对早期妊娠的确立和维持都是必需的。

### 11.3.3　胎膜

胎膜是胚胎的辅助器官,其容积很大,包围着胚胎,所以也称为胚胎外膜。胎儿就是通过胎膜上的胎盘从母体内吸取营养,又通过它将胎儿代谢产生的废物运走,并能进行酶和激素的合成,因此是维持胚胎发育并保护其安全的一个重要的暂时性器官,产后即被摒弃。胎膜由卵黄囊、羊膜、尿膜、绒毛膜、脐带和胎盘构成(图 11.1)。

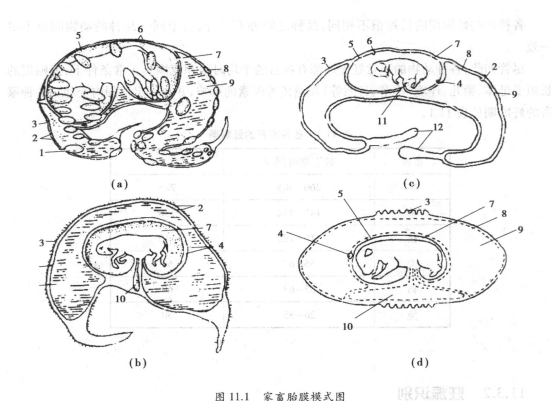

图 11.1　家畜胎膜模式图

(a)牛;(b)马;(c)猪;(d)犬

1—胎儿胎盘;2—尿膜绒毛膜;3—绒毛膜;4—尿膜羊膜;5—羊膜;6—羊膜绒毛膜

7—羊膜囊;8—尿膜;9—尿膜囊;10—卵黄囊;11—脐带;12—坏死端

**【卵黄囊】**

在胚胎发育早期起着原始胎盘的作用,可从子宫中吸取营养,家畜的卵黄囊大,在永久胎盘发育时,它就退化。虽然它是一个暂时性结构,但在永久胎盘形成以前具有重要功能。当脐带形成后,卵黄囊萎缩并被包在脐带内。

**【羊膜囊】**

卵黄囊发育到一定程度以后,才开始出现羊膜囊,羊膜囊是一个外胚层囊,如同一个双层的袋,除脐带外,它将胎儿整个包围起来,囊内充盈羊水,胎儿悬浮其中,对胎儿起着机械性保护作用。羊水清澈透明、无色、黏稠,妊娠末期增多。其平均数量是:牛 5 000～6 000 mL;绵羊 350～700 mL;猪 40～200 mL;犬和猫 8～30 mL。羊水中含有电解质和盐分,整个妊娠期间其浓度很少变化;还含有胃蛋白酶、淀粉酶、蛋白质、激素等,并随着妊娠期的不同阶段而有变化。

**【绒毛膜囊】**

绒毛膜囊是胎膜的最外层,形状上与牛、羊、马和妊娠子宫同形,膜的表面有绒毛,绒毛在尿囊上增大,尿囊上的血管在尿膜-绒毛膜内层上构成血管网,从而为形成胎儿胎盘奠定了基础。

**【尿膜囊】**

尿膜是沿着脐带并靠近卵黄囊由后肠而来的一个外囊。它生长在绒毛膜囊之内,其内面是羊膜囊,尿膜囊则位于绒毛膜和羊膜之间。在发育的早期,尿膜囊通过密闭的脐尿管收贮尿液。大家畜于妊娠 24~28 d 尿膜囊就完全形成。尿囊液可能来自胎儿的尿液和尿膜上皮的分泌物,或是从子宫内吸收而来的。尿囊液起初清澈、透明、水样、琥珀色,含有白蛋白、果糖和尿素。妊娠末期尿囊液变动范围是:牛 4 000 ~ 15 000 mL;绵羊和山羊 500 ~ 1 500 mL;猪 100~200 mL;犬 10~50 mL;猫 3~15 mL。

**【脐带】**

脐带是由包着卵黄囊残迹的两个胎囊及卵黄管延伸发育而成,是连接胎儿和胎盘的纽带,其外膜的羊膜形成羊膜鞘,内含脐动脉、脐静脉、脐尿管、卵黄囊的遗迹和黏液组织。血管壁很厚,动脉弹性强,静脉弹性弱。牛、羊的脐带较短,脐血管为两条动脉和两条静脉,它们也互相缠绕,但很疏松,且静脉在脐孔内合为一条。

**【胎盘】**

胎盘通常是指尿膜-绒毛膜和子宫黏膜发生联系的一种暂时性的器官,由两部分组成。尿膜-绒毛膜的绒毛部分为胎儿胎盘,子宫黏膜部分为母体胎盘。胎儿的血管和子宫血管各自分布到自己的胎盘,但并不直接相通,仅彼此发生物质交换,保证胎儿发育的需要。胎盘是母体与胎儿之间联系的纽带,它是母子之间进行物质和气体交换的场所。

家畜胎盘按照形态可分为两个类型:弥散型胎盘、子叶型胎盘。

**【胎盘屏障】**

胎盘的屏障功能表现为两个方面,一是阻止某些物质的运输,二是胎盘免疫屏障功能。前者是指将胎儿和母体血液循环分隔开的一些膜,这些膜使得胎盘摄取母体内的物质时具有选择性,这种选择性就是胎盘屏障作用。胎盘屏障的功能同胎盘类型有关,凡胎盘涉及的组织层次多,其屏障作用就大。通常情况下,细菌不能通过绒毛进入胎儿血液中,但某些病原体(如结核杆菌)在胎盘中引起病变而破坏了绒毛时,则可通过绒毛进入胎儿血中。母体血清中的抗体有的可以通过胎盘使胎儿获得被动免疫,这是新生仔畜生存和防御疾病所必需的。新生仔畜出生后一段时间内的抗病能力就是经胎盘传递而得到的。

### 11.3.4　胚胎营养

在发育过程中,胚胎具有 3 个循环系统,即卵黄囊循环、肺循环和胎盘循环。胎盘循环是胎儿的主要循环系统,它通过胎盘与母体建立联系,从而进行气体交换,吸取营养,排泄废物。血液营养物质是直接由母体胎盘血液中吸收来的物质,在尿膜绒毛膜胎盘开始形成时,胎儿所需的营养主要来自母体血液,但组织营养方式,在妊娠的大部分时间里仍然是重要的,胎血是胚胎自身形成的,血管也和母体血管截然分开。绒毛间区还能从子宫乳中吸收营养。

# 任务 11.4　分　娩

学 习 目 标

> 1.会判断动物的分娩征兆。
> 2.能根据动物的分娩征兆,判断母畜欲分娩情况。

妊娠期满,胎儿发育成熟,母体将胎儿及其附属物从子宫排出体外的生理过程称为分娩,影响动物分娩的因素较多,对于分娩的机理有不同的解释,各种动物的分娩启动机制也不尽相同。

## 11.4.1　分娩预兆

随着胎儿发育成熟和分娩期逐渐接近,母畜的精神状态、全身状况、生殖器官及骨盆部发生一系列变化,以适应排出胎儿以及哺育仔畜的需要。通常把这些变化称为分娩预兆。

1.乳房的变化　乳房在分娩前膨胀增大,但出现这种变化时距分娩尚远。判断分娩时间比较可靠的现象是乳头及乳汁的变化。奶牛在产前可由乳头挤出少量清亮的胶样液体或初乳;至产前 2 d 时,除乳房极度膨胀、皮肤发红外,乳头中充满白色初乳,乳头表面被覆一层蜡样物质。有的奶牛有漏奶现象,乳汁呈滴或成股流出;漏奶开始后数小时至 1 d 即分娩。犬在分娩前 2 周内乳房开始膨大,分娩前数天乳房分泌乳汁,乳腺通常含有乳汁,有的乳房可挤出白色乳汁。

2.生殖道的变化

(1)牛。分娩前约 1 周阴唇开始逐渐柔软、肿胀,增大 2~3 倍,皮肤皱襞展平。分娩前 1~2 d 子宫颈开始胀大、松软。封闭子宫颈管的黏液软化,流入阴道,有时吊在阴门之外,呈透明索状。牛在妊娠后半期,尤其是在最后 1 个月,黏液有时可流出阴门之外。因此单独依靠流出黏液这一点预测分娩可能不太准确。但在子宫颈开始扩张以后,即已进入开口期,分娩必然在数小时内发生(经产牛较快,初产牛较慢)。

(2)犬。骨盆和腹部肌肉松弛是比较可靠的临产征兆。臀部坐骨结节处肌肉下陷,外阴肿大、充血,阴道和子宫颈变柔软。子宫颈口流出水样透明黏液,同时伴有少量出血。

3.骨盆韧带的变化　荐坐韧带后缘原为软骨样,触诊感硬,外形清楚。至妊娠末期,因为骨盆血管内血量增多,静脉淤血,所以毛细血管壁扩张,血液的液体部分渗出管壁,浸润周围的组织。骨盆韧带从分娩前 1~2 周即开始软化,至产前 12~36 h 荐坐韧带后缘变得非常松软,外形消失,荐骨两旁组织塌陷,上下摇动尾部,可以觉察到荐坐韧带松动明显,尾部活动游离度增大。

4.行为变化　在母畜分娩前,行为有明显的变化,由于子宫平滑肌痉挛,引起腹痛,家畜表现为骚动不安,离群,饮食欲下降。母畜自动寻找僻静、黑暗的地方,有筑窝或反复刨地,反复起卧等现象。

### 11.4.2  分娩启动

一般认为,分娩的发生是由内分泌、机械、神经及免疫等多种因素之间复杂的相互作用、彼此协调所促成的。胎儿的丘脑下部-垂体-肾上腺轴系,特别在羊及牛,对于发动分娩起着决定性作用。雌激素随着妊娠期的增长,在胎儿皮质醇增加的影响下,胎盘产生的雌激素逐渐增加,分娩前达到最高峰。雌激素能刺激孕畜子宫肌的生长及肌球蛋白的合成,提高子宫肌的收缩能力,使其产生规律性收缩,而且能使子宫颈、阴道、外阴及骨盆韧带(包括荐坐韧带、荐髂韧带)变得松软。对于催产素而言各种家畜催产素的分泌类型大致相似,都是在胎儿进入产道后大量释放,并且是在胎头通过产道时才出现高峰,使子宫发生强烈收缩,同时随着妊娠的进行,子宫催产素的受体浓度逐渐增加,子宫对催产素的敏感性也随之逐渐增加,妊娠末期敏感性可增大 20 倍。由于催产素的分娩,进一步提高了子宫对于雌激素的敏感性,加剧了子宫的阵缩。在妊娠末期,胎儿发育成熟,子宫容积和子宫内压增大,子宫肌发生机械性伸展和扩张;因羊水减少,胎儿与胎盘和子宫壁之间的缓冲作用减弱,以致胎儿与子宫壁和胎盘容易接触,尤其是与子宫后部相贴更密切,对子宫,特别是子宫颈,发生机械性刺激作用,刺激子宫颈旁边的神经感受器。这种刺激通过神经传至丘脑下部,促使垂体后叶释放催产素,从而引起子宫收缩,启动分娩。

### 11.4.3  分娩影响因素

分娩过程是否正常,主要取决于产力、产道及胎儿与产道的关系,也就是母体与胎儿两个方面的因素。如果这 3 个因素均正常,能够互相适应,分娩就顺利,否则可能造成难产。

【产力】

将胎儿从子宫中排出的力量,称为产力。它是由子宫肌、腹肌和膈肌节律性收缩共同构成的。子宫肌的收缩称为阵缩,是分娩过程中的主要动力。腹肌和膈肌的收缩称为努责,它在分娩的第二期中与子宫收缩协同,阵缩与努责协同作用共同完成分娩过程。

子宫的收缩由子宫底部开始,向子宫方向进行,收缩呈节律性活动。起初子宫平滑肌收缩时间短,力量不强,节律运动不规则,随着产程的推进,收缩逐渐加强,呈现规律性运动。在每次收缩间歇时,子宫肌收缩暂停,但子宫角没有恢复到阵缩以前的大小。努责是动物的腹痛和分娩反射引起的,随着分娩的延续,母畜的呼吸肌和腹壁肌协同收缩,共同增大腹压,将胎儿从母体腹底抬升,与阵缩作用共同完成胎儿的娩出。

【产道】

产道是分娩时胎儿产出的必经之道,分为软产道和硬产道。

1.软产道  是指由子宫颈、阴道、前庭及阴门这些软组织构成的管道。子宫颈是子宫的门户,妊娠时紧闭;分娩之前开始变得松弛、柔软;分娩时能够扩张很大,以适应胎儿的通过。分娩之前及分娩时,阴道、前庭、阴门也相应地变得松弛、柔软、能够扩张。

子宫颈在开口初期,开张的速度缓慢,以后较快。子宫的收缩也使含有胎水的胎囊向变软了的子宫颈发生压迫,促进它扩张。至开口期末,子宫颈开放很大。

2.硬产道  又称骨盆。母畜骨盆的特点是入口大而圆,倾斜度大,耻骨前缘薄;坐骨上棘低,荐坐韧带宽,骨盆腔的横径大;骨盆底前部凹,后部平坦宽敞;坐骨弓宽,因而出口大。胎儿通过骨盆腔时所走的线路称骨盆轴,它是一条假想的线,通过骨盆入口荐耻径、骨盆垂直径及出口上下径3条线的中点,线上的任何一点距骨盆壁内面各对称点的距离都是相等的。骨盆轴越短、越直胎儿就越易娩出。

### 11.4.4　胎儿与产道关系

1.胎向　即胎儿的方向,也就是胎儿身体纵轴与母体纵轴的关系。胎向有3种。

(1)纵向。胎儿纵轴与母体纵轴平行。纵向有两种情况:正生是胎儿方向和母体方向相反,头和前腿先进入产道。倒生是胎儿方向和母体方向相同,后腿或臀部先进入产道。

(2)横向。是胎儿横卧于子宫内,胎儿纵轴与母体纵轴呈水平垂直。有背部向着产道或腹壁向着产道两种,前者称为背部前置的横向,后者称为腹部前置的横向。

(3)竖向。是胎儿的纵轴与母体纵轴上下垂直。有的背部向着产道,称为背竖向;有的腹部向着产道,称为腹竖向。

纵向是正常的胎向,横向及竖向是反常的。严格的横向及竖向是没有的,横向、竖向都不是很端正地和母体纵轴垂直。

2.胎位　即胎儿的位置,也就是胎儿背部和母体背部或腹部的关系。胎位也有3种,如下所述。

(1)上位。是胎儿伏卧在子宫内,背部在上,接近母体的背部及荐部。

(2)下位。是胎儿仰卧在子宫内,背部在下,接近母体的腹部及耻骨。

(3)侧位。是胎儿侧卧于子宫内,背部位于一侧,接近母体的左侧或右侧腹壁及髂骨。

上位是正常的,下位和侧位是反常的。侧位如果倾斜不大,称为轻度侧位,仍可视为正常。

3.胎势　即胎儿的姿势,说明胎儿各部分是伸直的或屈曲的。

4.前置　是指胎儿某一部分和产道的关系,哪一部分向着产道,就叫哪一部分前置。例如,正生可以称为前躯前置,倒生可以称为后躯前置。但通常是用"前置"这一术语来说明胎儿的反常情况。例如,前腿的腕部是屈曲的,没有伸直,腕部向着产道,称为腕部前置;后腿的髋关节是屈曲的,后腿伸于胎儿自身之下,坐骨向着产道,称为坐骨前置等。

产出前,各种家畜胎儿在子宫中的方向大体呈纵向,其中大多数为前躯前置,少数呈后躯前置。胎位则依家畜种类不同而异,并与子宫的解剖特点有关。牛、羊的子宫角大弯向上,胎儿以侧位为主,有的为上位。猪的胎儿也以侧位为主。胎儿的姿势,因妊娠期长短、胎水多少、子宫腔内松紧不同而异。在妊娠前期,胎儿小、羊水多,胎儿在子宫内有较大的活动空间,其姿势容易改变。在妊娠末期,胎儿的头、颈和四肢屈曲在一起,但仍常活动。

### 11.4.5　分娩过程

分娩过程是指从子宫开始出现阵缩到胎衣完全排出的整个过程。在兽医临床中,常将其划分为3个阶段,即子宫开口期、胎儿排出期、胎衣排出期。

1.子宫开口期　子宫开口期是从子宫开始收缩到子宫颈口充分开张,与阴道之间的界限消失为止。在这个阶段子宫颈变软扩张,一般仅有阵缩没有努责。

子宫颈的扩张和子宫肌的收缩,使胎水和胎膜推向已松弛的子宫颈,促使子宫颈扩张。开始每 15 min 左右子宫肌收缩一次,每次持续约 20 s。随后阵缩的频率增高,达到 3 min 1 次,到开口期末,阵缩每小时 24 次,产出胎儿前可达 30~45 次。

2.胎儿产出期　胎儿产出期从子宫颈充分开张,胎儿和胎囊楔入产道,母畜开始努责至产出胎儿为止。在产出期母畜的表现是极度不安,起先时常起卧,前肢刨地,回头顾腹,拱背努责,随后在胎头进入并通过盆腔及其出口时,由于骨盆反射而引起强烈的努责,这时母畜一般均侧卧,四肢伸展,腹肌强烈收缩。努责数次后,休息片刻后,继续发生努责。

3.胎衣排出期　胎衣排出期是从胎儿排出后到胎衣完全排出为止,胎衣是胎儿附属膜的总称。胎儿排出后,母畜即安定下来,几分钟后,子宫再次出现阵缩,这时不再努责或偶有轻微努责。阵缩的持续时间长,阵缩的间歇期延长,子宫肌的收缩促使胎衣排出。

胎儿断脐后,胎儿胎盘血液量锐减,绒毛体积缩小,同时胎儿胎盘的上皮细胞发生变性。此外子宫的收缩使母体胎盘排出大量血液,减轻了子宫黏膜的腺窝的张力。产出的胎儿开始吮乳,刺激产生催产素释放,进一步刺激了子宫收缩,导致胎儿胎盘和母体胎盘之间的间隙逐渐扩大,借助于外露胎膜的牵引,绒毛便较容易从腺窝中脱出。因为母体胎盘血管不受到破坏,各种家畜的胎衣脱落时子宫都不出血。胎衣排出的快慢,因各种家畜的胎盘组织构造不同而异(表 11.2)。

表 11.2　各种家畜分娩期时间表

| 畜别 | 子宫开口期 | 产出期 | 胎衣排出期 |
| --- | --- | --- | --- |
| 牛 | 2~8 h | 3~4 h | 4~6 h |
| 绵羊 | 4~5 h | 1.5 h | 0.5~2 h |
| 猪 | 2~12 h | 2~6 h | 30 min |
| 犬 | | 3~6 h | |
| 猫 | | 2~6 h | |

# 任务 11.5　接　产

1.会进行接产前的准备。

2.会对正常分娩的动物进行接产。

接产的目的在于对母畜和胎儿进行观察,并在必要时加以帮助,避免胎儿和母体受到损失,但是接产工作要根据分娩的生理特点进行,不要过早地进行干预。家畜在正常情况下的分娩无须干预,但是由于驯养后运动减少和舍饲使妊娠后期营养过高,导致兽医临床中难产的发病率升高。

### 11.5.1　接产前的准备

为使接产能顺利进行,必须做好各种准备工作,其中包括产房、接产用品和药械以及接产人员。

1.产房　接产前准备专用的产房或分娩栏。产房要求宽敞、清洁、干燥、安静、无风、阳光充足、通风良好。应在产前 7~15 d 将待产母畜送入产房,以便使之熟悉环境,另外产房内温度不应低于 15~18 ℃。

2.接产用品　接产用药品包括 70% 酒精、5% 碘酊、消毒液、催产药物、注射器、针头、产科器械等。常用的物品有毛巾、肥皂、水盆、塑料布等。这些用品应在产房内提前准备好,并放置在固定场所。

3.接产人员　接产人员必须由接受训练的人员担任,熟悉母畜的生理解剖结构和分娩规律,接产人员必须严格按照接产操作规程和助产步骤进行严格的接产操作。

### 11.5.2　正常分娩的接产

接产的操作过程必须严格执行消毒措施,所有接产物品、器械应当严格进行消毒处理,避免导致母畜或仔畜的感染。

1.接产程序和方法

(1)母畜处理。清洗母畜的外阴部及其周围,并进行消毒处理。用绷带缠好尾根,拉向一侧。接产人员穿好工作服及胶围裙、胶靴,消毒手臂准备进行母畜和胎儿的检查。

(2)胎儿处理。当胎儿头部露出阴门外时,如果上面覆有羊膜,可把它撕破,并把胎儿鼻孔内的黏液擦净,以利呼吸。但也不要过早撕破,以免胎水过早流失。

(3)助产。注意时刻观察母畜努责及产出过程是否正常,如果母畜努责阵缩微弱,无力排出胎儿;产道狭窄,或胎儿过大,产仔滞缓;正生时胎头通过阴门困难,迟迟没有进展;倒生时,因为脐带可能被挤压于胎儿和骨盆底之间,妨碍血液流通,均须迅速拉出。以免胎儿因氧的供应受阻,反射性地发生呼吸,吸入羊水引起窒息。

2.新生仔畜的护理

(1)脐带处理。胎儿产出时,有的脐带随母畜站立或仔畜移动而被扯断,对于大家畜,最好将其剪断,但在剪断之前应将脐带内血液挤入仔畜体内,这对增进幼畜健康很有好处。脐带断端不宜留过长,7~8 cm 即可。断脐后,可用小瓶盛碘酊将脐带断端在碘酊内浸泡片刻,并将少量碘酊倒入羊膜鞘内。断脐后如有持续出血,须以丝线结扎。

(2)仔畜护理。擦干仔畜身体,牛、犬等动物的胎儿产出后应将其身上的羊水擦干,天冷时尤须注意,以免受到冻害;擦干仔畜,还可以促进仔畜的血液循环。

(3)辅助哺乳。仔畜出生后一般都能自行寻找乳头吮乳。但对于体弱者或母性不强而拒绝哺乳的母畜,应辅助仔畜找到乳头或强迫母畜哺乳,让仔畜及时吮上初乳。

（4）寄养或人工喂养。寄养就是给那些母畜无乳或死亡，或因仔过多而得不到哺乳的新生仔畜找产期相近的保姆畜代哺乳。但母畜一般对非亲生仔畜排他性很强，寄养前应将仔畜身上涂以保姆畜的乳汁或尿液，使仔畜身上带有保姆畜的气味，然后才将仔畜放在保姆畜身边。尽管如此，有些保姆畜仍然怀疑而咬仔畜，故在寄养的头几天应注意监护。如果一时找不到合适的保姆，也可用牛奶或代乳品进行人工喂养。

# 项目 12　妊娠与分娩期疾病

🖊️【项目导读】

　　本项目主要就家畜妊娠与分娩期疾病进行了详细的分析和阐述,结合妊娠生理的有关知识对此时期的各类疾病进行了较系统的讲解。内容包括流产,产前截瘫,阴道脱出,孕畜浮肿,难产等。通过学习,要求了解和掌握妊娠与分娩期疾病的概念、症状和防治,在妊娠生理有关理论的指导下以及结合诊断学的有关方法,进行兽医临床家畜妊娠期的护理及难产助产。

## 任务 12.1　流　产

学 习 目 标

　　1.会进行流产诊断。

　　2.会对流产动物进行处理。

　　3.能根据流产原因,对养殖场进行综合防治,有效控制流产的发生。

　　流产是由于胎儿或母体的生理过程发生扰乱,或它们之间的正常关系受到破坏,而使怀孕中断,同时发生胚胎被吸收、产出死胎或不足月胎儿的疾病。各种家畜在怀孕的不同阶段均可发生,但以妊娠早期较为多见。

【病因】

　　流产的原因很多,可以概括为两类:非传染性流产和传染性流产。每类流产又可分为自发性流产与症状性流产。自发性流产是胎儿及胎盘发生反常或直接受到影响而发生的流产;症状性流产是孕畜某些病症的症状,或者是饲养管理不当的结果。

　　1.非传染性流产

　　(1)胎膜及胎盘异常。例如,无绒毛或绒毛发育不全,使胎儿与母体间的物质交换受到限制,胎儿不能发育。

（2）胚胎发育异常。表现有：染色体畸形；配种过迟、卵子衰老而产生异倍体；近亲繁殖、受精卵的活力降低，使胚胎死亡率增高；热应激，怀孕时环境温度高且持久，胎儿死亡率增高。有的畸形胎儿在发育中途死亡。

（3）母体患全身性疾病。母体高度贫血，心衰，严重肺、肾病，急性瘤胃臌气等；子宫炎，炎症可破坏子宫颈黏液塞，侵入子宫引起胎膜炎，胎膜绒毛脱落、溶解；母体发生胎盘瘢痕、粘连危害胎儿，子宫发育不全；患内分泌系统疾病，黄体酮的分泌不能适应和维持怀孕过程的需要。

（4）饲养管理不当。其主要原因包括以下几个方面：草料严重不足；维生素 A、E 缺乏；矿物质钙的供应严重不足；饲料品质不良及饲喂方法不当，喂给发霉和腐败饲料，饲喂大量饼渣，喂给含有亚硝酸盐、农药或有毒植物的饲料，以及用煮马铃薯的水（内含有龙葵苷）喂猪等，均可使孕畜中毒而流产；冷水或吃雪，均可反射性地引起子宫收缩，胎儿被排出。这种流产多见于马、驴，且常发生在霜降、立春等天气骤冷或乍暖的季节。

（5）管理利用不当。子宫和胎儿受到直接或间接的机械性损伤，如腹壁的碰伤、抵伤和踢伤，母畜跌倒，抢食、争夺卧处（猪）以及出入圈舍时过挤、惊吓、打架，可使母畜精神紧张，肾上腺素分泌增多，反射性地引起子宫收缩，均可造成流产。

（6）医疗性错误。粗鲁的直肠和阴道检查，兽医临床上进行的全身麻醉，大量放血，手术，大量服利用泻剂、驱虫剂、利尿剂，注射某些可以引起子宫收缩药物如麦角新碱、毛果云香碱。误给大量催情药和怀孕忌用的中草药如乌头、桃仁、红花，以及注射疫苗。均有可能引起流产。

2.传染性流产　主要是由于病原微生物侵入而引起的，常发生于某些传染病过程中。例如布氏杆菌病、沙门氏杆菌病、支原体病、衣原体病、病毒性下痢、结核病、钩端螺旋体病、李氏杆菌病、乙型脑炎、O 型口蹄疫等，这些病的病原均能直接危害胎盘及（或）胎儿或母畜因全身性变化而致胎儿死亡。也有寄生虫引起的流产如马媾疫、牛毛滴虫病、焦虫病、边虫病、弓形体病、血吸虫病等。

【症状】

由于流产的发生时期、原因及母畜反应能力有所不同，流产的病理过程及所引胎儿变化和临床症状也很不一样。归纳起来有以下 4 种：

1.隐性流产　隐性流产发生率很高，主要是胚胎在子宫内被吸收。发生在妊娠初期，胚胎尚未形成胎儿，或是胚胎死亡后组织液化，被母体吸收或在下次发情中随尿排出，未表现任何症状。另一种可能是配种后未发情，经检已怀孕，但过一段时间后又再发情，以阴门中流出较多的分泌物而发生流产。隐性流产可能是全部流产，也可能是部分流产。发生部分流产时，怀孕仍能继续维持下去。

2.早产　这类流产的预兆及过程与分娩相似，但其预兆不像正常分娩那样明显，往往仅在排出胎儿以前 2~3 d，乳腺突然胀大，阴唇稍微肿胀，乳头内可挤出清亮液体，牛阴门内有清亮黏液排出。早产胎儿如有吮乳反射，须尽力挽救，帮助它吮食母乳或人工喂奶，并注意保暖。助产方法与正常分娩相同。但在胎儿排出缓慢时，须及时加以协助。

3.小产　是流产中最常见的一种。胎儿死亡以后，它对母体好似外物一样，引起子宫收缩反应,而于数天之内即将死胎及胎衣排出。胎儿小,排出顺利,预后较好,母畜仍能受孕。否则,胎儿腐败后可以引起子宫阴道炎症,不易受孕;偶尔可能继发败血病,导致母畜表现全身症状,甚至死亡。因此必须尽快使胎儿排出来。

4.延期流产(死胎停滞) 胎儿死亡后,如果由于妊娠黄体影响,阵缩微弱,子宫颈管不开或开放不大,死胎长期停留于子宫内,即称为延期流产(死胎停滞)。子宫颈是否开放,其结果有以下两种:

①胎儿干尸化。胎儿死亡,但未排出,其组织中的水分及胎水被母体吸收,变为棕黑色,好像干尸一样。由于胎儿死亡后,妊娠黄体仍然保存下,并分泌黄体酮,导致子宫颈紧闭,胎儿分娩不出,同时子宫与阴道、外界隔绝,阴道中细菌不能侵入,胎儿不能腐败分解,胎儿组织中的水分及胎水逐渐被吸收,胎儿变干,体积缩小,头及四肢缩(图12.1,图12.2)。猪接生时,经常发现正常胎儿之间夹有干尸化胎儿,这可能是由于各个胎儿的生活能力不同,发育慢的胎儿尿膜绒毛膜和子宫黏膜接触的面积受到邻近发育快的胎儿的限制,胎盘发育不够,得不到足够的营养,中途停止发育,变成干尸;发育快的胎儿则继续生长至足月出生。胎儿干尸化也常见于牛、羊,母牛一般是在妊娠期满后数周内,黄体的作用消失而再发情时,才将胎儿排出。

图 12.1 牛胎儿干尸化

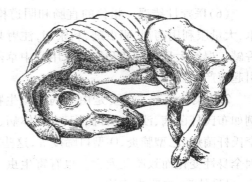

图 12.2 牛胎儿半干尸化

②胎儿浸溶。怀孕中断后,死亡胎儿的软组织被分解,变为液体流出,而骨骼在子宫内称为胎儿浸溶。胎儿死后,究竟发生浸溶还是干尸化,关键在于黄体是否萎缩及子宫颈开放与否。如果黄体萎缩,子宫颈管开放,微生物从阴道侵入子宫及胎儿,胎儿软组织先是气肿,两天后开始液化分解,而骨骼因子宫颈开放不大排不出来(图12.3)。患畜可并发子宫炎及败血症。全身症状变化,体温升高,精神萎靡,食欲废绝,久而消瘦乃至死亡。阴道检查,发现子宫颈开张,在子宫颈内或阴道中可以摸到胎骨。视诊还可看到阴道及子宫颈黏膜红肿。猪发生胎儿浸溶时,体温升高、心跳呼吸加快、不食、喜卧,阴门中流出棕黄色黏性液体。偶尔,浸溶仅发生于部分胎儿,如距产期已近,排出的胎儿中可能还有活的。

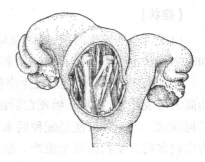

图 12.3 山羊浸溶胎儿的骨片

**【治疗】**

首先确定何种流产以及妊娠能否继续进行,在此基础上再确定治疗方案。

1.保胎及对症治疗　如果孕畜出现腹痛、起卧不安、呼吸和脉搏加快等临床症状,即有流产预兆时,采取保胎措施。孕畜安静,单栏独圈,分开饲养,给以镇静药和保胎药,如注射黄体酮、阿托品以及维生素 E 等。有可能出血时,给以止血药采取对症疗法。

2.促进胎儿排出　当发现流产时胎儿已死或宫口已开、胎膜已破,保胎已无可能时,就要促使胎儿尽早排出体外,以免引起其他不良变化。尤其对于延期流产,使用前列腺素制剂,溶解黄体并促使子宫颈扩张。在子宫及产道内灌入润滑剂,以便子宫内容物易于排出。

3.流产后母畜的处理　流产后的母畜,如果处理不当,可能发生产后期的各种并发症,如子宫弛缓、子宫内膜炎、产后败血症等。因此,对流产后的母畜常须彻底进行子冲洗,直至母畜排出的分泌物正常为止。冲洗液多用各种防腐消毒药,如 0.1% 高锰酸钾、0.1% 雷夫奴尔等。严重的子宫炎及全身变化,必须在子宫内放入抗生素,并需特别重视全身治疗,此外母畜流产后要静养一段时间,加强饲养管理,以利康复。

4.查明原因,制订防流措施　流产原因比较复杂,不易查清,因此要慎重对待,找出流产的主要原因以便制订防流措施。

在饲养方面,是否保证有足够的蛋白质、维生素、矿物质和微量元素,特别是怀孕初期和怀孕末期是否有足够的营养;在管理上,是否严格执行了孕畜的合理使役和管理制度。

# 任务 12.2　产前截瘫

1.会对产前截瘫进行诊断。

2.会对产前截瘫进行治疗。

产前截瘫是怀孕末期,妊娠家畜后肢不能站立的一种疾病,没有明显的临床症状。各种动物均可发生,猪及牛多见。牛主要发生在分娩前 1 个月,猪在产前几天至数周发病。此病带有地域性,有的地区常大量发生。母畜乏弱衰老,容易发病。

**【病因】**

发病原因十分复杂,很难查清楚。有许多研究表明,产前截瘫与以下因素有关。

(1)饲养不当。例如饥饿、饲料单纯、缺乏钙、磷等矿物质及维生素,或饲料中钙、磷不够或比例失调可能是发病的主要原因之一。血钙浓度也下降,促进甲状旁腺分泌增加,刺激破骨细胞的活动,从而使骨中钙盐释入血中,维持血浆中钙的水平,骨钙动员加速,因而骨骼的结构受到损害。有文献报道,铜、钴、铁严重缺乏,因贫血及衰弱,而不能起立。胃肠机能扰乱、慢性消化不良、维生素 D 不足等,也能妨碍钙从小肠吸收。

（2）怀孕末期动物负担过重,患有某些全身性疾病,如营养不良、胎水过多、严重的子宫捻转、损伤性胃炎(伴有腹膜炎)、风湿等导致的一种症状。

【症状】

发病初期,站立时无力,两后肢常交替负重;行走后躯摇摆,步态不稳;卧地起立困难。后期症状增重,后肢不能站立。

临床检查,后躯痛感反应正常,全身症状不明显。发病的时间长了,长久卧地患肢肌肉有萎缩现象,易引起褥疮继发败血症,有些病例出现阴道脱出的现象。病猪常有异食癖,消化扰乱,大便干燥。

【诊断】

站立时无力或后肢不能站立。后躯痛感反应正常,全身症状不明显可以初步诊断。应注意子宫捻转、胎水过多、风湿以及髋关节脱臼、骨盆骨折、损伤性胃炎等鉴别。

【治疗】

本病以补充钙剂,加强护理,防止褥疮发生为治疗原则。

由于缺钙引起的,可静脉注射 10% 葡萄糖酸钙,牛 250～500 mL,猪 50～100 mL,隔日 1 次,也可用 10% 氯化钙,牛 100～300 mL、猪 20～50 mL,加 5% 的葡萄糖溶液牛 500～1 000 mL、猪 100～500 mL 缓慢 1 次静注。为了促进钙盐吸收,可肌注骨化醇或维生素 AD。猪肌内注射维丁胶性钙 1～4 mL,隔日 1 次,也有一定良好效果。如有其他症状如消化扰乱、便秘等,可采用对症治疗,必要时也可配用抗生素。

治疗同时,耐心护理,并给予含矿物质及维生素丰富的易消化的饲料。卧地不起的病例,须给病畜多垫褥草,每日要翻转病畜数次,并用草把擦腰荐部及后肢,促进后躯的血液循环;或者吊床吊起,防止发生褥疮。

【预防】

加强饲养,给怀孕母畜精、粗、青饲料要合理搭配,补充足够的钙、磷等矿物质元素,保证动物有充足的运动量和光照,人为控制动物配种与分娩季节。

# 任务 12.3  阴道脱出

学 习 目 标

1.会诊断家畜阴道脱出。

2.会对阴道脱出动物进行治疗。

3.能通过加强饲养管理,控制阴道脱出的发生,并能对患病动物进行及时治疗。

阴道脱出为阴道壁的一部分或全部突出阴门外,多发生于怀孕末期,但产后也有发生。本病多发生于牛及羊、猪,其他家畜少见。水牛在发情时偶尔也能发生。

【病因】

(1)经产老龄、衰弱孕畜,饲养不良及运动不足,常引起全身组织紧张性降低,固定阴道组织松弛而发病。

(2)胎儿大、胎水多、双胎怀孕、瘤胃膨胀、便秘、下痢、产前截瘫、严重骨软症、卧地不起,或奶牛长期栓于前高后低的厩舍内,以及产后努责过强等,都能使腹压增高,压迫松软的阴道壁,使其一部(部分脱出)或全部(完全脱出)突出于阴门之外。

(3)猪长期饲喂霉变饲料,由于类雌激素和毒素作用而引起阴道韧带松弛,里急后重,致使阴道脱出。

(4)牛、山羊、犬在发情前后发生阴道脱出与遗传及雌激素过多有关。

【症状】

阴道脱出的程度不同,可分为部分脱出和完全脱出两种。

1.阴道部分脱出  多见于牛,主要发生在产前。病初仅当患畜卧下时,可见前庭及阴道下壁(有时为上壁)形成拳头大、粉红色瘤样物,露出于阴门外或夹在阴门之中,母牛起立后,脱出部分自行缩回。如病因未除,能使脱出的阴道壁逐渐增大,以致患畜起立后脱出部分缩回时间较长,黏膜红肿、干燥。

2.阴道完全脱出  可见阴门中突出一排球大(牛)的囊状物(图 12.4),表面光滑,粉红色。病畜起立后,脱出的阴道壁不能缩回,可以看到子宫颈口及怀孕的黏液塞;下壁前端有尿道口,排尿不顺利。产前,膀胱或胎儿前置部分常进入脱出的阴道囊内,有时可以触摸到。在产后,可以看到子宫颈阴道部肥厚的横皱襞,但有时则看不到。脱出的阴道壁较厚。

阴道脱出部分,由于长期不能缩回,黏膜发生淤血、水肿,变为紫红色,表面干裂,流出血水。长时间受地面摩擦及粪土污染,常使脱出的阴道黏膜发生破裂、发炎、坏死及糜烂。严重时可继发感染。

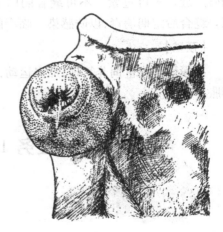

图 12.4  牛阴道完全脱出

【治疗】

1.阴道部分脱出  起立后能自行缩回的患畜,主要防止脱出部分受到损伤及感染发炎。因此,加强饲养,适当增加运动,减少卧下的时间,要将患畜栓于前低后高的栏舍内即可,对于便秘、下痢及瘤胃弛缓等病,应及时对症治疗。

2.阴道脱出  不能缩回的患畜,迅速整复,加以固定,以防再脱。

(1)保定。患畜于前低后高的地方保定,不能站立的应将后躯垫高,小动物提后肢保定。

(2)麻醉。动物努责强烈时,先在荐尾间隙或第一、二尾椎间隙行轻度硬膜外麻醉,也可用后海穴注射。中小动物可作全身麻醉。

（3）脱出部的处理。可采用 1.0% 高锰酸钾,0.05%~0.1% 新洁尔灭等防腐消毒液将脱出的阴道清洗干净,除去坏死组织;如果黏膜水肿严重,针刺水肿黏膜,用 2% 明矾水进行冷敷并适当压迫 15~30 min,消除水肿,对有大伤口部位进行缝合,并涂 2% 龙胆紫、碘甘油或抗生素软膏。

（4）整复。脱出部的处理后,先用消毒纱布将脱出阴道托起,在患畜不努责时,用手将脱出的阴道向阴门内推回原位,然后在阴道腔内注入消炎药液,或在阴门两旁注入抗生素,都有抑制炎症的作用。同时可在阴门两侧深部注射酒精、尾间隙硬膜外麻醉、注射肌肉松弛剂,减轻努责的作用。

（5）固定。整复后,采用阴门缝合固定。可用粗缝线给阴门作 2、3 针间断褥缝合、圆枕缝合、纽扣缝合、双内翻缝合或袋口缝合。以双内翻缝合为例(图 12.5),在阴门右侧 3 cm 的皮厚处下针,从同侧阴门边缘旁穿出;左侧同样将线穿好,然后在此线之下 2 cm 处再将线穿好,与原线头打活结(以便突然临产时拆线)。两侧露在皮肤外的线上须套一段橡皮管,在努责强烈时,线不至将皮肤勒破。缝合不可过紧。不可缝合阴门下角,以免妨碍排尿。缝合后定期消毒,以防感染。临产前或者等母畜确实不再努责之后拆线。

图 12.5　阴门双内翻缝

【预防】

加强怀孕母畜饲养管理,加强运动,提高全身组织的紧张性。及时治疗便秘、下痢、瘤胃膨胀等疾病。

# 任务 12.4　孕畜浮肿

学　习　目　标

1.会诊断孕畜浮肿。

2.会对浮肿孕畜进行处理。

孕畜浮肿,又称为妊娠浮肿,是怀孕末期孕畜腹下及后肢等处发生水肿。如浮肿面积小、症状轻,是怀孕末期的正常现象;如浮肿面积大,症状恶重,则认为是病理状态。本病主要见于马和奶牛。一般发生于分娩前 1 个月左右,产前 10 d 特别显著。分娩后两周左右多能自行消失。

【病因】

（1）孕畜饲料中蛋白质不足。怀孕母畜末期,胎儿迅速生长发育,母畜新陈代谢旺盛,蛋白质需求增加而得不到供应,使血浆蛋白浓度降低,破坏血液与组织液中水分的生理动态平衡,导致组织间隙水分积留。

(2)怀孕末期,胎儿迅速发育,导致母畜腹内压增高;乳房肿大,运动不足,使腹下、乳房及后肢的静脉血流滞留,组织液回流至静脉受阻,水分渗入组织间隙引起浮肿。

(3)怀孕期间内分泌腺功能发生一系列变化。抗利尿素、醛固酮及雌激素分泌增多,使肾小管远端对钠的吸收增加,引起水的潴留。

(4)怀孕期间,机体衰弱,特别是有心脏或肾脏疾病时,心脏及肾脏的负担加重,容易发生水肿。

**【症状】**

病初,浮肿从腹下及乳房开始出现,后蔓延前胸,严重时可波及阴门、后肢的跗关节及球节。

浮肿一般呈扁平状,左右对称。触诊浮肿部,质地如面团,有指压痕,皮温稍低,无背毛部分的皮肤紧张而有光泽。轻微病例通常无全身症状,严重时,可出现食欲减退,步态强拘等表现。

**【治疗】**

孕畜浮肿是以加强血液循环,提高血浆胶体渗透压,强心利尿,促进组织间隙水分吸收为治疗原则。

浮肿轻者可不必治疗,改善病畜的饲养管理,给予含蛋白质丰富的饲料,限制饮水,减少多汁饲料及食盐。浮肿严重的病畜,可应用强心利尿剂,牛马可用20%葡萄糖溶液1 500 mL、10%葡萄糖酸钙200 mL、20%安钠咖注射液10 mL 1次静注,1次/d,连用3~5 d。同时可肌注呋喃苯氨酸,0.5 mg/kg,1次/d,连用3~5 d。治疗时适当限水,增加运动。

**【预防】**

增加孕畜运动,给孕畜补充蛋白质和矿物质丰富的饲料,限喂多汁饲料。

# 任务 12.5　难　产

1.会进行难产诊断。

2.会使用各种助产器械,并对难产动物进行全身检查。

3.会对不断类型的难产进行救治。

## 12.5.1　难产概念

妊娠足月后,胎儿能否顺利产出,主要取决于母体性因素和胎儿性因素。其中任何一方面发生异常,都会发生难产,甚至造成子宫及产道损伤,发生各种分娩后疾病。难产是指母畜在分娩过程中,由于产力、产道及胎儿异常的影响,不能顺利地通过产道将胎儿产出体外的产科疾病。难产如果处理不当,不仅能引起母畜生殖道疾病,影响以后的繁殖力,甚至危及母体及胎儿的生命。

### 12.5.2 难产的原因

难产的发病原因可以分为一般病因和直接病因两大类。

**【一般病因】**

难产一般病因是指通过影响母体或胎儿而使正常的分娩过程受阻。分为产力性难产、产道性难产及胎儿性难产3类,其中前两类又可合称为母体性难产。引起难产的一般病因主要包括遗传因素、激素影响、饲养管理因素、感染性因素及外伤因素等。

1.遗传因素　遗传因素在难产的发生上起一定的作用,如亲代的隐性基因引起胎儿畸形发生难产。双亲的一些隐性基因影响胎儿或胎膜发生许多的疾病导致难产。另外,母体先天性异常如腹股沟疝、阴道或阴门发育不全等也可引起难产。

2.激素影响　引起分娩的激素变化延迟发生,或者是激素的变化不明显、激素之间比例不平衡,均可导致难产。

3.饲养管理因素　饲养管理与难产的发生密切相关。如在母畜妊娠后期蛋白质精料饲喂过多,胎儿生长速度过快会导致巨型胎儿;营养过剩,骨盆区可出现大量脂肪蓄积,引起产道狭窄;限制妊娠母畜的运动或运动不足导致产力不足;配种过早,使母体身体不能充分发育,骨盆相对较小等不当饲养管理措施,均使难产的发病率增加。

4.感染性因素　所有影响妊娠子宫及胎儿的传染病均可引起流产、子宫迟缓、胎儿死亡及子宫炎等疾病。

5.外伤性因素　如外伤引起的妊娠后期耻骨前腱破裂,腹壁疝等,导致母畜努责无力也可引起难产。

**【直接病因】**

1.母体性难产　是指引起产道狭窄或阻止胎儿正常进入产道的各种因素,包括产道和产力两方面。例如母畜配种过早,骨盆狭小;营养不足导致骨盆发育不全;遗传性或先天性产道或阴门发育不全,分娩或其他原因引起产道损伤;子宫颈、阴道或阴门狭窄,子宫捻转,子宫折叠于骨盆前缘,子宫颈扩张不全,子宫迟缓,胎膜水肿等。

2.胎儿性难产　主要是由胎向、胎位、胎势异常导致,胎儿过大也是当前由于饲养管理不当导致母畜难产的重要病因。胎儿与骨盆大小不适引起的难产最为常见,尤其是初产牛发病率更高。胎儿气肿引起的胎儿与母体大小不适也时常发生,但在大多数情况下,这是难产的结果而不是难产的原因。

### 12.5.3 难产的检查

救治难产的主要目的是确保母体的健康和以后的繁殖力,挽救胎儿的生命。难产检查包括病史调查、母畜全身检查、产道检查 3 个方面。

**【病史调查】**

（1）母畜是初产或经产，一般初产畜可考虑产道是否狭窄，胎儿是否过大。经大多数是由于胎向、胎位或胎势不正所致，或胎儿畸形、单胎动物的双胎怀孕等原起。

（2）母畜怀孕是否足月或已超过预产期。如果是早产或流产，这时胎儿一般较小，容易拉出；如产期已过，胎儿可能较大，矫正及牵引都较为困难。

（3）分娩的开始时间、阵缩、努责的强弱及频率、胎膜及胎儿是否露出、情况如何。当时是否经过处理。

（4）母畜分娩前是否患过盆骨的损伤、腹部外伤、阴道疾病及软骨病等。

（5）是否进行过助产、采用的方法、经过及结果如何，助产之前胎儿的异常情况，已经死亡或活着；母畜有无损伤，产道有否水肿，有否注意消毒等。

了解这些情况有助于对手术助产的效果做出正确预后。对预后不良的病畜，应告知畜主并及时确定处理方法，对于产道受到严重损伤或感染者，常继发产后期疾病，这些情况在处理难产时必须加以重视。

**【母畜的全身检查】**

检查母畜的全身状况时，应从体温、呼吸、脉搏、精神状态、可视黏膜及阵缩、努责的强弱的变化等几个方面综合分析，以便掌握病情发展状况，决定助产方法和步骤，保证施行手术的安全性。应特别注意母畜的精神状态及能否站立。如果母畜难于站立，则应注意是卧下休息还是已经濒临衰竭。另外，还要特别注意尾根两旁的荐坐韧带是否松软，上提尾根时活动程度如何，以便确定骨盆腔及阴门能否充分扩张。同时还应确定乳房是否涨满，乳头中是否能挤出初乳，以确定妊娠是否足月。

**【产道检查】**

1.方法　术者消毒、戴塑料手套、然后检查前由一助手将患畜尾巴拉向一侧，先用温水及肥皂洗净外阴及其周围，术者再用另一盆水洗净手臂并涂上润滑液，然后进行阴道检查。

2.内容　主要包括产道检查和胎儿检查。

（1）产道检查。检查产道时应注意检查阴道的松软及润滑程度，子宫颈的状态及开张程度，骨盆腔的大小及软产道有无异常等；以及产道中液体的性状如颜色、气味，是否含有组织碎片，以帮助判断难产发生时间的长短及胎儿是否死亡、腐败。骨盆荐坐韧带的松软程度，硬产道有否开张异常等情况。

（2）胎儿检查。胎儿的检查包括主要检查胎儿进入产道程度、正生或胎向、胎位、胎势及胎儿的死活等情况。检查时可隔着胎膜触诊胎儿的前置部分，不要撕破胎膜，以免胎水过早流失，影响子宫颈的扩张及胎儿的排出。如果胎膜多已破裂，手可伸入胎膜内直接触诊，这样既可摸得清楚，又能感觉出胎儿的润滑程度。

检查胎儿的项目主要包括下列几方面：

胎儿是否异常：通过触诊其头、颈、胸、腹、臀或前后肢，弄清胎儿胎势、胎向和胎位如何，以确定产出时是否出现异常。

胎儿的大小：检查胎儿的大小应和产道的大小相比较来确定是否容易矫正和拉出。

胎儿进入产道的程度：如胎儿进入产道很深，不能推回，且胎儿较小，异常不严重，可试行拉出；进入尚浅时，如有异常，则应先矫正后再拉。

胎儿的死活:判定胎儿的死活,对选择助产方法有重要意义。正生时可将手伸入胎儿口内,轻拉舌头或牵拉前肢、轻压眼球,注意有胎儿有无吸吮反射和回缩躲避反应。倒生时可牵拉后肢,或将手伸入肛门内感觉有无肛门回缩反射,或触摸脐带血管,判定有无生理性活动。同时也要注意胎儿有无大量脱毛与气肿等现象,以判定胎儿是否发生了死亡后的气肿,是否需要截胎。

在治疗难产时,究竟采用什么手术方法助产,通过检查后应正确及时而果断地做出决定,以免延误时机。全面细致的检查可以为确定手术助产方法及预后判断提供可靠的分析依据。例如,如果检查发现母牛的全身状况良好,产道狭窄、开张不全,对胎儿的矫正及截胎有困难时,可以应用剖腹产手术。如果母畜的全身状况不佳,而且矫正和截胎比较容易,就不宜采用剖腹产,以免手术促使母畜状况恶化。而对于胎儿价值大于母体价值的难产情况,应及早进行剖腹产手术。如果在检查中不能做出正确而果断的决定,术中多次改变方法,导致产道水肿、母体体力透支、胎儿严重窒息等情况,常常会导致很大的损失,甚至导致胎儿死亡和母畜产后严重感染而发生死亡。

### 12.5.4　助产前的准备

**【母畜保定】**

为了术者助产、矫正胎儿的操作方便,病畜应取前低后高的站立;不能站立可取侧卧保定,同时将后躯垫高。母畜倒卧保定时,注意不要右侧卧或伏卧保定,以免腹部受压,内脏将胎儿挤向骨盆腔,妨碍操作。助产手术可根据环境条件及母畜的身体状态因地制宜,创造适宜的施术条件,施术场地要求具备宽敞、平坦、明亮、清洁、安静、温暖、用水方便等条件。

**【麻醉】**

选择麻醉方法时,考虑畜种的敏感性差异,如静松灵对于反刍动物十分敏感,而对于猪效果较差,母畜在手术中能否站立,对子宫复旧有无影响,对胎儿有无影响等。在具体助产手术时可综合使用尾荐间隙麻醉、后海穴麻醉、全身麻醉和局部浸润麻醉等不同麻醉方法及药物。

牛能在站立保定和施行局部麻醉的情况下进行助产手术,即使需要全身麻醉的手术,一般也应在中、浅麻醉情况下,配合局部麻醉进行。

**【消毒】**

手术助产时,要坚持一个原则即进入产道的所有物品器械必须进行严格的消毒处理,以避免发生产后感染,导致产后疾病发生。首先是术者的手臂和器械严格消毒。其次是施术前对场地、病畜外阴部、露出胎儿部分、助产器械等要进行严密消毒。如不注意消毒和违反手术操作规程,就会增加产后并发症的发生。第三是母畜消毒时,先用清水将母畜的阴唇、会阴、尾根及胎儿的露出部分清洗干净,再用0.1%高锰酸钾或0.1%新洁尔灭消毒并擦干,对阴道、肛门等处黏膜的消毒不可使用碘酊。兽医出诊到养殖场、养殖户家进行手术,要因地制宜,创造条件完成手术。选择避风、干净、光线好,排水方便,适于完成手术的场所进行手术。场地要用清水喷洒,防止尘土飞扬。

**【润滑】**

救治难产时,往往由于产程过长,胎水流失殆尽,露出部分胎儿和产道由于暴露于空气中而导致干燥,这会导致在助产的过程中,由于胎儿和母体产道之间的摩擦阻力增大,使难产的助产手术难度加大。如果阴道及阴门黏膜干燥,可以利用温和无刺激性的肥皂、温水、液体肥皂等,也可以使用植物油或石蜡油直接进行产道润滑。如果胎水流失,产道十分干燥,可使用后海穴浸润麻醉或尾荐间隙麻醉,使产道平滑肌松弛,然后再灌入润滑剂。

## 12.5.5　手术助产的原则与基本方法

在兽医临床中难产时要尽早尽快地进行手术,以防产期延长,造成胎儿死亡。在手术中难产的母畜,助产时无论是站立保定还是侧卧保定,必须取前低后高位,以便整复。并要注意人畜安全。要尽量保证母畜与仔畜生命安全,并要考虑到母畜以后的繁殖能力。当施术过程两者不能兼顾时,一般应保证母畜的安全。在手术中矫正胎儿异常的胎向、胎位和胎势时,必须本着推、整、拉的原则施术。一般是先把胎儿推回子宫内,使产道腾出较大空间,再进行整复,而后趁母畜不努责时,即可用力拉出胎儿。绝对禁止不经整复,粗暴强力牵拉胎儿。

**【产科手术器械的熟悉及使用】**

难产助产过程中,除徒手操作外,还必须备有产科器械,方能达到推、拉、矫正或截胎的目的。

1.拉出胎儿器械

(1)产科绳。用以拉出胎儿不可缺的用具,一般应用棉绳与尼龙绳,质地柔软结实,不可使用粗硬的麻绳和棕绳,以免磨伤产道。产科绳应准备 3 条,其直径 0.5~0.8 cm,长 2~2.5 m,绳的一端有一绳套(图 12.6)。使用产科绳时,术者把绳套置于右手中间 3 个手指上,慢慢带入产道或子宫内,借手指的移动,把绳套分别套在两前肢(或两后肢)、胎头或其他部位上,然后用力拉出胎儿。

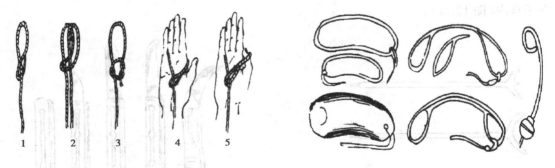

图 12.6　产科绳及使用方法　　　　　图 12.7　各种产科绳导

(2)绳导(导绳器)。绳导是带动产科绳或线锯条的器械。当使用绳套套住胎儿有困难时,可将产科绳或线锯条一端缚在绳导上带入产道,套住胎儿的某一部分。常用的绳导有长柄绳导及环状绳导两种。也可用 8 号电线或相应粗的铅丝弯成,大小、长短根据临床需要而定(图 12.7)。

（3）产科钩。钩住胎儿某一部位，牵引胎儿用，易损伤胎儿，可用于死胎。产科钩有单钩与复钩之分，每种钩尖又有锐钝不同。单钩常用于钩住眼眶、下颌骨、耳道、骨盆部及其他坚固的组织等。复钩用于钩住两眼窝或两眼角内、脊椎、颈部、荐部或其他部位等（图12.8）。使用产科钩拉胎儿时，术者应用手辅助加以保护，防止滑脱，以免损伤子宫或产道。

（4）产科钳。用以钳住胎头拉出胎儿。使用时将钳唇闭合伸入产道至胎儿头部，然后张开产科钳的两唇，夹住胎头，以拉出胎儿。适用于小家畜的难产。钳另端有钩，分开时可作产科钩用（图12.9）。

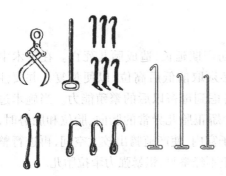

图 12.8　各种产科钩

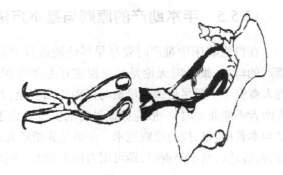

图 12.9　产科钳及其用法

2.推退胎儿的器械　主要用产科榾推退胎儿，使产道空间扩大，便于整复。使用时术者用手握住产科榾的两叉端，带入产道或子宫内，顶住胎体不易滑脱的部位，并用手固定叉端。然后与助手配合趁病畜不努责时，用力推回胎儿，当推进一定距离便于整复时，由助手把持产科榾顶住胎儿，术者即可进行整复（图12.10）。

3.截胎用器械

（1）隐刃刀。刀刃可自由出入刀鞘，使用时可将刀刃推出，不用时可将刀刃退回刀鞘。此刀在子宫、产道内操作方便，不易损伤母体。多用于切割胎儿皮肤、关节及摘除内脏。刀刃有直刃、弯刃、凸刃及柳叶刃等。临用时须用细绳穿在刀柄的小孔内，套在手腕上，以免掉在子宫内（图12.11）。

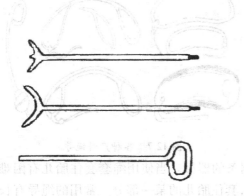

图 12.10　产科榾

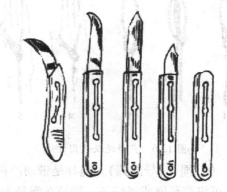

图 12.11　隐刃刀

（2）指刀。刀背有金属环，可套在手指上使用，当带入或拿出时，可用其他手指保护刀刃。用途同隐刃刀（图12.12）。

（3）产科刀。刀身短,使用方便,有直的、弯的或钩状的。使用时宜用手指保护,可自由带入或拿出。用途同隐刃刀(图 12.13)。

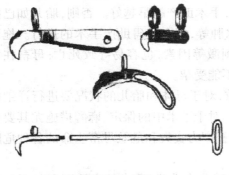

图 12.12　指刀

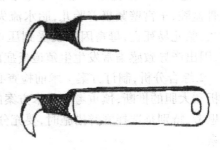

图 12.13　产科刀

（4）产科凿。用以凿断胎儿的骨骼、颈椎、腰椎或四肢关节。使用时须先用绳或钩固定欲断部位,然后术者将凿刃抵于该部,并用手固定,再由助手于产道外用锤敲打凿柄(图 12.14)。

（5）产科线锯。由两个锯管、锯条、通条及两个锯柄所组成。用它可锯断胎儿的任何组织。使用时先将锯条穿入一个锯管内,游离端用绳导小心引入产道或子宫内,绕在预定截断的部位上,再慢慢拉出阴门外,除去绳导器。借通条将锯条一端穿入另一个锯管内,然后将两锯管拼拢,前端伸至欲截除的部位,由术者固定,助手在两锯管外端的锯条上接上锯柄,即可握锯柄由慢到快进行锯割(图 12.15)。

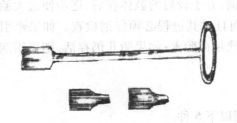

图 12.14　产科凿

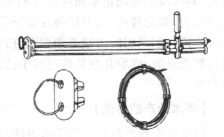

图 12.15　产科线锯

（6）胎儿绞断器。可绞断胎儿的任何部分,较线锯锋利,但骨骼断端不齐,骨茬锋利,取出胎儿肢体时易损伤子宫、产道及术者手臂,故最好在关节处绞断或将断端用纱布包好。使用时先将钢制绞绳的一端带入子宫,绕过胎儿预绞断的部分,然后拉出阴门外,将钢制绞绳两端对齐穿过钢管,固定在绞盘上,术者将钢管送入子宫,顶在预绞断的部位上,用手固定,以防位置改变。

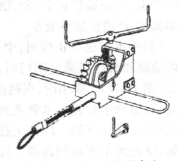

图 12.16　胎儿绞断器部分

与此同时,由两名助手抬起绞盘与阴道同高,另一助手先用小摇把绞动,当钢制绞绳已紧时,再用大摇把用力慢绞,如果绞把松弛,即可证明绞断,退出钢管,取出绞断器。(图 12.16)

**【手术助产的原则】**

手术助产时,除助产手术的注意的事项外,为了保证手术效果,还必坚持以下原则。

1.施术宜早不宜迟　难产病例均应做急诊处理,手术助产越早越好。否则,胎儿如已揳入骨盆腔,子宫壁紧裹着胎儿,胎水流失以及产道水肿等,都会妨碍助产手术的进行。拖延过久,胎儿易死亡,母畜因膀胱受到压迫以及疼痛刺激等因素,也容易导致死亡;母畜在术后,因出产导致感染常发生生殖道炎症而使其以后不能受孕。

2.综合分析,制订方案　术前检查必须周密细致,对于母体和胎儿的状况要进行详细的分析和大胆的推断,慎重考虑手术方案的每个步骤。对于手术中的保定、麻醉措施尤其要认真思考,特别是选择麻醉措施时,要充分考虑导致母畜产力丧失和危及母畜生命的各种危险因素。

3.预先润滑,充分消毒　在助产手术中,润滑产道尤为重要,手术的实施顺利与否与产道的润滑状况息息相关,因此必须首先在施术之前充分润滑产道。助产手术中的润滑也十分重要,以免发生产后子宫内膜炎或产后不孕等情况。一般术后还要在子宫中放入广谱类抗菌药物。

4.有所取舍,变通执行　在对难产进行的助产手术中,对于救治发现较早的难产病例时,如果胎儿仍然活着且子宫的状况良好,胎儿与母体产道的关系正常,难产仅是胎儿过大所致,则可首选截胎术。经产母畜有可能是由于胎儿与母体产道的关系异常所引起,此时由于母畜持续努责,会使产道中的空间越来越小,因此应尽快采用硬膜外麻醉,然后用矫正术矫正胎儿的各种异常,再用牵引术拉出。如果难产是由畸形胎引起,最好先选用截胎术。对胎向、胎位及胎势均正常而仅仅是胎儿过大引起的难产病例,可试用牵引术,并且两肢不要并行牵引,要交替用力,但始终使处于前面的肢体在前,处于较后的肢体在后,逐步使过大胎通过产道。但牵引的力量必须限制在四个人之内,而且对其进程必须仔细检查。如果牵引后仍然无进展,或胎儿在处理过程中已经死亡,则可换用截胎术;如果胎儿仍存活,则可用剖腹产术。

**【手术助产的方法】**

母畜发生难产时可用的手术方法较多,主要介绍以下5种。

1.牵引术　牵引术又称胎儿拉出术,是指用外力将胎儿拉出母体产道的助产手术,这是助产手术中最常用的方法。

(1)适应证。牵引术是救治难产最常用的助产手术,主要适应证有:胎儿过大,母畜努责阵缩微弱,产道扩张不全等。

(2)手术方法　正生时,牵引两前腿和头,当两前腿和头已经通过阴门时,可只在两前腿牵引(图12.17)。牵引时,在两前腿球节之上拴上绳子,由助手拉腿。术者把拇指从胎儿口角伸入口腔,握住下颌。球节上拴绳子时一定要拴紧,以免绳子下滑到蹄部。绳子也可拴在飞节上,但如果牵引力过大则会引起骨折。牵引

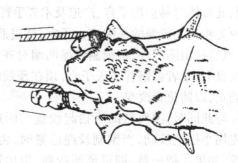

图12.17　正生过大胎儿牵引法

时的路线必须与骨盆轴相符合,即产科绳牵引方向按照"先平、后上、再平"的方法进行牵引。避免在施术的过程中多人同时牵拉胎儿,以免造成母畜产道损伤或胎儿损伤。在死胎儿,可将产科链套在脖子上,牵拉时一定要注意头和嘴唇的前进方向。也可用产科钩,可供选用的下钩部位主要有:下颌骨体之上、眼眶、鼻孔或硬腭,如果没有钩子,可用力将下颌骨体下后方的皮肤切破,通入口腔,然后穿上绳子牵拉。

胎头通过阴门时,拉的方向应略向下,并由 1 人用双手保护母畜阴唇上部和两侧壁,以免导致母畜阴门的撕裂。胎儿身体露出阴门外而骨盆部进入母体骨盆入口处时,拉的方向要使胎儿躯干的纵轴成为向下弯的弧形,以便与母体骨盆的最大直径相适应。

(3)施术注意事项。牵拉人员在应对大家畜时一般不宜超过 2~3 人,拉出的力量应均匀稳定,忽紧忽慢或忽强忽弱不仅难以奏效,而且还可引起母畜疼痛或拉伤胎儿,胎儿矫正越完全,拉出越顺利。如果拉出用力很大,就证明矫正方面还存在问题,必须实施再一次的矫正手术。产道必须充分润滑,并配合母畜的努责,这样比较省力,也符合阵缩的生理要求。拉出时并要考虑骨盆的构造特点,沿着骨盆轴的方向拉,防止硬产道受到损伤,导致母畜产后瘫痪。

2.矫正术　矫正术是指胎向、胎位及胎势异常的胎儿,通过推、拉、翻转、矫正或拉直胎儿四肢,矫正到正常的助产手术。

(1)适应证。正常分娩时,胎儿由于胎势、胎位或胎向异常发生难产,胎儿的各种异常姿态均可用矫正术进行矫正。

(2)手术方法。其方法包括推和拉两个方向同时进行,即推动的同时向外拉出,或者先推后拉。用产科桋或者术者的手臂将胎儿或其某一部分从产道中向前推动。然后将姿势异常的头和四肢矫正成正常状态后拉出(图 12.18,图 12.19)。推动胎儿时,必须要在母畜努责的间隙时用力,一定要注意润滑产道。拉胎儿时,除了用手外,常用产科绳、产科钩,有时还可用推拉桋。为了同时进行牵拉,可在用手向前推的同时,由助手向外牵拉产科绳或钩,异常部分就会得到矫正。

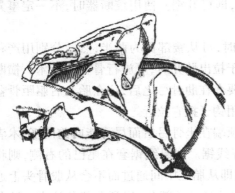
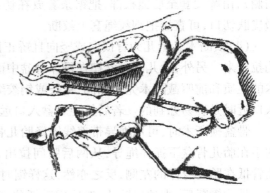

图 12.18　用手矫正屈曲的前肢　　　图 12.19　头颈侧弯时的矫正方法

3.截胎术　截胎术是为了缩小胎儿体积而肢解或除去胎儿身体某部分的手术。难产时,若无法矫正拉出胎儿,又不能或不宜施行剖腹产,可将死胎儿的某些部分截断,分别取出,或者把胎儿的体积缩小后拉出。

(1)截头术。适用于胎头侧转,胎儿发育过大,产道狭窄以及胎儿前肢姿势不正等所造成的难产。由于骨盆太小或胎儿过大,头颈及前肢同时通过产道困难时也可用截胎在头颈侧弯及头向下弯时,可用绕上法(图12.20),把线锯条或钢丝绳套在颈部,管的前端抵在颈基部的肩关节与颈部之间,将颈部截断,然后把胎头向前推,拉出胎儿躯干,最后再把头部拉出来;也可用钩子钩住颈部断端拉出头部,再拉出胎体。如果头部为正常前置,使用线锯时可用套上法,先把锯条或钢绞绳在管内穿好,然后将其从唇部向后套到颈部,管前端可以放到颈基部旁边的空隙内,锯的过程中要把头拉紧,使颈部紧张。

(2)前肢截断术。主要适用头颈部的异常;前肢屈曲于身体之下或肩围过大难于产生的难产。其方法是用指刀或隐刃刀沿肩胛骨的后角,切开皮肤和肌肉,借指刀或隐刃刀反复切割,即可将肩胛骨与胸廓的联系切断。然后用产科钩或产科绳将前肢扯断拉出。在肘关节或腕关节屈曲时,可用指刀或隐刃刀切断关节周围的皮肤、肌肉及韧带,然后用铲或凿铲断或用线锯锯断(图12.21)。

图 12.20　用线锯截断头部

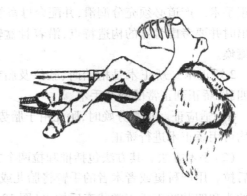

图 12.21　用线锯截除前肢的前腿

(3)后肢截断术。适用于倒生发生难产时胎儿过大以及为后肢姿势不正等。用刀子在髋结节前作一深而长的皮肤及肌肉切口,然后将装好的线锯套在锯管前端(锯管应位于后腿内侧),由蹄尖套至后腿根部,把锯条套放在切口中,即可开锯。使用绞断器时,不一定事先做皮肤切口,可直接把钢绞绳套上绞断。

(4)横断术。胎儿为背横向或竖向且矫正困难时,可从腰部截为两半,然后分别用产科钩拉出来。另外,胎儿的骨盆楔在母体骨盆中而难于拉出胎儿时,可施行骨盆截断术。横断术的性质和前躯截除术完全相同,锯条或钢绞绳也要套在肋骨弓之后,这在胎儿后躯距骨盆入口近时是容易办到的。若后躯距骨盆入口远,须用钩子把它拉近。

骨盆横断术时,可用绳导带着线锯经胎儿骨盆顶端在坐骨弓后面尽可能向前向下,术者的手在胎儿骨盆下抓住绳导,从两后腿间拉出,穿好线锯。如果线锯套在尾巴的右侧,则将锯管抵在胎儿身体的左侧,反之亦然,这样锯时线锯即从胎儿中间通过而不会从股骨头上通过。骨盆横断后,先拉出胎儿,然后用手抓住裸露的骨盆骨质部分,将剩余部分拉出。胎儿倒生时,可将线锯套在骨盆上,将锯管头抵在要截除的后腿对侧坐骨处,锯开后先拉出后腿及一半骨盆,剩余的胎儿可用牵引术拉出。

施术注意事项:胎儿已经死亡,就须及时考虑截胎,以免矫正手术造成产道损伤,导致产道水肿和子宫及阴道的炎症。操作时须随时防止损伤子宫及阴道,并注意消毒,同时术者的手臂及产道中一定要施以大量的润滑剂。截除胎儿时,靠近躯体部分的骨质断端应尽可能短一些,而且在拉出胎儿时,骨骼断端须进行有效保护,以免锐利的断段损伤母畜的产道。

4.剖腹产术 剖腹产手术是切开腹壁及子宫,取出胎儿,以解救难产的一种手术。

(1)适应证。剖腹产手术适用于各种动物,一般越早采用效果较好。当产道狭窄,子宫扭转,阴道极度肿胀,手不能伸入产道,胎儿过大,胎向、胎位及胎势严重异常及胎儿畸形等,矫正无效并无法经产道拉出胎儿时,阵缩微弱、干尸化胎儿很大、药物催产无效时,均可行剖腹产手术取出胎儿。上述情况下,无法拉出胎儿或无条件进行截胎,尤其在胎儿还活着时,可以考虑及时施行剖腹产。

(2)手术方法。家畜的剖腹产手术方法基本相同,现以牛为例介绍如下。按照切口位置选择的不同,牛的剖腹产术有腹下切开法和腹壁切开法两种方法。主要介绍腹下切开法。

手术部位:可供选择的切口部位有 5 处:乳房前中线、中线与右乳静脉之、中线与左乳静脉之间、乳房和右乳静脉右侧 5~8 cm 处、乳房与左乳静脉左侧 5~8 cm 处。切口位置原则是胎儿在哪里摸得最清楚,就靠近那里做切口,如两侧触诊的情况相似,可在中线或其左侧施术。一般来说,中线处切口血管较少,切口及缝合均比较容易,左侧的切口也较好。

保定:术前应检查动物的体况,使其左侧卧或右侧卧,分别绑住前后腿,并将头压住。

术部准备及消毒:术部按外科手术常规对母畜的尾根、外阴部、会阴及产道中露出的胎儿部分,用温肥皂水清洗,然后用消毒液洗涤,并将尾根系于身体一侧。身体周围铺上消毒巾,腹下部的地面铺以消毒过的塑料布。

麻醉:可行静松灵肌内注射及切口局部浸润,如果胎儿仍然活着则可确实进行站立或倒卧保定后,不需麻醉即行手术。

术式:在中线与右乳静脉间,从乳房基部前缘开始,向前做一长 25~30 cm 的纵行切口,切透皮肤、筋膜和腹斜肌、腹直肌,用镊子把腹横肌腱膜和腹膜同时提起,切一小口然后在食指和中指引导下,将切口扩大。为了操作方便和防止腹腔脏器脱出,可在切开皮肤后使母畜仰卧,再完成其他部分的切开,也可在切开腹膜后由助手用大块纱布防止肠道及大网膜脱出。

切开腹膜后,常可发现子宫及腹腔脏器上覆盖着大网膜,此时可将双手深入切口,紧贴下腹壁向下滑,以便绕过它们,或者将大网膜向前推,这样有助于防止小肠从切口脱出,也利于暴露子宫。手伸入腹腔后,可隔着子宫壁握住胎儿的身体达到某些部分(正生时是两后腿跖部,倒生时是头和前腿的掌部),把子宫孕角大弯的一部分拉出切口之外。在子宫和切口之间塞上一大块纱布,以免肠道脱出及切开子宫后其中的液体流入腹腔。如果发生子宫捻转,则因为子宫被捻短了,而且紧张,暴露子宫壁有困难,切开子宫壁时出血也多,所以应先把子宫转正。如果胎儿为下位,背部靠近切口,向外拉子宫壁时无处可握,应先行剖腹矫正术,矫正胎儿体位。此时应母牛侧卧。有时子宫内胎儿太沉,无法取出切口外,也可用大纱布充分填塞在切口和子宫之间,在腹内切开子宫再取胎。

切开子宫壁,拉出胎儿。子宫固定确实后,术者执手术刀沿着子宫角大弯,避开子叶,做一与腹壁切口等长的切口,切透子宫壁及胎膜。切口不可过小,以免拉出胎儿时子宫撕裂而不易缝合。切口不能做在侧面或小弯上,因这些地方血管较为粗大,切破引起的出血较多。将子宫切口附近的胎膜剥离一部分,拉于切口之外,然后再切开,以防止胎水流入腹腔。在胎儿活着或子宫捻转时,切口出血一般较多,须边切边止血。胎儿正生时,经切口在后肢上拴上绳子,倒生时在胎头上拴上绳套,慢慢拉出胎儿,交助手处理。从后肢拉出胎儿时速度宜快,以防止胎儿吸入胎水引起窒息。如果腹壁及子宫壁上的切口较小,可在拉出胎儿之前再行扩大,以免撕裂。拉出的胎儿首先要清除口、鼻内的黏液,擦干皮肤。如果发生窒息,先不要断脐带,可一边用手挤压脐带,使胎盘上的血液流入胎儿体内,一边按压胎儿胸部,以诱导吸气,待呼吸出现后,拉出胎儿。

拉出胎儿后,应把胎衣完全剥离拿出,子宫颈闭锁时尤应如此,但不要硬剥。若胎儿活着,则胎儿胎盘和母体胎盘一般都粘连紧密,剥离会引起出血,此时最好不要剥离,但剖腹产后子宫感染及胎衣不下的发病率均较高,因此可以在子宫腔内注入 10%氯化钠溶液,停留 1~2 min,亦有利于胎衣的剥离。如果剥离很困难,可以不剥,在子宫中放入 2~4 g 土霉素,术后注射 50 IU 催产素,每日 2 次,连续 3 日,以促进胎衣和产后恶露的排出,有利于子宫复旧。

将子宫内液体充分蘸干,均匀散布青链霉素各 300 万 IU,或者使用其他抗生素或磺胺药。用丝线全层缝合子宫壁切口,再用水平内翻缝合法缝合一次。缝合完毕后用加有青霉素的温生理盐水将暴露的子宫表面洗干净(冲洗液不能流入腹腔),蘸干并充分涂布甘油抗生素合剂后放回腹腔。缝合好子宫壁后,可使牛仰卧,放回子宫后将大网膜向后拉,使其覆盖在子宫上。最后按开腹术方法常规闭合腹腔。

术后护理:与开腹术相同。当发现母畜子宫有弛缓现象时,宜用子宫收缩剂。术后对子宫的变化要随时注意,最好每日用 0.1%高锰酸钾溶液清洗子宫,排出污物,以防发生子宫内膜炎。其次要观察全身变化,采取适当的疗法。

5.外阴侧切术　外阴侧切术是防止在助产手术中避免会阴撕裂而采用的一种简单方法。在助产时,发现胎头或胎儿头部已经露出了阴门,牵引胎儿时会引起会阴撕裂,此时可施行外阴切开术。

(1)适应证。胎儿过大或巨型胎儿,阴门括约肌限制胎儿的排出及阴门明显妨碍牵引而采用。

(2)麻醉。一般施行手术前可不进行麻醉,而在外阴唇侧面进行切开将胎儿拉出之后再进行麻醉,缝合切口。如果胎儿尚未露出,可用局部浸润麻醉。

(3)术式。在阴唇的背侧面作长约 7 cm 切口,将整个阴唇切开,拉出胎儿。注意,胎儿拉出后,马上清洗伤口,褥式缝合,缝线一次穿过除阴唇黏膜外的所有组织。缝合要平整,以尽可能减少纤维化和影响阴门的对称性,防止形成气膣。

### 12.5.6　手术助产后母畜的检查与护理

由于在助产时,母畜的组织器官都会受到不同程度的损伤,尤其是母畜的生殖道损伤较为严重,必须进行及时处理,以防治产后期疾病的发生。因此,助产后母畜的检查和护理是十分重要的。

【术后检查】

检查前,术者应注意手臂的清洁、润滑及消毒,用清水及肥皂洗净母畜的阴门及会阴部,然后对整个生殖道检查。主要检查产道内是否有胎儿,产道有无出血、损伤、破裂或子宫角内翻;胎盘及附属物异常情况,动物能否站立等。

【术后护理】

手术助产后的护理包括以下 4 个方面。

(1)手术助产后应肌注或静注催产素,促进子宫的收缩和复旧,加快胎衣的排出,也可用来止血。大动物可注射 30~50 IU,羊、猪 10~30 IU。

（2）术后应于胎膜和子宫内膜之间放入土霉素,一般术后 2 d,可用广谱抗生素进行全身预防性给药。

（3）助产后如有胎衣不下,则应及时用抗生素处理,以免发生子宫炎。

（4）在破伤风散发的地区,为防止术后感染,应于手术同时注射破伤风抗毒素。

### 12.5.7　常见的难产及救助方法

由于发生的病因不同,兽医临床上将常见的难产分为产力性难产、产道性难产和胎儿性难产 3 种。前两种是由于母体异常导致的,后一种是由于胎儿异常造成。

【产力性难产】

阵缩及努责微弱指分娩时子宫肌及腹肌收缩无力,而且时间短,间歇长,以致不能产出胎儿。此病主要发生于牛和猪,也见于马及羊。

1.病因　分原发性和继发性两种。原发性的主要由于母畜年老体弱或者过于肥胖,怀孕期间饲料不足或品质不佳导致营养不良、缺乏运动或使役过度以及患有全身性疾病等所引起。胎水过多、胎儿过大、多胎怀孕及子宫发育不全等,也可诱发本病。

继发性的都是继发胎儿过大,子宫发育不全等引起长时间不能将胎儿产出,使子宫肌和腹肌持续收缩,过度疲劳,致使阵缩和努责微弱或完全停止。

2.症状及诊断　原发性的,母畜到预产期,出现分娩前的表现,一开始分娩时就表现阵缩及努责微弱,短而无力,力量不足,长时间见不到胎囊露出和破水,分娩时间延长,胎儿产不出。检查产道,颈口开张不全,可摸到未破的胎囊或胎儿的前置部分。

继发性引起的,母畜开始分娩时,阵缩及努责正常,并且逐渐增强,但不见产出胎儿,时间过长,母畜疲劳过度,致使阵缩及努责逐渐变弱或停止。产道检查,子宫颈开张,胎儿停留在子宫或产道内,并发现胎儿姿势或产道异常。

3.助产　对大家畜原发性的,确认颈口已全开张,胎势无异常,助产方法迅速拉出胎儿。胎囊未破的作人工破水,胎势异常的经矫正后拉出。中小动物在确诊宫颈已开且骨盆正常的前提下可皮下或肌内注射催产素（猪 10~20 IU、羊 10 IU,每次 5 IU,每隔 30 min 注 1 次）,猪也可用前列腺素增强子宫收缩。继发性原因引起的尽快除去原因,拉出胎儿。不能拉出胎儿时,可行剖腹产手术取出胎儿。

【产道性难产】

产道难产主要指产道狭窄,包括子宫颈狭窄和盆腔狭窄两类。主要发生于牛、羊和猪。

1.病因　子宫颈狭窄是因牛、羊子宫颈肌层较厚,需要较长时间才能软化松弛,如阵缩过早或早产,就可引起子宫颈扩张不全,或子宫颈瘢痕收缩、子宫颈炎及子宫颈肿瘤,可造成子宫颈不能扩张。也可能是雌激素和松弛素分泌不足,致使软产道松弛不够。盆腔狭窄是由于盆腔发育不全（见于过早配种的母畜）或盆骨骨折、骨裂引起盆骨变形及骨质异常增生所造成。

2.诊断　母畜具备分娩征兆和正常的阵缩及努责,长时间不见胎膜及胎儿的排出。产道检查,子宫颈狭窄,子宫颈稍开张,仅能伸进几指或一拳,子宫颈松软不够,有时发现子宫颈完全闭锁。努责,颈口外部同阴道突出成半球形的盲囊,有时伴随阴道脱出。触摸盲囊口有波动而富弹性,并可摸到胎儿的蹄,但摸不到绒毛膜及胎盘。盆腔狭窄病例,胎位正常,胎儿也不过大,只感到盆腔狭小或变形。

3.助产 盆腔狭窄较轻的母畜,宜按胎儿过大的助产方法,试行拉出胎儿。不能拉出或过度狭窄,应及早行剖腹产手术取出胎儿。对子宫颈扩张不全,宜稍等待子宫颈自行扩张,再助产慢慢拉出胎儿。但须时时检查子宫颈扩张的程度,以便决定拉出胎儿的时机。必要时可试行扩张子宫颈,先用45 ℃温水灌注子宫颈,并热敷荐部,然后术者用一二指乃至全手指逐次扩大子宫颈口,当扩张到一定程度时,再缓慢地强行拉出胎儿。如颈口开张很小,扩张困难或宫颈闭锁,应及早剖腹取胎。

**【胎儿性难产】**

1.胎儿过大 母畜产道无狭窄现象,而胎向、胎位及胎势也正常,只发现胎儿体躯过大,不能顺利通过产道产出。

(1)病因。由于母畜或胎儿的内分泌机能紊乱所致,使胎儿发育过大,多胎动物怀胎过少时,有时部分胎儿发育过大而引起难产。

(2)诊断。胎向、胎位及胎势也正常,产道正常。胎儿过大。

(3)助产。先向产道内注入液体石蜡或温肥皂水,以润滑产道。强行将胎儿拉出。其方法见牵引术。在强拉时,正生,助手配合交替拉两前肢,并转动两前肢,使胎儿肩胛围与盆骨围呈斜向通过母畜盆腔,方能拉出胎儿。倒生时,可扭转胎儿后肢,使臀部成为侧立(变为侧胎位)即可容易拉出。因母畜盆腔的垂直径通常是比胎儿臀部最宽的两髋结节要大,所以这样扭转以后,容易通过。拉胎时,趁母畜努责的同时,以缓力强行拉出胎儿,但严禁过快过猛,以免拉断肢体。无论是正生或倒生,不能强行拉出时,可考虑采用剖腹产手术或截胎术取出胎儿。猪、羊的胎儿过大,均可用手拉出。正生时,术者的手伸入产道握住整个胎头拉出。倒生时,则用食指、中指和无名指夹住两个跗关节上部,并用手握住跖部拉出胎儿。

2.双胎难产 双胎难产是母畜在分娩时,两个胎儿同时进入产道,都不能通过造成的难产。常见于牛、羊怀双胎时及猪生产时。

(1)诊断。两个胎儿多数是一个正生、一个倒生,有的两个都是正生或倒生的。产道检查能发现一胎头和两前肢和另一个胎儿的两后肢。由于两个胎儿挤入产道的深度及先后的不同,头和四肢的姿势及胎儿位置往往也有异常,因此,产道检查时必须仔细触摸,分辨清楚,同时也要注意和裂体畸形、联体畸形、腹部前置的竖向及横向区别开来,才能作出正确诊断。

(2)助产。原则上是先推回一胎儿,再拉出另一胎儿。然后术者用手推回里边的或下面的胎儿,助手配合术者趁势拉出就近的或上边的胎儿,拉出一胎儿后,再拉另一个胎儿。如伴有胎势不正,影响推回及拉出时,须先行矫正再行推回或拉出。

3.胎位异常 正常为上位,但当分娩时胎儿死亡或活力不强,转位不及时则可变成侧位或仍旧保留下位而出现胎位异常。

(1)诊断。

①侧位:分正生与倒生两种。即进入产道的两蹄底朝向左侧或右侧。产道检查,可发现胎儿背部朝向母体的腹侧。正生时可摸到头及颈(图12.22)。倒生时可摸到胎儿的尾巴及肛门。

②下位:胎儿仰卧于子宫及产道内。正生时两前蹄蹄底向上,头颈屈曲于盆骨入口处,可摸到胎唇及颈。或两前肢与头颈屈曲于盆骨入口前。倒生时蹄底朝下,可摸到尾巴及肛门(图12.23)。

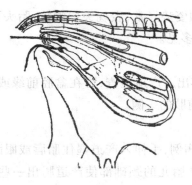
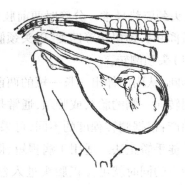

图 12.22　正生侧胎位　　　　　　　　　　　　图 12.23　倒生下胎位

（2）助产。胎位异常助产的原则，必须把胎儿翻转成上胎位或轻度侧胎位，方能拉出胎儿。拉前先用绳缚好两前肢，倒生时缚好两后肢。术者用手拉下颌（下胎位时要将胎儿推回子宫）或握住适当位置的同时，由两名助手向一个方向翻转两前肢或两后肢，三人协力配合，使之转为上胎位或轻度侧胎位，再拉出胎儿。

4.胎向异常　　正常为纵向，横向和竖向则为异常。包括腹部前置的竖向（腹竖向）和背部前置的竖向（背竖向）以及腹部前置的横向（腹横向）和背部前置的横向（背横向）（图 12.24）。当然竖向、横向都不是绝对的与母体纵轴垂直，总有一定角度。胎向异常矫正较难，且胎儿多半已死或生命力很弱，此时多采用截胎术或剖腹产术。胎向异常多见于马，牛少发生，猪有但较易纠正。

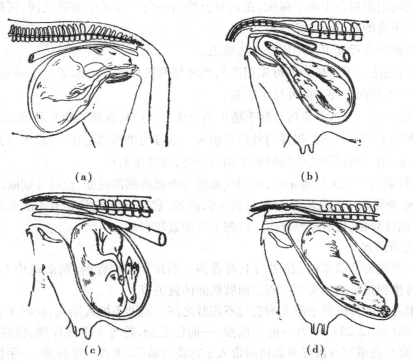

（a）　　　　　　　　　　　　　　（b）

（c）　　　　　　　　　　　　　　（d）

图 12.24　胎向异常
（a）腹竖向；（b）腹横向；（c）背竖向；（d）背横向

5.头颈姿势异常　分娩时两前肢进入产道,但头颈姿势异常,表现头颈侧转、胎头下弯、胎头后仰和头颈扭转等四类,以头颈侧转、胎头下弯最多见。

（1）头颈侧转。

诊断：从阴门伸出一长一短的两前肢,不见胎头露出。产道检查,可在盆腔前缘或子宫内摸到转向一侧的胎头或胎颈,通常是转向伸出较短前肢的一侧。

助产：根据侧转程度的不同,可采用以下助产方法。

①徒手矫正法。适用于病程短、侧转程度不大的病例,手伸入产道握住胎唇或眼眶,稍推退胎头的同时就可拉正胎头进入盆腔。也可用手推胎儿的颈础部使产道腾出一些空间后,趁势立即握住胎唇或眼眶拉正胎头,而后牵引两前肢缓慢拉出胎儿。

②器械矫正法。主要用产科绳套住胎儿的下颌或颈部进行拉正。徒手矫正有困难者,可借助器械来矫正。用绳导把产科绳双股引过胎儿颈部拉出与绳的另端穿成单滑结,将其中一绳环绕过头顶推向鼻梁,另一绳环推到耳后由助手将绳拉紧,术者用手护住胎儿鼻端,助手按术者指意向外拉,术者将胎头拉向产道。当胎儿死亡时,可用产科钩钩住眼眶或耳道,用手保护住,在推进胎儿的同时,由助手协助拉正,较为方便。

③颈部截断法。当操作困难无法矫正时,将锯条或钢制绞绳套住颈部,锯管或钢管前端抵在颈的基部,将颈部锯断或绞断,分别取出胎头及胎体。

（2）胎头下弯

诊断：在阴门附近露出两个蹄尖,在盆腔前缘胎头向下弯于两前肢之间,可摸到下弯的额部、项部或下弯的颈部。

助产：根据下弯程度可采用以下方法矫正。

①徒手矫正法。下弯较轻的可先用产科绳缚好两前肢系部由术者左手牵引,右手伸入产道握住胎儿下颌向上提并向外拉正胎头。

②器械矫正法。下弯严重可与徒手矫正结合进行。产科梃抵于胎儿颈础部由助手推胎儿,此时术者用手握下颌向上提并向外拉正胎头。也可用单绳套套住下颌,术者用手握胎儿两眼眶或耳朵,用力推压胎头的同时助手用力拉绳,可拉正胎头。

③颈部截断法。当无法矫正时,可用线锯或绞断器将颈部截断,而后分别取出。

6.前肢姿势异常　前肢姿势异常包括腕部前置、肩部前置和肘关节屈曲及前腿置于颈上。多为两侧性异常,也有单侧发生。以腕关节前置较多见。

（1）腕关节前置。

诊断：一侧腕关节前置时,在阴门上可看到一前蹄。两侧性的,两前蹄均不伸出产道。产道检查,可摸到正常的胎头和一或二前肢屈曲的腕关节。

助产：术者用产科梃抵于胎儿胸前与不正肢之间交给助手推入胎儿,此时术者用手握住屈曲肢的掌部（图12.25）,尽力一面往里推,一面往上抬,趁势下滑握住蹄,将蹄拉入产道。可以用单绳套套在系部或借导绳器将绳带入子宫绕在系部,术者一手拉绳,一手握掌骨上部向上并向里推的同时,另一手拉动系部绳子（或由助手拉动）,当拉到一定程度时,另一手可转手拉蹄,协力拉正前肢。胎儿死亡,可截断腕关节,先取出截断的部分,然后把断端包好,再把胎儿拉出。

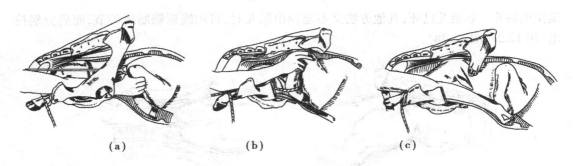

图 12.25　腕关节前置的助产

(a)用手和产科榿进行矫正;(b)用手和绳导进行矫正;(c)用手抓住蹄尖矫正

(2)肩肘前置。

诊断:产道检查,产道内的一前蹄或两前蹄位于胎儿颌下,未伸至唇部之前,并可摸到肘关节屈曲位于肩关节之下或后方。

助产:先用绳缚好屈曲肢的系部,术者用手推肩关节,或用产科榿抵于肩端与胸壁之间,用力推动胎儿的同时,由助手往外牵拉绳子,即可将屈曲肢拉直。

(3)肩关节前置。先用产科榿推入胎儿,并用手握住腕或臂部下端,尽力向上抬并向外拉,使之变成腕关节屈曲。也可借导绳器将绳缚在前臂下端(图 12.26),在推动胎儿的同时,由助手牵绳将其拉成腕关节屈曲。以后再按腕关节屈曲的助产方法进行矫正。

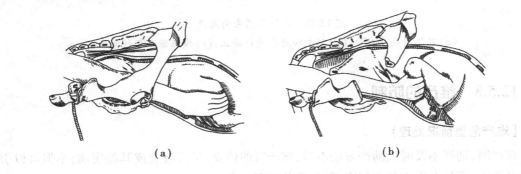

图 12.26　肩关节前置的助产

(a)徒手矫正第一步;(b)徒手矫正第二步

当无法矫正又不能拉出,且胎儿已死亡时,可行截胎术,截除一前肢。其方法见前肢截断术。

7.后肢姿势异常　倒生时容易发生后腿姿势异常,有跗关节屈曲和髋关节屈曲两种,以一后肢或两后肢的跗关节屈曲较多见。

诊断:一肢跗关节屈曲时,从产道伸出一蹄底向上的后肢。产道检查,可摸到尾巴、肛门及屈曲的跗关节。两侧肢跗关节屈曲时,阴门处什么也看不见,可摸到尾巴、肛门及屈曲的两个跗关节。

助产:先用产科绳缚住后肢系部,用产科榿抵在胎儿尾根与坐骨弓之间往里推胎儿,助手用力向上向外拉绳子,术者借此时机顺次握跗部乃至蹄部,尽力上举,将屈曲肢拉入产道,最后拉出胎儿。如跗关节挤入骨盆较深,胎儿又不大时,可把跗关节推回子宫,使其成为髋关节屈曲,再用绳子分别套绕在两后肢的基部,然后拉正常肢及套在两后肢的绳子,有时可能拉出胎儿。如胎儿已死,其他方法又不能拉出胎儿时,可用线锯锯断跗关节,而后分别拉出(图12.27,图12.28)。

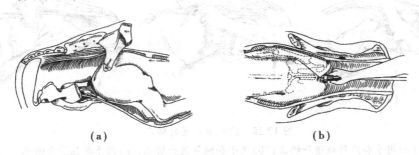

**图12.27 髋关节屈曲的助产**
(a)双侧髋关节屈曲;(b)截除后肢

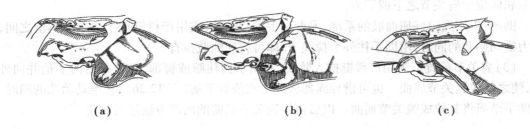

**图12.28 跗关节屈曲的助产**
(a)双侧跗关节屈曲;(b)用手和绳导进行矫正;(c)线锯锯跗部行截胎术

### 12.5.8 难产的防制

【难产危重情况处理】

难产时,助产不及时或助产方法不当,难产时的休克、子宫破裂或其他疾病,不但可以引起仔畜死亡,而且会影响母畜健康,甚至危及母畜生命。

1.休克处理 难产时,持续而强烈的刺激引起的疼痛,或拉出胎儿过速,致使子宫体积骤然缩小引起腹压急剧降低;大量失血;或胎膜破裂后,由于羊水进入母体循环等,均容易引起母畜休克。

休克初期,动物表现为不安,呼吸快而深,脉搏快而有力,黏膜发绀,皮温降低,无意识地排尿排粪等。病程延长,继而出现沉郁,食欲废绝,痛觉、视觉、听觉等反射消失或反应微弱,心跳微弱,呼吸浅表而不规则,此时黏膜苍白,瞳孔散大,四肢厥冷,血压下降,体温降低,全身或局部颤抖,出汗,如不及时抢救可引起死亡。

因此,在助产过程中,应缓慢拉出胎儿,防止迅速拉出胎儿时腹压急剧降低。手术方法宜轻柔,助产人员要不断仔细观察病畜的心跳、呼吸活动和全身状态,如果有出现休克的可疑,要采取早期预防措施,发生休克后应立即抢救。抢救方法主要是:消除病因,补充血容量。动物产道出血时,采用输血、补液及解除微血管痉挛的药物,同时还可应用维生素C及钙制剂等各种综合措施,也可输右旋糖酐葡萄糖盐水。心力衰竭时,可应用提高心肌收缩力量的药物,如异丙肾上腺素洋地黄、皮质醇等。产道损伤早期可用广谱抗生素治疗。

2.防止子宫破裂 难产时助产的操作粗暴、使用助产器械不慎、子宫壁水肿变脆、截肢后骨骼断端未保护好导致子宫破裂。如不及时诊断和处理,可引起大量失血,导致母畜的休克和死亡。因此助产时,除了要有熟练的助产技术外,还要求操作细致,严格遵守助产的基本要求和方法,绝不能粗枝大叶、蛮干,在手术时间长、术者疲劳时尤应注意这一点。

3.其他疾病 难产和手术助产过程中,对生殖器官可能受到损伤感染,引起产道出血,产道损伤,阴道子宫脱出、产后感染等病症。详细处理情况在产后期疾病中介绍。

【难产的预防措施】

难产不仅易于引起仔畜死亡,且常因手术助产不当而使母畜子宫和产道受损及感染,轻则影响母畜的生产性能(泌乳及使役),甚或造成母畜不孕,严重时尚可危及母畜生命。因此,对难产采取积极的预防措施,有着重大意义。

1.改善母畜的饲养管理 营养不良的母畜,即使妊娠,胎儿也不能正常发育,其活力常不足,分娩时母畜的产力微弱;营养过于丰富,可使胎儿过大;运动不足也可降低母畜的产力。预防难产主要从以下 3 个方面改善母畜的饲养管理。

(1)适宜配种时间。一般来说,营养和生长都良好的母畜,也不宜配种过早,否则由于母畜尚未发育成熟,容易发生骨盆狭窄,造成难产。牛的配种不应早于 12 月龄,马不应早于 3 岁,猪不宜早于 6~8 月龄,羊不宜早于 1~1.5 岁。防止早配和偷配。

(2)注重母畜营养。根据母畜的特点,给予合理的日粮,保证青年母畜生长发育的营养需要,以免其生长发育受阻而引起难产。孕畜特别注意维生素、常量元素和微量元素的补给,不但可以保证胎儿生长发育的需要,而且能够维护母畜的全身健康和子宫肌的紧张度,减少分娩发生困难的可能性。避免母畜过于肥胖,而影响全身肌肉的紧张性。在妊娠末期,应适当减少蛋白质饲料,以免胎儿过大,尤其是肉牛和猪更应如此。

(3)孕畜要适当运动。妊娠母畜要有适当的运动和使役。妊娠前半期可使常役,以后减轻,产前两个月停止使役,但要进行牵遛或自由运动。运动可提高母畜对营养物质的利用,使胎儿活力旺盛,同时也可使全身及子宫的紧张性提高,从而降低难产、胎衣不下及子宫复旧不全等病的发病率。分娩时,胎儿活力强和子宫收缩力的正常,有利于胎儿转变为正常分娩的胎位、胎势及产出。

(4)做好产前准备。接近预产期的母畜,应在产前 1 周至半月送入产房,适应环境,以避免改变环境造成的惊恐和不适。在分娩过程中,要保持环境的安静,并配备专人护理和接产。产乳奶牛要在产前一定时间内实行干奶措施。

2.及时治疗母畜疾病 对母畜的任何疾病,都应及时治疗,以促进早日恢复健康,保持分娩时有充足的产力。尤应注意对阴道和子宫疾病的治疗,以防引起产道狭窄。

3.适时进行临产检查 预防难产的方法是在临产前进行产道检查,对分娩正常与否做出早期诊断,以便及早对各种异常引起的难产进行救治。

(1)临产前检查的意义。顺产和刚开始的某些难产在一定条件下是可以互相转化的,临产检查就是给这些难产转化为顺产提供条件。否则,如不进行临产检查,随着子宫的收缩,胎儿前躯进入骨盆腔越深,头颈就弯得越厉害,终于成为难产。

进行产道检查时,除了检查胎儿外,还可检查母畜的骨盆有无异常,阴门、阴道和子宫颈等软产道的松弛、润滑及开放程度,以帮助诊断有无可能发生难产,从而及时做好助产的准备工作。

　　(2)临产检查的时间。在牛从胎膜露出至排出胎水这一段时间,在马、驴的尿膜囊破裂,尿水排出之后。这一时期正是胎儿的前置部分刚进入骨盆腔的时间。

　　(3)检查方法。将手臂及母畜的外阴消毒后,把手伸入阴门,隔着羊膜或伸入羊膜囊触诊胎儿。羊膜未破时不要撕破,以免胎水过早流失,影响胎儿的排出。如果胎儿是正生,前置部分三件(唇和二蹄)俱全,而且正常,可让它自然排出。如有异常,应立即进行矫正。这时胎儿的躯体尚未揳入盆腔,异常程度不大,胎水尚未流尽,子宫内润滑,子宫尚未紧裹胎儿,矫正比较容易。

# 项目 13　产后疾病

**【项目导读】**

　　本项目主要介绍动物产后常见的疾病,简要地描述了各种疾病的发生原因、临床症状、诊断要点、治疗措施与预防方法。让学生通过学习与训练,会进行产后疾病的防治。

## 任务 13.1　产道损伤

**学 习 目 标**

1.会诊断产道损伤。

2.会治疗产道损伤。

3.能在分娩和助产期间,谨慎、规范操作减少产道损伤的发生。

　　产道损伤是指母畜在分娩过程中所发生的软产道(子宫、子宫颈、阴道、阴门)的损伤。如果不及时处理,容易被细菌感染。

**【病因】**

(1)产道狭窄,胎儿过大及产道干燥时强行拉出胎儿。

(2)胎位、胎势不正未经整复强行拉出。

(3)助产时使用产科器械失误以及实施截胎术时,对胎儿骨骼的断端处理或保护不好。

(4)子宫开张不全时强行拉出胎儿。

(5)助产时手臂对生殖道反复刺激,引起产道水肿、损伤,感染细菌发炎。

(6)人工输精时动作粗暴等。

**【症状】**

病畜极度疼痛的症状,骚动不安,尾根经常举起,频频摇尾,拱背,努责,往往有阴门损伤及阴唇肿胀,并常做排尿动作,但每次排出的尿量不多。有时在努责之后,从阴门中流出污红、腥臭的稀薄液体。黏膜表层受损伤发炎时,无全身症状,仅见阴门内流出黏液性或黏液脓性分泌物,尾根及外阴周围常黏附有分泌物的干痂。

产道检查,可发现损伤的部位及损伤的程度。轻者仅黏膜损伤,黏膜微肿、充血或出血上皮缺损,重者,黏膜坏死部分脱落露出黏膜下层。有时见到创伤、糜烂和溃疡。如子宫颈损伤,常伴有出血,损伤严重者常造成阴道壁破裂。子宫破裂常出现全身症状,严重引起大出血,易危及生命。

【治疗】

如胎衣尚未排出时,应先设法取出胎衣,然后再使用子宫收缩药及局部止血药。

(1)轻度的阴道损伤,可涂碘甘油,或先用 0.1% 高锰酸钾溶液冲洗,再涂磺胺软膏或油剂青霉素。

(2)如有大出血时,宜先结扎血管,并及时使用止血药。不能结扎血管者,可用浸有防腐消毒药或涂有消炎药的消毒大纱布块塞在子宫颈管处(纱布拴细线系于尾根上,方便取出),压迫止血,并全身用止血药,肌内注射止血剂(牛、马可注 20% 止血敏 10~25 mL,安特诺新 25~60 mg,或催产素 50~100 IU),静脉注射 10% 的葡萄糖酸钙 500 mL。止血后创面涂 2% 龙胆紫、碘甘油或抗生素软膏。

(3)当阴道壁发生破裂时,应用消毒药液冲洗后,缝合破裂口。此外,采取对症治疗。

# 任务 13.2　胎衣不下

> **学 习 目 标**
>
> 1.会诊断胎衣不下。
> 2.会治疗胎衣不下。
> 3.会手术剥离胎衣不下。

家畜在分娩以后,胎衣在正常时间范围内未能排出,称为胎衣不下,也称为胎衣滞留。各种动物产后胎衣正常排出的时间为:马 1.5 h,牛 12 h,羊 4 h,猪 1 h 以内。牛发病率高,特别是奶牛,其次是马和山羊,猪犬很少发生单一胎衣不下。

【病因】

引起胎衣不下的原因很多,但直接的原因不外以下几种。

1.产后子宫收缩无力　怀孕后期劳役过度,或运动不足;饲料中缺乏矿物质、维生素;年老体弱、过于肥胖或过于瘦弱等导致子宫收缩无力,引起胎衣不下。

2.胎盘的炎症　由于子宫内膜或胎膜发生炎症,使母体胎盘与胎儿胎盘之间发炎,而导致粘连。此外,患布氏杆菌病、结核等疾病的过程中,往往引起胎衣不下。

3.胎盘充血水肿　在分娩过程中,子宫异常强烈收缩或脐带血管关闭太快会引起胎盘充血,胎儿胎盘毛细血管的表面积增加,胎盘组织之间持续紧密连接,不易分离。

4.其他原因　畜群结构,季节;遗传因素;饲养管理失宜;激素紊乱等因素均可导致胎衣不下。

【症状】

胎衣不下分为部分不下及全部不下两种。

胎衣全部不下时,可见由阴门脱出部分胎衣,或全部停滞于子宫内。病畜拱背,频频努责。滞留的胎衣经 1～2 d 发生腐败,腐败的胎衣碎片随恶露排出,腐败分解产物经子宫吸收后可发生全身中毒症状,即食欲及反刍减退或停止,体温升高,奶量剧减,瘤胃弛缓。部分胎衣不下的病例,可并发子宫内膜炎或败血症。

胎衣部分不下,即胎衣的大部分已经排出,只有一部分或个别胎儿胎盘残留在子宫内。将脱落不久的胎衣摊开在地面上,仔细观察胎衣破裂处的边缘及其血管断端能否吻合以及子叶有无缺失,可以查出是否发生胎衣部分不下。

马产后半天常有全身症状,腹痛不安,精神沉郁,食欲降低,体温升高,脉搏呼吸加快。若努责剧烈,可能发生子宫脱出。

山羊对胎衣不下耐受性小,全身症状严重,病程急骤,常继发败血症而死亡。

猪的胎衣不下多为部分不下,并且多位于子宫角最前端,触诊不易发现。患猪表现出不安,体温升高,食欲降低,泌乳减少,喜喝水。阴门内流出红褐色液体,内含胎衣碎片。及早发现胎衣不下,产后须检查排出的胎衣上的脐带断端数目是否与胎儿数目相符。

犬很少发生胎衣不下,小品种犬偶尔发生,犬在分娩的第二产程排出黑绿色液体;待胎衣排出后很快转变为排出血红色液体。如果狗在产后 12 h 内持续排出黑绿色液体,就应怀疑发生了胎衣不下。如 12～24 h 胎衣没有排出,就会发生急性子宫炎,出现中毒性全身症状。

【预后】

牛胎衣不下一般预后良好。虽然多数牛胎衣腐败分解以后会自行排尽,但也常常引起子宫内膜炎、子宫积脓等影响以后的怀孕。死亡率为 1%～4%。故对牛的胎衣不下应当十分重视。在猪也须注意治疗,否则因为泌乳不足,仔猪的发育也受到影响,而且胎衣不下引起子宫内膜炎,以后不易受孕。山羊可能继发脓性子宫内膜炎及败血病。

【治疗】

本病治疗原则是,促进子宫收缩和胎衣排出,防止胎衣腐败吸收;抗菌消炎。根据动物种类的不同及胎衣停滞的时间,可采取药物排出、手术剥离等措施。一般来说早期手术剥离较为安全可靠。

1.药物疗法　其目的在于促进子宫收缩,使胎儿的胎盘与母体胎盘分离,促进胎衣排出。

(1)促进子宫收缩。可肌内或皮下注射垂体后叶素,马、牛 50～80 IU,猪、羊 5～10 IU,犬、猫 5～30 IU,2 h 后重复注射 1 次;或麦角新碱、5%～10%氯化钠溶液、氯前列烯醇等药物进行治疗。

(2)预防胎盘腐败及感染。可及早用消毒药液如 0.1%雷夫奴尔或 0.1%高锰酸钾冲洗子宫,并向子宫黏膜与胎膜之间放入金霉素胶囊 5～10 粒或其他抗生素类药物,每日冲洗 1～2 次直至胎盘碎片完全排出。

牛灌服羊水300 mL,也可促进子宫收缩,灌服后经4~6 h胎衣即可排出,否则重复灌服1次。

为了促使胎儿胎盘与母体胎盘分离,可向子宫黏膜与胎膜之间注入5%~10%氯化钠溶液3 000 mL,猪、羊等小动物减量。

在胎衣不下的早期,可以肌内注射抗生素。如果出现全身症状时,如体温升高产道出现坏死等,增大剂量,改为静注,配合应用支持疗法。

2.手术剥离

(1)术前准备。病畜取前高后低站立保定,尾巴缠尾绷带拉向一侧,用0.1%新洁尔灭溶液洗涤外阴部及露在外面的胎膜。向子宫内注入5%~10%的氯化钠溶液2 000~3 000 mL,如果母畜努责剧烈可行腰荐间隙硬膜外腔麻醉。术者按常规准备,戴长臂手套并涂灭菌润滑剂。

(2)手术方法。

a.牛的剥离方法:先用左手握住外露的胎衣并轻轻向外拉紧,右手沿胎膜表面伸入子宫内,探查胎衣与子宫壁结合的状态,而后由近及远逐渐螺旋前进,分离母子胎盘。剥离时用中指和食指夹住子叶基部,用拇指推压子叶顶部,将胎儿胎盘与母体胎盘分离开来。剥离子宫角尖端的胎盘比较困难,这时可轻拉胎衣,再将手伸向前方迅速抓住尚未脱离的胎盘,即可较顺利的剥离。在剥离时,切勿用力牵拉子叶,否则会将子叶拉断,造成子宫壁损伤,引起出血,而危及母畜生命安全(图13.1)。

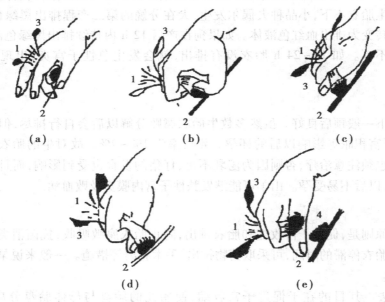

图13.1 牛胎衣剥离术式图

1—绒毛膜;2—子宫;3—已剥离的胎儿胎盘;4—宫阜

(a)~(e)示胎衣剥离术式的顺序

b.马的剥离方法:马对胎衣的腐败分解产物很敏感,容易引起中毒,所以在分娩后,经过2 h胎衣没有排出即应着手剥离。剥离的方法是用两手握住露出的胎衣,逐渐拉紧向外将胎衣拉出来。

(3)子宫清洗。胎衣剥完之后,子宫内尚存有胎盘碎片及腐败液体,可用0.1%高锰酸钾溶液或 0.1% 雷夫奴尔溶液冲洗子宫,待完全排出后,再向子宫内注入抗生素类药物,以防子宫内感染。

【预防】

加强饲养管理,给予怀孕富含蛋白质、矿物质、维生素的饲料,妊娠后期的增加运动量和光。对有胎衣不下病史的动物补糖、补钙。产后注射催产素对胎衣不下有一定预防作用。

# 任务 13.3　子宫脱出

1.会诊断子宫脱出。

2.会治疗子宫脱出。

3.能对患子宫脱出了动物进行合理判断,并能及时采取有效措施对患病动物进行救治。

子宫脱出是子宫全部翻出于阴门之外,子宫角前端翻入子宫腔或阴道内,称为子宫内翻。二者为程度不同的同一个病理过程。各种动物均可发生,牛、羊和猪多发,马、犬和猫较少见。

【病因】

子宫脱出的病因不完全清楚,但现在已经知道主要和子宫弛缓、产后强烈努责、外力牵引有关。

1.子宫弛缓　母畜衰老、经产,营养不良(单纯喂以麸皮,钙盐缺乏等),运动不足等均能造成子宫弛缓,延迟子宫颈闭合时间和子宫角体积缩小速度,更易受腹壁肌收缩和胎衣牵引的影响,使骨盆韧带及会阴部结缔组织弛缓无力。胎儿过大、过多,单胎动物的多胎等造成韧带持续伸张而发生子宫脱出。

2.产后强烈努责　母畜在分娩第三期由于存在某些能刺激母畜发生强烈努责的因素,如产道及阴门的损伤、胎衣不下等,使母畜继续强烈努责,腹压增高,导致子宫内翻及脱出。

3.外力牵引　怀孕末期或产后家畜处于前高后低的厩床,努责过强,使腹压增大亦可引起。此外,难产时,产道干燥,子宫紧包胎儿,如果未经很好处理(如注入润滑剂)即强力拉出胎儿,子宫常随胎儿翻出阴门之外。

【症状】

轻度子宫内翻,常无外部症状,患畜表现轻度不安,经常努责,尾根举起,食欲、反刍减少。手伸入产道,可发现柔软、圆形的瘤样物。直肠检查时可发现,肿大的子宫角似肠套叠,子宫阔韧带紧张。病畜卧下后,可以看到突入阴道内的内翻子宫角。子宫角内翻时间稍长,可能发生坏死及败血性子宫炎,有污红色、带臭味的液体从阴道排出,全身症状明显。

子宫内翻后,如不及时处理,母畜持续努责时即发展为子宫脱出,子宫完全脱出后,子宫

233

内膜翻转在外,黏膜呈粉红色、深红色到紫红色不等。牛、羊可见到脱出子宫上有许多子叶(图 13.2),马的子宫黏膜呈紫红色。猪的子宫角很长,脱出后类似肠管样拖在地上,较粗大,且黏膜表面状似平绒,出血很多,颜色呈紫红色,黏膜上有横皱襞,容易擦破或被踩破。

图 13.2　牛子宫脱出

　　子宫脱出后血液循环受阻,子宫黏膜发生水肿和淤血,黏膜变脆,极易损伤,有时发生高度水肿,子宫黏膜常被粪土草渣污染。病畜表现不安,拱腰,努责,排尿淋漓或排尿困难,一般不表现全身症状。脱出时间长者,黏膜发生干燥、龟裂乃至坏死。如肠管进入脱出的子宫腔内,则出现疝痛症状。子宫脱出时如卵巢系膜及子宫阔韧带被扯破,血管断裂,则表现贫血现象。

【预后】

　　预后取决于患畜种类、脱出程度、治疗时间早晚以及脱出子宫的损伤程度。

　　子宫内翻,如能及时发现,加以整复,预后良好。子宫脱出时,无论在哪种家畜,均可因继发子宫内膜炎而使以后的受孕能力受到影响牛、羊如能在脱出后 1~2 h 内将子宫送回,预后良好。猪最严重,如能及时送回,尚有存活的可能。马预后须谨慎,治疗延误或消毒处理不够严格,可能继发腹膜炎及败血病。犬和猫的预后较好。

【治疗】

　　子宫脱出后应及时整复,越早越好。否则,子宫肿胀,损伤污染严重,造成整复困难而预后不佳。

　　1.保定　站立保定,取前低后高姿势。后躯高,腹腔器官向前移,骨盆腔的压力越小,整复时的阻力就小,操作起来顺利。

　　2.麻醉　为减少努责,可用普鲁卡因实施腰荐间隙硬膜外腔麻醉。麻醉不宜过深,以免使患畜卧下,妨碍整复。

　　3.消毒　清洗脱出子宫用 0.5% 高锰酸钾溶液或 0.1% 雷夫奴尔溶液,将脱出子宫洗净,清除粪便、草屑、泥土等污物。除去其上黏附的污物及坏死组织。黏膜上的小创伤,可涂以抑菌防腐药,大的创伤则要进行缝合。如果水肿严重,可用针刺破挤出,也可用 2% 明矾溶液浸泡、湿敷。

　　4.整复　应由助手 2 人用消毒过的大搪瓷盘或塑料布将子宫托起与阴门同高度,术者先由脱出的基部向里逐渐推送,在努责时停止推送,并用力加以固定以防再脱出。不努责时小心地向内整复,待大部分送回之后,术者用拳头顶住子宫角尖端,趁母畜不努责时,用力小心地向里推送,最后使子宫展开复位。然后向子宫内投入抗生素胶囊。

　　5.固定　为防止再脱出,整复后令患畜于前低后高的厩床上,阴门作袋口缝合。或用阴户压定器、空酒瓶等加以固定,为减轻努责,可于腰荐间隙硬膜外腔麻醉。

　　6.预防复发及护理　整复后为防止复发,应皮下或肌内注射 50~100 IU 催产素。如用静脉注射,子宫壁在注后 30~60 s 即开始收缩。术后护理按一般常规进行。必须给予止血剂并输液。对病畜有专人负责观察,如发现母畜努责强烈,必须检查是否有内翻,有则应立即加以整复。如确定子宫脱出时间已久,无法送回,或者有严重的损伤及坏死,可将脱出的子宫切除。

【预防】

加强饲养管理,怀孕母畜要合理使役,产前 1~2 个月停止使役,合理运动,助产时要遵守助产原则,操作规范化,牵拉胎儿不要过猛过快。

# 任务 13.4　生产瘫痪

1.会诊断生产瘫痪。

2.会治疗生产瘫痪。

3.能根据实际生产,通过预防,有效防治生产瘫痪。

生产瘫痪又称产后瘫痪、产后麻痹,产后低血钙症,也称乳热症。是产后母畜突然发生的严重钙代谢障碍性疾病,以舌、咽、消化道麻痹,知觉丧失,四肢瘫痪,体温下降和低血钙为特征。该病多发生于营养良好的 5~9 岁的高产乳牛。也见于泌乳量高的乳山羊和母猪。犬、猫也可发生。此病多发生于产后 12~72 h。治愈的母牛在下次分娩时还可再度发病。

【病因】

(1)产后母畜发生急性的钙代谢调节障碍,与本病的发生最为密切。产后大量的钙质进入初乳导致血钙浓度急剧下降,病牛丧失的钙量超过了它能从肠道吸收和骨骼动用的数量总和,就会发病。

(2)有人认为,生产瘫痪是由于大脑皮质一时性贫血、缺氧所致的一种神经性疾病,分娩后血液大量进入乳腺是引起脑贫血、缺氧,出现肌肉无力、知觉丧失、瘫痪等症状,与生产瘫痪的症状有类似之处。

【症状】

1.牛　发生生产瘫痪时,表现的症状不尽相同,可分为典型性和非典型性两种。

(1)典型性。生产瘫痪表现突然发病,初期通常是精神沉郁,不愿走动,后肢交替踏脚,后躯摇摆,站立不稳,四肢(有时其他部分)肌肉震颤。有些病例,开始时表现短暂的不安,出现惊慌、哞叫、凶暴、目光凝视等兴奋和过敏症状。

初期症状发生不久(多为 1~2 h),病畜即表现出本病的瘫痪症状。后肢开始瘫痪,不能站立,随之出现意识抑制和知觉丧失的特征症状。病牛昏睡,眼睑反射微弱或消失,眼球干燥,瞳孔散大,对光线刺激无反应,皮肤对疼痛刺激无反应。肛门松弛,反射消失。心音减弱,节律加快,每分钟达 80~120 次;脉搏微弱,难以触摸。由于咽喉麻痹,口内唾液积聚,舌头外垂,呼吸带音。

病牛卧下时呈现一种特征姿势(图 13.3),取伏卧,四肢屈于躯干之下,头向后弯至胸部一侧。随着病程的进展,体温逐渐下降,最低可降至 35~36 ℃。临死时呈昏迷状态。

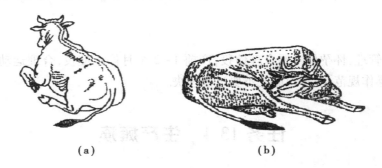

图 13.3 牛生产瘫痪姿势

(a)非典型生产瘫痪姿势;(b)典型生产瘫痪姿势

(2)非典型。生产瘫痪临床上较多见,其症状除瘫痪外,特征是头颈姿势很不自然,头颈至甲部呈一轻度的 S 形弯曲。病牛精神极度沉郁,但不昏睡。食欲废绝,各种反射减弱,但不完全消失,病牛有时能勉强站立,但站立不住,且行动困难,步态摇摆。体温一般正常。

2.奶山羊 泌乳早期容易发生本病。多发生于产后 1~3 d 内,有时昏睡不起,心跳快而弱,呼吸增快,鼻腔内有黏性分泌物积聚,常发生便秘等呈非典型症状。

3.猪 产后数小时开始发病,产后 2~5 d 为多发期。轻者病例行走时后躯摇摆,站立困难,常伏卧。随病情加重,病猪精神极度沉郁,食欲废绝,躺卧昏睡,一切反射减弱或消失。

4.犬 又称为泌乳期惊厥或产后癫痫。发生于小型母犬,分娩后 6~30 d 多发。病犬表现体温升高达 40 ℃以上,呼吸急促,心悸亢进,站立不稳,运动失调,兴奋,对外界刺激敏感,继而全身痉挛,眼球震颤,结膜潮红。瞳孔散大,口吐白沫。患犬会反复抽搐,呈现角弓反张姿势。

【治疗】

牛患生产瘫痪病进展很快,如不及时治疗,50%~60%的病畜在 12~18 h 以内死亡,如果治疗及时而正确,以上的病牛可以痊愈或好转。因此,治疗越早痊愈越快。

1.补钙 治疗生产瘫痪的基本疗法是静脉注射钙制剂,常用的是静脉注射 20%~25%葡萄糖酸钙溶液 500 mL。注射后 6~12 h 病牛如无反应,可重复注射,最多不能超过 3 次。第 2 次治疗时可同时注入等量的 40%葡萄糖溶液、15%磷酸钠溶液 200 mL 及 15%硫酸镁溶液 200 mL。

猪、羊生产瘫痪可静脉注射 10%葡萄糖酸钙溶液 50~100 mL,也可配合注射维丁胶性钙进行治疗。犬、猫生产瘫痪可静脉注射 10%葡萄糖酸钙溶液 10~30 mL,混于 10%葡萄糖溶液 100 mL,缓慢静注。

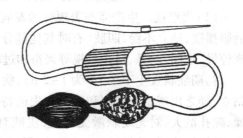

2.乳房送风疗法 即用乳房送风器(图 13.4)或连续注射器,通过插入的乳头导管将空气打入每个乳房,输入量以乳房的皮肤紧张、乳腺基部的

图 13.4 乳房送风器

边缘清楚并且变厚、轻敲乳房时产生鼓音为准。输入后可用手指轻轻捻转乳头肌,并用纱布

条扎住乳头,以防溢出,过 1~2 h 后解除。大多数病例,打入空气约半小时后即能痊愈。

3.对症治疗　如注射强心剂,穿刺治疗瘤胃臌气及其他辅助疗法。严禁口服投药。

【预防】

母畜在临产前后增加钙的饲喂量或者静注钙剂。调整钙磷比例保持在(1∶1)~(1.5∶1),激活甲状旁腺的机能,从而提高吸收钙和动用钙的能力。为此可以增加谷物饲料,减少豆科饲料。提高机体抵抗力,产后不要立即挤奶,产后 3 d 内不要将初乳挤得太净,对预防本病都有一定作用。

# 任务 13.5　产后感染

1.会诊断产后感染。

2.会治疗产后感染。

3.能对产后动物及时加强护理,避免出现各种产后感染。

分娩时及产后,母畜生殖器官发生剧烈变化,当正常排出或难产经手术取出胎儿时,可能在子宫及软产道上造成程度不同的损伤;产后子宫颈开张,子宫内滞留恶露以及胎衣不下等,都给化脓棒状杆菌、链球菌、溶血葡萄球菌及大肠杆菌等主要微生物的侵入和繁殖创造了条件导致产后感染。

产后微生物的感染途径有两种:一种是外源性因素,如助产时手臂、器械及母畜外阴等消毒不严、产后外阴部松弛,外翻的黏膜与粪尿、褥草及尾根接触,胎衣不下,阴道及子宫脱出等因素;另一种是生殖道发生损伤,正常情况下存在于阴道内的微生物迅速繁殖而引起感染的内源性因素。

产后感染的病理过程是受到侵害的部位或其邻近器官发生各种急性炎症,甚至坏死;或者感染扩散,引起全身性疾病。本节仅阐述产后常见急性子宫内膜炎、产后败血病等。

## 13.5.1　子宫内膜炎

子宫内膜炎是子宫黏膜的浆液性、黏液性或化脓性炎症。有急性、慢性之分。常发生于分娩后的数天之内。如不及时治疗,炎症易于扩散,引起子宫浆膜或子宫周围炎,并常转为慢性炎症,产生不孕。本病常见于牛、马、羊和猪也有发生。

母畜患子宫内膜炎后引起不孕的原因主要是:炎性渗出物的蓄积,改变子宫内的 pH 值,对精子造成逆境;精后受精卵被吞噬细胞吞噬和被细菌破坏;附植后,随胎盘增大,当它与炎症部位接触后,破坏母子胎盘联系细菌侵入胎体;或毒素易通过胎盘侵入胎体。

【病因】

分娩时或产后期中,微生物可以通过各种感染途径侵入。尤其是在发生难产、胎衣不

237

下、子宫脱出、流产（胎儿浸溶）或当猪的死胎遗留在子宫内时，使子宫弛缓、复旧延迟，均易引起子宫发炎。患布鲁氏杆菌病、沙门氏菌病以及其他许多侵害生殖道的传染病或寄生虫病的母畜继发；子宫及其内膜原来就存在慢性炎症，分娩之后由于抵抗力降低及子宫损伤，可使病程加剧，转为急性炎症。

**【症状与诊断】**

1.急性子宫内膜炎　病畜食欲减退，体温升高，拱背，尿频，不时努责，病畜频频从阴门内排出少量黏液或黏液脓性分泌物，病重者分泌物呈污红色或棕色，且带有臭味，卧下时排出量较多。牛、羊反刍减弱或停止，并有轻度臌气，猪常不愿给仔猪哺乳。阴道检查，子宫颈外口肿胀、充血，有时可以看到渗出物从子宫颈流出。直肠检查，子宫角增大，子宫呈面团样感觉，如果渗出物多时则有波动感。

2.慢性子宫内膜炎　根据炎症的性质不同可分为卡他性、卡他性脓性和脓性3种。

（1）卡他性子宫内膜炎。发情周期正常，生殖器官眼观无变化，屡次不孕，冲洗回流液，有沉淀，蛋清样絮状物。有的病畜睡下流透明泡沫状分泌物，像鼻液样分泌物。有的病例，由于子宫颈口紧闭，卡他性或浆液炎症分泌物多，卡他渗出物为能排出，积聚于子宫内，称子宫积水，直肠检查，似2月龄胎儿，有持久黄体，提取一侧子宫角，水可流向对侧。

（2）卡他性脓性子宫内膜炎。发情延长，尾部、飞节有黄色脓液。阴道检查，子宫有浸润，炎症，坏死，冲洗时有汤样物流出。

（3）慢性化脓性子宫内膜炎。基本上发情，发情不明显，病畜往往表现全身症状，患畜逐渐消瘦，阴唇脓肿，从阴门流出黄白色或黄色的黏液性或脓性分泌物。

阴道检查，可见子宫颈外口充血，并黏附有脓性絮状黏液，子宫颈张开，有时由于子宫颈黏膜肿胀，组织增生而变狭窄，脓性分泌物积聚于子宫内，称为子宫积脓。

直肠检查，子宫壁松弛，厚薄不均，收缩迟缓。当子宫积脓时，子宫体及子宫角明显增大，子宫壁紧张而有波动。

**【治疗】**

本病的治疗原则是抗菌消炎，防止感染扩散，清除子宫腔内渗出物并促进子宫收缩，恢复子宫机能。

1.冲洗子宫及子宫内用药　冲洗时要在子宫颈开张的情况下进行，而且要根据不同情况采取不同措施。

可用温热的1%氯化钠溶液1 000~5 000 mL，用子宫洗涤器反复冲洗，直到排出液透明为止。然后经直肠按摩子宫，排除冲洗液，放入抗生素或其他消炎药物，每日洗1次，连续2~4次。化脓性子宫内膜炎可采用0.1%高锰酸钾溶液、0.1%雷夫奴尔溶液、0.1%新洁尔灭溶液冲洗子宫，而后注入青霉素180万~360万IU。对伴有严重全身症状的病畜，为了避免引起感染扩散使病情加重，应禁止冲洗疗法。

为了促进子宫收缩，排出子宫腔内容物，可静脉内注射50 IU催产素，也可注射$PGF_{2a}$、麦角新碱或其类似物。

2.全身治疗及对症治疗　可应用抗生素及磺胺类药物疗法，以及用强心、利尿、解毒等。

### 13.5.2　产后败血病和产后脓毒血病

产后败血病和产后脓毒血病是发生在产后期,由于产道严重感染而继发的全身性疾病,病程发展迅速,如不及时治疗,患畜常在 2~7 d 死亡。本病主要是由微生物及其毒素侵入血液循环而引起的,产后败血病的特点是细菌进入血液并产生毒素;脓毒血病的特征是静脉中有血栓形成。以后血栓受到感染,化脓软化,并随血流进入其他器官和组织中,发生迁移性脓性病灶或脓肿。有时二者同时发生。此病在各种家畜均可发生,但败血病多见于马和牛,脓毒血病主要见于牛、羊。

【病因】

由于难产、胎儿腐败或助产不当,软产道受到创伤和感染而发生的,也可以是由严重的子宫炎、子宫颈炎及阴道阴门炎引起的。胎衣不下、子宫脱出、子宫复旧延迟以及严重的脓性坏死性乳房炎有时也可继发此病。

致病菌主要是溶血性链球菌、葡萄球菌、化脓棒状杆菌及大肠杆菌等,而且多为混合感染。分娩时发生的创伤、生殖道黏膜淋巴管的破裂,为细菌侵入打开了门户,同时分娩后母畜抵抗力降低也是发病的重要原因。因此,脓毒血病并不一定完全是由生殖器官的脓性炎症引起的,有时也可能由其他器官原有的化脓过程在产后加剧而并发此病。

【症状】

1.产后败血病　马、驴和山羊多为急性经过,牛、猪则多为亚急性。

本病发生后,除产道、子宫的局部炎症外,主要表现严重的全身症状。体温升高 40~41 ℃,呈稽留热。精神沉郁,食欲废绝,但喜饮水。牛、羊反刍停止,泌乳骤减或停止。病的后期结膜发绀,有时可见小出血点。脉搏微弱,每分钟可达 90~120 次,呼吸浅快。

病畜常表现腹膜炎症状,腹壁收缩,触诊敏感,排粪苦闷,随着病情的发展,出现腹泻,粪便常有腥味。有时则发生便秘,由于脱水,眼球凹陷,表现高度衰竭。

如产道内有化脓性腐败性病变,则从阴门流出带褐色、恶臭的分泌物并含有组织碎片。阴道检查时,母畜疼痛不安,黏膜干燥、肿胀、呈污红色。直肠检查可发现子宫复旧延迟、子宫壁厚而弛缓。

2.产后脓毒血病　发病及病原微生物转移,引起急性化脓性炎症时,体温升高 1~1.5 ℃;待脓肿形成或化脓灶局限化后,体温又下降,甚至恢复正常。过一段时间,如再发生新的转移时,体温又上升。所以在整个患病过程中,体温呈现时高时低的弛张热型。脉搏常快而弱,牛每分钟可达 90 次以上;随着体温的高低,脉搏也发生变化,但两者之间没有明显的相关性。大多数病畜的四肢关节、腱鞘、肺脏、肝脏及乳房发生迁徙性脓肿。

【治疗】

治疗原则是及时治疗原发病,消灭和抑制感染源,增强机体抵抗力,加强对症治疗。

1.局部疗法　可分别按子宫内膜炎及产道损伤的治疗方法治疗原发病。但禁止冲洗子宫,尽量减少对子宫和产道的刺激,以免感染扩散,病情恶化。为了排除子宫内的炎性产物,可肌注麦角制剂和催产素,向子宫放入金霉素胶囊或先锋霉素胶囊或注入青霉素和链霉素等。

2.全身疗法　早期宜大剂量应用抗生素类药物或其他抗菌药物,按规定使用,直至体温恢复正常。可肌内注射青霉素 180 万~500 万 IU 和链霉素 2~4 g,必要时可采用抗生素与磺胺类药物、喹喏酮类等药物联合应用,以增强疗效。

为了促进血液中有毒物质的排除和维持体液电解质平衡,静脉注射 5% 葡萄糖生理盐水,同时使用大剂量的维生素 B 和 C。

为了加强肝脏的解毒功能,防止酸中毒,可静脉注射高渗葡萄糖溶液 500~1 000 mL,5%碳酸氢钠溶液 300~500 mL,每日 1 次。另外静脉注射 10% 氯化钙注射液 150 mL,或 10% 葡萄糖酸钙溶液 200~300 mL,对本病也有一定的辅助作用。

3.对症治疗　根据病情积极采取强心、利尿、止泻等对症治疗。

# 项目 14　卵巢疾病

【项目导读】

　　本项目重点是卵巢机能减退和卵泡囊肿，是最常见的卵巢疾病。卵巢机能减退是指卵巢发育或卵巢机能发生暂时性的或长久的衰退，致使母畜无发情周期，从而表现出不发情。卵泡囊肿母畜表现为持续发情。通过学习，掌握其发病原因、症状，如何预防和治疗。

## 任务 14.1　卵巢机能减退

### 学 习 目 标

1.会对卵巢机能减退进行诊断。

2.会治疗卵巢机能减退。

3.能通过加强饲养管理，有效防治卵巢机能减退。

　　卵巢机能减退是卵巢发育或卵巢机能发生暂时性的或长期性的减退，致使母畜无发情周期，表现为不发情。本病可以发生于各种家畜，以牛、马多见。

　　引起卵巢机能减退的疾病有：卵巢发育不全、卵泡交替发育、卵巢静止、卵巢萎缩、卵巢硬化及持久黄体，它们是母畜不孕的重要原因。

【病因】

　　卵巢机能减退的原因比较复杂，凡引起性机能障碍的因素都会可以使卵巢机能减退。母畜的性周期活动是受中枢神经系统控制的，先是由下丘脑分泌促性腺激素释放激素，后进入垂体前叶，使其分泌促性腺激素，来控制卵巢的机能活动，促进卵泡生长、发育、成熟并完成排卵。这样就形成了一个"下丘脑-垂体前叶-卵巢"性机能的复杂调节系统。当这个系统的任何一个环节受到某些不良因素影响时，就会发生卵巢机能障碍，引起性机能混乱。如长期饲料单一或饲料质量不好，特别是维生素 A、维生素 D、维生素 E 及硒的缺乏；蛋白质不足或氨基酸不平衡;过度使役,长期哺乳或慢性消耗性疾病,使家畜过多的营养消耗,使脑垂体分泌卵泡激素(FSH)降低;精料过多或运动不足,造成母畜过胖。此外,气温过冷过热或气候骤变,长途运输等应激因素以及其他生殖器官疾病,如子宫炎、布氏杆菌病等都可以引发卵巢机能减退。

【症状】

本病的特征是不发情。有的母畜的达到发情年龄而不表现发情,有的母畜外阴较正常母畜要小;有的母畜在分娩后长期不见发情;有的母畜在分娩后发情1~2次,但配种后又不受孕,以后能发情或长期不发情,有的发情不明显,配种后不怀孕,采食量和体温都正常。根据卵泡发育和发情表现,卵巢机能减退有以下几种类型,其症状也有不同。

1.卵巢发育不全 性成熟后不见发情,外阴较小,卵巢触诊时很少并无卵泡。喜食贪睡,一般偏肥。

2.卵泡交替发育 母畜发情期延长,卵巢中有卵泡发育,但不排卵。一侧卵巢中有发育到一定阶段的卵泡出现发育停止乃至萎缩,不能形成黄体。另一侧卵巢中双有新卵泡发育,有的后一卵泡也陷于萎缩,在对侧卵巢在有新的卵泡发育的现象。有的母畜不发情或发情微弱,在一侧或两侧有一个或几个发育的小卵泡,称此为多卵泡发育。

3.卵巢静止 卵巢机能处于静止状态,一般母畜不发情,卵泡大小正常,有弹性,无卵泡和黄体,有的母畜分娩后,仅出现1~2次发情,但以后长时间不发情。马、驴卵巢体积与质度都正常,无卵泡发育。牛的卵巢质地较硬,表面有时不规则,多伴有黄体残迹。

4.卵巢萎缩 母畜分娩后不见发情,卵巢体积变小(牛如豌豆、马如鸽蛋、驴如核桃),质地变硬,卵巢上既无黄体又无发育卵泡。子宫往往也萎缩变小。

5.卵巢硬化 长期不见发情,卵巢质地硬如木,既无卵泡发育,又无黄体形成。

【防治】

原则上是改善饲养管理,消除病因,调节卵巢机能。

1.改善饲养管理 根据母畜的营养需要,提供配合日粮,注意维生素、蛋白质、微量元素的供给,要求各阶段精料和粗饲料搭配合理,建立青绿多汁饲料轮供体系,适当增加青绿、青贮料的饲喂量,禁用变质饲料,维持机体最佳生理功能。停乳后要特别注意乳房的充盈及收缩情况,发现异常应立即检查处理。在停乳后期和分娩前,应减少多汁饲料和精料的饲喂量,以减轻乳房的膨胀。在分娩后乳房过度膨胀时,也应适当减少多汁饲料和精料的饲喂量,还应酌情增加挤奶1~2次,控制饮水,增加放牧次数。维生素E在干乳期前7周添加1 000 IU/d,在干乳期的后2周为4 000 IU/d;所有日粮均添加0.1 mg/kg的硒;在干乳期的后2周日粮中添加高含量维生素E,对乳房的健康有实质性改善作用。可以提高机体抵抗病原微生物的能力,降低乳房炎的发病率。同时注意规范化饲养,加强卫生消毒工作。

2.治疗原发性病 对于由生殖器官疾病或其他方面的疾病所引起的卵巢机能障碍,先治疗生殖器官或其他方面的原发性疾病,特别注意子宫炎预防与治疗。

3.公畜催情 公畜对母畜的生殖机能是一种天然的刺激,通常用健康公畜,最好做过输精管结扎的公畜,马可用阴茎后转术,羊可带试精兜布,放入母畜群中,以刺激促进母畜发情。如果有生殖道炎症的母畜不要使用这种方法。

4.卵巢刺激 通过直肠对卵巢进行按摩,机械地刺激卵巢的血管和神经,可以增加卵巢的血液循环和机能代谢,能促进卵巢机能的恢复,也是卵巢静止和持久黄体常用的方法。按摩应先从卵巢的游离端开始,渐渐到卵巢系膜,如此反复 3~5 min,日 1 次,连续 5~7 次。

5.激素疗法

(1)促卵泡素。牛 100~200 IU,肌内注射,隔日 1 次,连续注射 3~4 d,卵巢静止时要适当加大剂量,发情后,再肌内注射黄体生成素(LH)效果更好。

(2)绒毛膜促性腺激素。马 2 500~5 000 IU,牛 3 000~4 000 IU,猪:500~1 000 IU,肌内注射,必要时间隔 1~2 d 重复注射 1 次。

(3)孕马血清促性腺激素。马、牛 2 000~3 000 IU,猪 500~1 000 IU,肌内注射或皮下注射,每日 1 次,共用 2 次。怀孕母马 40~90 d 的血清含大量 PMSG,主要作用类似 FSH,小部分类似促黄体素。每日 1 次,共用 2~3 次。

(4)雌性激素。常用苯甲酸雌二醇、己烯雌酚、己烷雌酚。苯甲酸雌二醇:牛、驴 10~20 mg,马 15~30 mg,猪 4~6 mg,羊 1~2 mg;己烯雌酚牛、驴 20~30 mg,马 35~50 mg,猪 3~8 mg,羊 1~3 mg,肌内注射,一般在用药后 2~4 d 出现发情,但一般无卵泡发育和不排卵,故在前 1~2 个发情期一般不宜配种。随着雌性激素的应用,使母畜生殖器官血管增生,血液供应旺盛,机能增强,故能打破卵巢的静止状态,促使其机能慢慢恢复。

(5)胎盘组织液疗法。一般用组织胎盘液,马、牛、一次用量为 30~50 mL,皮下或肌内注射,隔日 1 次,4 次为一个疗程。

【预防】

加强饲养,提供营养平衡日粮,特别应注意供给足够的蛋白质、维生素、钙、磷、微量元素。改善管理,合理使役,防止过劳和不运动。特别哺乳期要提供一些精料,并适时断奶,搞好安全越冬工作,做好防寒保暖工作,特别要防止贼风袭击,储备足够的青料或青贮料,以备冬末春初饲用。及时防治各种母畜生殖器官疾病。

# 任务 14.2　卵巢囊肿

1.会诊断卵泡囊肿、黄体囊肿。

2.会治疗卵泡囊肿、黄体囊肿。

3.能对卵泡囊肿、黄体囊肿进行鉴别诊断,并能进行有效防治。

卵巢囊肿又称为卵巢囊肿变性,是卵巢中形成的顽固性的球状腔体,外有上皮包膜,其内容物是水或黏液。卵巢囊肿包括卵泡囊肿和黄体囊肿,以卵泡囊肿较为常见。卵泡囊肿来自于不排卵的卵泡,由卵细胞死亡,卵泡上皮细胞变性而成;黄体囊肿是由卵泡囊肿上的细胞黄体化形成的。

### 14.2.1 卵泡囊肿

卵泡囊肿为卵泡上皮细胞变性,卵泡壁增生,卵细胞死亡,使卵泡发育中断,而卵泡液未被吸收或增多所形成。卵泡囊肿的标准是卵泡在卵巢中持续存在 10 d 以上,表现为持续、频繁发情。

本病多见于牛、猪、马、驴,尤其以猪和奶牛常见。

【病因】

1.内分泌机能紊乱 主要是垂体前叶分泌的促卵泡素过多,而黄体生成素(LH)不足,使卵泡过度生长,而不能正常排卵和生成黄体而形成囊肿。母畜在雌性激素的作用下,呈现持续发情(慕雄狂)。

2.饲养管理不当 常以精料为主,而维生素缺乏或磷不足,且多发生在产后 1 个月半左右;缺乏运动,气温突变、持续高温(气温低于 35 ℃)或低温(气温低于 0 ℃)等,都可能生发本病。同时也与遗传和采食植物性雌性激素过多的牧草有关。还与采食发霉的干草和霉变的青贮料有关,这些霉变草料中含有霉菌毒素赤霉烯酮。

3.生殖系统疾病引起 子宫内膜炎、胎衣不下、流产都容易引起卵巢炎,以引起卵泡不排卵而发展成卵泡囊肿。配种季节过度使役、长期发情失配也是造成卵泡囊肿的原因。

4.遗传因素 有资料表明,卵巢囊肿是有遗传性的。在荷斯坦牛品系中,卵巢囊肿呈明显的家族性发生,淘汰具有卵巢囊肿遗传素质的母牛和公牛,后裔发病率明显下降。

【症状】

病畜表现性欲亢进并长期持续(时间一般在 10 d 以上)或不定期频繁发情,喜欢爬跨或被爬跨,不安和鸣叫,严重时性情粗野好斗,经常发出犹如公牛般的吼叫。对外界刺激敏感,一有动静便两耳竖立,到处张望、甚至鸣叫。食欲下降或无心采食,有时吃几口后,到处跑动和张望,后又吃几口。荐坐韧带松弛下陷,致使尾椎骨隆起。外阴部充血、肿胀,触诊呈捏面团感。卧地时阴门开张,以常伴有"噗噗"的排气声,阴道经常有透明黏液流出,但不呈丝缕状(正常发情母畜阴道分泌物呈牵丝状)。直肠检查时,可发现单侧或双侧卵巢增大,卵巢上有一个较大的囊肿卵泡,直径牛可达 3~50 mm,马可达 6~10 mm,表面光滑,外膜薄厚不均,压无痛感,触有弹性,囊肿周围质地较硬。有多个囊肿卵泡时,卵巢表面有许多大小不等富有弹性的结节。子宫肥厚,松弛下垂,收缩缓慢。可与正常卵泡区别,可间隔马 2~3 d 或牛 5~10 d 再行直肠检查,正常卵泡届时均已消失。

【治疗】

1.激素疗法

(1)绒毛膜促性腺激素或促黄体素。具有促黄体素的功能,对本病有较好的疗效,牛、马,皮下或肌内注射 500~1 500 IU。通常在注射后 3 周恢复发情周期,有时需要注射 2~3 次。经绒毛膜促性腺激素治疗 3 次无效时,可以选用下列药物:黄体酮 50~100 mg,肌内注射,每天 1 次,连续 5~7 d,总量控制在 250~600 mg;肾上腺皮质激素地塞米松或氟美松 10~20 mg。肌内注射或静脉注射,隔日 1 次,连续 3 次。

(2)促性腺激素释放激素。促性腺激素释放激素的剂量为每头 100 mg,马 100~120 mg,

治疗后 3 周可望正常发情。也可以用促性腺激素释放激素和前列腺素 $PGF_{2a}$，经促性腺释放激素治疗后，囊肿通常发生黄体化，其后并与正常黄体一样发生退化，因此同时用前列腺素-$PGF_{2a}$ 或类似物进行治疗，促进黄体尽快消退。

（3）注射促排卵 3 号。肌内注射，4~6 mg，然后注射甲基前列腺素 $PGF_{2a}$ 1.2 mg，即可恢复发情周期。

（4）促黄体素。牛、驴 100~200 IU 或马 300~400 IU 一次性皮下注射可肌内注射。一般在用药的情况下症状会渐减而愈。用药后一周直肠检查卵巢变化不大时，可再注射 1 次，当反复出现囊肿时，要连续用药，直到囊肿萎缩不再出现为止。促性激激素释放激素马、牛 0.25~1.5 mg，肌内注射，效果显著。

2.中药疗法　三棱 30 g，莪术 30 g，香附 25 g，青皮 25 g，藿香 30 g，陈皮 25 g，桔梗 25 g，益智 25 g，肉桂 15 g，甘草 10 g，研末，开水冲服。

3.碘化钾疗法　碘化钾 3~5 g 粉末或者 1% 的碘化钾水溶液，内服或拌饲料，每天 1 次，7 d 为一个疗程，间隔 5 d，连用 2~3 个疗程。

4.假妊娠疗法　将特制的橡皮气球或子宫环，从阴道送入子宫，造成人为的假妊娠，促使卵巢产生黄体，一般 10 d 后直肠检查，若囊肿缩小或形成黄体，则证明有效，此后再存放子宫 7 d，以巩固疗效。

5.手术疗法　在上述治疗方法无效的情况下，可以考虑卵泡囊肿穿刺，挤破囊肿等疗法。

（1）囊肿穿刺法。主要用于马，一只手伸入直肠，将囊肿的卵巢握住并固定在肷部腹壁上，另一名术者在体外根据摸到的部位进行剪毛消毒，用针头向囊肿部刺入，此时有带有红色的囊肿液流出，然后注入青霉素 160 万 IU，链霉素 100 万 IU，注射用水 10 mL，拔出针头。

（2）囊肿挤破法。主要用于牛，隔着直肠壁握住卵巢，使囊肿的卵巢固定在食指和拇指之间，然后用力向挤压囊肿，直至破裂。也可以用手指捏住卵巢，向骨盆壁压迫囊肿，挤破后，要用手指按压囊肿部位 5 min 止血。

【预防】

提供合理配合日粮，特别注意维生素 A、维生素 D 的补充以及防止精料过多。适当运动，合理使役，防止过劳或运动不足。对正常发情的母猪要适时配种。对其他生殖器官疾病，应及早进行治疗。

在改善饲养管理的基础上，可选用以下治疗方法。卵泡囊肿轻微的年轻病畜，当改善饲养管理时，其囊肿会在 4~5 周内自行消散，而卵巢机能也随之恢复。激素疗法：甲基前列腺素-$PGF_{2a}$ 或其他类似药物 2 mg 肌内注射。

### 14.2.2　黄体囊肿

黄体囊肿是卵泡壁上的细胞黄体化形成的，或由黄体中央和凝血块积有液体，其黄体细胞退化和分解而形成的，持续存在较长时间，不发情。多发生于马、牛、驴，尤其以马、驴多见。

【病因】

本病原因还未彻底阐明，可能是在母畜排卵之际，由于运动过多或使重役，而使血压增高,或因维生素 K 不足,使机体的凝血能力降低,导致在破裂卵泡腔内发生长时间强烈出血而不能形成真正的黄体。也有在治疗卵泡囊肿时,应用促黄体素剂量不足而用药期过长,导致黄体囊肿。

【症状】

主要表现性欲缺乏,长期不发情。食欲正常,直肠检查时,卵巢体积增大,黄体囊肿多为一个,壁厚而软,有弹性,囊肿大小不一,卵泡变成球形,触诊有波动感并有轻微的痛感,囊肿消散缓慢。

【治疗】

治疗卵泡囊肿的方法,也适用本病的治疗。

【预防】

配种季节,应补充的富含维生素的日粮,特别是富含维生素 K 的饲料(如青苜蓿)或另外添加维生素 K。发情期,防止使重役和剧烈运动。在治疗卵泡囊肿,注意促黄体素的剂量和用药时间。

# 任务 14.3　持久黄体

1.会诊断持久黄体。
2.会治疗持久黄体。
3.能对持久黄体等引起不孕的疾病进行诊断与防治。

在分娩排卵未孕后,发情周期黄体或妊娠黄体超过正常时间而不消失,称为持久黄体。由于黄体分泌的孕酮抑制卵泡发育,故母畜不发情造成不孕。常见于母牛,也见于马、猪。

【病因】

1.内分泌机能紊乱　由于垂体前叶分泌的促卵泡激素不足,促黄体生成素(LH)和促乳素(FSH)过多,使黄体的持续时间超过正常时间,导致卵泡的生长发育和成熟受到抑制,而发情周期停止,并引起不孕。

2.饲养管理不当　饲料单一,缺少维生素和无机盐及运动不足等,均可以使卵巢机能减退,引起持久黄体。产乳最高时期的奶牛,由于卵巢营养不足,也易发生。母畜舍饲而运动不够,冬季寒冷,饲料不足等因素也引发持久黄体。

3.子宫疾病　患有子宫内膜炎、子宫积脓、子宫内有死胎、胎衣不下、子宫弛缓及子宫肿瘤等疾病,均可影响黄体退缩和吸收,形成持久黄体。

【症状】

母畜发情周期停止,长时间不发情。外阴皱缩,阴道黏膜苍白,阴道分泌物多无流出。

直肠检查可发现卵巢增大,牛的黄体呈圆锥形或蘑菇状突出于表面,比卵实质要硬一些,检查子宫无妊娠现象,但有时发现子宫疾病。如果超过应该发情时间而不发情,需要间隔一周进行 2~3 次直肠检查。若黄体的位置、形状、大小、硬度都没有发生改变,一般可以诊断为持久黄体。但要注意和妊娠黄体区别。母马的黄体一般位于卵巢内部,所以诊断较为困难。通常根据母马长期不发情,卵巢增大,其内有硬实的球状物,但子宫无怀孕变化,来加经诊断。一般持久黄体发生于一侧卵巢,而另一侧卵巢则呈静止状态。

**【防治】**

首先应消除病因,以促使黄体自然消退。同时要改善饲养管理,如伴有子宫疾病,则先应治疗子宫疾病,常用方法有:

1.前列腺素  马肌内注射 4~6 mL。牛 5~10 mL,或按每 kg 体重 9 ng 计算用药量。也可向子宫注入前列腺素,效果更好,绝大多数母畜可以在 3~5 d 发情、配种并能够受孕。

2.氟前列腺烯醇或氯前列腺烯醇,马肌内注射 0.15~0.3 mg,牛 0.5~1 mg。无效可隔 7~10 d 再注射一次。也可用促黄体素释放激素类似物(LRH-A),每次肌内注射 400~500 mg,连续 2~4 次,效果也较好。

3.胎盘组织液可能含有前列腺素,可用于治疗此病。在多数母牛经过一次注射后,6 d 左右即可发情,皮下注射 20 mL,一个疗程注射 4 次,每次间隔 5 d。此外,促卵泡素、孕马血清促性腺激素及雌性激素,均对本病有效,用法可以参照卵巢机能减退。

# 项目 15　乳房疾病

【项目导读】

　　本项目介绍了家畜常见的乳房疾病,乳房炎(隐性乳房炎和临床乳房炎),乳房浮肿、乳房创伤、血乳、漏乳和酒精阳性乳。重点讲述了乳房炎、乳房创伤、血乳。通过学习与训练,让学生会进行各种乳房疾病的防治。

## 任务 15.1　乳房炎

学 习 目 标

　　1.会诊断乳房炎。
　　2.会治疗乳房炎。
　　3.能通过综合防治,有效防治奶牛场的乳房炎,提高牛奶品质。

　　乳房炎是母畜乳房炎症,可分为乳房实质炎和乳房间质炎。乳用畜患乳房炎后,往往奶质变坏或产奶量下降,不能食用,造成很大的经济损失。有的由于患部血液循环障碍,引起组织坏死,引起全身感染,本病多发生于乳用家畜的泌乳期,多见于猪、奶牛、马、羊。

### 15.1.1　乳房炎的分类

　　1.按病原微生物分　葡萄球菌性乳房炎,大肠杆菌性乳房炎,链球菌性乳房炎等。
　　2.按炎症性质分　卡他性乳房炎,浆液性乳房炎,纤维蛋白性乳房炎,化脓性乳房炎,出血性乳房炎。
　　3.按症状分　临床型乳房炎和隐性乳房炎
　　(1)临床型乳房炎。临床型乳房炎是乳房间质、实质或乳房间质和实质组织的炎症。其特征是乳汁和乳房都有肉眼可见变化,乳汁变性,乳房组织有不同程度的红、肿、热、痛。根据报道,临床型乳房炎在奶牛发病率中最高。因临床型乳房炎而淘汰的奶牛占总淘汰率的10%左右。根据病程长短和病情程度不同可分为最急性乳房炎、急性乳房炎、亚急性乳房炎、慢性乳房炎。

最急性乳房炎:突然发病,乳区显著肿大,乳汁显著减少,质地坚硬,皮肤紫红色并明显的全身症状。

急性乳房炎:除乳汁变化外,乳房有明显的红、肿、热、痛,并出现全身症状。

亚急性乳房炎:无红、肿、热、痛,只是乳汁的变化。

慢性乳房炎:反复发作、最后触之坚硬,可能会导致乳房萎缩。

(2)隐性乳房炎。一般不表现发病症状,乳房局部也没有红、肿、热、痛的临床症状。只是乳汁的质量发生潜在的变化,如体细胞增加、pH 值上升等。

### 15.1.2　乳房炎的病因及发病机理

【病因】

1.病原微生物　主要是乳房不干净引起的感染。主要通过厩舍、运动场、蚊虫、挤乳的手指、挤奶机、用具和肠炎等途径感染所致。一般为链球菌、葡萄球菌、绿脓杆菌、大肠杆菌、结核杆菌及巴氏杆菌等。

2.机械性因素　可以由摩擦、挤压、碰撞、划伤等机械因素,尤其以幼畜吮乳时用力撞击、徒手挤乳方法不当或挤奶技术不熟练和幼畜乳牙划伤,使乳腺受伤。

3.由于泌乳期精料过多而引起乳腺的分泌机能过强,分娩后挤奶不充分或仔畜一次不能吃完,乳房中乳汁积留过多所致,特别是奶牛、猪多见。

4.环境因素　栏舍不干净、垫草淤积、受寒风特别贼风的刺激等。

5.某些疾病　布氏杆菌病、结核病、子宫炎、口蹄疫等。

6.应用激素而引起的激素平衡失调,机体抵抗力下降。

【发病机理】

乳房发炎是因为泌乳组织受到创伤或感染微生物所引起的,其中以微生物直接通过乳头沟侵入乳腺引起的乳房炎。病原微生物通过环境或挤奶过程等,经松弛乳头沟进入乳房并大量繁殖。另一种途径中通过继发于其他生殖器官疾病或肠炎。这时血液中白细胞或淋巴细胞迅速转移到乳房以吞噬及破坏病原菌,细菌与吞噬细胞等的相互作用,若微生物占优势,病原菌将继续大量繁殖,并产生毒素或其他刺激物,由此引发乳房泌乳细胞死亡。奶产量减少,并且出现乳汁成絮状或结块、严重的会引起乳房水肿直至肿硬、甚至出现血奶。

### 15.1.3　症状

根据乳房炎的有无临床症状,可分为隐性乳房炎和临床型乳房炎两种。

1.隐性乳房炎　一般不表现发病症状,乳房局部没有红、肿、热、痛的临床症状。产奶量并不发生改变或下降的幅度很少,只是乳汁的质量发生潜在的变化,品质下降,体细胞增多,体细胞数在 50 万/mL 以上、细菌数和电导值增加、pH 值上升等。仅在触摸乳房时偶尔发现不同程度不同的硬块。

2.临床型乳房炎　可分为最急性乳房炎、急性乳房炎、亚急性乳房炎、慢性乳房炎。

(1)最急性乳房炎。母畜突然发病。患部乳房显著肿大,痛感明显,质地坚硬,皮肤发紫,甚至龟裂,多发生一个乳腺。患部乳房几乎没有乳汁,有时可以挤出几滴黄色或淡红色水样液体,有时出现体温升高,食欲下降,经神沉郁等全身症状。没有炎症的健康乳腺产奶量显著减少。

(2)急性乳房炎。乳腺患部有不同程度的充血(发红)、肿胀(增大、变硬)、温热和疼痛(触摸时母畜感到痛苦,挤奶困难),乳房上淋巴结肿大。乳汁排出不畅或困难,泌乳减少或停止,乳汁稀薄或黏稠,内含有絮状物或凝乳块,有的混有血液和脓汁。严重时,除局部症状外,常伴有食欲不振、精神萎靡、体温升高等全身症状。

(3)亚急性乳房炎。患区红、肿、热、痛不明显,多无明显的全身反应,少数病例体温有轻微升高、食欲下降。眼观乳汁稀薄,呈灰白色,常见于最初几把乳内含有絮状物或凝乳块,体细胞数增加,pH 值偏高,氯化钠含量增加。

(4)慢性乳房炎。乳腺患部组织弹性低,硬结,泌乳量减少,挤出的奶汁黏稠而带黄色,有时内含凝乳块。多无全身症状,少数病例体温有轻微升高、食欲下降。有的由于结缔组织增生而变硬,泌乳能力丧失。

乳房炎有的发生于整个乳房,有的见于乳腺的一叶或几叶,也有的限于某一叶的某一部分。乳汁检查,在乳房炎的早期诊断和确定病性上,有很重要的意义。

### 15.1.4　诊断

乳房炎的诊断,随有无临床症状和发病率的高低而不同。临床型乳房炎发病率低,着重在个体病牛的临床诊断;隐性乳房炎发病率高,着重在母牛群的整体监测。

1.临床型乳房炎的诊断　主要是对个体病牛的临床诊断,方法仍然是一直沿用的乳房的视诊和触诊,乳汁的肉眼观察及必要的全身检查。有条件的在治疗前采奶样进行微生物鉴定和药敏试验。一般根据病情将其诊断为亚急性、急性、最急性和慢性;也可根据炎症性质将其分为浆液性、卡他性、化脓性、出血性等等。

2.隐性乳房炎的诊断　主要表现为乳汁体细胞数增加、pH 升高和电导率的改变,常用的诊断方法包括美国加州乳房炎试验(CMT)及类似方法、乳汁电导率测定、乳汁体细胞计数和乳汁微生物鉴定。

3.其他诊断方法　对乳房炎的诊断还可以采用 NAGase 试验、乳清总蛋白量测定、血清白蛋白测定、乳汁抗胰蛋白酶活性测定等方法,这些方法在诊断隐性乳房炎时与 CMT 配合,诊断效果更好。

### 15.1.5　治疗

1.隐性乳房炎的治疗　一般不用抗生素治疗,而是提倡综合预防,降低其阳性率。其主要原因是隐性乳房炎的流行广,发生率高,所需药费开支大。通过加强管理,重视环境卫生和挤奶卫生的情况下,隐性乳房尚有自行康复的可能性,除此之外,人们还进行了一些提高

机体防御能力,控制其阳性率增加的措施,具体方法有:

(1)加强饲养管理。搞好栏舍及环境卫生工作,定期进行消毒。饲料精粗搭配,特别注意蛋白质、维生素、微量元素、钙、磷的补充。加强通风,增加光照,适当运动,合理使疫。

(2)内服左旋咪唑。左旋咪唑是一种免疫调节剂,它能修复细胞的免疫功能,增加机体的抵抗能力。左旋咪唑按每 kg 体重 0.75 mg 一次内服或按每 kg 体重 0.3 mg 肌内注射。

(3)微生态制剂。口服益生素或益生元(每吨饲料 2~5 kg)、免疫多糖(每吨饲料 2~4 kg)益生素和益生元可调节胃肠内环境,增强机体免疫力,免疫多糖可以免疫力。

2.临床乳房炎的治疗

(1)急性乳房炎的治疗。乳叶局部疗法,每叶用青霉素 80 万 IU、链霉素 0.25~0.5 g 溶于 50 mL 蒸馏水,也再加入 0.25%普鲁卡因溶液 10 mL,经乳导管注入,1~2 次/d。给药前将乳汁挤净,给药后用手捏住向乳房轻推数下,以利药物扩散,待下一次给药时再进行挤乳。猪和羊可以将药物注入患部的皮下。乳房基部边缘注射普鲁卡因青霉素(即青霉素 50 万~100 万 IU 溶于 0.25%普鲁卡因溶液 200~400 mL)作环状封闭,每日 1~2 次。

(2)慢性乳房炎的治疗。局部刺激疗法,选用樟脑膏、鱼石脂软膏、5%~10%的碘酊或碘甘油,待乳房洗净擦干后,将药涂于乳房患叶皮肤上。其中以鱼石脂效果显著,也可温敷。乳叶局部疗法除急性乳房炎局部疗法外,患叶可用 1∶5 000 呋喃西林溶液 50~80 mL,或10%林可霉素 20 mL,经乳导管注入,每日 1~2 次。当泌乳机能完全停止时,患叶可用 1∶50 的核黄素 100 mL,经乳导管注入。

3.全身疗法　用青霉素与链霉素(也称双抗)或用氟苯尼考与新霉素联合疗法或环丙沙星疗法,以环丙沙星疗法效果较好。也可用阿莫西林、阿米卡星、磺胺噻唑联等。认真热敷,按摩乳房,增加挤奶次数,对乳房炎的治疗都是有益的。但出血性乳房炎时要小心挤奶。每患叶选用 0.25%普鲁卡因溶液 60~100 mL 或用 2%的碳酸氢钠生理盐水 30~50 mL,经乳导管注入,浅表性脓肿,或以切开排脓、冲洗、消炎等一般性外科处理,深部脓肿,以抑菌为主,当其破溃,应待炎症被控制后,再严密缝合。

### 15.1.6　防治

1.搞好环境和牛体卫生　保持栏舍、运动场、挤奶人员和挤奶用具清洁卫生,以创造良好的卫生条件,是防治乳房炎的先决条件。栏舍、运动场应该清洁、干燥,及时清理粪便、积水、泥泞。垫草应干软、清洁、新鲜,并且要经常更换。定期对运动场和栏舍进行消毒(可每隔 7~15 d 用消毒液喷雾消毒 1 次),乳房炎高发季节应加强消毒。经常刷拭畜体,保持乳房清洁。对较大的乳房,特别是下垂的乳房,要注意保护,免受外伤。做好夏防暑、冬保温工作,减少应激反应,使奶牛生活在清洁、卫生、舒适、安静的环境中。

2.加强饲养管理　根据母畜的营养需要,注意规范化饲养;给予全价配合日粮,各生产阶段精粗饲料搭配要合理;建立青绿多汁饲料轮供体系,增加青绿、青贮料的饲喂量;以奶定料,按畜给料;禁用变质饲料。维持机体最佳生理功能。在停乳后期和分娩前,应适当减少多汁饲料和精料的饲喂量,以减轻乳房的膨胀;在分娩后乳房过度膨胀时,还应酌情增加挤奶 1~2 次,控制饮水,增加放牧次数。

在干乳期开始 7 周添加维生素 E 1 000 IU/d,在干乳期的后 2 周为 4 000 IU/d;所有日粮均添加 0.1 mg/kg 的硒;在干乳期的后 2 周日粮中添加高含量维生素 E,对乳房的健康有实质性改善作用。可以提高机体抵抗病原微生物的能力,降低乳房炎的发病率。

3.规范挤奶操作　良好的挤乳操作规程是预防隐性乳房炎的主要措施之一,必须严格遵守。挤奶之前应将牛床及走道打扫干净,并将牛体后部刷擦干净。先挤头胎母畜或健康母畜的奶,后挤有乳房炎母畜的奶。挤奶前乳头要药浴:挤奶前用消毒药液浸泡乳头(或喷雾消毒),然后停留 30 s,然后用单独的消毒毛巾或纸巾擦干。消毒药液可选用 3% 次氯酸钠,0.5% 洗必泰,0.1% 雷大奴尔,0.1% 新洁尔灭等。

4.干乳期预防　母牛的干乳期是乳房炎控制中最有效时期。干乳期预防,是目前乳房炎控制中消除感染最有效的措施,干乳前的最后一次挤奶后,向每个乳区注入适量抗生素,这不仅能有效地治疗泌乳期间遗留下的感染,而且还可预防干乳期间新的感染。目前主要是向乳房内注入长效抗菌药物,可杀灭病原菌和预防感染,有效期可达 4~8 周。我国多使用青霉素 100 万 IU、链霉素 100 万 IU、2% 的单硬脂酸铝 2~3 g、新霉素 0.5 g、灭菌豆油 5~10 mL,制成油剂,再注入乳区内。国际上多用长效抗生素软膏。药液注入前,要清洁乳头。

5.药物预防　每头奶牛日粮中补硒 2 mg 或维生素 E 0.74 mg,都可以提高机体的抗病能力和生产能力,降低乳房炎的发病率。对奶牛饲喂适量的寡聚糖,不但能控制隐性乳房炎的感染,大幅度的降低酒精阳性乳区发病率,而且能提高产奶量。在泌乳期,按 7.5 mg/kg 内服盐酸左旋咪唑 1 次,分娩前 1 个月内服效果比较好。同时,盐酸左旋咪唑为驱虫药,具有免疫调节作用,可以帮助母畜恢复免疫功能,还可以促进乳腺的复原。

# 任务 15.2　其他乳房疾病

1.会诊断乳房浮肿、酒精阳性乳等疾病。

2.会治疗乳房浮肿、酒精阳性乳等疾病。

## 15.2.1　乳房浮肿

乳房浮肿也称乳房浆液性水肿,以乳腺间质组织液过量为特征,是开始泌乳以前,由于乳房局部血液循环障碍而淤滞引起的,此病开始发生于分娩前 1 周左右,有的发生在分娩数日之后。多见于高产奶牛、奶羊。

本病可以导致产奶量降低,严重的可以永久性乳房韧带和组织损伤,使乳房下垂,并诱发乳房皮肤病和乳房炎。

【病因】

(1)生理性乳房浮肿。各种动物的乳房在分娩之前,都有不同程度的生理性浮肿,这主要是由于主动性充血和静脉回流受阻而瘀血。静脉性瘀血是由骨盆腔大动静和乳静脉被胎儿压迫所致。

（2）由于妊娠期间血液蛋白质和血浆蛋白水平降低，胶体渗透压降低所致。

（3）血液中雌性激素和血钾升高，以及低镁血症有关。

（4）与产奶量有相关，一般产奶量越高，乳房浮肿的发病就越高。还与运动不足有关。

**【症状】**

本病无明显全身症状，只限于乳房，乳房的皮下和间质发生水肿，乳房下半部更明显。乳房呈现皮下浸润性肿胀，乳房皮肤紧张，发红光亮，无热无痛，指压留有指印，时间稍长皮肤增厚，变硬。有的病区的温度（体表温度）比正常区域温度要低一点，感觉要凉一些。

较严重的浮肿，可以波及乳房基前端，会阴部、下腹部及四肢上端，经过 1~2 周自行康复，少数乳房皮肤坏死或继发性浆液性乳房炎。

**【治疗】**

为了促进水肿消退，适当加强运动，适当减少饲喂多汁饲料，并减少饮水，轻度的乳房浮肿可以热敷，每日给乳房做数次按摩，自上而下按摩效果较好，同时增加挤奶次数。大部分病例可以自然消退，不需要治疗。

严重病例，可以涂擦弱刺激诱导药物，如樟脑软膏，碘软膏、鱼石脂软膏、松节油等。并注射醋酸可的松或地塞米松和服用利尿药，如氢氯噻嗪、氯噻嗪或氯地孕酮和缓泻药。还可注射速尿（呋喃苯胺酸），2 次/d，连用 3d。

**【预防】**

对妊娠后期的母畜每天进行观察，当乳房增大时，应每日触摸 2 次，如果发现乳房变硬或肿胀，应每天挤奶 2~3 次。同时减少多汁饲料的饲喂量，适当限制饮水和适当运动。奶畜一般可在产前一周开始挤奶。

对妊娠后期的日粮进行调控，一般没有什么效果。不应减少精料和蛋白质的含量。

## 15.2.2　乳房创伤

乳房创伤是乳房的和乳头受到外力作用（咬伤、踏伤、刺伤、划伤）引起乳房表层及深层组织机械性损伤。其特征是乳房皮肤、皮下蜂窝组织甚至腺体组织发生创口。

**【病因】**

（1）母畜卧地时乳房被邻近母畜踏伤，或被其他尖锐物件（钉子、铁丝、树枝）刺伤或划伤。

（2）幼畜（仔猪）吮乳时被牙齿咬伤，多发生于猪、马。

（3）绵羊的乳房有时因剪毛不慎而被剪破等。

**【症状】**

由锐形物造成的乳房创伤（刺伤、划伤），大多呈三角形。三角形的尖端指向乳房基部，边缘不整齐。刺伤相对则范围较小，但较深。由钝形物造成的创伤范围较大，边缘不整齐。

乳房表层可以看到明显受伤痕迹，受伤的途径不同，创伤表现也不一样，创伤的部位不一样表现也不一样。一般把乳房创伤分为表层和深层两种。一般乳房的表层创伤是指皮肤和皮下组织受到破坏,深层创伤是指乳房实质受到损伤。

乳房表层创伤没有什么关系,但应及时处理,如处理不当,会使母畜疼痛不安,挤奶困难。深层创伤部位不同表现不一:如果创伤穿过了乳池,则乳汁通过创口外流;如果创伤损坏了乳头管,挤乳时影响乳汁的排出,呈滴状或呈细股状流出,有时还会发生持续性漏乳。如果乳头大部被撕掉,则会大量漏乳,会使一侧乳房萎缩。深层乳房创伤乳汁从创口流出,或乳汁中带有血液。

由于乳房创伤多数是创缘不整齐的裂伤,所以愈合缓慢。当受到感染时,病原菌可以从创伤出发,沿着输乳管和淋巴管扩散,引起蜂窝组织炎,化脓性乳房炎或坏疽性乳房炎等并发症和引起全身症状。局部表现为乳房发红、肿胀、高热,触之敏感疼痛,并伴有全身症状,如体温升高、精神沉郁、食欲下降等。这些并发症的病程都会很严重,往往会使半个乳房丧失产奶能力。

乳头乳池上的穿透创,则创口以常有乳汁流出。由于乳汁不断流出,细菌不易停留,所以不易发生乳房炎,但是漏乳影响肉芽组织的生长和创口的愈合,当治疗不当时,容易形成瘘管。

**【防治】**

无论哪一种乳房创伤,在治疗过程中始终注意保持乳房清洁与干燥,以防感染。

1.表层乳房创伤　可采用一般外科方法进行治疗。必须注意的是,药品的刺激性要小(包括消毒剂和抗菌药),一般不要使用软膏,以免肉芽组织增生过多。如果是乳房沟内表层创伤,应使用粉剂药物(磺胺粉、环丙沙星粉),药品刺激性要小,以保持干燥,促其创口愈合。如果创口较大。先应局部浸润麻醉,浸润麻醉可 2%~5%盐酸普鲁卡因,然后彻底清洗创口,切除坏死组织,整理创缘,用结节缝合方法缝合皮肤。注意创口必须保持新鲜(一般在 6 h 以内),或污染程度不大。如果创伤感染就暂不作缝合。如果创缘组织水肿而妨碍排出渗出液,应抽出 1~2 针缝线,扩大创口,促进排液,待炎症开始消退时,再把留下的口子缝合好。

2.乳房深部创伤　只有将没有污染的新鲜创或者将陈旧创切除创内坏死组织修整为新鲜创后,才能缝合。要求创口清理要干净、彻底,消毒创口的消毒药应先对皮肤、黏膜刺激少的,如碘酊、络合碘等,以减少炎性渗出。而且不能完全缝合,并在创口的下端留 1~2 针不缝合,有利于排出渗出液。对于特别大的深部创伤,应在创口内留有引流条或纱布。

向下向内深入的创伤,其炎性渗出物会沿着血管、淋巴管和输乳管扩散,容易引起整个乳房感染,因此在治疗时关键是控制炎症,所以在缝合创口以前,必须扩大创口,向下做一切口,有利于创腔内渗出液的排出。

如果是在产奶高峰期的深部创伤,为了避免乳漏而影响愈合,可以皮下注射 1%阿托品 2 mL,同时要适当控制饮水和多汁饲料,以降低其泌乳能力。

3.乳头穿透性创伤　必须及早缝合,而且缝合必须紧密。如果缝合不严,乳汁就会继续外漏,会使创伤成为瘘管;缝合过迟,由于组织增生而变脆,不利于缝合。在缝合乳房穿透性创之前,在乳房基部用 2%~5%盐酸普鲁卡因浸润麻醉,使乳头完全失去知觉。再进行三道缝合(图 15.1):由内到外依次缝合,第一道最好用尼龙线或医用细缝合线连续缝合黏膜及黏膜下组织;第二道缝合黏膜下组织,也是连续缝合,以上两道缝合线都分别在创口两端打结,此法只限于 2~3 针缝合,以便将来抽线;第三道用结节缝合法缝合皮肤。

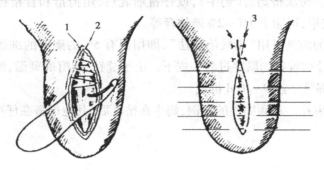

图 15.1　乳头三道缝合法

1—黏膜缝合;2—皮下组织缝合;3—皮肤缝合

4.乳头瘘　应行整形手术,首先对乳头瘘管周围组织做正方形切除,再用肠线缝合黏膜 1~2 针,然后沿正方形上下皮肤横缘,向一侧横切皮肤并剥离,然后将此皮肤拉至正方形切口上进行缝合,封闭创口。手术后乳头管中插入导管,同时加强消炎抗菌,防止创口被乳分离。

乳房创伤的预后根据其深浅、位置和泌乳期不同而不同,尤其泌乳期与末期的预后关系很更大。一般在泌乳末期和干乳期,创伤性乳房炎预后良好。如果是穿透性创伤及深部创伤发生产奶高峰期,则因处理困难,预后一般不良。

【预防】

在树丛附近放牧时,不要将母畜赶得过快,并应避免在接近带刺铁丝或带刺树丛中放牧。

垫草中不可夹杂有铁丝、钉子或玻璃碎片等尖锐物品。给家畜注射药物时,注意不将安瓶和针头乱扔。

仔猪在哺乳要先剪掉乳牙,并要求剪得平整;给绵羊剪毛时,乳房部位要特别小心。

### 15.2.3　漏乳

漏乳是指母畜在泌乳期间,乳头管括约肌关闭不充分,乳汁自行漏出或乳池穿透性。各种家畜均可发生此病,但以奶牛多见。

【病因】

1.乳头管括约肌松弛　主要是括约肌发育不全,或者是萎缩、松弛、麻痹。

2.乳池穿透性创伤　主要是一些锐性物件刺伤或划伤。

【症状】

乳汁成滴地自然流出来,尤其在母畜卧下时,由于乳房受到压迫,乳汁大量流出。乳房局部一般有没有炎性反应,乳汁也没有变化。

【治疗】

（1）按摩乳头。每次挤奶后（奶牛），或仔畜哺乳后，用拇指和食指捻转乳头尖端，按摩10~20 min；按摩完毕，可涂上1%~2%碘软膏等。

（2）对于严重的病例可用"串线治疗法"，即用浸有5%的碘酊的细线，在乳头管两旁各作一结节缝合，缝针贴着括约肌穿过乳头皮下。由于缝针、碘酊的刺激，组织增生，乳头管腔即可缩小，而不再漏乳。经9~10 d拆线。

（3）用橡皮圈束扎。对顽固性的病例，奶牛在挤乳后，其他母畜在仔畜哺乳后，可用橡皮圈箍住乳头。

### 15.2.4 血乳

血乳即乳房出血。是由各种不良因素作用于乳房，引起输乳管、腺泡及其周围组织血管破裂发生出血，血液进入乳汁，外观呈红色。奶牛、奶羊多发，以母牛产后最初几天最为常见。

【病因】

（1）乳房炎。实际上是见于患有出血性乳房炎或坏疽性乳房炎。

（2）乳房创伤。挤奶过于用力，或是分娩后，母牛乳房肿胀、水肿严重或乳房下垂，牛在运动和卧地时乳房受到挤压；牛只互相爬跨，突然于硬地上的滑倒；运动场不平、碎砖、瓦片对乳房的作用等，皆可造成机械性损伤，使乳房血管破裂。羊在放牧被树丛刺伤也可以引起血乳。

（3）有一些母牛若伴有血小板减少或其他血凝障碍性疾病，也易发生乳房出血。

【症状】

乳房充血、肿胀，局部温度升高，严重时皮肤上出现红色或紫红色斑点；挤奶时表现疼痛，乳汁稀薄，带淡咸味，煮沸时常发生凝块。轻症者，呈粉红色；重症者呈鲜红色、棕红色，其中含有多量的暗红色血凝块。一般全身反应轻微。精神、食欲和泌乳正常。仅在挤奶时因血凝块填塞乳头管而挤奶困难。通常经4~5 d出血逐渐减轻或消失。如果是外伤性出血，病区有疼痛，触之敏感，乳中有血凝块。但有少数全身反应严重，体温升高至41 ℃，食欲减少或废绝，精神沉。而当患血小板减少症时，病牛呈进行性贫血，黏膜苍白，全身症状明显。

【诊断】

根据乳汁呈粉红色或红色，即可诊断。若要知道血色的来源，可以根据下列方法进行诊断。

（1）含有血液的乳汁，经煮沸后即变为褐色。

（2）静置时是否发现血细胞沉淀，检查时可直接从有病的乳房挤出乳汁，置于试管中，放在4 ℃的冰箱中过夜，如有血细胞，则试管底部有一层血液样沉淀，上层乳汁呈酸性，其他与正常奶没有什么不同。

（3）用显微镜检查乳中是否有血细胞。

【治疗】

（1）对机械性乳房出血，严禁按摩、热敷和涂刺激药物，保持乳房安静。如果是产后充血而膨胀，在饲喂时，应减少精饲料和多汁饲料，限制饮水，令其自然恢复。如果是因挤奶用力过大引起，应注意挤奶动作要温柔，同时保持乳房清洁。

（2）止血药如止血敏、维生素 K（50 mg/kg 体重）和抗生素等，肌内注射。还可以给病乳打入过滤灭菌气体，使乳管和腺泡充气，压迫血管止血。

（3）用止血剂无效时，可给患乳注射 2% 的盐酸普鲁卡因 2~3 mL，2~3 次/d。

据报道，用 0.2% 高锰酸钾溶液 300 mL，乳头内注入疗效好，共治 22 例，经 2~4 d，20 例痊愈，治愈率达 91%。为了防止挤奶后血液流出，可减少挤乳次数，每日只挤 1 次，当流血多时，应考虑输血、补充钙剂。

【预防】

（1）严格遵守饲养管理制度，保持乳房清洁，防止乳房过度膨胀和发生乳房炎。

（2）规范挤奶动作，注意挤奶工的清洁卫生和挤奶机的消毒工作。

（3）定期进行预防注射，防止发生传染病。

### 15.2.5　酒精阳性乳

酒精阳性乳是指乳汁温度在 20 ℃ 以下，用 70% 左右（68%~72%）的中性酒精与等量的新鲜乳汁混合，轻轻摇动而产生微细颗粒状和凝乳块的牛乳总称。根据酒精阳性乳酸度的差异，可将其分为高酸性酒精阳性乳和低酸性酒精阳性乳两种。高酸性酒精阳性乳的酸度为 0.18 以上，是牛奶在收藏、运输等过程中，由于微生物的污染，迅速繁殖，乳糖分解为乳酸导致牛奶的酸度增加，加热后凝固，实质为发酵变质奶。低酸度酒精阳性乳的酸度为 11~18，加热后不凝固，但奶的稳定性差，质量低于正常乳，称为二等乳或生化异常乳，为不合格乳。由于这种乳的热稳定性较差，当温度超过 120 ℃ 时容易发生凝固，且这种乳难以储存，风味也差。因此，乳品加工企业在收购鲜乳时，均进行酒精阳性乳检验，一旦呈阳性。乳品厂不予收购，或降价处理，或废弃，给乳牛业和乳品生产带来臣大的经济损失。

【病因】

酒精阳性乳确切的机理尚不清楚，可能与下列因素有关：

1.应激因素　高温及气温突然变化，第一个泌乳月和干乳前两个月，突然改变饲料，栏舍潮湿、通风不良、噪声、刺激性气体等各种因素对牛的刺激，都可以使内分泌混乱，泌乳异常。

在生产中，随着气温的升高，酒精阳性乳的发生率也逐渐升高，特别是 7—8 月份高温季节，发生率达到最高。这是由于乳牛对热应激因子非常敏感。

一般来说，在第一个泌乳月和干乳前两个月，奶牛群中出现阳性乳的频率也明显升高，这主要也是因为应激的缘故。分娩这个月，奶牛的体质较差，对应激更敏感；而干乳前这两个月内,奶牛已经经历一个长时间的泌乳,体质变差,再加上胎儿在体内逐渐增大,乳牛负荷不断增加。在这段时间内,奶牛受到的应激在加大,并且对应激的敏感性也在增加。

饲料的急剧变化对奶牛是一个很大的应激因子,奶牛需要调整消化系统来适应新的饲料而引起机体的应激反应,进而导致酒精阳性乳的发生。另外饲料发霉、变质,尤其是青贮饲料品质差,长期维生素、多种微量元素缺乏,长期饲喂低钠饲料(据报道,酒精阳性乳的钠离子浓度明显低于酒精阴性乳),钙磷比例失调,日粮中钙量过高等。

2.饲养管理因素　日粮不平衡,日粮浓度过高或不足使肝机能障碍所致;日粮中钙、磷、镁、钠等矿物质的含量不够或比例不平衡会直接影响牛奶中矿物质含量,影响乳汁的稳定性,产生酒精阳性乳。

3.内分泌失调　奶牛在发情期、妊娠后期或注射催情雌激素时使内分泌失调,也易产生酒精阳性乳。还采食一些发霉变质的饲料,其中的赤霉烯酮可以使内分泌失调,免疫机能下降。

4.加工贮运因素　冬季鲜奶受气候或运输的影响而冻结,乳中一部分酪蛋白(酪蛋白占牛奶中蛋白质含量3/4)变性,同时在处理时因温度和时间的影响,酸度相应升高,也可产生酒精阳性乳。

5.疾病因素　这些疾病主要有:隐性乳房炎、肝脏机能障碍、酮病、骨软症。钙磷代谢紊乱。繁殖疾病、胃肠疾病,都有可能产生酒精阳性乳。

【症状】

患牛精神、食欲、体温正常,乳房、乳汁无肉眼可见变化。有的乳汁煮沸后出现凝乳块。乳汁酒精试验呈阳性反应。持续时间短者3~5 d,长者可达半年,或反复出现。有的在下一胎重新分娩后,转为阴性。

据研究发现:酒精阳性乳与乳房炎呈显著的不一致性。酒精试验呈阳性反应的乳房炎试验能呈阴性,酒精试验呈阴性的乳房炎试验能呈慢性。虽然分泌酒精阳性乳的患牛有46.1%~50.7%的患牛有隐性乳房炎,但酒精阳性乳不一定是隐性乳房炎的乳。

【防治】

在治疗酒精阳性乳的患牛时,应先做乳房炎试验,检查是否有乳房炎,如有乳房炎,先应治疗乳房炎。一部分患有隐性乳房炎的。当乳房炎治愈后,酒精试验也呈阴性。

1.加强饲养管理,减缓应激　改善牛舍环境条件,提高奶牛对气候变化时的适应能力。炎热的夏季,做好奶牛舍防暑降温、通风换气工作。如加设电风扇,在运动场加设遮阴凉棚。严寒冬季做好防寒保暖工作,如多铺垫草,备足寒冬草料;保持饲料的长期稳定,更换饲料时要做到平稳过渡。减少对牛群的不良刺激,如禁止机动车进入牛舍,尤其是挤奶时,禁止陌生人入内等,力求将应激因子降到最低限度。

注重营养平衡,根据奶牛不同生理阶段的营养需要,结合本地实际,调配平衡日粮。营养供给(能量、蛋白质)不应过高或过低,精粗比例合理,确保高质量粗饲料充足供应,并做到粗饲料品种的多样化(优质干草、玉米秸等),避免长期饲喂单一低质粗饲料,确保饲料中按标准添加多种维生素和多种微量元素。防止饲喂高钙或低钙日粮,钙磷比例要保持平衡(1.5∶1),增强机体抵抗力,使全身生理机能和泌乳机能免受影响。

2.药物治疗

（1）奶牛在发情期、妊娠后期、卵巢囊肿以及注射雌激素后引起内分泌失调而产生阳性乳者，可采取肌内注射绒毛膜促性腺激素 1 000 IU 位或黄体酮 100 mg。

（2）改善乳腺功能，内服碘化钾 10~15 g，加水灌服，每日 1 次，连用 5 日。2%硫酸脲嘧啶 20 mL，肌内注射。

（3）改善乳房内环境，可用 0.1%柠檬酸钠 50 mL，挤乳后注入乳房中，1~2 次/d；也可用 1%小苏打液 30 mL，挤乳后注入乳房中，1~2 次/d。

（4）恢复乳腺机能，用甲硫基脲嘧啶 20 mL 配合复合维生素 B 肌注。

（5）调整机体代谢，解毒保肝，肌注维生素 C，用以调节乳腺毛细血管的通透性。

（6）内服抗凝乳，每头 70 g/d，连服 7 d。

# 项目16 新生仔畜疾病

【项目导读】

本项目介绍了新生仔畜窒息、胎便停滞、脐炎，是新生仔畜常发病。实践中如何处理新生仔畜窒息，如何预防胎便停滞、脐炎，减少新生仔畜死亡具有重要现实意义。学生通过学习与训练，会有效防治新生仔畜疾病。

## 任务16.1 新生仔畜窒息

学习目标

1.会诊断新生仔畜窒息。

2.会对新生仔畜窒息进行救治。

仔畜刚出生后，呼吸发生障碍或完全停止，心脏尚在跳动现象，称为新生仔畜窒息或假死。如不及时采取措施，新生仔畜一般会因窒息而死亡。猪、马、牛、羊也有发生。

【病因】

母畜在分娩过程中，由于产道干燥，产道狭窄，胎儿过大，胎位及胎势不正，子宫收缩过强或收缩无力等，使胎儿不能及时排出而停滞于产道。倒产，脐带受到压迫或自身缠绕，使胎儿血液循环受阻。产后高热、贫血及大出血等，使胎儿胎盘过早脱离母体，而尿膜、羊膜未及时破裂，造成胎儿严重缺氧，刺激胎儿过早发生呼吸反射，致使胎儿在产道把羊水吸入呼吸道等，而引起新生仔畜窒息。

母畜患有全身性疾病，如高热等，胎儿和胎衣过早脱离母体，胎儿缺氧，二氧化碳在胎儿体内急剧增加，引起胎儿过早呼叫，将羊水吸入呼吸道产道而窒息。分娩过程中分泌物进入呼吸道，阻塞了呼吸道，也是造成新生仔畜窒息的原因。

【症状】

因窒息程度不同，症状也不同，可分为青色窒息和白色窒息。青色窒息是轻度窒息，表现呼吸微弱而短促,吸气时张口并强烈扩张胸壁,两次呼吸间隔延长,结膜发绀。舌垂于口腔外,全身发软,口鼻充满黏液。听诊肺部呈湿啰音,特别是喉和气管更明显。心跳和脉搏快而无力,四肢活动能力很弱,或无活动能力,但角膜反射还存在。

白色窒息是严重窒息,表现呼吸停止,结膜苍白,全身发软,口鼻充满黏液。反射消失,心跳微弱,脉不感于手。

【治疗】

1.治疗原则　一是兴奋仔畜的呼吸中枢,使其出现自主呼吸;二是使新生仔畜的呼吸道畅通。

2.治疗方法　清理呼吸道,速将新生仔畜倒提,或抬高后躯,用干净纱布或毛巾揩净口鼻内的黏液,还可以用细胶管将口鼻内的黏液吸出,使呼吸道畅通,呼吸道畅通后,立即做人工呼吸,其方法有三:

(1)有节律地拍打或按压仔猪腹部。

(2)从两侧捏住季肋部,交替地扩张和压拍胸壁,同时助手在扩展和压拍腹部。

(3)握住两前肢,前后拉动,以助于扩张和压拍壁。人工呼吸使仔畜出现呼吸后,常在短时间内又可能出现停止,所以做人工呼吸时,应有耐心,不能急躁,要坚持一段时间,直至出现正常呼吸,

3.刺激　可倒提仔畜抖动,用手拍打仔畜的颈部和臀部。或用冷水突然喷到仔畜的头部,或浸酒精或氨溶液的棉球放在仔畜的鼻子边;将头部以下的部分浸泡在 45 ℃左右的温水中,徐徐从鼻孔中吹入空气,用针刺人中、蹄头、耳尖和尾尖等穴位,都有刺激呼吸反射诱发呼吸的作用,同时可以注射 25%尼可刹咪 1.5 mL,也可用肾上腺素、樟脑磺酸钠、咖啡因等药物,以脐带血管注入效果较好。

【预防】

1.做好产前准备工作　详细记录每头母畜的配种日期和计算好预产日期,提前将母畜转到分娩舍,并做好产前准备工作,调整日粮的营养水平,对产房、产床、接产用具严格消毒,并加强母畜产前饲养管理。

2.做好产道和胎儿检查　首先清洗和消毒母畜的外阴和检查者的手臂,然后检查者的手臂涂上干净消毒润滑油或擦上肥皂,再伸手入产道,检查产道、骨盆腔是否狭窄,子宫颈是否完全开张,产道是否干燥以及有无水肿和损伤等。检查者将手伸入胎衣,主要检查胎儿进入产道程度、正生或倒生,胎势、胎位、胎向等。在做产道和胎儿检查时,切忌急躁,切忌手能强行进入。

3.正确接产　母畜在分娩过程中,要有专人守护、接产。准备常用的接产用具,并消毒好。仔畜出生后,应立即擦干仔畜身上的羊水,清理呼吸道,用消毒好的干毛巾把口腔、鼻腔黏液掏出,以畅通呼吸道,出现窒息,立即抢救。

# 任务 16.2　胎便停滞

1.会诊断胎便停滞。
2.会治疗胎便停滞。

新生仔畜出生后,超过 24 h 不排胎粪,称为新生仔畜便秘或胎粪秘结,也称胎便停滞,本病多见于驹和羔羊。

【病因】

新生仔畜未及时哺喂初乳或初乳质量不高,母畜缺乳或无乳,仔畜体弱,都可以使仔畜哺获初乳不足而引起新生仔畜肠道弛缓,胎便不能及时排出而秘结于肠道。

母畜患有全身性疾病,如败血症、高热性疾病等。仔畜患有热性疾病也会引起胎便停滞。

【症状】

新生仔畜出生后 1~2 d 不见排出胎粪(注意肛门或直肠闭锁除外),渐渐表现腹痛不安,常弓背努责,回头顾腹,举尾作排粪状。食欲不振或不吃奶,精神萎靡,消瘦、被毛无光,脉搏快而弱,肠音微弱而消失。以手指直肠检查,肛门端有浓稠蜡样黄褐色胎粪或粪块。

【治疗】

一般选用以下方法多可以治愈,顽固性胎粪停滞应考虑手术治疗。

1.直肠灌注　可选用温肥皂水(猪、羊 500 mL,牛、马 1 000 mL),食用油或石蜡油(猪、羊 50~100 mL,牛、马 200~300 mL),3%双氧水(猪、羊 50 mL,牛、马 100 mL)作直肠灌注,效果较好。

2.内服轻泻药　选用食用油或石蜡油猪、羊 50~100 mL,牛、马 200~300 mL 蓖麻油(猪、羊 25~50 mL,牛、马 50~100 mL)灌服也有良好效果。

3.单方、验方

(1)猪胆或牛胆 1~2 个,加水适量,一半内服,一半灌肠,或胆汁 20~60 mL 灌肠。

(2)巴豆两粒,去皮炒黄捣碎,去油后调水灌服。

(3)皂角蜜箭:蜂蜜 45 g、皂角末 5 g,在火上熬成黄褐色后,取出制成长指条状,涂上润滑油塞入直肠。

(4)细辛 6 g、皂角 12 g,研末加蜂蜜适量,制成枣核大小,塞入肛门 3~5 粒。

4.辅助疗法　腹部按摩,热敷、包扎保温可以减轻腹痛,促进胃肠蠕动,有利于疾病恢复。

【预防】

仔畜出生后,及时哺喂初乳;母乳缺乏或无乳时,尽早治疗母畜和寄养仔畜,加强母畜饲养,以提高初乳的品质和数量。注意仔畜护理,扶助体弱瘦的仔畜哺乳,必要时输液补糖。同时防止产前母畜发生热性疾病。

# 任务 16.3　脐　炎

　　1.会诊断脐炎。
　　2.会治疗脐炎。
　　3.能对新生仔畜进行合理处理,防止发生脐炎。

　　脐炎是指仔畜出生后,脐带断端及其周围组织感染细菌而发生的一种炎症。可发生于各种仔畜,常见于幼驹和犊牛。

**【病因】**

　　(1)接产、断脐消毒不严。新生仔畜的脐带残段一般在生后3~6 d即干燥脱落,并在脐孔形成瘢痕和上皮,在此期间脐带断端不仅是细菌侵入的门户,也是细菌生长的良好环境,一旦受到感染而发炎。接产时,脐带断端消毒不严,不注意仔畜的卫生和护理,脐带感染而发炎。

　　(2)断脐时脐带留得过长或没有及时断脐:脐带过长时,脐带极易受到尿液及污水浸渍等污染,则感染病原微生物而发生脐炎。

　　(3)仔畜互相吮吸脐带,使脐带被细菌感染而发炎。

**【症状】**

　　发病初期仔畜表现食欲下降,消化不良、腹泻。随病程的延长,仔畜表现精神沉郁,不吃奶,体温升高40 ℃以上,仔畜弓背收腹,不愿行走,被毛粗乱,无光泽。脐孔断端或周围充血、肿胀、湿润。触诊脐部疼痛,质地变硬。在脐带中央和其根部皮下,可以摸到铅笔杆或手指粗的索状物,或流出浓稠脓汁,有臭味。重症时,肿胀波及脐带周围腹部组织,脐带部形成脓肿,脐部肿大,呈球状,触诊有波动感,表面湿润光滑,界限清楚。脐带坏疽时,脐带残留部分有污渍呈紫红色,有恶味,脐孔有肉芽赘生,形成溃疡面,其上附有脓性渗出物。有时脐带残段脱落后,脐孔处湿润,形成瘘管,内有脓汁。如果炎症进一步发展,可引起严重的全身感染,细菌及其毒素沿血管侵入肝、肺、肾及其他脏器,继发脓毒败血症、败血症或破伤风。

**【诊断】**

　　仔畜多发生腹泻,消化不良,食欲下降,脐带部肿胀、发炎。如果发现肿胀,根据触诊检查有无疼痛,质地是否硬实,内容物是否可纳回腹腔等与脐疝区别,脐疝脐部肿大一般没有疼痛感,脐孔增大,没有发生粘连疝内容物柔软,并且可以纳回腹腔,触诊时可以发现肠道和疝孔。

**【治疗】**

　　(1)初期,用青霉素80万~160万 IU、0.25%~0.5%普鲁卡因 10~20 mL,在脐孔周围分点注射普鲁卡青霉素因封闭,一日 1 次,连续 3 次。并在炎症的表面涂擦 5%碘酊或络合碘消毒,每日 3 次。同时搞好栏舍卫生。

(2)如形成脓肿,作外科处理,先切开排脓,排脓后先用 3%的双氧水冲洗,再生理盐水冲洗干净,后用 5%碘酒消毒,创口较大时应作结节缝合,如果创口较小可以不缝合。同时结合使用抗菌素防止感染,直到创口愈合。

(3)脐孔形成瘘管时,用消毒药液洗净其脓汁,涂擦洛合碘或碘酊。如果同时有脓肿,须切开排脓,按外科手术处理。

(4)脐带发生坏疽时,必须切除脐带残段,用 3%的双氧水除去坏死组织,用消毒药液清洗后,再涂以碘仿醚或 5%碘酊。特别注意防止炎症扩散,创伤部可洒上青霉素和链霉素同时也需要全身抗感染,可以用阿莫西林、林可霉素、头孢西林钠等。

(5)当食欲不振、体温上长、中毒时,可静脉补液补葡萄糖、葡萄糖酸钙、维生素 C、复合维生素 B、安乃安等同时要结合抗菌素一起使用。如果下痢者,可口服磺胺咪和小苏打,新肥素(10%新霉素),利高霉素(林可霉素和壮观霉)等。

**【预防】**

仔畜生后,只要脐带不出血,就不必要结扎,以促其迅速干燥和脱落。有些畜主习惯将脐带留得很长,不但结扎,而且用破布、棉花严密包裹,常使脐带不易干燥脱落,导致脐炎发生。正确的断脐方法是仔畜出生后,用清洁消毒好干毛巾擦干口、鼻及身体上的羊水和黏液,用碘酊消毒脐部,将脐带内的血液推向体内,然后离脐带基部 3~8 cm 钝性分离,根据情况决定是否需要结扎,但不要包裹脐带,后每天用碘酊涂擦 1~2 次即可。并保证圈舍的清洁干燥,垫草要经常更换。同时加强仔畜护理,防止仔畜间相互吮吸脐带。

 **思考题**

1.名词解释:胎膜　分娩　产力　产道　胎向　胎位　胎势　阵缩　努责

2.家畜分娩时主要的影响因素有哪些?

3.家畜分娩的过程可以分为哪几个阶段?

4.如何进行分娩奶牛的接产?

5.何谓流产? 引起流产的原因有哪些? 如何进行防治?

6.产前截瘫的病因有哪些? 如何防治?

7.简述孕畜浮肿的病因及治疗方法。

8.如何进行难产的诊断? 常见难产的主要临床表现有哪些?

9.牵引术如何进行操作? 主要的适应症有哪些?

10.截胎术常见的适应症有哪些? 如何进行胎儿前肢截断术?

11.牛剖腹产手术的方法和原则。

12.如何进行分娩家畜危重病例的助产?

13.简述产道损伤的病因及防治措施。

14.何谓胎衣不下? 胎衣不下的意义及治疗方法如何?

15.何谓生产瘫痪？生产瘫痪的病因和症状是什么？如何进行防治？

16.简述子宫脱出的病因、症状及治疗方法。

17.常见的产后感染有哪些？它们各自的病因是什么？如何防治？

18.怎样预防和治疗卵巢机能减退？

19.怎样诊断鉴别持久黄体和黄体囊肿？

20.卵泡囊肿和黄体囊肿的本质特点是什么？

21.简述持久黄体和黄体囊肿的治疗措施。

22.怎样预防和检查隐性乳房炎和酒精阳性乳？

23.怎样治疗临床乳房炎？

24.怎样治疗乳房创伤？

25.怎样预防乳房浮肿？

26.新生仔畜窒息该怎样处理？

27.怎样防止脐炎的发生？

28.新生仔畜便秘怎样处理？

模块4
实训部分
SHIXUN BUFEN

# 实训 1　消化系统疾病的诊治

【教学目标】

（1）掌握牛、马、猪、羊胃肠的视、触、听诊检查和方法。掌握大家畜直肠检直方法、辨别触摸到器官的正常形状及特点。

（2）掌握牛、马、猪、羊正常口色及胃肠正常音的特征。

（3）学会投送胃管及判定胃管进入食道的方法。

（4）正确识别胃肠疾病的各种病状，正确收集胃肠疾病的症状，并建立诊断。提出胃肠疾病的治疗方案及措施，并能实施治疗。

（5）掌握反刍动物前胃检查方法，识别前胃疾病的病状及症候群。正确收集前胃疾病的症状，并建立诊断。提出前胃疾病的治疗方案及措施，并能实施治疗。

【实训内容】

（1）消化系统的视、触、听诊检查。

（2）胃管检查方法。

（3）大家畜直肠检查。

（4）动物器官、排粪及粪便的检查。

（5）动物胃肠疾病的诊断、鉴别诊断及治疗。

【动物和器材】

1.动物　牛、马、猪、羊。

2.器材　放影装置、录像带、听诊器、保定用具、胃管、开口器、石蜡油、灌肠器、一次性薄膜长臂手套、体温计、叩诊器、注射用具等。

【方法步骤】

（1）教师示范教学检查、诊治方法及注意事项。

（2）学生分组练习检查、诊治方法。教师巡视，及时指出学生操作中的不规范动作。

（3）学生分组且由代表对病畜进行病史调查和临诊检查，并记录各项检查结果。

（4）各组讨论建立诊断，并提出治疗方案及措施。

（5）各组推荐代表进行全班交流、讨论。

（6）实施治疗。

【实训报告】

实训结束后每人写 1 份实训报告。

# 实训 2　山羊瘤胃酸中毒诊疗

## 【实训目标】

通过对山羊瘤胃酸中毒的发生发展过程的观察,掌握该病的临床表现、实验室诊断要点、治疗方法。

## 【实训材料】

1.动物　瘤胃酸中毒病例或试验动物(健康成年山羊 8 只)人工复制病例。

2.器材　胃管投药器具(动物开口器、粗 1:1径胃管),临床检查器具(听诊器、体温计),普通试管,50 mL 刻度烧杯,载玻片,盖玻片,显微镜,精密 pH 试纸。

3.饲料及药物　玉米面;肝素、对羟基联苯、盐酸酚红;一次性塑料注射器、一次性输液袋;洗胃溶液(1%食盐水、2%$NaHCO_3$、1:5石灰水);石蜡油;无糖补液盐;5%碳酸氢钠溶液、10%樟脑磺酸钠、10%浓氯化钠注射液、生理盐水、甲硫新斯的明注射液、10%葡萄糖注射液、维生素 C、地塞米松、5%氯化钙溶液或 10%葡萄糖酸钙溶液、维生素 $B_1$ 等。

## 【实训内容及步骤】

(1)分组复制山羊瘤胃酸中毒病例模型。

①取健康成年山羊 8 只(公母各半),分组编号,称体重。

②投服谷物前检查山羊各项生理指标:

a.测定体温、脉搏数、呼吸次数。

b.观察羊精神状态、体格及营养状态;可视黏膜(眼结膜)色泽;鼻汗及有无脱水表现(皮肤弹性及颈部皮肤厚度、眼球凹陷);有无脱水表现;饮食欲;排粪及粪便状况;排尿状况;有无呼吸困难等。

c.进行系统检查,重点进行反刍功能和瘤胃检查,听呼吸音、心音。

d.实验室检查:瘤胃液检查(pH 值、纤毛虫)、血液(pH 值、PCV 值等)、粪尿 pH 值等。

③按照 100 g/kg 由山羊自由采食或采用胃管投服玉米面。

(2)每组观察山羊瘤胃酸中毒的临床症状,并测定瘤胃液、尿液、血液中乳酸含量、pH 值和瘤胃液纤毛虫数量及活力,并做好记录。

(3)每组确定治疗原则,提出治疗方案,筛选治疗药物。

(4)各组推荐代表进行全班交流、分析讨论。

(5)实施治疗。

(6)教师评价总结诊疗结果。

## 【实训报告】

总结山羊瘤胃酸中毒的临床症状、治疗原则及方法。

# 实训 3　呼吸系统疾病诊疗

## 【实训目标】

（1）掌握呼吸式，喉头、气管检查，鼻黏膜检查，人工诱咳及胸肺部的叩、听诊检查方法及其临床意义。

（2）辨别喉、气管呼吸音及胸肺部正常叩、听诊音的特征及区别。

（3）掌握牛、羊气管注射、胸腔注射的操作步骤。

（4）掌握呼吸系统常用药物的名称、不同动物的使用剂量及给药方式。

（5）掌握各呼吸系统疾病的诊断要点，遇到临床病例会鉴别诊断。

（6）能提出各呼吸系统疾病的防治措施，并能开出行之有效的治疗处方。

## 【实训材料】

1.动物　健康牛羊猪各 1 头，患呼吸系统疾病牛 1 头、猪 2 头，羊 3 头。

2.器材　叩诊器、听诊器、注射用具、温度计、保定用具及常用呼吸系统药物（30%替米考星注射液、氟苯尼考注射液、氨茶碱注射液、20%磺胺嘧啶注射液、5%碳酸氢钠注射液、生理盐水、青霉素、链霉素、地塞米松等）等。

## 【实训内容及步骤】

（1）学生分组观察健康动物、发病动物的精神状态、呼吸方式、粪便状态，并对比测量各动物的体温、呼吸数、心率。

（2）分组听诊和叩诊健康动物和发病动物肺部有何异同。

（3）以组为单位，汇报诊断结果，说出诊断依据，并开出相应处方，教师和学生共同点评。

（4）确定处方后，教师先示范配药方法及注射方式，然后学生操作，及时指出学生操作中的不规范动作。

（5）注射后药物后，学生每天检查病畜，评价治疗效果。

## 【实训报告】

学生评定本次实训的效果及存在的问题，写出心得体会。

# 实训 4　山羊输血技术

## 【实训目标】

掌握山羊输血的适应证和操作技术，为贫血的治疗奠定基础。

## 【实训材料】

1.动物　健康山羊 4 只，做完瘤胃切开术或剖腹产的山羊 4 只，体重均在 30 kg 左右。

2.器材　输液管（剪去过滤器）、12 号针头、50 mL 注射器、采血针、夹子、输液架、常规消毒器具及保定绳等。

3.药品　灭菌 3.8%枸橼酸钠溶液、生理盐水、青霉素、链霉素、地塞米松、异丙嗪等。

【实训内容及步骤】

(1)实训前播放输血教学视频。

(2)学生分组,教师检查实训材料准备情况。

(3)每组按以下步骤进行操作:

①采血。颈静脉采取每只供血山羊的血液 100～150 mL,用 3.8%枸橼酸钠溶液作为抗凝剂,它和血液的比例为 1∶9。

②血液相合检验。先向载玻片上滴一滴 3.8%枸橼酸钠溶液,再滴受血羊和供血羊血液各 1 滴,搅拌混合,如不出现凝血现象则证明两者血液相合,可以在两者之间进行输血。

③输血。将所采血液通过颈静脉输入受血羊体内,输血量为 100～150 mL,10～15 min 输完。

④观察。受血动物输血后观察 20 min,主要观察体温、脉搏、呼吸、精神状态等内容。

【实训报告】

总结山羊输血的适应证及操作步骤。

# 实训 5　动物营养缺乏症的观察与识别

【教学目标】

通过幻灯片、录像片的放映或到饲养场现场观察,识别动物营养缺乏症的表现,达到确认动物典型营养缺乏症的目的。

【实训内容】

(1)缺乏 Ca、P、Cu、Mn、维生素 D 等引起的"佝偻病"。

(2)缺乏 Zn 引起的生长猪"角化不全症",羔羊的皮肤炎、侏儒症。

(3)缺乏 Fe、Cu、Mn、Co 及维生素 $B_{12}$ 所引起的贫血症。

(4)缺乏维生素 A 引起的:"干眼病"。

(5)缺乏维生素 E 引起的"白肌病""脑软化症"。

(6)缺乏维生素 $B_1$ 引起的"多发性神经炎"。

(7)缺乏维生素 $B_2$ 引起的"卷趾麻痹症"。

(8)缺乏维生素 $B_3$ 引起的"癞皮病"。

(9)缺乏维生素 $B_5$ 引起的"鹅行步"。

【材料用具】

幻灯机、录像机或到饲养场,动物营养缺乏症的幻灯片、录像片一套。

【方法步骤】

首先由教师结合幻灯片、录像片的放映或到饲养场现场观察,启发学生回顾课堂讲授的有关内容。师生共同总结动物营养缺乏症的名称,并分析可能产生的原因,重点确认动物典型营养缺乏症症状。然后让学生反复观看,加深记忆。

【实训报告】

记录观察到的营养缺乏症的典型症状,并从营养学的角度阐述产生的原因。

# 实训 6　诊疗有机磷化合物中毒

【实训目标】

(1)了解动物有机磷化合物中毒的发生发展过程、临床特征。

(2)掌握临床与实验室诊断方法及抢救措施。

【实训材料】

1.动物　有机磷化合物中毒的临床病例或用实验动物(猪、犬、山羊、鸡等)人工诱发中毒病例。

2.器材　听诊器、体温计、注射器、针头等诊断设备;实验室检验设备。

3.药品　检验药品;硫酸阿托品、解磷定、注射用水、10%葡萄糖注射液、生理盐水等治疗药品;甲胺磷或用精制敌百虫等病例复制药品。

【实训内容及步骤】

(1)每组观察中毒动物的临床症状,做好记录。

(2)试纸测定全血胆碱酯酶活性。

(3)每组确定治疗原则,提出治疗方案,筛选治疗药物。

(4)各组推荐代表进行全班交流、讨论。

(5)实施治疗。

【实训报告】

总结有机磷化合物中毒的治疗原则及方法。

# 实训 7　处理新鲜创和外科感染

【实训目标】

(1)掌握创伤的检查方法。

(2)认识不同类型创伤的临床特征。

(3)熟悉新鲜创的治疗方法。

(4)掌握化脓感染创和其他外科局部感染的治疗方法。

【实训材料】

1.动物　患有新鲜创和化脓感染创的动物各一头。

2.器材　听诊器、体温计、毛剪、剃刀、手术刀、外科镊子、探针、灭菌纱布、棉花、卷轴绷带、创钩、缝针、缝线、持针钳、注射器等。

3.药品　酒精棉、碘酊棉0.1%新洁尔灭、0.1%高锰酸钾溶液、生理盐水、0.25%普鲁卡因溶液、青霉素、碘仿磺胺粉、魏氏流膏、奥立甫柯夫氏液、3%过氧化氢溶液、2%甲紫酒精溶液、磺胺乳剂、硫呋液、0.01%呋喃西林溶液、水杨酸氧化锌软膏、2%~3%鱼肝油红汞等。

【实训内容及步骤】

（1）创伤检查步骤。

①病史调查。着重了解创伤发生的时间,致伤物的种类,受伤当时的情况,是否治疗及治疗方法等。

②一般检查。检查创伤动物的体温、呼吸、脉搏、观察可视黏膜色泽和精神状态,检查受伤器官的机能障碍等。

③局部检查。运用视诊、触诊和探诊的方法,按照先外后内的顺序,仔细检查伤部。

（2）新鲜创的治疗步骤。

①止血。

②清洁创围。

③清创术。

④缝合及包扎。

⑤抗感染。

（3）化脓性感染创的治疗步骤。

①清洁创围。

②清洗创面。

③处理创腔。

④创口用药。

【实训报告】

总结新鲜创和外科感染处理的治疗原则,治疗步骤及方法。

# 实训 8　瘤胃切开术

【实训目标】

掌握瘤胃切开术的适应证、瘤胃切开术的操作方法和技术要领。

【实训材料】

1.动物　牛1头、羊4~8只(依据分组情况而定)。

2.器材　手术台、无影灯、手术刀、手术剪、手术镊、止血钳、舌钳、持针钳、缝合针、缝合线、创巾、创巾钳、纱布块、手术衣、无菌巾、毛剪、剃刀、灭菌纱布、棉花、听诊器、体温计、注射器等。

3.药品　75%酒精棉球、2%~5%碘酊棉球、0.1%新洁尔灭、灭菌生理盐水、0.25%普鲁卡因溶液、青霉素、链霉素等。

【实训内容及步骤】

（1）教师讲解瘤胃切开术的适应证、术前准备(手术人员的分工、保定方法和麻醉种类

273

的选择、手术通路及手术进程;术前应做的事项,如禁食、导尿、胃肠减压等;手术方法及术中注意事项;可能发生的手术并发症,预防和急救措施。如虚脱休克、窒息、大出血等;特殊药品和器械的准备;术后护理、治疗和饲养管理)。或瘤胃切开术录像。

(2)教师按标准操作演示牛瘤胃切开术。

(3)学生分组按保定→麻醉→术部选择(左肷窝中切口)→切开腹壁→拉出瘤胃→瘤胃固定、隔离→切开瘤胃→探查瘤胃→缝合胃壁→缝合腹壁→术后护理等流程操作。教师巡视,及时指出学生操作中的不规范动作。

(4)术后定时检查病畜全身情况,并保持术部清洁,防止感染化脓。若切口愈合良好,术后 8~10 d 即可拆除缝线。

**【实训报告】**

总结牛羊瘤胃切开术的适应证及手术要点。

# 实训 9　猪脐疝诊疗

**【实训目标】**

掌握猪脐疝的诊断方法和手术操作要领。

**【实训材料】**

1.动物　脐疝病猪 4~8 头(依据分组情况而定)。

2.器材　常规手术器械。

3.药品　75%酒精棉球、2%~5%碘酊棉球、0.1%新洁尔灭、灭菌生理盐水、0.25%普鲁卡因溶液、青霉素、链霉素等。

**【实训内容及步骤】**

(1)实训前播放猪脐疝手术视频。

(2)学生分组,教师检查实训材料准备情况及手术计划(手术人员的分工、保定方法和麻醉种类的选择、手术通路及手术进程;术前应做的事项,如禁食、导尿、胃肠减压等;手术方法及术中注意事项;可能发生的手术并发症,预防和急救措施,如虚脱休克、窒息、大出血等;特殊药品和器械的准备;术后护理、治疗和饲养管理)。

(3)每组按→麻醉→术部选择(疝囊底部)→皱襞切开疝囊皮肤及疝囊壁→检查疝内容物(如有黏连,仔细剥离黏连肠管;如有肠管坏死,进行肠部分吻合术)→疝内容物还纳腹腔→缝合疝轮(若疝轮较小,将疝轮光滑面轻微切割,形成新鲜创面,直接荷包缝合或纽扣缝合;若疝轮边缘变厚变硬,一方面需要切割疝轮,形成新鲜创面,进行纽扣缝合;另一方面在闭合疝轮后,需要分离囊壁形成左右两个纤维组织瓣,将一侧纤维组织瓣缝在对侧疝轮外缘上,然后将另一侧的组织瓣缝合再对侧组织瓣的表面上。或者对疝轮左右侧腹壁肌肉和筋膜作褥式重叠缝合)→术后护理等流程操作。教师巡视,及时指出学生操作中的不规范动作。

(4)术后定时检查病猪全身情况,并保持术部清洁,防止感染化脓。若切口愈合良好,术后 8~10 d 即可拆除缝线。

**【实训报告】**

总结猪脐疝的诊断方法和手术要点。

# 实训 10　跛行的诊断

**【实训目标】**

通过实习,要求学生掌握肢蹄病诊断法的定肢、定位的诊断法。要求掌握肢蹄各部的检查要领,重点掌握蹄部的检查、关节的检查、屈腱和骨骼的检查,以及四肢神经传导麻醉诊断方法。

**【实训内容】**

(1)健康家畜步样观察。

(2)跛形病畜的胶蹄病诊断。

(3)肢蹄各部诊断检查。

**【设备与材料】**

患支跛、悬跛、混合跛病畜各一头,检蹄器 6 个,蹄刀 6 把,挂图,诊断场所。

**【方法与步骤】**

在教师指导下,按要求对各种跛行家畜进行观察。然后分组进行实训。

1.健康家畜步样的观察　用 1 匹健康马在平坦地面上作直线慢步牵着运动,观察以下几个项目:悬垂期、支柱期、步幅、前半步、后半步。

2.跛形家畜的肢蹄病诊断　利用人下发病的支跛、运跛、混合跛行病畜进行跛行诊断,按下列顺序进行。

(1)问诊。

(2)站立检查。

观察跛行病畜的肢蹄外形有无特殊变化,站立姿势是否异常:如患肢仅从蹄尖部、蹄侧部或蹄踵部负重,患肢悬垂,患肢前踏、后踏、内收、外展,不时抬高与落下等异常变化。

(3)运动检查。在站立检查还不能确定串肢时,可进行运动检查。

①运动检查注意事项。

a.运动检查时,要在平坦、宽广场地,用快、慢进行直线运动。有必要时可选择软地、硬地和石子地运动。

b.由一学生牵马或牛,持缓绳长 2~3 尺,使病畜头颈自由摆动,检查者要随着患畜的运动而步骤地从侧面、前面、后面进行观察。

c.观察点头运头、臀部升降运动和伸头运动,并确定患肢。

d.促使跛行明显化:如果跛行较轻,点头运动和臀部升降运动不明显时,可用促使跛行运动明显变化的检查法确定患肢,如上下坡运动,软、硬地运动,圆周运动,急速四转运动。

e.确定患肢:确定患肢后,须进一步确定患畜的异常步幅和跛行分类,即可大体确定病变位于肢的上段还是下段。

f.异常步幅:前方短步和后方短步。

g.跛行的分类:支跛、运跛、混合跛及其特点。

3.肢蹄各部诊断检查 通过以上实训的站立、运动检查。基本确定了病变是在某一肢的上段或下段。但病变具体在哪个部位还不清楚,应继续进行有目的有重点地对各部位进行触摸,方可找出病变部位。

①检查注意的问题。对各部位进行触摸发现病变,既要熟悉肢蹄的解剖生理特点,又要熟悉活体家畜体表各组织的正常位置和状态,这样才能迅速地发现病变。

当发现异常不能肯定时,可在对侧脏肢同一部位,取同样姿势,用同样方法,同样压力来对比触摸。

②蹄部的检查。

a.口诀:一脉、二温、三敲、四钳压。必要时,去铁削蹄再检查。

b.一脉:即检查指(趾)动脉,前肢在球节两侧稍后方,触摸内外指动脉,后肢在路骨外侧上 1/3 处的下端,第四路骨和第三路骨之间的凹陷处触摸路背外侧动脉,蹄部有炎性病变时,指(趾)动脉亢进。

c.二温:即检查蹄壁的温度,用手背接触蹄壁,检其温度是否增高,蹄部有炎性病变时,蹄壁温度增高(要和对侧脏肌相比较)。

d.三敲:即用检蹄器对蹄壁各处进行短而连续的敲打,如蹄内有疼痛时,患部躲闪或提举。

e.四钳压:用检蹄器对蹄匣进行钳压,以观察病畜反应。

方法:助手提起患肢,并确实保定后,检查者将检蹄器的一支抵于蹄壁上,另一支依次抵于蹄底、蹄支、蹄叉、蹄踵壁,先轻后重地进行钳压,如有疼痛即可引起患肢显著回缩或肩臂部、股部的肌肉反射性收缩。

必要时,去除削蹄再检查。为彻底检查蹄下面的情况,必要时可将蹄铁取下。检查蹄铁上面的沟状磨灭、蹄底进行削后再详细检查。

③关节的检查。关节检查的重点是关节囊、关节韧带、脏鞘、黏液囊、关节缝隙等,检查方法:触摸和他动运动。

球节的检查:一要观察球节外形是否增大和有无外伤。二要压诊球关节囊有无热疼或波动。三要检查内外侧韧带是否有压疼。四要压诊指部腱鞘有无热痛及波动。五要触压上籽骨附着部有无疼痛及骨化。最后要做他动运动。

肩关节的检查:口诀:比肩端、推结节、压凹陷、摸肌沟、屈伸肩轴看肌腱。

膝关节的检查:口诀:一形、二面、三端、四囊、五韧带。

4.腱的检查 检查肌腱有两种方法:一是紧张检查,让患畜站立负重,检查者从掌(跖)部后方,用拇指和其余四指,捏压住指浅和指深屈肌腱,向上向下进行滑擦,触摸屈脏有无增温,疼痛,肿胀及肥厚,检查系韧带时,应于掌(断)下 1/3 和球节内外侧分别触摸系韧带的分支。

另一种是弛缓检查:将患肢提起,并屈曲腕关节,一手握着系部,一手分别检查三条屈腱,另外还可以检查掌部上 1/3 的腕腱鞘和掌部下 1/3 的指腱鞘。

5.骨的检查    首先由上向下仔细观察四肢的外形和肢势有无异常,肢轴有无改变,肢体有无延长和缩短。对怀疑的患部进行触摸和按压,有无线状压痛,做他动时有无疼痛,异常活动和骨的摩擦音。

6.肌肉的检查    先观察四肢的上部,如肩部、臂部、臀部和股部等处的肌肉轮廓界限和丰满程度、有无萎缩,然后由上向下逐块肌肉进行触摸,注意有无肿胀、增温、疼痛、断裂等。

7.脏鞘及黏液囊的检查    较常发病的黏液囊,有肘结节皮下黏液囊,腕前皮下黏液囊、跟结节皮下黏液囊、臂二头肌腱下黏液囊和膝前皮下枯液囊。

【实训作业】

根据实习检查的结果写实习报告一份,内容包括:问诊、站立检查、运动检查、四肢触摸检查最后结果(定出病名)。

# 实训 11    难产识别与救助

【实训目标】

(1)观察动物正常分娩过程。

(2)认识和分析判断正常分娩和难产的临床症状。

(3)掌握难产发生时助产的方法及其原则。

【实训材料】

(1)分娩之前及开始分娩的各种家畜(牛、猪、羊),以及家畜分娩的影像资料。

(2)药品与器材:消毒剂、酒精、碘酒、石蜡油、肥皂、脸盆、刷子、毛巾、白布或塑料布、细绳、剪刀、产科绳、绳导;复钩、眼钩、产科钩、肛门钩、产科钩钳、产科梃、隐刃刀、产科刀、指刀、产科凿、剥皮铲、线锯、绞断器及外科刀等常用产科器械。

(3)牛或羊怀孕后期的胎儿标本。挂图、幻灯片及影像资料。

【实训内容及步骤】

(1)首先观看分娩之前及开始分娩的各种家畜(牛、猪、羊),以及家畜分娩的影像资料,教师用标本模型、幻灯或挂图进行讲解,然后学生分组进行识别产科器械,练习助产技能。

(2)难产检查,包括病史调查,母畜的全身检查、产道检查、胎儿检查等内容,并建立兽医临床诊断书。

(3)助产前的准备,病畜准备,严密消毒。对破水较早产道干燥的病畜,要往产道内灌以适量的液体石蜡,以利引出胎儿,防止损伤产道。

(4)对于胎位胎向正常的母畜先用牵引术;胎位不正的使用矫正术,矫正术无效的情况下采用截胎术或剖腹产。

(5)做好产后护理。

【实训报告】

母畜正常分娩的判定,如何进行难产检查,结合实际病例提出讨论。

# 实训 12　山羊剖腹产

## 【实训目标】

（1）了解山羊剖腹产适应证。

（2）掌握山羊剖腹产的准备工作及实际操作方法。

## 【实训材料】

（1）实习动物：即将分娩或怀孕末期的山羊 4 头。

（2）器械：手术刀柄 2 把、手术刀片 3 个、剪刀 3 把、持针器 2 把、止血钳 12 把、有齿及无齿镊子各 2 把、创钩 2 把、巾钳 8 把、各种缝针若干、缝线（4 号、7 号、10 号、18 号）若干、纱布若干块（其中有一块特大）、创布 1 块、有钩探针 1 根、注射器若干、塑料布 1 块、手术盘 3 个。以上为 1 套器械，实训时应准备 4 份。

（3）药品：消毒药物（氨水、新洁尔灭、洗必泰等任选一种）、碘酒、酒精、药棉、2%普鲁卡因注射液、0.5%普鲁卡因注射液、氯丙嗪、静松灵、强心药、止血药、抗生素、土霉素或四环素胶囊。

（4）用品：剪毛剪、剃毛刀、手刷、肥皂、洗手盆、体温表、听诊器以及保定器械。

## 【实习内容及步骤】

（1）教师讲解剖腹产手术适应证、术前准备（手术人员的分工、保定方法和麻醉种类的选择、手术通路及手术进程；术前应做的事项，如禁食、导尿、胃肠减压等；手术方法及术中注意事项；可能发生的手术并发症，预防和急救措施。如虚脱休克、窒息、大出血等；特殊药品和器械的准备；术后护理、治疗和饲养管理）。或观看剖腹产手术录像。

（2）实训前对病畜进行处理（包括禁食、术前补液与强心、术前抗菌素的应用）。

（3）学生分组按保定→麻醉→术部选择（腹侧切开法和腹下切开法）→切开腹壁→拉出子宫→切开子宫→拉出胎儿→剥离胎衣→缝合子宫→缝合腹壁→术后护理→新生仔畜的护理→脐带处理等流程操作。

（4）术后定时检查病畜全身情况，并注意保持术部清洁，防止感染化脓。若切口愈合良好，术后 8~10 天即可拆除缝线。

## 【实训报告】

总结剖腹产的适应证及手术要点。

# 实训 13　CMT 法检测牛乳房炎

## 【实训任务】

掌握 CMT（加利福尼亚乳房炎检测）法测定牛隐性乳房炎的方法，为临床上正确诊断和治疗乳房炎打下基础。

【实训材料】

健康牛及乳房炎患牛的新鲜奶样各若干份。离心机、10 mL 刻度离心管、中性滤纸、10 mL 试管、载玻片、5 mL 吸管、乳房炎检验盘、烷基硫酸钠(或烷基烯丙基硫酸钠,烷基硫酸钾及烷基烯丙基硫酸钾)、苛性钠、溴甲酚紫、蒸馏水等。

【实训内容及步骤】

1.原理　用一种阴离子表面活性物质——烷基或烃基硫酸盐破坏乳中的体细胞,释放其中的蛋白质,蛋白质与试剂结合沉淀或凝集。细胞中聚合的 DNA 是 CMT 产生阳性反应的主要成分。乳中体细胞数越多,释放的 DNA 越多,产生的凝胶也就越多,凝结越紧密。

2.试剂配方　烷基硫酸钠(或烷基烯丙基硫酸钠,烷基硫酸钾及烷基烯丙基硫酸钾)30~50 g、苛性钠 15 g、溴甲酚紫 0.1 g、蒸馏水 1 000 mL。

3.步骤　先将 2 mL 被检乳置于塑料乳房炎检验盘中,再加入试剂 2 mL,缓慢作同心圆状搅拌 10 s,观察判定。判定标准见表 4.1。

表 4.1　CMT 判定标准

| 判定符号 | 符号意义 | 乳汁反应 | 体细胞总数 /(万·mL$^{-1}$) | 中性粒细胞 /% |
|---|---|---|---|---|
| − | 阴性 | 无变化,不出现凝块、沉淀 | 0~20 | 0~25 |
| ± | 可疑 | 出现极细颗粒,摇动则消失 | 15~50 | 30~40 |
| + | 弱阳性 | 有明显的沉淀,但无凝胶 | 40~150 | 40~60 |
| ++ | 阳性 | 凝结物呈胶状,摇动呈中心积聚,停止摇动,沉淀物呈凹凸状附着于盘底 | 80~500 | 60~70 |
| +++ | 强阳性 | 凝结物呈胶状,表现突起,摇动时向中心积聚,停止摇动时凝结物仍保持原状,并固着于盘底 | 500 以上 | 70~80 |

【实训报告】

每组同学将判定结果填入表 4.2 中。

表 4.2　判定结果

| 奶　号 | 乳汁反应 | 判　定 |
|---|---|---|
| 1 | | |
| 2 | | |
| 3 | | |
| 4 | | |
| ... | | |

# 实训 14　牛场生产实训

**【实训目标】**

（1）了解熟悉牛场兽医产科的全部工作，加深理解已学过的理论知识；

（2）提高诊疗操作水平，培养独立工作的能力；

（3）锻炼学生的综合分析能力和应用知识的能力。

**【实训内容】**

（1）了解学习牛繁殖配种的各个工作环节。

①发情鉴定。

②精液品质检查。

③精液处理和输精。

④早期妊娠诊断。实训期间跟班参加生产，由技术人员指导进行操作。

（2）在牛场兽医人员指导下，参加日常兽医诊疗工作。

①掌握牛不育及常见产科疾病的诊断治疗操作技术。

②了解学习牛常发的内、外科疾病的诊断治疗方法。

③参加牛场检疫及防疫工作。遇到典型病例，应全面观察，参加全部治疗工作，并写出病例报告。

（3）产房工作。

①参加产房值班，观察母牛分娩预兆、过程及产后期经过。

②学习掌握常规接产及常见难产的助产方法。

③护理分娩母牛及新生牛犊。

④学习母牛产后期疾病及新生牛犊常见病的诊断及治疗。

（4）技术管理工作。

①了解牛场有关繁殖配种、疾病诊疗和防疫等规章制度及执行情况。

②学习技术管理方法，并协助牛场专职人员进行日常管理工作。

（5）查阅整理繁殖配种和疾病诊疗资料　查阅牛场的繁殖配种记录及病历资料，了解以往的繁殖配种成效和疾病治疗效果。

（6）学习和总结牛场的成功经验，探讨存在的问题，并试行提出可能的解决办法。

**【实训报告】**

学习根据情况，选择适当的专题进一步深入调查了解，广泛收集资料，撰写专题报告。可选择的专题及参考提纲包括：

（1）产科疾病（或某一具体疾病）的调查。

①发病情况及其危害性。

②临床症状。

③治疗方法及效果。

④诊断、防治这些疾病的成功经验及失败教训。

⑤对防治这些疾病的意见和建议。

（2）不孕症（或某一具体疾病）的调查。

①发病情况及其引起的经济损失。

②可能的发病原因。

③临床症状。

④治疗方法及效果。

⑤诊断和防治这些疾病的经验。

⑥意见和建议。

（3）乳房炎的调查。

①发病情况（包括乳房炎的类型、发病头次和乳区数以及病牛的一般情况）及引起的经济损失。

②可能的发病原因。

③防治方法、效果及经验。

④意见和建议或拟订今后的防治方案（计划）。

（4）产房工作情况调查。

①产房工作制度及其执行情况。

②产房的设备条件（包括人员及器械的配备），每月（季度）进出产房的母牛头数，留住产房时间（包括待产的时间）及经过。

③难产的发生情况（难产的种类、发病母牛的基本情况）、助产的方法及效果。

④产后期疾病的发病情况。

⑤新生仔畜疾病的发病情况。

⑥产房工作存在的主要问题，对今后改进的意见和建议。

（5）繁殖配种情况调查。

①繁殖配种工作的规章制度及执行情况。

②繁殖配种部门的设备情况、人员配备情况及工作量[平均每日（月）输精配种头数]。

③情期受胎率，平均受孕情期数、每次受孕的输精次数、产后发情的平均时间、产后第一次受配的平均时间，空怀率及平均空怀日数、产犊间隔时间等。

④繁殖配种工作的经验及存在问题。

⑤改进意见和建议。

[1] 邓俊良.兽医临床实践技术[M].北京:中国农业大学出版社,2007.

[2] 何德肆.动物临床诊疗与内科病[M].重庆:重庆大学出版社,2007.

[3] 李国江.动物普通病[M].北京:中国农业出版社,2001.

[4] 石冬梅,周德忠.动物普通病防治[M].北京:中国农业大学出版社,2011.

[5] 何德肆.动物外产与产科病[M].重庆:重庆大学出版社,2007.

[6] 赵兴绪.兽医产科学实习指导[M].北京:中国农业出版社,2008.

[7] 吴敏秋,李国江.动物外科与产科[M].北京:中国农业出版社,2006.

[8] 王洪斌.家畜外科学[M].4版.北京:中国农业出版社,2001.

[9] 刘长松.奶牛疾病诊疗大全[M].北京:中国农业出版社,2005.

[10] 刘广文.动物内科病[M].北京:中国农业出版社,2011.

[11] 彭广能.兽医外科与外科手术学[M].北京:中国农业大学出版社,2009.

[12] 石冬梅.动物内科病[M].北京:化学工业出版社,2010.

[13] 苏艳杰,李志强,生浩.抗生素在兽医临床上的科学使用[J].中国畜牧兽文摘,2012
    (10).

[14] 汪明.兽医学概论[M].北京:中国农业大学出版社,2011.

[15] 王洪斌.家畜外科手术学[M].北京:中国农业大学出版社,2010.

[16] 章孝荣.兽医产科学[M].北京:中国农业大学出版社,2011.

[17] 朱金风.兽医基础[M].北京:高等教育出版社,2011.

[18] 陈焕春.兽医手册[M].北京:中国农业大学出版社,2013.

[19] 高作信.兽医学[M].北京:中国农业大学出版社,2010.

[20] 何海健.动物普通病[M].北京:科学出版社,2013.

[21] 何振中.兽医产科学[M].北京:科学出版社,2013.

[22] 姜国均.家畜内科病[M].北京:中国农业大学出版社,2008.

[23] 李建基.动物外科手术实用技术[M].北京:中国农业大学出版社,2012.

[24] 李世银.动物中毒病及毒物检验技术[M].北京:中国农业大学出版社,2012.